剧毒难降解废水
处理技术研究与工程示范

李　昕　谢翼飞　张洪荣　蒋思峡　李福德　吴全珍　等 编著

化学工业出版社

·北京·

内容简介

《剧毒难降解废水处理技术研究与工程示范》是作者研究团队 2001～2019 年对剧毒氰砷和难降解杂环及重金属稀土高浓高盐等废水处理技术研究与典型示范工程的总结。全书共 15 章，内容包括：亚氨基二乙腈，农药（精喹、胺草醚、草甘膦、土菌灵、克菌丹、灭菌丹、噻呋酰胺、氯氰菊酯、毒死蜱、联苯肼酯、3-甲基-2-硝基苯甲酸、萎锈灵、抑芽丹、啶酰菌胺等）共 14 种，染料（酸性橙 67、酸性黑 PV、酸性黄 199、酸性红 374、酸性红 336、酸性红 249、酸性红 9、酸性黑 172 等）共 82 种，稀土（含放射性铀、钍），半导体（多晶硅、单晶硅），制药中间体（4,6-二羟基嘧啶等），蛋氨酸，印染和重金属等废水及高磷污泥的处理工艺及示范工程。

《剧毒难降解废水处理技术研究与工程示范》可供环境科学、环境工程、给排水、废水和其污泥处理及生态环保专业的科研、管理和操作人员及相关大专院校的师生阅读参考。

图书在版编目（CIP）数据

剧毒难降解废水处理技术研究与工程示范/李昕等编著 .—北京：化学工业出版社，2023.8
ISBN 978-7-122-42624-6

Ⅰ.①剧… Ⅱ.①李… Ⅲ.①液态毒物控制-废水处理-研究 Ⅳ.①X327②X703

中国版本图书馆 CIP 数据核字（2022）第 229035 号

责任编辑：刘俊之 汪 靓　　　　　　装帧设计：韩 飞
责任校对：王鹏飞

出版发行：化学工业出版社（北京市东城区青年湖南街 13 号　邮政编码 100011）
印　　装：北京建宏印刷有限公司
787mm×1092mm　1/16　印张 26　字数 626 千字　2023 年 11 月北京第 1 版第 1 次印刷

购书咨询：010-64518888　　　　　　售后服务：010-64518899
网　　址：http://www.cip.com.cn
凡购买本书，如有缺损质量问题，本社销售中心负责调换。

定　　价：198.00 元　　　　　　　　　　　　　　　　　　　版权所有　违者必究

编写人员名单

第1章

负责人	李 昕	李福德	季军远	
编写人员	李 昕	李福德	季军远	张洪荣
	王向东	李立山	吴全珍	张 涛
	何宗英	卢世珩	李宏斌	刘 云
	蒋思峡			

第2章

负责人	李 昕	李福德	燕锡尧	
编写人员	李 昕	李福德	何宗英	卢世珩
	吴海英	张洪荣	苟 鹏	夏成文
	李国民	燕锡尧	房立彬	

第3章

负责人	李 昕	李福德		
编写人员	李 昕	李福德	刘大江	梁庆丰
	吴全珍	张洪荣	谭 红	王仲文
	向长兴	张 忠	文湘闽	夏成文

第4章

负责人	李 昕	李福德		
编写人员	李 昕	吴海英	李福德	刘大江
	吴全珍	张洪荣	唐仁田	李从明

第5章

负责人	李 昕	李福德		
编写人员	李 昕	吴全珍	李福德	张洪荣
	李旭东	宋 颖	蒋思峡	李国民
	余世建	李从明		

第6章

负责人	李 昕	李福德		
编写人员	李 昕	吴海英	谢翼飞	李福德
	吴全珍	张洪荣	张 懿	丁西明
	袁得熠	李宏斌	刘 云	蒋晓波
	李国民	李 迅		

第7章

负责人	李 昕	李福德		
编写人员	李 昕	李福德	张洪荣	谢翼飞
	杨 柳	张飞白	赵晓红	张 涛
	李国民	李宏斌	刘 云	

第8章

| 负责人 | 李 昕 | 谢翼飞 | 陆文华 | |

编写人员	李 昕	谢翼飞	郑春道	张洪荣
	蒋思峡	李福德	汪 茂	陈春坛
	谢洪章	胡志峰	王赞春	曾抗美
	刘 军	汪 频	王国倩	洪荷芳
	周渝生	白 凌	陆文华	

第9章

负责人	李 昕	李福德		
编写人员	李 昕	郑瑾激	董 微	谢翼飞
	蒋思峡	吴全珍	李福德	陈春坛
	汪 茂	张洪荣	蒋晓波	李国民
	唐仁田	梁云鹏		

第10章

负责人	李 昕	李福德		
编写人员	李 昕	蒋思峡	谢翼飞	李福德
	李大平	李 强	李 忠	胡开红
	李国民	瞿建国	唐仁田	李建伟

第11章

负责人	李 昕	张洪荣	姜 林	
编写人员	李 昕	谢翼飞	蒋思峡	李福德
	张洪荣	汪 茂	吴全珍	李国民
	姜 林	何厚军		

第12章

负责人	李 昕	蒋晓波	李福德	
编写人员	李 昕	张洪荣	谢翼飞	李福德
	吴全珍	蒋思峡	李 卫	蒋晓波
	邓崇进	何冬明		

第13章

负责人	李 昕	张洪荣	姜 林	
编写人员	李 昕	张洪荣	李福德	吴全珍
	李 卫	汪 茂	高学文	姜 林

第14章

负责人	李 昕	张洪荣		
编写人员	李 昕	谢翼飞	张洪荣	蒋思峡
	陈春坛	李福德	吴全珍	李 卫

第15章

负责人	谢翼飞	张 丹		
编写人员	谢翼飞	张 丹	杨 阳	袁 伟
	兰书焕	王 臣	李 昕	张洪荣

⠿ 前　言

　　剧毒的氰和腈化物及砷化物对人体和环境的重大危害历来受到人们高度重视，生产使用氰化钠、氢氰酸和氧化砷等物质的工厂属高污染、高风险企业，纳入各级政府和环保部门的严格监管。剧毒难降解废水处理因技术难度大、成本高，已成为困扰这些高风险企业生存发展的瓶颈，经济有效的处理技术是该类企业的最大需求。在国家科技部科技人员服务企业行动项目（编号：NO. SQ2009GJF0001707）、国家自然科学基金面上项目"生物硫铁复合材料处理重金属污染事故的应用基础研究"（51378013）、四川省科技厅高新处项目"生物纳米材料修复土壤的重金属污染项目"（项目编号：2017GZ0268）和中国科学院战略生物资源服务网络计划项目"环境治理功能微生物群体合成库建设"（KFJ-BRP-009-004）等的支持下，对组分复杂的剧毒砷化物、剧毒氰化物、腈化物，同时含高浓度有机物、高盐、高酸、高碱和易聚合的难降解工业废水处理技术进行了系统研究，采用多学科交叉、集成物化和微生物处理技术，取得了理论和技术突破，建设的示范工程长期稳定达标运行，突破了束缚企业发展的水处理技术瓶颈，为企业的可持续发展扫清了障碍。为我国化工和农药等高新技术行业的剧毒难降解工业废水处理集成创新了切实可行的、经济有效的、拥有自主知识产权的处理技术与示范工程。已获发明专利多项、省部国家级奖多项。本书主要创新内容如下。

（1）高效复合功能菌剂研制技术

　　针对不同的剧毒难降解废水的特点及污染物种类、浓度，筛选具有特定功能的功能微生物，结合功能菌的代谢特征，优化组合获得 6 组高效复合微生物菌剂。通过小试、中试研究与工程示范，在相应的剧毒难降解废水毒性组分与难降解污染物组分降解、去除方面取得显著效果。

　　① 复合硫酸盐还原功能菌剂

　　针对剧毒砷废水中，砷主要以亚砷酸根离子（AsO_3^{3-}）和砷酸根离子（AsO_4^{3-}）形式存在的特点，采用硫酸盐还原菌（SRB）及其代谢产物通过生成硫化砷的不溶性沉淀从水相中去除。从硫化矿山排水沟和电镀污泥中分离、筛选、驯化，并经生理生化、遗传特征分析与 16S rDNA 序列结合巢式 PCR-DGGE 分析鉴定，获得高效去除砷和重金属的硫酸盐还原菌菌株：脱硫弧菌（*Desulfovibrio* sp.）、脱硫杆菌（*Desulfobacter* sp.）、脱硫肠状菌（*Desul fotomaculum* sp.）和脱硫球菌（*Desul fococcus* sp.），将其优化组合成复合功能菌剂（简称 BM）。在一定条件下，能将 As 去除到 0.5mg/L 以下；用 BM 合成的生物硫铁纳米材料与含砷废水混合反应，大大缩短去除砷的时间。

② 复合嗜盐菌剂

针对腈化物生产废水以及精喹、胺草醚、烟嘧生产废水盐浓度高的特点，筛选了厌氧盐菌（*Haloanaerobium* sp.）、嗜盐杆菌（*Halobacterlium* sp.）、嗜盐球菌（*Halococcus* sp.）、嗜盐碱杆菌（*Natronobacterium* sp.）优化组合成复合嗜盐菌剂，其菌体呈红色或紫色，严格厌氧，可在 pH 9～10，常温，含盐 1.5%～15% 的环境中生长，利用碳源广泛，将其投加在高盐的精喹、胺草醚、烟嘧和 IDAN 生产废水处理工程的厌氧折流板反应池（ABR）中，可去除废水中 30%～40% 的 COD。

③ 复合降氰功能菌剂

针对亚氨基二乙腈（IDAN）生产废水含有的大量剧毒腈、氰化物、亚氨基二乙腈及其副产物难降解的特点，从氰化物和腈系物污染的土壤和废水的污泥中分离、筛选、驯化获得高效降解氰、腈化物的真菌：Fw、Fs 和 Ft 三株。该复合菌株能在 pH 5～7、常温、CN^- 为 55～65mg/L 的废水中生长，利用 CN^- 为碳源和氮源，在 16h 内将总 CN^- 浓度从 55～65mg/L 降到 0.5mg/L 以下。该复合功能菌剂已在氰化物、腈系物生产废水处理工程中应用，从 2007 年至今降解氰、腈效果很好。

④ 复合脱氮功能菌剂

针对废水含高浓度有机物、氨氮和总氮的特点，结合好氧与缺氧/厌氧脱氮工艺，筛选了亚硝化单胞菌（*Nitrosomonas* sp.）、硝化杆菌（*Nitrobacter* sp.）、假单胞菌（*Pseudomonas* sp.）、硝基还原假单胞菌（*Pseudomonas nitroreducens* sp.）优化组合复合脱氮菌剂，它们共同作用可完成氮的去除，将其投加在 IDAN 和 YAJ 废水处理工程系统中，在 4～5h 内可将总氮，包括 NH_3-N、NO_2^--N 和 NO_3^--N 从 65mg/L 降到 5mg/L 以下。同时在厌氧的 ABR 池中鉴定出厌氧氨氧化菌（*Brocadia anammoxidans* sp.）的种群生长与繁殖；该菌群能够在缺乏有机碳源的环境中，实现氨氮与亚硝基氮和硝基氮的氧化还原，缩短了氮的转化过程。

⑤ 高浓度有机物降解功能菌剂

针对染料、农药生产废水 COD 浓度高、含杂环等有机物，中间体多，成分复杂经过物化预处理后，其 COD 仍很高（5000mg/L）的特点，筛选高效降解有机污染物的菌株，获得了白腐菌（White rot fungus）[定义：属担子菌丝状真菌，腐朽木材呈白色得名，作者分选得的代表菌株为黄孢原毛平革菌（*Phanerochaete chrysosporium burdsall* sp.），在土壤修复中应用]、米根霉（*Rhizopus oryzae* sp.）、人苍白杆菌（*Ochrobactrum anthropi* sp.）、粪产碱杆菌（*Alcaligenes faecalis* sp.）和节杆菌（*Arthrobacter* sp.），优化组合成复合高效降解菌剂，在 pH 6.5～9.0、15～35℃、DO 2～3mg/L 的环境中快速生长，利用碳源极其广泛，将其投加在示范工程中，对 COD 的去除率可达 80%～90%。

⑥ 降解杂环和脱色的功能菌剂

针对医药、印染废水含杂环，高浓高盐，有毒有害物质多，处理难度大，从江苏、河北、四川等地的医药、印染厂废水和污泥中分离筛选获得多株高效菌，分别属于假单胞菌属（*Pseudomonas* sp.）、芽孢杆菌属（*Bacillus* sp.）、白腐菌属（*Phanerochaete* sp.）、可变单孢菌属（*Alteromonas* sp.）、柠檬酸杆菌属（*Citrobacter* sp.）和微球菌属（*Micrococcus* sp.），这些功能菌组成降解杂环和脱色的功能菌剂，用于医药和印染废水的处理，有很好的脱色和去除 COD 的效果。

（2）技术创新

针对化工中间体和农药生产废水中难降解污染物组分复杂、剧毒、浓度高、易形成聚合物的特点，研发了碱解预处理阻止亚氨基二乙腈（IDAN）的聚合，并分解该聚合物的技术；拓展了 $Fe^{2+}+H_2O_2$ 与 $Fe+C$ 连续流 Fenton 高效微电解氧化技术；研发了 $Ca^{2+}+Fe^{2+}+$生物硫铁纳米材料，可有效去除高浓度砷至 0.5mg/L 以下。

① $Ca^{2+}+Fe^{2+}+$生物硫铁纳米材料去除砷的技术

研发了 $Ca^{2+}+Fe^{2+}+$生物硫铁纳米材料长期高效稳定地去除废水中的砷的技术：采用石灰乳、Fe^{2+} 和生物硫铁纳米材料，反应 0.5～1.0h，可将含 As 10～1500mg/L 的废水处理到含 As 0.5mg/L 以下。

② 阻止聚合并解聚的碱解技术

IDAN 生产废水中的 IDAN 在常温常压下易发生自聚合生成二聚物、三聚物和多聚物与副产物等，使该废水处理难度增大。针对这一特征，研发了碱解预处理阻止聚合、分解聚合物的技术。通过小试和中试，设计了碱解塔工艺以及相关设备，通过碱解预处理的工程化应用，阻断了 IDAN 聚合，同时解聚多聚物和分解副产物。使得废水中大分子分解为小分子化合物，显著提高了后续生物处理的效率。

③ 拓展了类 Fenton 氧化技术

在传统 Fenton 氧化技术基础上，拓展了 $Fe^{2+}+H_2O_2$ 与 $Fe+C$ 反应（类 Fenton 氧化技术），反应生成高活性羟基自由基（·OH）氧化分解废水中的有机物，·OH 具有很强的氧化能力，在 pH 2.5～9.0，反应 1.5～2.0h，室温下，能使有机污染物迅速分解，最终生成 CO_2 和 H_2O 及无机盐。Fenton 反应的 $·OH+H^++e^-\longrightarrow H_2O$，$E=2.8V$，所添加的微量催化剂可使 E 达 3.0V。类 Fenton 反应的催化剂用量减少了 1/2，反应速度快 1 倍，反应 pH 范围增宽，反应条件温和、高效，已在精喹、胺草醚、烟嘧、甲维盐、醚菌酯、虫酰肼和苯腈及其他农药以及染料等生产废水处理中应用，效果很好。

④ 将 SO_4^{2-} 还原为单质 S 技术

优化组合的复合 SRB 菌在 pH 5.5～8.0，DO＜0.5mg/L，30～35℃，20～36h 能将 5‰～8‰ 的 SO_4^{2-} 大部分转化为单质 S，大大减轻了高浓度 SO_4^{2-} 对后续好氧处理系统微生物的抑制作用，使好氧处理正常运行。

⑤ 高磷污泥（危废）资源化技术

对甘氨酸法合成草甘膦的母液处理产生的污泥（危废）的成分进行了翔实的研究，深入探讨了国内外对该高磷废渣的处理方法，创新了该高磷渣煅烧资源化利用技术，建立了对该类高磷农药废渣煅烧参数的精确控制，使该类危废的煅烧处理能长期稳定运行。让其成功转化为三聚磷酸钠产品，并研究分离出锂电池的主要原材料，从而实现高磷废渣"零排放""变废为宝"的目的。

⑥ 杂环废水绿色低碳处理技术

针对 4,6-二羟基嘧啶（DHP）和丙二酸二甲酯（DMM）类废水中含有的氯化钠、硫酸氢铵、氯乙酸钠、氰乙酸钠、氰乙酸、甲醇、盐酸、硫酸、碳酸钠、丙二酸和其他副产物进行逐一分析和处理研究，实现了从该类废水中提取甲醇和盐酸及硫酸等资源的目的，实现了低碳排放技术。

⑦ 创新"湿氧＋ABR＋A＋O＋深处"工艺处理多种农药废水的稳定达标技术

率先攻克了含土菌灵、克菌丹、灭菌丹、噻呋酰胺、氯氰菊酯、毒死蜱、联苯肼酯、3-甲基-2-硝基苯甲酸、菱锈灵、抑芽丹、啶酰菌胺等多种农药生产产生的废水的处理技术。该类成分极复杂的废水处理技术在国内外文献资料及新闻中未见报道。针对该类废水，投加专门筛选的高效菌，保障了处理效果，达标运行。

⑧ 创新了零排放技术

半导体材料是光电生产的核心，依据经验对半导体材料企业的高浊度废水及铬、镉、铅、砷、锌和氟废水进行了大量的基础小试、中试、扩试研究，在该类废水处理技术参数的优化上取得了较大突破，已优化出一套能使处理排水循环利用的零排放工艺处理技术，能实现更好地节能降耗、绿色低碳的目的。

⑨ 创新生物硫铁复合材料在重金属水污染事故的修复技术

成功筛选出生物硫铁高产菌等水体修复材料，其显著降低重金属污染水体中的重金属浓度，降低重金属污染水体中鲫鱼各组织重金属蓄积浓度，对污染水体中的水生动物有较好的保护作用，为复合材料修复重金属废水污染水体的工程应用等提供了宝贵的基础依据。

⑩ 创新有恶臭的蛋氨酸废水处理技术

本团队受托设计、施建、验收、投用蛋氨酸废水处理工程，突破了该废水处理技术壁垒，创新"封闭连续类 Fenton＋ABR＋O＋深处工艺"处理该蛋氨酸废水，投资省，运行费低，资源利用，出水稳定达标、无二次污染，操管方便，绿色低碳，受到青睐。

（3）设备创新

依据废水水质水量和处理工艺流程的需要，设计研制了碱解塔、深度处理反应器、连续流类 Fenton 氧化反应器、脱聚塔和吸氨塔等设备，与主体工程配合使用，可实现操作管理自动化控制。

① 研制碱解塔

微生物分解聚合物的周期长达数月至几年，这在工程上很难实现；为此，创新碱解阻止聚合并在短时间内分解聚合物，使长链高分子化合物断链为小分子化合物，使杂环化合物开环为直链化合物，腈和氰化物被大部分分解，COD 大幅降低。本碱解技术替代了投资大、能耗和运行成本高的焚烧、湿式催化氧化技术。依据小试和中试试验获得的参数设计了碱解塔。塔体 $\Phi 2.7m \times 6m$，配变频搅拌机、鼓风机、蒸汽管、计量泵、pH 计和温控仪等，反应温度 $30 \sim 85℃$，气液比（$15 \sim 30$）：1，转速 $30 \sim 160r/min$，反应时间：$2 \sim 4h$。工程长期运行实践表明：IDAN 废水在一定的风量、转速和时间，在专用催化剂的作用下，羟基乙腈、IDAN、氮三乙腈、甘氨腈、乌洛托品、二聚物、三聚物等被氧化为有机酸、CO_2、N_2，废水的 COD、NH_3-N 和总氰大为降低，出水可直接进入后续生化处理。

② 研制深度处理反应器

根据工艺设计要求，在生物处理流程后，三级深度处理确保废水完全达标排放。研制了新型深度处理反应器。该深度处理反应器将快速紊流涡流反应、混絮凝反应、重力加速沉淀、微滤和气水旋转反冲洗的功能组合为一体，起到深度处理（即三级处理）的作用，保障处理出水稳定达标或回用。反应器主体 $\Phi 1.8m \times 4.8m$，配专用纤维球滤料、微孔布水器、旋转反冲洗器等。

③ 研制连续流类 Fenton 氧化反应器

依据水质水量设计研制了连续流类 Fenton 氧化反应器（$\Phi 1.8m \times 2.5m$），配自动加药设备、变频搅拌器和 pH 控制仪等。同时研制了脱聚塔等设备，与主体工程配合使用。

（4）集成创新

将物化预处理与微生物处理耦合，采用创新的碱解技术和类 Fenton 连续流预处理方法与改良的 ABR 工艺，投加复合功能菌，并集成创制的碱解塔、脱聚塔、吸氨塔、连续流反应器和深度处理器，减少了构筑物和占地面积，节省了示范工程的投资和运行成本，保障了稳定达标运行。

① 改良了 ABR 工艺

依据投加的厌氧脱硫功能菌，厌氧脱氮功能菌，厌氧聚磷功能菌，兼氧高效分解功能菌的生理、生化、遗传和生态特征，将 ABR 反应器分为：脱硫室、脱氮室、脱磷室、深脱室及沉清室，将各功能菌依次分别投加到各室，并投加改良的三维填料固定与截留各室功能菌种，避免大量流失；流失的功能菌体可作下一室功能菌的营养物被利用。依据各类功能菌的世代周期设计各室的停留时间，计算设计上流室和下流室的流速流量，并依据处理废水的水质水量设计各室的容量，使之与各功能菌的生长世代时间相匹配。实际工程 ABR 设计参数：单座 ABR 池分为 5 格（室），各室容量的比例为：脱硫：脱氮：脱磷：深脱：沉清＝2：2：2：2.5：2.5，上流：下流＝4.1：0.9，各室顶设排气孔，各室底设排泥管，各室设自回流，不设整体回流。实际工程运行结果表明：脱硫、氮、磷和脱 COD 的效率在 50%～60%。

② 创新类 Fenton 连续氧化技术

在类 Fenton 间隙氧化处理的基础上，创新了连续投加催化剂＋H_2O_2 与废水在连续流类 Fenton 反应器内连续氧化反应的技术，改间隙反应为连续反应后，提高了药剂的作用效率和氧化效率，为后续生化处理提供了稳定的水量和均匀的水质，降低了预处理的成本。类 Fenton 连续氧化技术对精喹等有机物的降解率达 70%～80%，工程设计时，根据实际需要的降解率调整反应的时间。

（5）理论创新

创新了复合微生物群落生态体系存在物理、化学和遗传信息三个层面相互协作的理论；创新了碱解塔中机械场、流场、温度场的综合作用阻止 IDAN 聚合并同时解聚的理论；创新了连续流类 Fenton 反应的二阶动力学理论；创新了生物硫铁纳米材料去除 As 生成 As_2S_3、$Fe_3(AsO_4)_2$ 和 $FeAsO_4 \cdot xH_2O$ 沉淀而 As 被净化的理论。

① 微生物群落存在物理、化学、遗传信息三个层面协作机制

围绕物化预处理与微生物技术耦合，从研究中探索出生物反应器中的复合微生物群落生态体系存在物理、化学和遗传信息三个层面相互协作的内在规律，这种协作对砷和重金属的抗性、耐性和价态转化及有机物的降解与其协同净化起着重要的作用。遗传信息水平协作是指质粒上基因改变或转移适应对砷与重金属去除的需求；化学水平的协同分互生共生协同，形成微生物生态体系对砷和重金属去除及有机物降解；物理水平的协作指形成生物膜絮凝体，加速沉降固液分离，使砷和重金属及有机物被净化。

② 机械场、流场、温度场的综合作用阻止聚合并解聚

根据对碱解塔的试验研究，总结出碱解过程理论有 3 个方面：一是机械场的作用，使塔内反应液体产生层流涡流；二是流场的作用，使塔内液体产生紊流、湍流、充分混合反应，并起吹脱作用；三是温度场作用，加热 80～90℃，加快分子碰撞，化合物开环断链，腈、氰分解，最终形成 CO_2、N_2 和 H_2O。

③ 生物硫铁纳米材料高效除砷

发现 BM 复合菌原位合成生物硫铁纳米材料；创新了 BM 复合菌去除砷的理论：砷主要与该材料中的 S^{2-} 生成 As_2S_3 沉淀被去除，其次是砷与该材料中 Fe 生成 $Fe_3(AsO_4)_2$ 沉淀或 $FeAsO_4 \cdot xH_2O$ 沉淀被去除，固液分离后，处理出水中砷的含量小于 $0.5mg/L$。

（6）示范工程及典型工程

示范工程见第 1、2 章，典型工程案例见第 3～15 章。

本书各章节的核心技术是本科研团队的工作结果，参加本书编写的人员近百人，为新技术、新工艺付出辛勤劳动的人员更多，在此特向他们致以深切谢意。

张洪荣对全书进行整理编排，图表编辑和文稿校对；李昕提供全部资料、指导和修正；全书由李福德统稿；谢翼飞领研项目前沿技术；蒋思峡对项目技术监督；吴全珍对项目的卫健安全指导；高学文对项目财务监督。

本书在编写过程中，得到赵德华、刘大江、陈玉谷、陈忠余、杨顺楷、甘永昌、夏成文、袁德熠、唐仁田等领导和专家对本工作和相关技术的关心指导，钟盛先、古明选、王海燕、田文兰、周华等提供了大量的国内外文献资料，衷心感谢他们。衷心感谢所有参加和创新本工作的同事们和朋友们。在本书研究工作和写作过程中，参考了大量国内外文献，并在书中引用，在此向这些作者一并表示感谢。

科技发展突飞猛进，限于编著者学识水平，这些结果是不系统、不完善的，可能存在偏颇。本书供读者参考和借鉴，敬请提出宝贵意见，我们诚挚接受，并给予修改和补充。

编者

2023 年 3 月

目　录

第11章　土菌灵等多种农药生产废水处理技术研究 与工程案例　　309

第12章　亚氨基二乙腈和双甘膦及草甘膦的高浓高磷 固渣煅烧工程技术研究与工程案例　　331

第 1 章

剧毒难降解氰化物亚氨基二乙腈废水处理技术研究与工程示范

摘要： 以天然气为原料合成亚氨基二乙腈（IDAN）产生的废水中含剧毒的氰腈化物和甲醛、氨、乌洛托品、聚合物等多种污染物，酸度大，盐分高，成分复杂，处理难度极大。对废水中污染物成分分析，率先分离筛选出高效降解氰腈菌株，研发了适合降解菌的厌氧折流板（ABR）＋缺氧（A）＋好氧（O）组合工艺，配套研制了碱解塔、脱聚塔、氧化塔、吸氨塔、过滤器、深处理器等处理设备，该工艺设备成功应用于氰腈、高浓、高盐、高酸、高氨氮废水处理，出水稳定达标排放并实现回用。

1.1 含氰腈化物废水处理概述

1.1.1 含氰腈化物废水的来源及毒性

氰是剧毒物质，腈是氰化物的一类。含氰（CN^-）废水除来自氰化物自身的生产过程以外，还来自应用过程。氰化物一般可应用于氰化提金、电镀、金属加工、化肥厂、煤气制造厂、焦化厂、农药厂、化纤厂等化学工业。总的来说含氰废水的来源涵盖黑色冶炼、化工、化纤和机械电子等多个行业。

氰化物对人有极大的危害，其最大的特点是毒性大、作用快。CN^-进入人体后便生成氰化氢。在含有很低浓度（0.005mg/L）氰化氢的空气中，人就会感觉到头痛和头晕；在氰化氢浓度＞0.1mg/L的空气中，人就可能死亡。

当氰化物的浓度大于1mg/L时，将会影响活性污泥的活性。通过生物滤池来处理的含氰废水，其浓度不应大于2mg/L。从其对活性污泥生物体系所产生的影响来看，在含氰量未达2mg/L时，其影响尚不很严重，但如超过这个限度，其毒性作用就会变得显著起来。对以采用活性污泥法的污水处理来说，废水中的含氰浓度即使在1mg/L以下，也会使净化率下降，但如果流入水的氰化物浓度不超过2mg/L，则活性污泥仍有恢复的可能性。进入污水处理厂的最为理想的氰化物浓度为1mg/L，但考虑到实际情况，可以认为，2mg/L的规定也较为妥当。

1.1.2 含氰腈化物废水处理技术研究与应用现状

含氰腈化物废水处理主要分为物化处理与生物处理两大类。其中物化处理包括碱性氯化法、化学沉淀法、活性炭吸附催化氧化法、过氧化氢氧化法、湿式催化氧化法、离子交换法等。

1.1.2.1 碱性氯化法

碱性氯化法处理含氰废水的技术，是目前国内外应用最为广泛的（日本占 85%，我国大部分工厂也采用此法）。碱性氯化法处理含氰废水的原理是：向废水中投加氯系氧化剂，使氰化物第一步氧化为氰酸盐（称为不完全氧化），第二步氧化为二氧化碳和氮气（称为完全氧化）。氰酸盐的毒性远低于处理前的氰化物，其毒性大约为 CN^- 毒性的千分之一。目前常见的含氯药剂有：氯气、液氯、二氧化氯以及以次氯酸钙、次氯酸钠为主要成分的漂白粉等。该方法的特点是处理药剂来源广泛、价格低，设备简单，投资省，是目前国内外比较成熟和普遍采用的方法之一。其缺点是处理后有余氯，难以准确投料，工作环境污染严重，会产生剧毒氯化氰气体，从而对操作工人危害较大，而且药剂耗量大，当长期使用时，其严重腐蚀处理设备，反应后产生较多的废渣，且此方法对络合氰的去除效果不明显。

1.1.2.2 化学沉淀法

CN^- 可与多种金属离子形成稳定的络合物，而这些络合物中的多数都是无毒无害的。根据这一性质，常利用 Fe^{2+} 和 CN^- 能络合形成 $[Fe(CN)_6]^{4-}$，然后 $[Fe(CN)_6]^{4-}$ 能再与其他金属离子形成沉淀的特性来处理含氰废水。该法的特点有：操作简单，处理费用低，并且可回收可作为颜料的铁蓝沉淀。缺点是该法的处理效果较差，淤渣较多。一般情况下，其处理出水中，氰的残留量均大于 $1mg/L$，通常不宜直接排放，因而应多结合其他方法进行深度处理。

1.1.2.3 活性炭吸附催化氧化法

活性炭不仅具有较强的吸附特性，同时也表现出一定的催化特性，因此活性炭吸附催化氧化法日益受到重视，也因此得以迅速发展，同时其理论研究也在不断深化。研究表明，如解决了传质速度，以及其深层供氧问题，可加快活性炭吸附速度和催化氧化反应速度，显著提高活性炭对氰化物的吸附氧化效率，在其他条件相同的情况下，流化床的处理容量比固定床法高 46.3%。

活性炭吸附催化氧化法的特点是处理条件温和，操作安全，深度净化的处理水可以回用。缺点是该法的处理成本较高，活性炭再生复杂且费用较高，且 CN^-、HCN 在活性炭上的吸附容量小，一般为 $3 \sim 8mg\ CN^-/gAC$（AC，活性炭）。目前降低处理成本的办法主要是考虑提高其处理能力，解决好饱和炭的再生和回用问题，以及回收催化剂和其他重金属等。

1.1.2.4 过氧化氢氧化法

过氧化氢在一般条件下不能氧化氰化物。只有在常温、碱性、有 Cu^{2+} 做催化剂的条件下，氰化物才能被 H_2O_2 所氧化。H_2O_2 能使游离的氰化物及其金属络合物（除了铁氰化物）氧化成氰酸盐，铁氰络合物较稳定，不能被双氧水氧化，但可以通过与铜离子络合产生沉淀而被除去。过量的 H_2O_2 能迅速分解成水和氧气，处理过程中不增加有毒物质。

1974 年，美国杜邦公司首次用该技术处理含氰废水，1984 年，德国在非洲的一个黄金氰化厂进行运行。该工艺得到迅速发展是 1984 年在巴布亚新几内亚独立国的奥克泰迪（OK TEDI）铜金矿安装第一台双氧水氧化处理含氰废水装置之后。关汇川在处理总氰浓度为 365～1150mg/L 的含氰废水时，采用的是将浓度为 35%～50% 的 H_2O_2 与浓度为 85%～90% 的 H_3PO_4 按一定比例混合后的混合液，其最终的氰化物去除率达 99% 以上，且 H_2O_2 的使用量也大大降低，但增加了废水中磷的成分。1997 年，过氧化氢氧化法处理含氰废水的实践发生在山东三山岛金矿，结果表明过氧化氢用于处理酸化法之后的尾液是成功的，其中废水中的氰化物质量浓度从 5～50mg/L 降低到 <0.5mg/L。H_2O_2 氧化法处理含氰废水，速度快，一般比较适合处理低浓度的含氰废水，该方法处理含氰废水的过程简单，是一种比较有前途的含氰废水处理工艺。缺点是 H_2O_2 价格较高，来源不足，处理成本较高，运输和使用方面也有一定危险，从而在一定程度上使该方法的应用受到了限制。

1.1.2.5　湿式催化氧化法

湿式催化氧化法是以氧为氧化剂，在高温、高压的条件下来处理高浓度含氰污水。其优势表现为在常规方法不能完全清除或难以彻底氧化污染物的情况下，使这些污染物都能得到较好的去除。该法是在高温（125～320℃）、高压（0.5～20MPa）条件下通入空气，使废水中的高分子有机物直接氧化降解，其产物为无机物或小分子有机物。该法是在传统的湿式空气氧化处理工艺中，加入适宜的催化剂，从而降低反应的温度和压力，降低活化能，提高氧化分解能力，缩短停留时间，加快反应速率，同时也可减轻设备腐蚀，降低运行费用。该技术在美国、日本以及欧洲得到了很好的应用和发展，在我国已从实验室研究阶段发展到近期的工程应用。

1.1.2.6　离子交换法

离子交换法处理含氰废水的原理是：先将自由氰离子转变成金属离子的络离子，然后使废水通过阳离子交换树脂和阴离子交换树脂的混合柱，用无机酸使之再生，其再生液用碱中和。离子交换法能够回收废水中氰化物。对于该方法的应用，一直处于领先地位的是苏联。

1960 年，苏联开始研究并应用离子交换工艺，用于处理杰良诺夫斯科浮选厂的含氰废水，并回收到部分的氰化物和金，1970 年投入工业应用，并取得了良好的效果。1985 年，加拿大氰特 Cy-tec 公司应用离子交换法处理含氰废水，并达到了工业应用水平。美国也有专利，其研究了用弱碱性阴离子交换树脂从酸性贵金属氰化物中回收贵金属，被吸附的贵金属络阴离子用 NaOH 或 KOH 解吸，然后用电沉积方法回收洗脱液中的贵金属。

1.1.2.7　生物降解法

氰化物虽属具剧毒性物质，但某些微生物可以从中取得碳、氮养料，有的微生物甚至将氰化物作为唯一的碳源和氮源，在其代谢过程中，氰化物被转化为二氧化碳、甲酰胺、氨或甲酸，从而使含氰化物废水具有可生物降解性。

已经工业化的生物处理法较多，可以用来处理含氰废水的微生物也较多，实践证明，对于含铜绿假单胞菌（*Pseudomonas aeruginosa*）的污泥，在经过驯化后可以处理浓度为 35mg/L 的 CN^-，美国霍姆斯特克（Homestake）采矿公司采用了少动鞘氨醇单胞菌（*paucimobilis*）降解氰化物和硫氰化物，其设备是旋转生物接触器，处理后总氰去除率达到 91%～99%，游离氰去除率达 98%～100%。印第安石化公司建立了物理-化学法后接活性污泥的联合工艺，利用天然细菌处理了聚丙烯车间的含氰废水。我国李昕等科研团队也进行了采用生物法处理含氰废水的研究并设计建成了示范工程。对于浓度很低（<10mg/L）的废水，采用水生植物净化的方法，能取得良好的效果。如氰化物进入水葫芦、芦苇等水生植物体内，经过一系列的吸附、氧化、代谢、同化作用，氰化物转化为氨基酸类物质，而解除毒性。利用微生物来处理水量大的含氰废水，或含大量有机腈的废水，已经成为处理氰化物的常用方法，一些工厂取得很好效果，除氰效率达到 99% 以上。生物法成本较低，是目前研究较多的方法之一。IDAN 生产废水处理工程的难点有两个：①CN^- 有剧毒；②IDAN 容易聚合。解决的技术思路是：①研发碱解塔阻止 IDAN 聚合；②分离筛选高效的降氰菌，把 CN^- 作为高效菌需要的碳源和氮源。

1.2 亚氨基二乙腈生产废水分析

亚氨基二乙腈，英文名 iminodiacetonitrile，简称 IDAN，分子式 $C_4H_5N_3$，分子量 95.10，浅黄色至褐色粉末，熔点 75～78℃，堆密度 0.6～0.7g/m^3，溶于水（100g H_2O 中可溶解 6～7g，25℃），易溶于丙酮等有机溶剂。IDAN 是一种重要的有机精细化工中间体，主要用于合成除草剂草甘膦（PMG），与当前 PMG 市场需求量的生产发展紧密关联。在染料、橡胶、化肥、电镀、医药、建材、水处理、食品加工、合成树脂、电子产品等行业也有使用。

以天然气为原料合成亚氨基二乙腈（IDAN）的主要化学反应式如下。
（1）合成羟基乙腈
$$2CH_4+2NH_3+3O_2 \longrightarrow 2HCN+6H_2O+Q$$
$$HCN+HCHO \longrightarrow HOCH_2CN$$
（2）合成亚氨基二乙腈
$$2HOCH_2CN+NH_3 \longrightarrow NH(CH_2CN)_2+2H_2O$$
（3）其他反应式
$$H_2SO_4+2NH_3 \longrightarrow (NH_4)_2SO_4$$
（4）副反应（亚氨基二乙腈合成时）
$$HOCH_2CN \longrightarrow HCN+HCHO$$
$$3HOCH_2CN+NH_3 \longrightarrow N(CH_2CN)_3（氨三乙腈）+3H_2O$$
$$HOCH_2CN+NH_3 \longrightarrow NH_2CH_2CN（甘氨腈）+H_2O$$
$$4NH_3+6HCHO \longrightarrow (CH_2)_6N_4（乌洛托品）+6H_2O$$
从天然气合成亚氨基二乙腈的主反应和副反应可知，在 IDAN 的制备中将产生大量的废水。其废水的成分复杂，酸度大，盐分高，含氨、腈、甲醛、亚氨基二乙腈、氰根离子等多种污染物以及相关聚合物，处理难度极大。

1.3　降氰腈菌的筛选及其降解特征研究

1.3.1　材料与方法

微生物样品采集自成都某厂排放的电镀废水、电镀槽槽液以及含氰污泥。

1.3.1.1　马丁氏液体培养基组分

A：葡萄糖 10g，蛋白胨 5g，KH_2PO_4 1.0g，$MgSO_4$ 0.5g，蒸馏水 1L。
B：葡萄糖 10g，KH_2PO_4 1.0g，$MgSO_4$ 0.5g，蒸馏水 1L。
C：蛋白胨 5g，KH_2PO_4 1.0g，$MgSO_4$ 0.5g，蒸馏水 1L。
D：KH_2PO_4 1.0g，$MgSO_4$ 0.5g，蒸馏水 1L。
E：NH_4Cl 2.0g，KH_2PO_4 1.0g，$MgSO_4$ 0.5g，蒸馏水 1L。
F：葡萄糖 5g，KH_2PO_4 1.0g，$MgSO_4$ 0.5g，蒸馏水 1L。

1.3.1.2　菌株分离筛选

取一定量电镀废水、电镀槽槽液及含氰污泥，分别加入马丁氏液体培养基中，于 30℃、130r/min 条件下进行摇床培养，然后按 6% 的接种量，将培养液接入到 CN^- 初始质量浓度为 8mg/L 的马丁氏液体培养基中继续培养。为进一步提高培养基中氰化物浓度，将培养液转移至新鲜培养基中进行筛选，直至 CN^- 质量浓度达到 315mg/L。采用平板划线分离法对筛选出的降氰真菌进行纯种分离。

1.3.1.3　降氰真菌生长曲线的测定

刮取马丁氏斜面培养基上的真菌孢子，用无菌水制成孢子悬浮液，吸取 5mL 孢子悬浮液（孢子数为 $5.6×10^{12}$/mL）三份分别加入盛有 80mL 培养基 A 的锥形瓶中，于 30℃、自然 pH、130r/min 条件下摇床培养，定期取样进行抽滤，于 105℃下烘干至恒重并称其质量，取三次质量的平均值作为菌体干重，从而得到该菌种的生长曲线。

1.3.1.4　最适降氰条件的研究

分别在不同的温度、pH、摇床转数、接种量和营养成分下测试降氰菌的降氰率。同时在每次实验过程中都以不加菌的含氰培养基作为对照样来确定本实验条件下氰化物的自然挥发量。每个实验重复做 2 次并取平均值，以下同。

1.3.1.5　CN^- 的生理作用

在 CN^- 初始质量浓度为 35~45mg/mL 及最适降氰条件下，将经一定时间培养的降氰菌菌体分别接种到培养基 E 和培养基 F 中，考察降氰菌在缺乏外加碳、氮源的情况下对氰化物的降解效果。

1.3.1.6　CN^- 测定方法

采用异烟酸-吡唑啉酮法测定 CN^-。

1.3.2 结果与分析

1.3.2.1 降氰真菌的分离筛选结果

经过多次的分离筛选，本研究从所采菌样样品中分离得到 3 株高效降氰真菌，编号分别为 Fw、Fs、Ft。将 3 株真菌分别接种到培养基 A 中，在 0℃、自然 pH、130r/min 条件下进行培养，27h 后将培养液转接到 CN$^-$质量浓度为 60mg/L 的培养基 A 中，16h 后氰化物剩余浓度见表 1-1。

表 1-1 降氰真菌的降氰率

项目	编号	剩余 CN$^-$质量浓度/(mg/L)	降氰率/%
菌株	Fw	0.49	98.3
	Fs	0.74	97.4
	Ft	1.11	96.0
对照	0	28.1	0

显微镜下所观察到的降氰真菌 Fw 菌株见图 1-1。

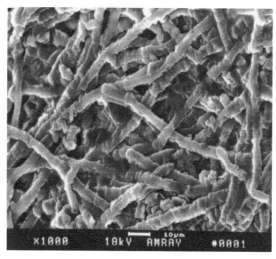

图 1-1 降氰真菌 Fw 菌株

1.3.2.2 菌株最适降氰条件

为了确定 Fw 菌株最适降氰条件，本实验在 CN$^-$初始质量浓度为 55～65mg/L 的条件下，分别对温度、pH、摇床转数和接种量几个影响因素进行研究，结果见图 1-2。

从图 1-2 可以看出，Fw 菌株在 20～30℃、pH 为 5～7、摇床转数 100～180r/min、接种量 6%～20%条件下，16h 内对氰化物的降解率均能达到 95%以上，并且 CN$^-$剩余质量浓度均小于 1.0mg/L。这说明该菌株能够在较宽的条件范围内诱导氰化物水合酶的产生，这种酶可以将氰化物转化为甲酰胺。实验结果还表明，当温度小于 10℃、大于 35℃，pH 小于 4、大于 8 时，该菌株对氰化物的降解率较低或没有降解作用，这是由于在此条件下氰化物水合酶的产生及其活性受到了抑制，而且在低 pH 下氰化物很容易形成氢氰酸而大量挥发。当摇床转数大于 100r/min 时，氰化物的降解率几乎不变，这主要是由于当摇床转数为 100r/min 时已能为降氰菌提供足够的溶解氧，使降氰菌的降氰活性达

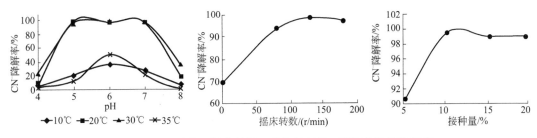

图 1-2 　pH、温度、摇床转数、接种量对 Fw 菌株降解氰的影响

到最大，而过高的摇床转数不仅不能继续提高降氰率，反而会增强氰化物的挥发。

　　Fw 菌株在较宽的温度、pH、摇床转数、接种量条件下对氰化物均具有较高的降解率，但综合考虑既要达到最高降氰率，又要降低其实际应用成本和减少氰化物自然挥发，因此本实验选择最佳降氰条件为温度 30℃、pH=6、摇床转数=130r/min、接种量为 6%。

1.3.2.3 　培养基中营养成分对 Fw 菌株降氰率的影响

　　由于培养基中的碳源、氮源会对菌种的降氰率产生较大的影响，本实验分别研究了 Fw 菌株在培养基 B、C、D 中的降氰效果，结果见表 1-2。

表 1-2 　Fw 菌株在培养基 B、C、D 中的降氰率

培养基	项目	剩余 CN⁻ 质量浓度/(mg/L)	降氰率/%
培养基 B	Fw 菌株	0.49	97.7
	对照	21.57	
培养基 C	Fw 菌株	0.22	99.2
	对照	28.34	
培养基 D	Fw 菌株	0.18	99.1
	对照	20.46	

　　从表 1-2 可见，在培养基中不含葡萄糖或不含蛋白胨或既不含葡萄糖又不含蛋白胨的情况下，Fw 菌株对氰化物降解率均达到 97% 以上，16h 后剩余氰化物质量浓度都低于 0.5mg/L。这主要是由于所接入的菌液中含有一部分未能被利用的营养物质（葡萄糖与蛋白胨），而将培养液转接入新的不含营养物质的培养基中时，Fw 菌株可以继续利用所带入的营养物质诱导氰化物水合酶的合成，有利于菌体对氰化物的降解；此外，Fw 菌株也能利用氰化物作为碳源和氮源进行生长繁殖，从而使氰化物得以去除。因此利用该菌株进行实际含氰废水处理时，不需要外加营养物质，这将大大降低生物法处理含氰废水的处理成本。

1.3.2.4 　CN⁻ 的生理作用

　　为了考察 CN⁻ 的生理作用，本实验利用培养基 E 和培养基 F 对其进行了研究，实验结果见表 1-3 和表 1-4。由表 1-3 可知，在没有外加碳源的情况下，Fw 菌株 16h 内使剩余氰化物质量浓度降至 0.25mg/L。这说明该菌株在降解 CN⁻ 过程中可以直接利用 CN⁻ 作为碳源进行生长繁殖，从而达到较高的氰化物降解率。

表 1-3　Fw 菌株在培养基 E 中的降氰率

项目	剩余 CN⁻ 质量浓度/(mg/L)	降氰率/%
Fw 菌株	0.25	99.1
对照	28.1	

表 1-4　Fw 菌株在培养基 F 中的降氰率

培养基	16h 剩余 CN⁻质量浓度/(mg/L)	降氰率/%	21h 剩余 CN⁻质量浓度/(mg/L)	降氰率/%
Fw 菌株	4.44	79.2	0.49	97.2
对照	21.38		17.62	

由表 1-4 可以看出,该菌株也可利用 CN⁻ 作为氮源进行生长繁殖,但在没有外加氮源的情况下,该菌株 16h 内使氰化物降解率达到了 79.2%,21h 后降氰率为 97.2%,剩余氰化物质量浓度达到 0.49mg/L。和以 NH_4Cl 与蛋白胨作为菌株氮源时相比,其降氰率较低。

1.3.3　结论

① 本研究共分离出三株能够耐较高 CN⁻ 浓度的真菌,这三株真菌在 16h 内对氰化物的降解率均达到 95% 以上,其中 Fw 菌株在 16h 内使氰化物剩余质量浓度降至 0.49mg/L,达到国家一级排放标准。

② Fw 菌株的最适降氰条件:稳定 20~30℃、pH 5~7、摇床转数 100~180r/min、接种量 6%~20%,该菌株在其降氰的最适条件下,16h 内对氰化物的降解率达到 95% 以上,剩余氰化物质量浓度为 1.0mg/L 以下。

③ Fw 菌株利用 CN⁻ 作为碳源和氮源,在不外加碳源或氮源的含氰培养基中,氰化物剩余质量浓度分别为 0.25mg/L 和 0.49mg/L,均达到了国家一级排放标准。

1.4　高效氨氧化菌的筛选及其菌群组成分析

1.4.1　引言

常用水体氨氮主要通过物理、化学和生物 3 种途径处理。传统的物理及化学方法见效快,但投入较大且容易引起二次污染,生物脱氮被认为是最为经济、有效的方法。氨氧化过程是氮转化的第一步,也是关键步骤。有关氨氧化研究的报道很多,但多数研究集中在将活性污泥作为对象的工艺过程控制等方面,近年来,发表的大量涉及氨氧化菌种或菌群的研究又把视角放到含有机碳的异养氨氧化以及厌氧氨氧化等特殊环境等领域,对于传统自养氨氧化细菌来说,由于其自身所具有的增殖速率慢、氧化活性低等缺陷,使得研究者难以在完全可控环境中对其进行深入研究。本团队从某污水厂活性污泥中分离、获得一组自养氨氧化混合菌群,该菌群具有增殖快、氨氧化速率快、种群相对稳定等特点,在实验室中,通过批式实验,考察了主要环境因子对混合菌群氨氧化活性的影响,并采用 PCR-DGGE(聚合酶链式反应-变性梯度凝胶电泳)技术对自养氨氧化混合菌群进行了分析。

1.4.2　材料与方法

1.4.2.1　材料

（1）微生物菌种

氨氧化混合菌群分离自成都某污水处理厂活性污泥，由本实验室保存。

（2）培养基配方

氨氧化菌普通培养基：Na_2HPO_4 10.55g/L，KH_2PO_4 1.5g/L，$MgSO_4 \cdot 7H_2O$ 0.1g/L，NH_4Cl（200mg/L）0.8g/L，$NaHCO_3$ 0.5g/L，微量元素液 2mL，pH 为 7.3～7.5。

微量元素液：EDTA 5.0g/L，$ZnSO_4$ 2.2g/L，$CaCl_2$ 5.5g/L、$MnCl_2 \cdot 4H_2O$ 5.06g/L、$FeSO_4 \cdot 7H_2O$ 5.0g/L、$(NH_4)_6Mo_7O_{24} \cdot 4H_2O$ 1.1g/L、$CuSO_4$ 1.57g/L、$CoCl_2 \cdot 6H_2O$ 1.61g/L。

（3）试剂与器材

各种生理生化试剂均为国产分析纯；分子试剂、分子实验耗材等购自上海英骏、上海生工等公司。

1.4.2.2　实验方法

（1）富集培养

将来自某污水厂的活性污泥于 500mL 平底烧瓶中普通氨氧化培养基中富集培养。培养条件：置恒温磁力搅拌器上，控温 28.5℃，中速搅拌培养。每天检测氨氮、亚硝酸盐氮、硝酸盐氮量以确定氨氧化菌富集情况，并及时更换新鲜培养基，转移接种比例为 8%。重复培养 60d，得到一组氨氧化能力和生理生化特性都相对稳定的自养氨氧化混合菌群。

（2）混合菌群形态特征

分别采集培养 2d 和 7d 的氨氧化菌群制片。在电子显微镜下观察混合菌群形态特征。

（3）环境因子对混合菌群氨氧化的影响

温度：根据混合菌群初始培养温度，设计 7 个培养温度，依次为 10℃、15℃、20℃、25℃、30℃、35℃ 和 40℃，氨氧化培养基相同，培养方法同富集培养所述。

pH：配制普通氨氧化培养基，设定 4 个不同的 pH，pH 分别为自然 pH、6.5、7.0、8.0，培养基其他组分相同，培养条件同培养基配方设置条件。每天检测 pH，并调节处理样品在设定 pH 范围内。

溶解氧：根据供氧速率的不同，设定 3 个处理条件，分别保持不同的溶氧水平，将磁力搅拌器转速分别调为低速、中速和高速（转速依次约为 180r/min、360r/min 和 600r/min），培养基相同，其余培养条件同培养基配方设置条件。

盐度：按照培养基中含盐量（NaCl）的高低，设定 6 个不同的处理条件，分别按0%、0.4%、0.8%、1.0%、3.0% 和 5.0% 的浓度依次向瓶中添加 NaCl，其他培养基组分相同，培养条件同培养基配方设置条件。

NH_4^+-N 浓度：配制普通氨氧化培养基（无 N），培养方法同培养基配方所述。按照氨氮浓度的高低，设定 10 个处理浓度，按照 100～1000mgN/L 的氮含量依次添加 NH_4Cl，培养基其他组分相同，培养条件同培养基配方设置条件。每天检测 pH，当 pH

低于 6.80 时，添加适量 NaHCO₃ 调节碱度。

（4）化学分析方法

实验过程中每天检测 NH_4^+-N、NO_2^--N 和 NO_3^--N 含量，并对相关环境因子（如碱度、pH、溶解氧以及温度等）进行监测，除溶解氧采用 YSI 溶氧仪以外，其他因子采用常规检测与分析方法。

NH_4^+-N、NO_2^--N 和 NO_3^--N 的测定采用国标法，分别为纳氏试剂光度、N-(1-奈基)-乙二胺光度法和紫外分光光度法。

（5）混合菌群结构分析

采用 PCR-DGGE 技术对混合菌群结构进行分析，用细菌提取试剂盒提取菌体（分别培养 2d 和 7d 后的样品）总 DNA。再以该总 DNA 为模板，进行 PCR 扩增。其中 AOB 采用巢式 PCR，再以第一轮 PCR 产物为模板、带 40bp GC 发夹的 P338f-P518r 为引物做第二轮 PCR 扩增。采用伯乐（Bio-rad）公司生产的 DGGE 装置，对其进行电泳分析，即 DGGE 过程。

将分离出的目的条带切胶，再次做 PCR 扩增，扩增产物送上海生工测序。将测序结果上传美国国立生物技术信息（NCBI）中进行序列比对，确定种属。并用 MEGA 软件构建系统进化树。

1.4.3 结果与分析

1.4.3.1 自养氨氧化混合菌群的形态特征

自养氨氧化混合菌群培养 2d 的菌群 SEM 照片（×1000）见图 1-3，培养 7d 的菌群 SEM 照片（×2000）见图 1-4。经长时间富集，获得一组具有较强氨氧化功能的混合菌。在培养瓶中观察，该菌为黄褐色絮体，根据搅拌器速度的不同，生成体积差距较大的絮体，悬于溶液中或附着于瓶壁上。制片后于电镜下观察，菌体及其分泌物质紧密黏结在一起，经初步分析，胞外组分主要为多糖、蛋白质等营养物质。

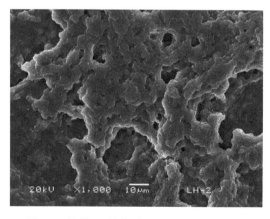
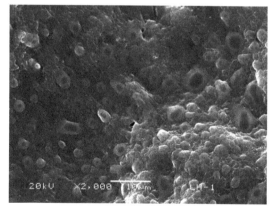

图 1-3 培养 2d 的菌群 SEM 照片（×1000）   图 1-4 培养 7d 的菌群 SEM 照片（×2000）

1.4.3.2 环境因子对混合菌群氨氧化的影响

（1）温度对氨氧化的影响

温度对氨氧化的影响如图 1-5 和图 1-6 所示。从图 1-5 和图 1-6 可看出，混合菌群在

$10\sim40℃$ 范围内都能生长并氧化氨氮,其中 $25\sim35℃$ 是氨氧化菌群适宜生长与高氨氧化活性的适宜范围,其中 $30℃$ 下氨氧化速率最快。$20℃$ 条件下,氨氧化速率有所降低。而在 $10\sim15℃$ 较低温度以及 $40℃$ 的较高温度条件下,氨氧化菌群仍能生长;氨氧化的产物为亚硝态氮(溶液中还残留极低浓度的氨氮),且亚硝态氮-温度的关系同氨氮-温度关系密切相关(图 1-6)。

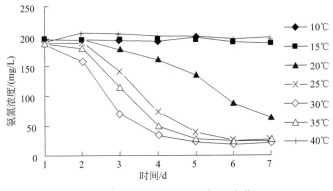

图 1-5　温度梯度下 NH_4^+-N 变化

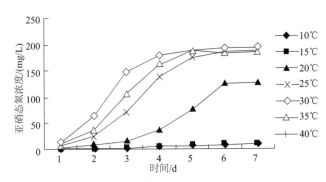

图 1-6　温度梯度下 NO_2^--N 变化

（2）pH 对氨氧化的影响

pH 对氨氧化的影响如图 1-7 所示。由图 1-7 可知,pH 为 7.0 的样品,氨氧化活性最高;相同时间里虽然自然状态下 pH 样品氨氧化速率与 pH 为 7.0 的样品不尽相同,但总体趋势一致,氧化效果最好;自然状态下,氨氧化速率迅速增加时,pH 剧减,这与氨氧化大量消耗体系的碱度有关。

（3）溶解氧对氨氧化的影响

不同转速、溶解氧与氨的变化如图 1-8 所示。由图 1-8 可知,氨氮氧化前 3d,不同转速引起的溶解氧差别不大,在培养后期(3~8d),中等转速培养时氧化速率最大,活性最高,其次是高转速,低速培养氧化速率较低;氨氧化过程中,转速越大,供氧速率越高,体系中溶解氧水平越高,而随着氧化速率的增大,溶解氧迅速降低,而当氨氧化基本结束时,溶解氧再次升高至接近初值。不同转速表现出相同的规律。

（4）盐度对氨氧化的影响

盐度对氨氧化的影响如图 1-9 和图 1-10 所示。图 1-9 和图 1-10 表明,在 1.0% 以下的盐度条件下,混合菌群氨氧化活性不受影响,即便在 3.00% 的盐度条件下,混合菌群液

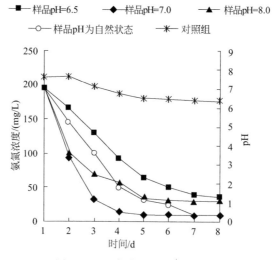

图 1-7 pH 梯度下 NH_4^+-N 变化

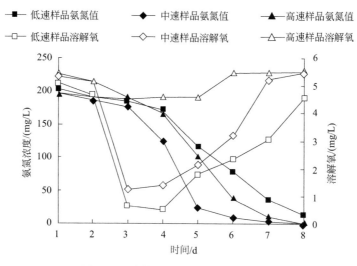

图 1-8 不同转速、溶解氧与氨的变化

能生长并保持较高的氨氧化活性；而当盐度达到 5.00% 时，混合菌群生长与氨氧化受到较大抑制。

1.4.3.3 NH_4^+-N 和 NO_2^--N 浓度对氨氧化的影响

NH_4^+-N 含量、NO_2^--N 含量如图 1-11 和图 1-12 所示。从图 1-11、图 1-12 可看出，在 $100\sim1000$mg/L 浓度范围内，氨氧化混合菌群能够正常生长并具有较高的氨氧化活性，最高氨氮氧化率为 150mg/(L·d)，残留氨终浓度约为 $0\sim3$mg/L。从图 1-11、图 1-12 中还看出，在 $100\sim1000$mg/L 浓度范围内，氧化速率随浓度的增加而增大；该混合菌具有适应的氨氮浓度范围大、氧化速率高等特点。一般认为，氨氧化菌能够忍耐的最高浓度约在 800mg/L 以下，超过此范围就会给氨氧化菌带来较大的毒性，本混合菌群能够耐受高达 1000mg/L 的氨氮可能与菌群结构以及胞外包裹的致密分泌物有关。

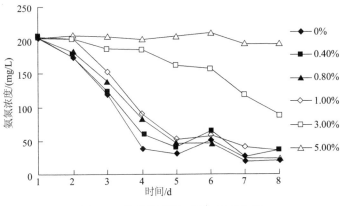

图 1-9　盐度梯度下 NH_4^+-N 变化图

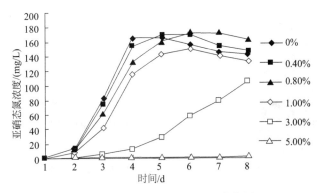

图 1-10　盐度梯度下 NO_2^--N 变化图

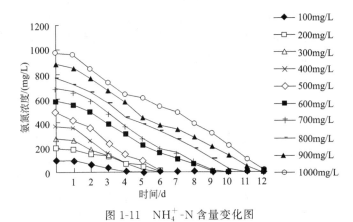

图 1-11　NH_4^+-N 含量变化图

1.4.3.4　菌种鉴定和菌群结构分析

图 1-13 为通过 PCR 扩增获得的混合菌群氨氧化菌群 DGGE 条带，分别是混合菌培养 2d 和 7d 后，分别提取总 DNA 进行的 DGGE 分析。经测序确定，CYF-6 与 CYF-3、CYF-7 与 CYF-4 是同一株菌（因凝胶梯度等因素，靠边泳道内的条带稍有偏斜）。所以，共鉴定出了 5 株氨氧化混合菌，都为亚硝化单胞菌属（*Nitrosomonas* sp.）。CYF-4、

CYF-5 和 CYF-6 条带最亮，说明其是菌群里的优势菌种。

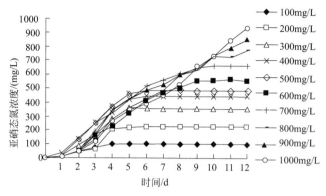

图 1-12　NO₂⁻-N 含量变化图

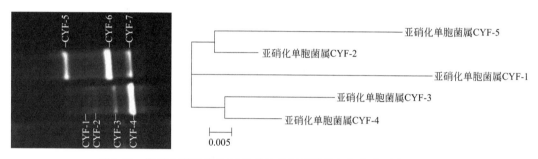

图 1-13　氨氧化菌群的 DGGE 指纹分析图谱及氨氧化菌系统进化树

此外，本团队以总 DNA 为模板，用与氮转化有关的菌种（固氮菌、硝化杆菌、硝化螺菌和反硝化菌等）的特异性引物进行 PCR 扩增（PCR 引物、条件及方法等参见文献），通过 DGGE 电泳得知，混合菌群中还包含硝化菌和反硝化菌。这说明混合菌群是由氨氧化菌、硝化细菌以及反硝化菌等组成的稳定种群，这些种群都直接或间接参与了氮转化过程，硝化细菌的碳源和能源可能来自其他的菌。

1.4.4　结论

本团队从某污水厂活性污泥中获得一组稳定的自养氨氧化混合菌群，该菌群具有生长、繁殖速率快的特点，环境因子影响实验表明，该混合菌群具有较为宽广的生态适应性，温度适应范围可达到 10～40℃，溶解氧可为 0.5～5.5mg/L，以及高达 1000mg/L 的氨氮初始浓度，且随着初始氨氮浓度的升高，菌群氨氧化速率快速增加，在批式培养条件下，最高可达到 150mg/(L·d)。

通过 PCR-DGGE 分析发现，该混合菌群含有 5 株氨氧化菌，经回收条带测序，确定其为亚硝化单胞菌属（*Nitrosomonas* sp.）。此外，采用其他与氮转化有关菌种的特异性引物进行 PCR-DGGE，初步获得混合菌群中还包含有硝化菌和反硝化菌微生物种群，这说明该混合菌群是由自养氨氧化菌为主的自养与异养种群稳定共生体系，该体系能够在自养环境中正常生长繁殖。该混合菌群的共生方式也为完全自养和异养环境中的氨氧化提供了一条有效的途径。

1.5　亚氨基二乙腈生产废水处理工艺的研究

1.5.1　碱解实验

分批将 300mL IDAN 废水倒入四口烧瓶中，加石乳调 pH 到 11～12，搅拌，加热到 70～90℃，通入空气吹脱，出气经冷凝后，用 10% H_2SO_4 吸收，实验结果见表 1-5。

表 1-5　碱解结果

碱解时间/h	COD		NH₃-H		总氰		颜色	10%石乳量/mL
	/(mg/L)	去除率/%	/(mg/L)	去除率/%	/(mg/L)	去除率/%		
0	47308	—	1842	—	371	—	黑色	15
2	29648	37.3	1060	42.5	151.4	59.2	深棕色	15
4	18984	59.9	447	75.7	37.7	89.8	棕色	15
6	9728	79.4	308	83.3	10.5	97.2	黄色	—
8	8896	81.2	58	96.9	2.5	99.3	浅黄色	—

从表 1-5 可见，碱解 6h，可去除 79.4% 的 COD、83.3% 的 NH₃-N 及 97.2% 的总氰；这说明碱解有较好的处理效果，碱解时间越长，去除效果越好。但碱解实验须加热到 85℃左右，能耗高，权衡"能耗"和"效果"两者的"利弊"，碱解以 5～6h 为宜。

碱解出水自流入曝气预处池处理，可进一步降低 COD、NH₃-N 和总氰，使之达到后续生化处理进水水质要求。

1.5.2　工艺试验研究

1.5.2.1　预曝气+石乳处理的效果

4L IDAN 废水+石乳预曝气处理的效果见图 1-14。

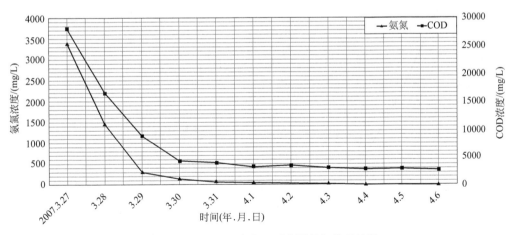

图 1-14　4L IDAN 废水+石乳预曝气处理结果

从图 1-14 可见，4L IDAN 废水经石乳预曝气处理 5 天，COD 从 28077mg/L 降至 3874mg/L，NH₃-N 从 3384mg/L 降至 76mg/L；预曝气处理 10 天，COD 降至 2587mg/L，NH₃-N 降至 11.6mg/L 以下。

1.5.2.2 PE 过滤器对 Ca^{2+} 和 SO_4^{2-} 的去除效果

PE 过滤器对 Ca^{2+} 和 SO_4^{2-} 的去除效果见表 1-6。

表 1-6　PE 过滤器对 Ca^{2+} 和 SO_4^{2-} 的去除效果　　　　　单位：mg/L

时间	项目	中间池	PE 过滤 1	PE 过滤 2
2007.4.6	Ca^{2+}	2751	2707	2691
	SO_4^{2-}	3240	3067	2046

从表 1-6 可见，PE 过滤器可去除 2.18% Ca^{2+} 和 36.85% 的硫酸根。

1.5.2.3 预曝池的处理效果

250m³ 废水预曝池处理效果见图 1-15 和图 1-16。

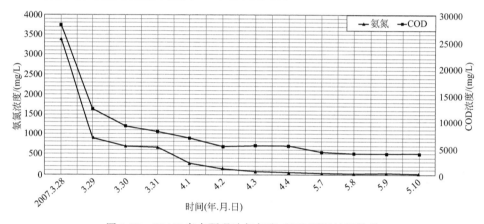

图 1-15　IDAN 废水预曝池氨氮和 COD 预曝处理效果

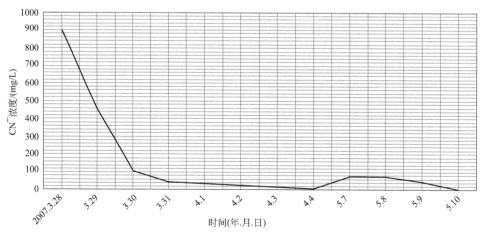

图 1-16　IDAN 废水预曝池 CN^- 预曝处理效果

从图 1-15 和图 1-16 可见，经 7～8 天的曝气处理，COD 可降至 4000mg/L 左右。

1.5.2.4 吸附柱处理效果

吸附柱处理效果见图 1-17～图 1-19。从图 1-17～图 1-19 可见，好氧池出水 COD 在

68～463mg/L 波动，CN⁻ 在未检出～2.6mg/L 波动，NH₃-N 在未检出～28mg/L 波动；经吸附柱处理后，出水 COD≤110mg/L，CN⁻≤0.5mg/L，NH₃-N<1.7mg/L。COD、CN⁻、NH₃-N 均达 GB 8978—1996 的一级排放标准。

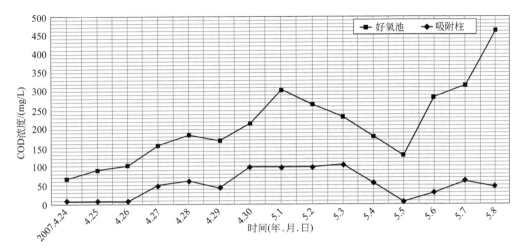

图 1-17　IDAN 生产废水吸附柱对比好氧池 COD 处理效果

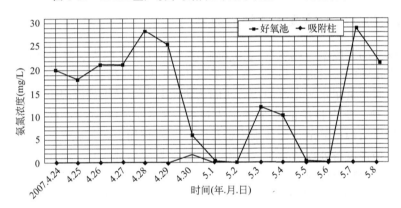

图 1-18　IDAN 生产废水吸附柱对比好氧池氨氮处理效果

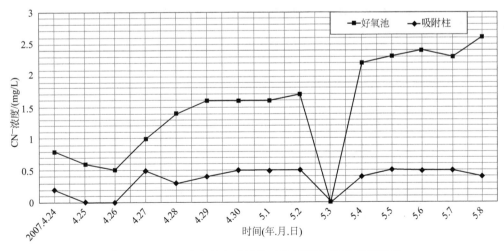

图 1-19　IDAN 生产废水吸附柱对比好氧池 CN⁻ 处理效果

1.5.3 预曝池吹出气体中污染物的治理

用傅里叶转换红外光谱仪、EPA320方法检测吹出气体中污染物含量，见表1-7。

表1-7 预曝池吹出气体污染物的含量

序号	名称	浓度/(mg/m³)	序号	名称	浓度/(mg/m³)
1	CO	77428	7	CO_2	20%
2	NH_3	259	8	甲烷	17
3	NO_2	68	9	二甲苯	66
4	SO_2	少量	10	硫醇	少量
5	甲醛	97	11	硫醚	少量
6	苯	少量	12	氰化物	少量

从表1-7可见，预曝池吹出气体中CO_2占20%，CO达77428mg/m³，其余污染物的量较少，但为避免该吹出气对大气的污染，将预曝吹出池加特制纤维布密封，并设抽气机将该吹出气体送去废气焚烧炉焚烧后，达标排放。

1.5.4 闪蒸和曝气池等废水中物质的检测

用质谱仪对闪蒸废水（原废水）、洗降膜废水、真空泵用水、曝气池出水、厌氧池出水和二沉池出水中的物质进行检测，结果见表1-8、表1-9和表1-10。从表1-8可以看出，洗降膜废水和真空泵用水所含有的物质比闪蒸废水复杂，其中洗降膜废水，含有的物质比闪蒸废水多7种，所含物质的分子量也比较大（388.7、433.0、456.9、576.8、596.5、637.2），其物质结构很复杂，处理难度也很大。若将其加入闪蒸废水处理要慎之又慎，必要时增加专门处理设备处理后才进入闪蒸废水处理系统处理。真空泵用水所含小分子物质也比较多，含有的物质比闪蒸废水多16种，也须前处理后再与闪蒸废水合并处理。由表1-8和表1-9可以看出，原废水、④厌氧池出水和⑤二沉池出水都含有分子量为274.3的物质未被降解。

表1-8 闪蒸废水和洗降膜废水及真空泵用水所含物质的分子量

项目	①闪蒸废水(原废水)	②洗降膜废水	③真空泵用水
废水中不同物质的分子量	131.1,132.0,146.1, 156.9,170.1,182.0, 184.1,274.3,302.3, 318.3,346.4,637.2	125.1,152.1,171.0,195.0, 204.1,215.1,217.0,274.3, 302.3,314.8,318.3,330.4, 336.9,388.7,433.0,456.9, 576.8,596.5,637.2	126.1,131.1,132.0,136.2, 140.9,142.9,149.4,155.1, 158.1,164.8,167.0,174.7, 177.0,181.1,182.7,187.9, 189.0,191.0,194.2,198.0, 199.0,199.8,274.3,302.3, 318.3,346.4,596.6,637.2
①和②所含相同分子量的物质	274.3,302.3,318.3,637.2		
①和③所含相同分子量的物质	131.1,132.0,274.3,302.3,318.3,346.4,637.2		

表 1-9　闪蒸废水和厌氧池出水及二沉池出水所含物质分子量

项目	①闪蒸废水(原废水)	④厌氧池出水	⑤二沉池出水
废水中不同物质的分子量	131.1,132.0,146.1, 156.9,170.1,182.0, 184.1,274.3,302.3, 318.3,346.4,637.2	274.3,302.3,318.3,330.5, 346.4,374.4,568.6,596.6, 624.6	274.3,318.3,637.2,638.3
①和④所含相同物质的分子量	274.3,302.3,318.3,346.4		
①和⑤所含相同物质的分子量	274.3,318.3,637.2		

表 1-10　3 号和 5 号曝气池出水所含物质分子量

项目	⑥3 号曝气池出水	⑦5 号曝气池出水
废水中不同物质的分子量	149.8,181.7,204.8,222.5, 225.6,286.7,317.6,320.5, 334.5,624.4	149.8,181.7,204.8,222.5, 253.3,290.4,302.3,320.5, 330.8,357.8,387.2
所含相同物质的分子量	149.8,181.7,204.8,222.5,320.5	

由表 1-9 和表 1-10 可以看出，原废水、厌氧池出水、二沉池出水含有的相同物质 (274.3，302.3，318.3，346.4，274.3，318.3，637.2) 在⑥3 号曝气池和⑦5 号曝气池中已经不存在，说明曝气可以分解这些物质 (图 1-20～图 1-26)。

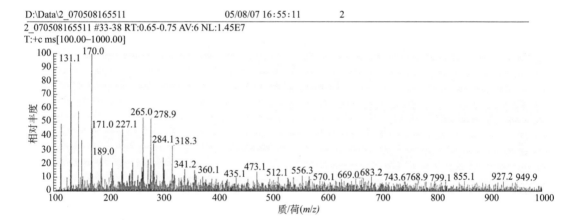

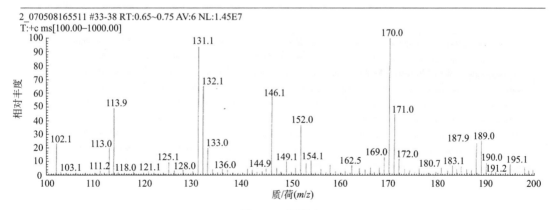

图 1-20　原废水

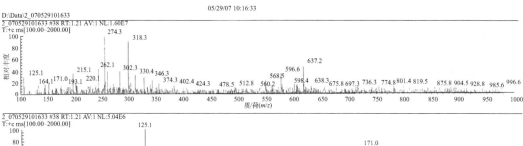
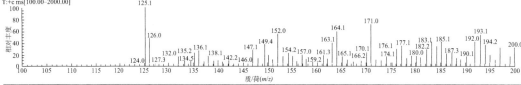
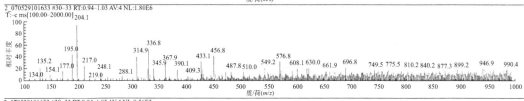
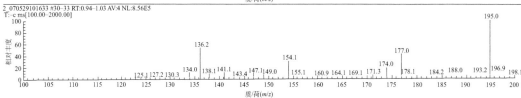

图 1-21　洗降膜废水

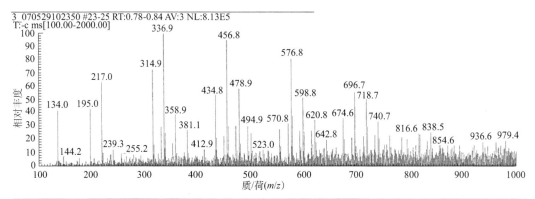
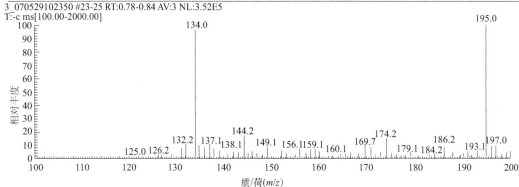

图 1-22　真空泵用水

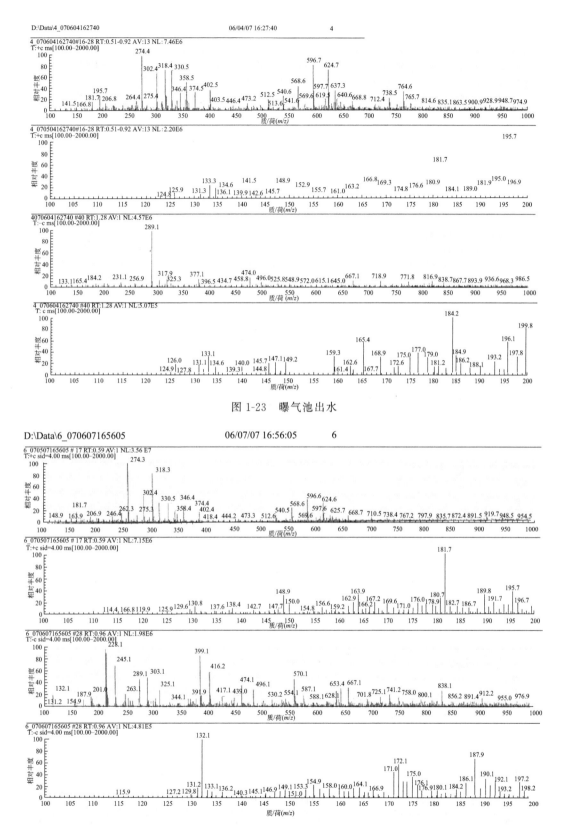

图 1-23　曝气池出水

图 1-24　厌氧池出水

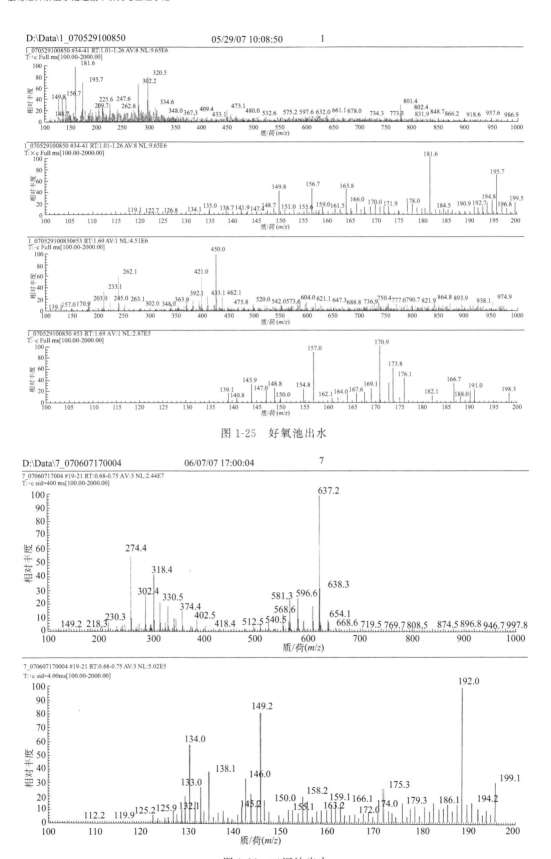

图 1-25　好氧池出水

图 1-26　二沉池出水

1.6 亚氨基二乙腈生产废水处理示范工程

1.6.1 工程概况

IDAN 的生产有分别用天然气和石油作原料的两条技术路线。①业主已打破由天然气生产 IDAN 的技术壁垒，率先建成 IDAN 生产装置，用天然气与氨作用生成氢氰酸，氢氰酸与甲醛作用生成羟基乙腈，羟基乙腈与氨在催化剂的作用下合成 IDAN，生产的优质 IDAN 产品远销美国、加拿大和欧盟。四川省天然气化工研究院用羟基乙腈与 95%～100%液氨反应制 IDAN，产率为 90%、纯度为 98%。氢氰酸与甲醛和氨在催化剂的作用下合成 IDAN，反应液通过两次结晶反应得 IDAN 固体，母液再次浓缩结晶回收催化剂。IDAN 在 NaOH 存在下水解得亚氨基二乙酸钠水溶液，再用盐酸酸化得亚氨基二乙酸。在 5℃下加入氨水、羟基乙腈及阻聚剂氨解生成 IDAN；在 102℃下碱解，生成亚氨基二乙酸钠，用酸酸化至亚氨基二乙酸的等电点，晶析、脱色重结晶、抽滤、干燥亚氨基二乙酸，收率 85%、纯度 99.3%。②由石油合成 IDAN 的路线是：用丙烯、氨、空气和水为原料，在常压、400～500℃下生产丙烯腈，用稀硫酸中和未反应的氨，用水吸收丙烯腈气体，萃取分离乙腈，脱氢氰酸，再脱水，精馏得丙烯腈，其副产物氢氰酸用于合成 IDAN，纯度>99%。目前 IDAN 的开发符合国家产业政策，属于国家鼓励类中"高效、低毒、安全新品种农药及中间体开发生产"化工项目。有较多企业介入投资 IDAN 的生产销售。

本团队依据多次取不同公司的亚氨基二乙腈生产废水进行了大量翔实的处理工艺试验和建成类似系列废水处理工程投运的经验和获得的设计参数，设计亚氨基二乙腈生产废水处理工程。

1.6.2 设计水量和水质

依据 12 个公司生产亚氨基二乙腈（IDAN）废水处理工程投运的实测数据统计，设计业主 IDAN 废水的水量，见表 1-11。

表 1-11　设计业主 IDAN 废水水量

项目	IDAN
设计年废水量/(万吨/年)	10.95
设计日废水量/(m³/d)	300
设计时废水量/(m³/h)	12.5

从表 1-11 可见，业主 IDAN 废水的年排放量为 10.95 万吨/年，日排放量为 300m³/d。

设计业主 IDAN 的进出水水质见表 1-12。

表 1-12　设计业主 IDAN 进出水水质　　　　　　　　单位：mg/L

项目	COD	BOD	总氰	NH_3-N	pH
进水	25000	300～400	850～950	1500～1670	8～10
出水	≤100	≤20	≤0.5	≤15	6～9
GB 8978—1996	100	30	0.5	15	6～9

1.6.3　亚氨基二乙腈生产废水处理工艺

1.6.3.1　亚氨基二乙腈生产废水处理工艺选择

　　本团队组织了大量的人力和物力，详细地研究比较了国内外 IDAN 生产废水的处理方法，如铁碳微电解法、Fenton 试剂氧化法、次氯酸钠氧化法、臭氧氧化法、催化氧气法、电解法、蒸发法、离子交换法、反渗透法、高温高压湿式催化氧化法、高温水解燃烧法和生物法等。通过比较这些方法的优劣，取优去劣并依据本团队多年来治理该难降解工业废水的工程实践经验，和已分离筛选获得的在工程上成功应用的高效降解氰和 COD 的菌种，同时着重考虑总投资省和运行成本低及稳定达标等因素，及其设计建成处理其他公司 IDAN 生产废水处理工程稳定达标运行的实践经验和不断改善发展得到的重要设计参数，确定采用"预处理＋生物处理工艺"处理业主该生产废水。即先将该废水碱解＋氧化预处理（又称前处理），再进后续投加高效降氰菌和降 COD 菌〔见前言（1）③复合降氰功能菌剂和⑤高浓度有机物降解功能菌剂〕的生物处理使处理出水稳定达到国家《污水综合排放标准》GB 8978—1996 的一标与 GB 18918—2002 的 A 标后排放或回用。

1.6.3.2　亚氨基二乙腈生产废水处理工艺流程

　　亚氨基二乙腈生产废水处理工艺流程如图 1-27 所示。

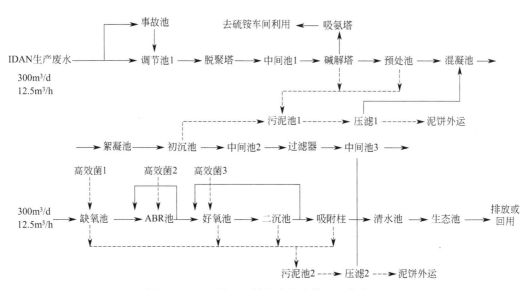

图 1-27　亚氨基二乙腈生产废水处理工艺流程

　　亚氨基二乙腈生产废水预处理系统中调节池分为两格，兼作事故池和调节池。正常生产废水自流进入调节池，再泵入脱聚塔和碱解塔，自流进预处池处理，经混凝池、絮凝池、初沉池、中间池 2、过滤器和中间池 3 后再经后续生物处理。吸附、碱解和预曝处理采用间歇处理方式。①脱聚塔主要脱除聚合物，在出现事故和有特高聚合物时使用，正常情况下不使用；若废水经中间池 1 直接进入碱解塔，可不设脱聚塔。②碱解塔起脱除总氰、腈、氨氮和 COD 的主要作用。③预处池起进一步脱除总氰、腈、氨氮和 COD 的作用。④絮凝池主要起固液分离作用。⑤高效菌 1 为复合降氰功能菌剂；高效菌 2 为复合硫酸盐还原功能菌剂和复合脱氮功能菌剂；高效菌 3 为高浓度有机物降解功能菌剂。

　　废水生化处理系统：将中间池 3 的废水泵入缺氧池、ABR 池、好氧池、二沉池处理，再经吸附柱吸附后进清水池，再进生态池排放或回用。生物处理部分采用流量计计量连续进水处理运行方式。

　　事故废水处理：事故废水进事故池，作应急处理或分次进入调节池、碱解池和预处池处理后，进后续生化处理系统处理。

　　污泥处理系统：碱解塔、预处池和初沉池产生的污泥进污泥池 1，加氧化剂彻底破氰后，再经压滤脱水，脱水后不属于危险废物，可作建材使用或送垃圾场填埋。二沉池的生物污泥进污泥池 2，部分污泥经压滤 2 后，泥饼外运作肥料或送垃圾场填埋。

1.6.3.3　亚氨基二乙腈生产废水处理示范工程平面布置图

　　IDAN 生产废水处理示范工程平面布置图见图 1-28。

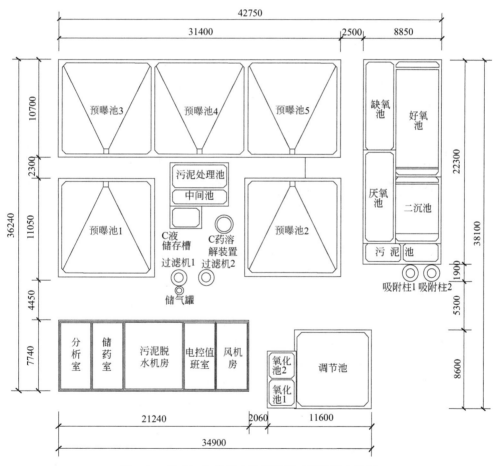

图 1-28　IDAN 生产废水处理示范工程平面布置图

1.6.3.4　前处理和生物处理的预期效果

　　前处理和生物处理的预期效果见表 1-13。

表 1-13 各段预期处理效果

项目	废水/(mg/L)	预处池出水		厌氧池		二沉池出水	
		/(mg/L)	去除率/%	/(mg/L)	去除率/%	/(mg/L)	GB 8978—1996
COD	25000	4000	84	2000	50	≤100	达标
BOD	300~400	2000	0	1000	50	≤30	达标
SS	700~800	700	0	700	0	≤70	达标
氨氮	1500~1670	300	80~82	45	85	≤15	达标
总氰	850~950	10	98.8~98.9	1.0	90	≤0.5	达标
pH	8~10	9		8.5		7.0(达标)	

1.6.4 亚氨基二乙腈生产废水处理工程主要设备

处理亚氨基二乙腈生产废水用到的设备众多，但其主要设备有四种：碱解塔、KF过滤器、脱聚塔、吸氨塔。这四种设备的外形结构见图 1-29。

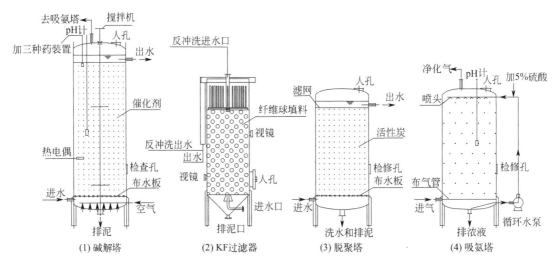

图 1-29 碱解塔、KF 过滤器、脱聚塔、吸氨塔外形结构

1.6.4.1 碱解塔

在一定的温度、风量、转速、压力和时间下，在碱金属、碱土金属和二氧化钛及有关氧化剂等作用物的作用下，进入碱解塔的亚氨基二乙腈生产废水中的游离氨被吹出；废水中的腈化物（包括羟基乙腈、亚氨基二乙腈、氨三乙腈、甘氨腈、乌洛托品及其有关聚合物等）被氧化为小分子的有机酸等，被后续工序处理；废水中游离氰离子（来自 HCN 等）被氧化还原为 CO_2 或 N_2 排出；副反应产生的或过量的 HCHO 也被氧化为甲醇或甲酸被后续工序处理。

设计该碱解塔的进出水参数见表 1-14。

表 1-14 设计该碱解塔的进出水参数

项目	COD/(mg/L)	氨氮/(mg/L)	总氰/(mg/L)
进水	<25000	<1500	<850
出水	<15000	<300	<50

该碱解塔起阻止聚合、碱解、氧化还原和吹脱等作用，实际运行的工程表明：这几方面的作用几乎是同时发生的，此碱解塔也可称得上一座反应塔。该碱解塔的主要设计参数为：①主体尺寸：$\Phi 2.7 \times 6$(m)；②材质：Q235A＋内衬玻钢防腐材料；③反应条件：温度为30～85℃，压力为常压，气液比为（15～30）:1，转速为30～160r/min，反应时间为2～16h；④进出水管路材质：316L 或 Q235A＋玻钢防腐材料；⑤设计使用年限：5～10年。

1.6.4.2　KF 过滤器

在生物处理出水排放前增加该深度处理器，可起到三级处理的作用，化工废水在一级、二级处理后再增加三级深度处理可确保出水水质稳定达标。在设计上把混絮凝混合、快速紊流涡流反应、重力加速沉淀、微滤和气水旋转反冲洗的功能组合为一体，一座过滤器实质上相当于由混絮凝搅拌池、逆流紊流涡流反应池、重力沉淀池和砂滤池组成的一座废水深度处理工程，占地小，投资省。

设计该 KF 过滤器的进出水参数见表 1-15。

表 1-15　设计该 KF 过滤器的进出水参数

项目	COD/(mg/L)	SS/(mg/L)
进水	150	200
出水	<100	<70

在该 KF 专利产品中增加了旋转反冲洗器和涡流反应构件、特制的疏水型纤维球以及微孔布水器等，使得该一体化深度处理反应器的结构更合理，使用更方便。该 KF 过滤器的主要设计参数为：①主体尺寸：$\Phi 1.8 \times 4.8$(m)；②材质：Q235A＋防腐漆；③反应条件：常温常压；④进出水管路材质：碳钢管＋防腐，ABS 和 304；⑤设计使用年限：5～10年。

1.6.4.3　脱聚塔

脱聚塔主要使用废活性炭吸附亚氨基二乙腈合成过程中产生的聚合物，以减轻后续物化处理和生化处理的负担。活性炭吸附饱和后，用汽蒸或化学药剂或高温使其再生；或送锅炉与燃煤混合焚烧处理。该脱聚塔的主要设计参数为：①主体尺寸：T-20 型 $\Phi 2.2 \times 6$(m)；②材料：Q235A＋防腐；③反应条件：常温，0.1MPa，流速 16m³/h，再生周期1～3月；④进出水管材料：304 不锈钢；⑤设计使用年限：5～10年。

1.6.4.4　吸氨塔

吸氨塔主要用硫酸吸收由碱解塔产生放出的氨，以生成硫酸铵，送硫胺车间再利用。该吸氨塔的主要设计参数为：①主体尺寸：X-20 型 $\Phi 2.2 \times 6$(m)；②材料：Q235A＋防腐；③反应条件：中温，961Pa，循环流量 5m³/h；④进出水管材质：316L，PVDF，304；⑤设计使用年限：5～10年。

1.7　调试运行结果

1.7.1　2007年3~4月调试运行结果

2007年3月24日至4月4日的调试运行结果见图1-30～图1-32。

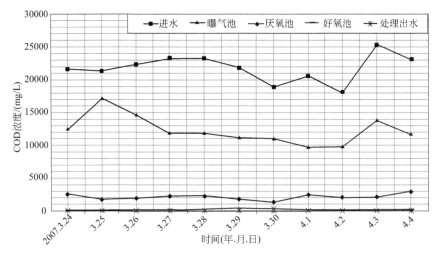

图 1-30   2007 年 3 月 24 日至 4 月 4 日（不含 3 月 31 日）IDAN 生产废水处理工程 COD 日均值变化图

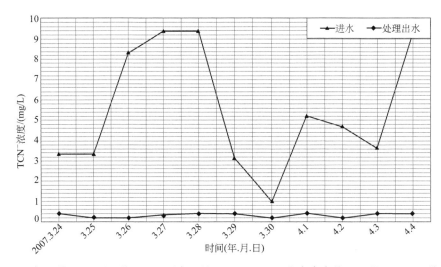

图 1-31   2007 年 3 月 24 日至 4 月 4 日（不含 3 月 31 日）IDAN 生产废水处理工程 TCN⁻ 日均值变化图

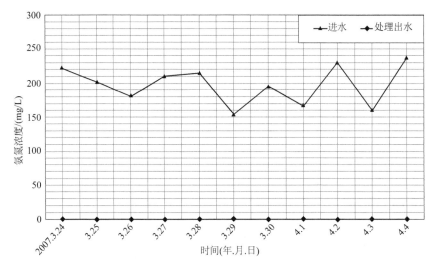

图 1-32   2007 年 3 月 24 日至 4 月 4 日（不含 3 月 31 日）IDAN 生产废水处理工程氨氮日均值变化图

从图 1-30～图 1-32 可见，进水 COD 在 18156～25308mg/L 波动，平均为 21795mg/L；TCN^- 在 1.04～9.38mg/L 波动，平均为 5.52mg/L；NH_3-N 在 151～238mg/L 波动，平均 197mg/L；曝气池 COD 在 9760～17100mg/L 波动，平均为 12520mg/L；厌氧池 COD 在 1350～2844mg/L 波动，平均为 2114mg/L；好氧池 COD 在 113～289mg/L 波动，平均为 201mg/L。处理出水 COD 在 41～68mg/L 波动，平均为 56mg/L；TCN^- 在 0.21～0.44mg/L 波动，平均为 0.34mg/L；NH_3-N 在未检出～0.2mg/L 波动。处理出水的 COD、TCN^- 和 NH_3-N 均达国标 GB 8978—1996 的一级排放标准。

1.7.2　2007 年 5 月至 2013 年 3 月运行结果

2007 年 3 月调试投运后，对有的工段排放废水采取套用，这使得排放废水量减少，进水 COD 也降低，而总氰浓度增加，但处理效果不变。2007 年 5 月至 2013 年 3 月生产废水处理的月均值效果见图 1-33～图 1-35。

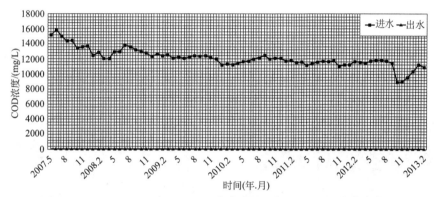

图 1-33　2007 至 2013 年 IDAN 生产废水处理工程 COD 月均值变化图

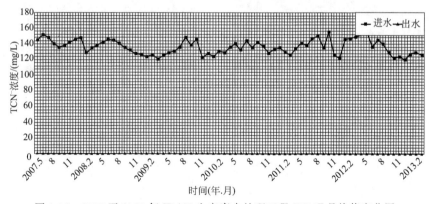

图 1-34　2007 至 2013 年 IDAN 生产废水处理工程 TCN^- 月均值变化图

从图 1-33～图 1-35 可见，2007 年 5 月至 2013 年 3 月，IDAN 生产废水处理工程运行的月均值如下：进水 COD 在 8835～15839mg/L 变化，月均值为 12348mg/L；TCN^- 在 121～158mg/L 变化，月均均值 137mg/L；NH_3-N 变化在 126～218mg/L，月均值为 174mg/L。处理出水 COD 在 55～86mg/L 变化，月均值为 68mg/L；TCN^- 在 0.1～0.3mg/L 变化，月均值是 0.17mg/L；NH_3-N 在 4.3～10.1mg/L 变化，月均值为 7.1mg/L。处理出水的 COD、TCN^- 和 NH_3-N 均达国家 GB 8979—1996 的一级排放标准。

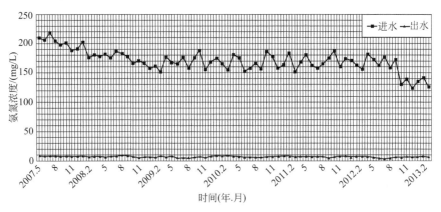

图 1-35 2007 至 2013 年 IDAN 生产废水处理工程 NH₃-N 月均值变化图

1.8 示范工程现场图

IDAN 生产废水处理示范工程现场图见图 1-36～图 1-39。从图 1-36～图 1-39 可见其运行状况非常良好。该项目利用本技术运行至今，系统先进成熟，运行稳定可靠达标，操作管理简便，高效低能，投资运行费用低。处理后，部分出水已实现回用，有较好的社会环境和经济效益。已在四川、宁夏、内蒙古、新疆等地推广应用。

图 1-36 废水池

图 1-37 预处池

图 1-38 好氧池

图 1-39 排放池

第 2 章

精喹和胺草醚及烟嘧生产废水处理
技术研究与工程示范

摘要： 精喹、胺草醚及烟嘧分别是除草剂精喹禾灵、氟磺胺草醚以及烟嘧磺隆的原药。在这些除草剂原药生产过程中，由于各类氯化、磺化、环合、醚化等反应过程，产生大量带有芳香环、酰胺、氯代等高浓度、高盐含氮有机难降解污染物。业主生产精喹、胺草醚和烟嘧农药的废水，原采用三效蒸发、铁碳微电解和 A/O 工艺处理，出水 COD、NH_3-N、S^{2-}、Cl^- 等不达标，面临关停。本团队对该废水成分详细分析研究，依据各生产阶段废水特性进行大量翔实的应用基础、小试、中试和扩试研究，获得最佳工程设计参数后，将原有工艺改造为投加氧化剂预处理和投加降氰菌、降杂环菌和耐盐菌及降 COD 菌的生化工艺处理，处理的出水各项指标均达国标 GB 8978—1996 的一级排放标准。

除草剂 2,4-二氯苯氧乙酸（2,4-D）于 1946 年开始使用以来，除草剂工业已有 70 多年的发展史，迄今人们已成功地开发出了一大批选择性除草剂。除草剂作为现代农业生产体系的重要组分，施用除草剂是农田除草技术中最可靠、最经济的手段。中国农药市场先后有近百个除草剂产品，使用面积前 20 位的产品占到全国农田化学除草总面积 75％左右，磺酰脲类、苯氧羧酸类、三嗪类和酰胺类除草剂是市场的主流品种。磺酰脲类除草剂以苄嘧磺隆、甲磺隆的制剂最多；苯氧羧酸类除草剂主要有 2,4-二氯苯氧乙酸、甲基二氯苯酸、2-甲基-4-氯苯氧乙酸等；三嗪类除草剂主要有莠去津、扑草净、西草净制剂；酰胺类除草剂包括乙草胺、丁草胺等。其中，甲磺隆、莠去津、绿磺隆、咪唑乙烟酸、氟磺胺草醚和氯嘧磺隆是长残效除草剂，占到除草总面积的 15％左右。

2.1 含有机胺类除草剂处理技术研究现状

2.1.1 除草剂的环境危害

除草剂对水体污染主要来源为：直接向水体施药；大气中的残留除草剂随降雨进入水体；农田施用的除草剂随雨水或灌溉水向水体的迁移；除草剂生产、加工企业废水的排放；农药使用过程中，雾滴或粉尘微粒随风飘移沉降进入水体以及施药工具和器械的清洗等。有关资料表明，除地表水体以外，地下水源也普遍受到了除草剂的污染。

土壤中除草剂的主要来源为：农业生产过程中防治农田病、虫、草害直接向土壤施用的除草剂；除草剂生产、加工企业废气排放等。20 世纪中叶至今，化学除草剂在全世界被广泛而大量地施用。过量施用使相当一部分的化学毒物在土壤中不但不能迅速消失反而积累起来，干扰、破坏了土壤生态系统，严重影响了土壤的可持续利用和人类的健康生活。土壤农药污染不仅导致农产品品质下降，还严重威胁人体健康，由残留农药间接导致生态环境遭破坏的损失更是无法估量。

除草剂对人体的危害表现为急性和慢性两种。急性危害中，不同除草剂中毒以后，有不同的体征反应。据有关部门的不完全统计，我国每年发生的除草剂中毒事故有几万起，死亡人数较多。除草剂对人体慢性危害引起的细微效应主要表现在：对酶系的影响；组织病理改变；致癌、致畸和致突变。

2.1.2　除草剂的微生物降解

关于生态环境中残留除草剂的降解，目前认为生态系统中普遍存在光解、水解、植物修复、生物修复等降解途径，且这些降解途径与农药本身的化学性质、结构等都密切相关，其中降解的主要途径为微生物降解。农药的微生物降解是指在微生物作用下农药的结构发生改变，导致农药的化学和物理性质改变的过程，通过将农药从大分子化合物降解为小分子化合物，最后成为 H_2O 和 CO_2，实现对环境的无害化降解。微生物具有分布广泛，数量巨大，代谢类型多样和适应突变能力强的特点，因而任何存在污染物的地方都会出现相应的降解微生物，并存在着或强或弱的生物降解作用。

2.1.2.1　微生物降解除草剂的途径

除草剂的微生物降解多种多样，每种反应均有不同种微生物参与，任何一种微生物均不能完成一种除草剂的全部分解过程。微生物分解除草剂的主要反应如下。

水解：大多数除草剂在土壤中的降解反应，如分子结构中酯键水解产生相应的酸、醇或胺。

脱卤：除草剂分子结构中的卤脱离而使化合物丧失活性。

脱烷基：N-脱烷基是均三氮苯、脲、二硝基苯胺、酰胺等许多类除草剂降解过程中的一个重要反应。

硝基还原：主要是二硝基苯胺类除草剂硝基在厌气性条件下还原为氨基，然后进一步降解。

环羟基化与环裂解：环羟基化是双功能加氧酶诱导的反应。环裂解是微生物分解除草剂的关键步骤，通过环裂解，碳作为能源被微生物利用，并释放 CO_2 与水。

氧化：一种普遍反应，脂肪酸类除草剂以及含脂肪酸侧链的芳香族除草剂往往通过 α-氧化作用进行降解，这种氧化并非完全是除草剂丧失活性的机制，有时则是一种活性化机制。

缀合作用：通过缀合形成缀合物是许多除草剂丧失活性的重要机制，其中包括除草剂分子或其他代谢产物的偶合作用。

2.1.2.2　降解除草剂的主要微生物种类

土壤中的微生物，包括细菌、真菌、放线菌和藻类等。它们中有一些具有农药降解功能。细菌由于其生化上的多种适应能力和容易诱发突变菌株，从而在农药降解中占有主要地位。通过许多科研工作者的努力，已经分离得到多种降解农药的菌株，现将几类主要的微生物降解菌总结如下。

（1）细菌

假单胞菌属（*Pseudomonas* sp.）、芽孢杆菌属（*Bacillus* sp.）、节杆菌属（*Arthrobacter* sp.）、产碱菌属（*Alcaligenes* sp.）、气杆菌属（*Aerobacter* sp.）、沙雷铁氏菌属（*Serratia* sp.）、梭状芽孢杆菌属（*Clostridium* sp.）、棒状杆菌属（*Corynobacterium*）、无色杆菌属（*Achromobacter* sp.）、黄单胞杆菌属（*Xanthomonus* sp.）、寡养单胞菌属（*Stenotrophomonas* sp.）、微小杆菌属（*Exiguobacterium* sp.）、埃希氏杆菌属（*Escherichia* sp.）、土壤杆菌属（*Agrobacterium* sp.）、黄杆菌属（*Flavobacterium* sp.）、微球菌属（*Micrococcus* sp.）；茉草枯、甲基球菌属（*Methyloeoccus* sp.）、八叠球菌属（*Sarcina* sp.）、肠杆菌属（*Entcrobacter* sp.）。

（2）真菌

青霉属（*Pinicielium* sp.）、曲霉属（*Aspergillus* sp.）、根霉属（*Rhizopus* sp.）、木霉属（*Trichoderma* sp.）、镰刀菌属（*Fusarium* sp.）。

（3）放线菌

诺卡氏菌属（*Nocardia* sp.）、链霉菌属（*Streptomyces* sp.）。

（4）藻类

衣绿藻属（*Chlamydomonas* sp.）。

2.1.2.3　影响微生物降解农药的因素

（1）农药结构的影响

农药化合物的分子量、空间结构、取代基的种类及数量等都影响微生物对其降解的难易程度。一般高分子化合物比分子量小的化合物难降解，聚合物、复合物更能抗生物降解，空间结构简单的比结构复杂的容易降解。农药分子结构不同、理化性质不同，其生物可降解性也不同。同时污染物在土壤中的分布特性和初始浓度等因素也影响其生物降解性。有学者采用密闭直接吸收法测定了百菌清、多菌灵、吡虫啉及呋喃丹对土壤微生物呼吸的影响，评价了这 4 种农药对土壤微生物的危害性，结果证实多菌灵对大田土、大棚土和校园土土壤微生物呼吸均有激活作用，百菌清、吡虫啉和呋喃丹对大田土和大棚土的土壤微生物呼吸有激活作用，而对校园土的土壤微生物呼吸有抑制作用。因此，增加污染物的溶解性和生物可利用性，是生物学方法成功修复的必要条件。

（2）微生物自身的影响

微生物的种类、代谢活性、适应性等都直接影响其对农药的降解与转化。很多试验都已经证明，不同的微生物或同一种类的不同菌株对同一有机底物或有毒金属反应不同。另外，微生物具有较强的适应能力和被驯化的能力，通过适应过程，新的化合物能诱导微生物产生相应的酶系来降解它，或通过基因突变等建立新的酶系来降解它。微生物降解本身的功能特性和变化是最重要的因素。

（3）环境因素的影响

环境因素包括温度、酸碱度、营养、氧、底物浓度、表面活性剂等。微生物或其产生的酶系都有一个适宜的降解农药的温度、pH 及底物浓度。有学者调查了联芳化合物（*biaryl*）在土壤和堆肥中被劳尔氏菌属（*Ralstonia* sp.）和皮氏罗尔斯顿氏菌（*Ralstonia*

Pickettii sp.) 降解和矿化情况，在土壤水分适宜的条件下，非离子型表面活性剂吐温 80 可增强微生物对联芳类化合物的利用率。营养对于以共代谢作用降解农药的微生物更加重要，因为微生物在以共代谢的方式降解农药时，并不产生能量，需其他的碳源和能源物质。

2.1.3 除草剂的物化处理技术

2.1.3.1 化学氧化法

化学氧化法主要是利用氯气（Cl_2）、二氧化氯（ClO_2）、次氯酸钠（$NaClO$）、臭氧、双氧水、高锰酸钾等强氧化剂氧化废水中的有机物，使废水达标排放的方法。

（1）氯氧化法

氯氧化法是采用氯气、次氯酸钠、二氧化氯、氯胺等高效氯氧化剂将废水中的污染物氧化降解，生成小分子有机物或 CO_2 和 H_2O 等。氯氧化法通常在常温常压条件下进行，反应条件温和，操作相对简单。氯氧化剂中应用较多的是二氧化氯。虽然二氧化氯有较强的氧化能力，但其与有机物的反应有着显著的选择性，即二氧化氯的氧化性能与有机物的取代基种类相关。近年来二氧化氯在废水处理方面的应用与研究已日渐广泛，其在高浓度有机农药废水的处理中均取得了较好的效果。

（2）臭氧氧化法

臭氧（O_3）是一种强氧化性气体，根据氧化还原电位判断，臭氧是自然界中仅次于氟的强氧化剂。臭氧可以将有毒、生物难降解有机环状分子开环或使长链分子断链，从而使大分子物质变成小分子物质，生成易于生化降解的物质，消除或减弱它们的毒性，提高废水可生化性。农药生产废水中含有大量环状或长链大分子难降解物质，利用臭氧氧化可以预处理这部分难降解物质，为后续生物处理工艺创造条件。

（3）湿式氧化法

湿式氧化法（WAO）是 20 世纪 50 年代由美国的齐默尔曼（Zimmerman）1958 年最先提出并用于造纸黑液处理的一种高级氧化技术。它是在高温（150～325℃）、高压（0.5～20MPa）操作条件下，在液相中通入氧气或者空气作为氧化剂，氧化水中溶解态或悬浮态的有机物或还原态的无机物，生成二氧化碳、氮气和水等无机物和小分子有机物。湿式氧化法主要用于不适合应用燃烧法和生物法处理或具有较大毒性的工业有机废水。

（4）光催化氧化法

日本科学家藤岛（Fujishima）等于 1972 年首先发现了在光照条件下 TiO_2 可将水分解为 H_2 和 O_2。之后，这一技术被迅速应用于废水处理研究之中。已有大量研究结果表明，众多难降解的有机物在光催化氧化作用下可得到有效地去除或降解。

光催化氧化法通常是在常温常压下以光敏化半导体作催化剂（常见催化剂有 TiO_2、SnO_2、ZnO 和 Fe_2O_3 等），以太阳光、紫外灯、氙灯和高压汞灯等为光源（主要以太阳光为能源），产生 ·OH 催化降解水中的有机物的方法。

（5）芬顿（Fenton）氧化法

1894 年，法国科学家 Fenton 发现酸性水体溶液中亚铁离子、H_2O_2 可以有效氧化酒石酸。为纪念这位伟大的科学家，人们将 Fe^{2+}/H_2O_2 命名为 Fenton 试剂。Fenton 氧化法是典型的低温常压均相催化氧化技术，Fenton 试剂是由常用氧化剂过氧化氢（H_2O_2）

和起催化作用的二价铁以一定比例混合组成的一种强氧化剂。在酸性条件下，二价铁能有效催化 H_2O_2 分解产生一种氧化能力很强的羟基自由基（·OH），进而破坏苯环结构或长链大分子结构，形成脂肪族链状化合物或断链化合物，从而消除或降低难降解有机物的生物毒性，改善废水的可生化性能。

近些年来，人们把氧气、紫外线等引入 Fenton 试剂，目的在于增强试剂的氧化能力和自由基的产生效率，节约 H_2O_2 的使用量，把改进试剂如 H_2O_2+UV、$H_2O_2+UV+O_2$、$H_2O_2+Fe^{2+}+UV$、$H_2O_2+Fe^{2+}+O_2$ 以及 $H_2O_2+Fe^{2+}+UV+O_2$ 等称为类 Fenton 试剂。采用改进的 Fenton 试剂可显著提高污染物的去除效率。

（6）电化学氧化

电化学氧化是指利用电极表面的电氧化作用产生的自由基使有机污染物氧化的方法，一般可分为直接电化学氧化和间接电化学氧化两种氧化模式。有机物在电极表面发生氧化还原反应称为直接电化学氧化。利用电化学反应产生氧化剂或还原剂使污染物降解的方法称为间接电化学氧化。通过阳极氧化可以矿化许多有机物，如醇、酮等，最终生成 CO_2 和 H_2O_2。电化学氧化过程适合处理高浓有机废水，处理 1kg COD_{Cr} 所需能耗为 30～50kW·h。电化学氧化阴极也可使有机物发生脱氯反应，降解废水毒性。

2.1.3.2 铁碳微电解法

铁碳微电解法利用具有一定比表面积的含有导电介质高价金属的铁屑等，在偏酸性条件下发生电蚀反应。发生电蚀反应时，铁屑中铁与碳构成无数 Fe-C 微型原电池的正极和负极，以充入的污水为电解质溶液，发生氧化-还原反应形成原电池，利用电极反应生成的产物氢与水中的有机污染物发生还原和分解反应，使这些污染物的结构、形态发生变化。铁碳微电解集氧化还原、催化氧化、絮凝吸附、电沉积和络合反应于一体，可以达到净化废水水质的目的。近年来铁碳微电解法由于其废物利用、操作简单、处理成本较低等因素而应用于农药废水预处理中。

2.1.3.3 预处理组合工艺

由于农药废水水质特殊性和难降解性，传统处理工艺通常不能达到预期的处理效果。常见预处理组合技术是形成高级氧化，高级氧化技术的技术核心是通过强氧化性的羟基自由基氧化有机物。H_2O_2、O_3 等技术的自由基产生效率受到多方面限制，影响其对农药废水的处理效果，因此优化自由基产生的组合技术研究十分广泛。除此之外，也有一些研究通过将物理过滤、吸附技术等与其他技术组合，形成技术叠加提高农药废水处理效率。

2.1.3.4 预处理+生物法工艺组合

为了满足出水排放需求，通常采用预处理和生物法组合工艺处理农药废水。预处理工艺能够破坏难降解污染物结构，提高废水可生化性，并部分去除 COD_{Cr}，为生物法创造条件。生物法工艺以预处理工艺出水为进水，通过生物代谢作用降解消耗废水中的有机物，使出水 COD_{Cr} 值较低。

化学氧化和生物处理工艺结合处理工业废水主要是为了充分利用这些工艺的优点，例如经济性和有效性。问题是生物处理单元的水力停留时间较长，处理负荷较低，仍需开发高效的生物处理反应器。

2.2 精喹和胺草醚及烟嘧合成及其生产废水分析

2.2.1 胺草醚合成及其生产废水分析

胺草醚，又名氟磺胺草醚，化学名称为 5-[2-氯-4(三氟甲基)苯氧基]-N-(甲基磺酰基)-2-硝基苯酰胺，原由英国 ICI 公司研制开发。氟磺胺草醚是一个高效选择性大豆田苗后除草剂，有极好的活性，除草效果好、对大豆安全，对环境及后茬作物安全。主要用于防除大豆田、花生田一年生阔叶杂草。目前胺草醚的合成方法主要有 3 种：第 1 种为以邻硝基苯甲酸为起始原料，经过还原、醚化、环化、酰化、氧化 5 步反应；第 2 种为以间羟基苯甲酸和 3,4-二氯三氟甲苯为起始原料，经过醚化、硝化、氯化等反应；第 3 种为以间甲苯酚、3,4-二氯三氟甲苯为起始原料，经过成盐、缩合、氧化、硝化和酰胺化 5 步反应。方法 1 中醚化反应需要氮气保护，增加了设备投资。业主生产采用第 2 种方法。以间羟基苯甲酸和 3,4-二氯三氟甲苯为起始原料，先合成中间体 3-[2-氯-4-(三氟甲基)苯氧基]苯甲酸（简称醚化物），接着硝化合成三氟羧草醚，再用三氯氧磷氯化合成三氟羧硝基苯甲酰氯，最后与甲基磺酰胺反应合成氟磺胺草醚粗品，经过精制得到高含量氟磺胺草醚原药。业主用该法已工业化生产多年，取得了良好的经济效益和社会效益。合成胺草醚主要方程式如下。

(1) 制酸工段

原料：3,4-二氯三氟甲苯；间羟基苯甲酸

产品：3-[2-氯-4-(三氟甲基)苯氧基]苯甲酸

反应方程式：

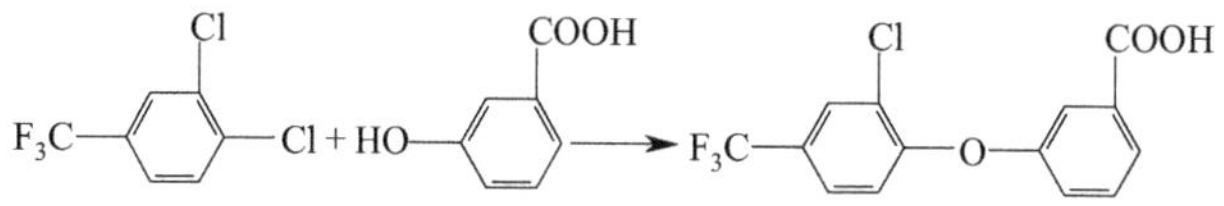

(2) 硝化工段

原料：3-[2-氯-4-(三氟甲基)苯氧基]苯甲酸；硝酸

产品：5-[2-氯-4-(三氟甲基)苯氧基]-2-硝基苯甲酸（三氯羧草醚）

反应方程式：

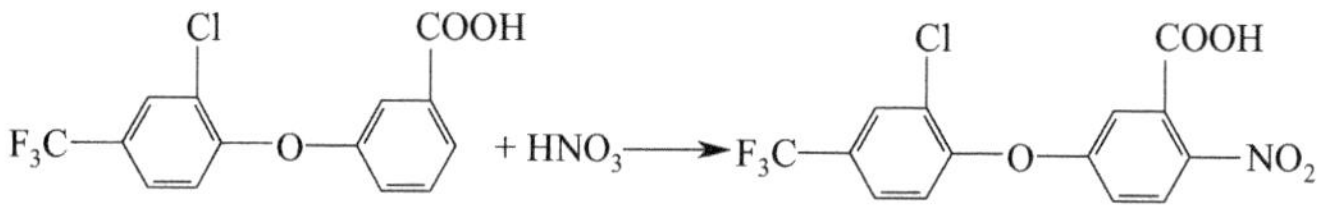

(3) 氯化反应

原料：5-[2-氯-4-(三氟甲基)苯氧基]-2-硝基苯甲酸；三氯氧磷

产品：5-[2-氯-4-(三氟甲基)苯氧基]-2-硝基苯甲酰氯（三氟羧硝基苯甲酰氯）

反应方程式：

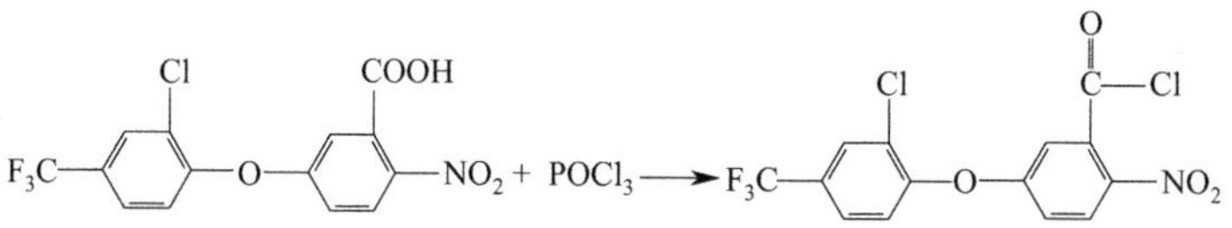

（4）合成工段

原料：5-[2-氯-4-（三氟甲基）苯氧基]-2-硝基苯甲酰氯；甲基磺酰胺

产品：氟磺胺草醚

反应方程式：

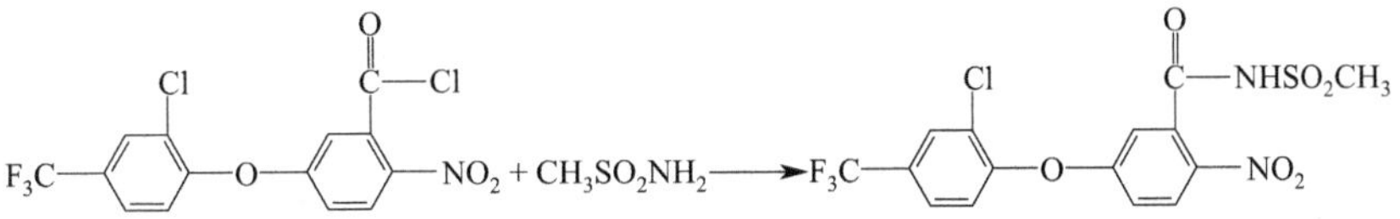

从合成原料、主反应产物和副反应产物可知，胺草醚生产废水中含甲苯类、氯苯类、硝基苯类化合物，同时含有间羟基苯甲酸、氢氧化钾、碳酸钾、二甲亚砜、3,4-二氯三氟甲苯、二氯甲烷、三氯氧磷、氯苯、甲基磺酰胺、胺草醚、盐酸、硝酸等，氯离子浓度高，酸度大，成分复杂，可生化性差。废水必须经预处理后，才能进行生化处理。

2.2.2　精喹合成及其生产废水分析

精喹，商品名为精喹禾灵（quizalofop-p-ethyl，简称精喹），是日本日产化学工业公司开发的芽后选择性除草剂，为内吸传导型选择性茎叶处理剂，对一年和多年生禾本科杂草表现出强劲的枯杀效力，对阔叶作物安全，可广泛用于棉花、油菜、花生、大豆及多种阔叶蔬菜等作物禾本科杂草的防除。精喹禾灵具有安全性高、耐雨性好、阻止再生、低温不减效、使用方便和对禾本科杂草的彻底摧毁特效，所以其在禾本科杂草茎叶处理中的应用发展前景十分广阔。1995 年在我国实现工业化生产以来，经过 14 年的发展，生产工艺完善，原料成本大幅度降低，原药质量大大提高，已达到国际先进生产水平。由于精喹禾灵农药的超高效、持效长、对哺乳动物毒性低、对作物安全性好等特点，深受农业部门和农民的欢迎，销售量逐年增加，国内的生产厂家和装置能力迅速增多和扩大，其厂家在山东、江苏和安徽三地的产量占 70%。

精喹合成的反应及其方程式简述如下。

（1）环合反应

配制好氢氧化钠水溶液，从釜口投入化学计量的对氯邻硝基乙酰乙酰苯胺（SX 物），保温反应生产钠盐。将水和硫氢化钠加入釜中，通蒸汽升温反应。将物料转入结晶釜，反应釜中加入水串洗管线，通冷盐降温结晶打板框。结晶物加入脱色釜，加水升温脱色后板框过滤，滤液滴加盐酸，板框过滤得到中间体环合物。

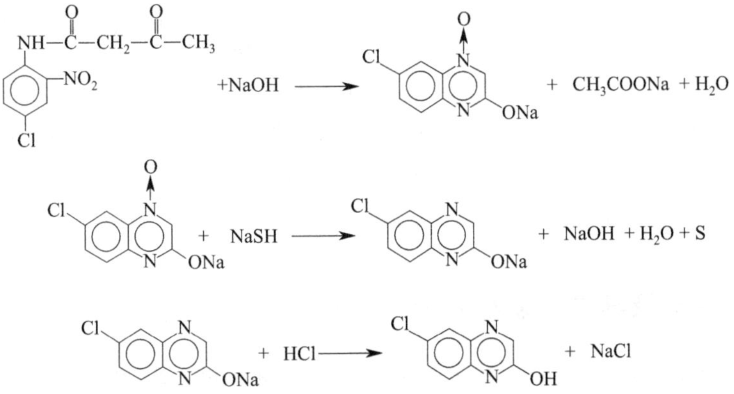

（2）氯化反应

回收甲苯加水水洗后，转到反应釜中。投入环合物、氯化亚砜升温反应，反应完成过滤得到中间体氯化物。

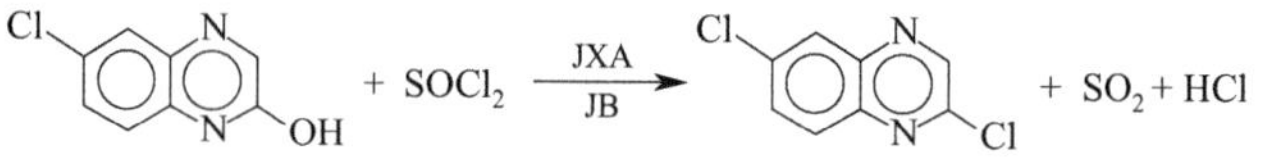

（3）醚化反应

向配碱釜内加入计量好的工艺水，打开人孔盖投入计量好的氢氧化钠，配制好碱液。向反应釜内加入计量好的工艺水，然后打开人孔盖投入称量好的氯化物、对苯二酚，封闭人孔盖，经盘车灵活后启动搅拌，缓慢升温开始滴加碱液，保温反应完毕后放料打板框，然后用热水洗涤滤液至澄清，滤饼用风吹干，拆板框进烘房干燥，得到中间体醚化物。

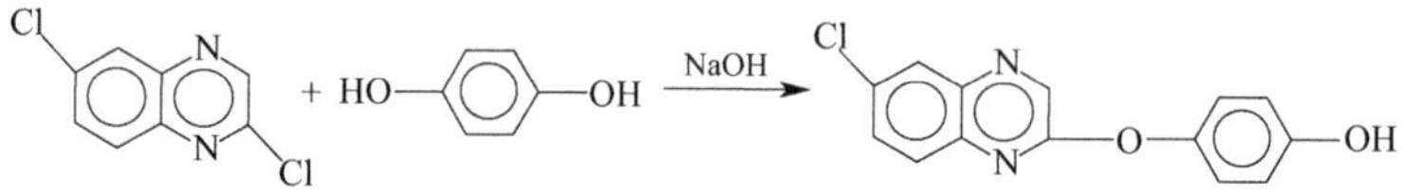

（4）磺化反应

将计量好的切水甲苯和回收三乙胺用真空抽入反应釜，再投入计量好的对甲苯磺酰氯和乳酸乙酯，反应结束后将物料降温，加入 1000kg 工业水，再滴加盐酸进行酸化水洗，测 pH 为 5～7，将下层 SYA·YS［L-(-)-O 对甲苯磺酰基乳酸乙酯］盐分至回收釜，再加入 1000kg 水进行水洗，静置切水，再加入 1000kg 水进行水洗，然后将料液抽至蒸馏釜减压蒸馏，得到中间体磺化物。在三乙胺回收釜中加入浓液碱回收三乙胺，然后对回收的三乙胺用片碱进行干燥，过滤得到合格的三乙胺。

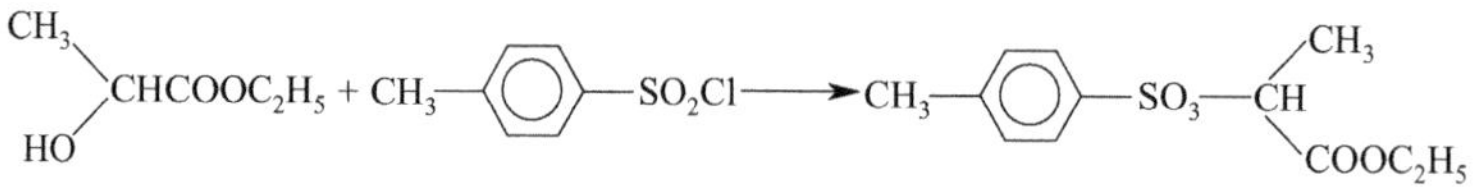

（5）合成反应

向反应釜中加入化学计量的甲苯和醚化物、碳酸钾，带水结束后，滴加磺化物反应，反应完成加水 4 次水洗甲苯层，脱甲苯后加入酒精降温结晶板框过滤得到精喹湿料。

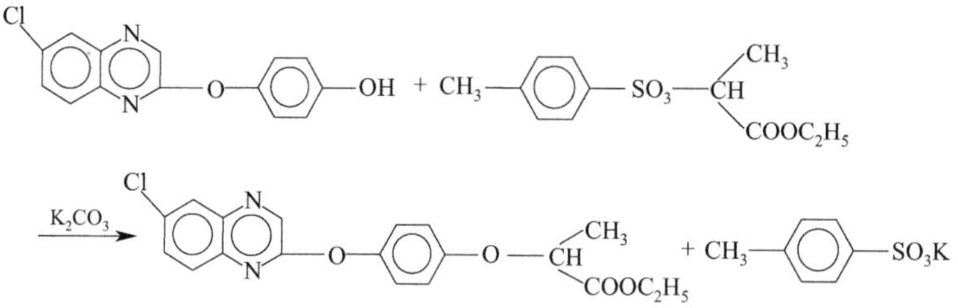

从上述可见，环合、氯化、醚化、磺化和合成工序中有一系列的中间产物、主副产物、剩余原料，如三乙胺、对苯二酚、甲基苯磺酸钠、氯化亚砜、硫氢化钠、盐酸、氢氧化钠、乳酸乙酯、碳酸钾、乙酸等，组分十分复杂，毒性大，盐分高，难降解，必须经预处理后，才能进后续处理。

2.2.3　烟嘧合成及其生产废水分析

烟嘧，又名烟嘧磺隆（nicosulfuron），商品名：accent、SL-950、DPX-V9360，化学名称：2-(4,6-二甲氧基嘧啶-2-氨基甲酰氨基磺酰)-N,N-二甲基烟酰胺。分子式：

$C_{15}H_{18}N_6O_6S$；分子量：410.4，外观为无色晶体，熔点 172～173℃。水中溶解性（缓冲剂中）：400mg/kg（pH = 5）、120g/kg（pH = 7）、39.2g/kg（pH = 9），解离常数（pK_a）：3.6（25℃）。烟嘧是一种高效低毒磺酰脲类除草剂，是侧链氨基酸合成抑制剂。其急性经口 LD_{50}（雄小鼠）>5000mg/kg。推荐用量为每公顷（1 公顷 = 10000 平方米）≤40g 有效成分。玉米田芽后施用，可防除一年生和多年生禾本科杂草和某些阔叶杂草。

烟嘧磺隆系日本石原产业公司发现，1987～1988 年其与杜邦公司联合开发的磺酰脲类除草剂类品种，以商品名 accent 于 1991 年在美国销售，1996 年注册用于甜玉米。它进入我国，由于其用量低，效果好，对玉米安全，故很受欢迎。其专利于 2007 年 1 月 26 日已到期，一些农药企业对此品种非常关注。

在烟嘧磺隆的开发中人们发现氨基甲酰及其立体化学在磺酰脲侧链中导致对玉米的选择性。进一步研究证明，此类化合物对包括多年生在内的禾本科杂草具有高活性并具有属间选择性，最终选择出了烟嘧磺隆。

烟嘧磺隆是玉米专用除草剂，苗后茎叶处理，安全范围很广，敏感品种很少，但品种间敏感性差异达 40000 倍。在美国，甜玉米杂交种及爆裂种玉米限制使用烟嘧磺隆。与所有其他磺酰脲类除草剂品种不同的是，烟嘧磺隆防除禾本科杂草的效果远远优于阔叶杂草。

烟嘧合成的反应及其反应式如下。

（1）制烟酰胺

将氯化亚砜、2-氯烟酸加入反应釜升温反应，脱溶剂后加入化学计量的二氯甲烷，降温，通二甲胺进行胺化反应，反应完成加入一次水搅拌、静置，有机层转入蒸馏釜内脱溶至蒸净，放料得到中间体烟酰胺。

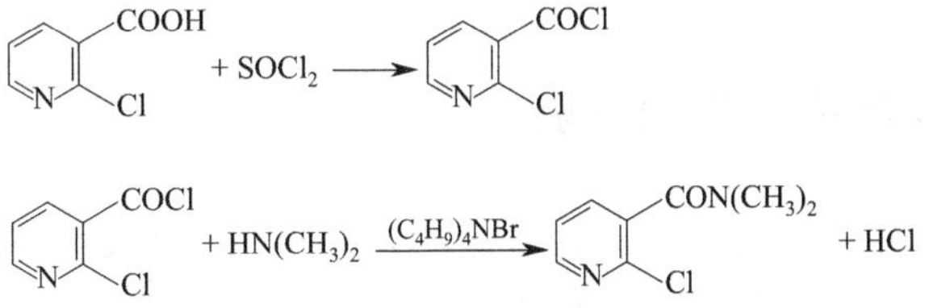

（2）制烟酰胺巯基钠盐

反应釜加水、硫黄、硫化钠升温反应制得多硫化钠，加入烟酰胺反应生成烟酰胺巯基钠盐。

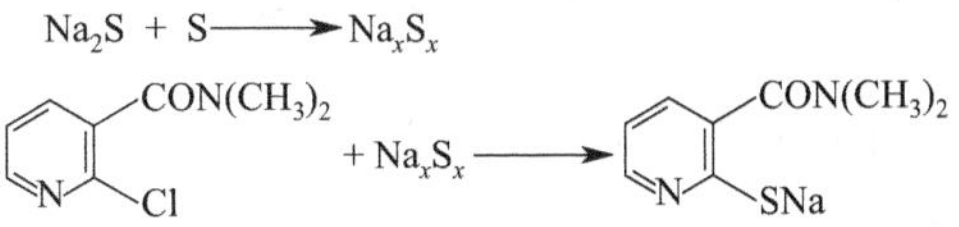

（3）制烟酰胺巯基

滴加盐酸生成烟酰胺巯基。

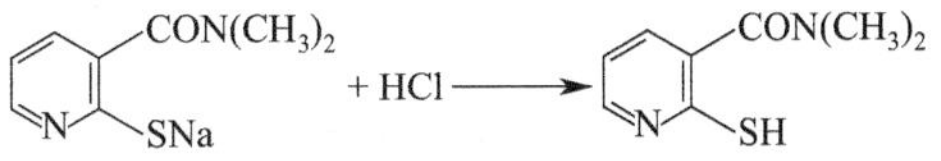

（4）制磺酰胺

加入水和二氯甲烷，降温后通氯气，料液加入二氯甲烷萃取分层，得到氯化废水。二氯甲烷层通氨气，加水水洗，板框过滤得到中间体磺酰胺。

（5）制烟酰胺酯

釜内加入水、碳酸钾、丙酮，加入磺酰胺后滴加氯甲酸乙酯反应，加入二次水水洗料液，滴加盐酸调 pH 值，离心得到中间体烟酰胺酯。母液脱溶得到丙酮。

（6）合成烟嘧

釜内加入甲苯、嘧啶胺、胺酯升温反应，反应结束降温结晶，离心得到烟嘧（CA）湿料。甲苯层水洗后蒸馏处理。

从上述合成反应式可见，烟嘧生产废水中除主产物、副产物外，还有未反应完的原材料，如氯化亚砜、2-氯烟酸、二氯甲烷、二甲胺、硫黄、硫化钠、多硫化钠、巯基钠盐、盐酸、铵、碳酸钾、丙酮、氯甲酸乙酯、胺酯、甲苯、嘧啶胺等，成分十分复杂，酸度高，盐度大，色度深，难降解，必须经预处理后，才能进后续生化处理。

2.3　胺草醚废水物化预处理试验

2009 年 11 月 19 日~12 月 3 日，取某公司胺草醚生产废水进行了处理工艺试验的研究。将胺草醚（ACM）生产混合废水采用活性炭吸附＋高锰酸钾氧化＋Fenton 试剂氧化的方法预处理，COD 去除率为 40% 左右。

2.3.1　ACM 三段生产废水的性状和 COD 浓度

ACM 三段生产废水的性状和 COD 浓度见表 2-1。

表 2-1　ACM 三段生产废水的性状和 COD 浓度

项目	pH	颜色	气味	COD 均值/(mg/L)
硝化废水	<0.5	黄色	刺激性	33013.7
醚化废水	<0.5	略带棕色	刺激性恶臭	5618.0
合成废水	<0.5	浅黄色	刺激性	12573.5

2.3.2　硝化段废水处理

2.3.2.1　pH 条件

分别选取 pH＝1.5、2.5~3.0、3.5~4.0，考察不同 pH 条件下氧化剂对废水中

COD 处理效果的影响，其结果见表 2-2。

表 2-2　不同 pH 条件下氧化剂对 COD 的去除效果

| 序号 | 废水量/mL | pH | 4%高锰酸钾/mL | Fenton 试剂 | | 出水颜色 | COD | |
				硫酸亚铁/g	30% H_2O_2/mL		/(mg/L)	去除率/%
1	100	1.5	2.5	1.0	5	黄色	27922.4	15.4
2	100	2.5～3.0	2.5	1.0	5	黄色	21736	34.2
3	100	3.5～4.0	2.5	1.0	5	黄色	23575.2	28.6

从表 2-2 可以看出，在 pH 为 2.5～3.0 时，高锰酸钾＋Fenton 试剂对该硝化段废水有较好的氧化效果，COD 去除率最高达 34.2%。在加入高锰酸钾后产生大量紫色沉淀，在加入 Fenton 试剂之后产生大量白色沉淀。pH 过高或过低都会降低氧化剂对该硝化段废水的处理效果，因而在 pH＝2.5～3.0 条件下用氧化剂对该段废水进行氧化处理。

2.3.2.2　高锰酸钾氧化处理

在 pH＝2.5～3.0 条件下，高锰酸钾投加量分别选取 0.5kg/(m³ 废水)、1.0kg/(m³ 废水)、1.5kg/(m³ 废水)、2.0kg/(m³ 废水)，考察其对硝化段废水的处理效果，其结果见表 2-3。

表 2-3　投加不同量高锰酸钾对 COD 的去除效果

| 序号 | 废水量/mL | pH | 4%高锰酸钾/mL | 出水颜色 | COD | |
					/(mg/L)	去除率/%
1	100	2.5～3.0	1.25	黄色	29761.6	9.9
2	100	2.5～3.0	2.5	黄色	29092.8	11.9
3	100	2.5～3.0	3.75	黄色	30263.2	8.3
4	100	2.5～3.0	5	黄色	31266.4	5.3

从表 2-3 可以看出，高锰酸钾投加量为 1.0kg/(m³ 废水) 时对废水有较好的去除效果（相当于表 2-3 中序号 2 的 $KMnO_4$ 加入量，余类推），COD 去除率可达 11.9%。高锰酸钾投加量为 0.5kg/(m³ 废水) 时，紫色很快褪去，表明高锰酸钾不足；投加量为 1.0kg/(m³ 废水) 时，反应 30min 左右紫色才渐渐褪去，当投加量为 1.5～2.0kg/(m³ 废水) 时，紫色不褪去，表明此时高锰酸钾过量。综合考虑运行成本和处理效果，选取高锰酸钾投加量为 1.0kg/(m³ 废水) 对硝化段废水进行处理。

2.3.2.3　高锰酸钾＋Fenton 试剂氧化处理

在 pH＝2.5～3.0，固定高锰酸钾投加量为 1.0kg/(m³ 废水) 的条件下，向废水中加入不同量的 Fenton 试剂以考察其对 COD 的去除效果，其结果见表 2-4。

表 2-4　高锰酸钾＋Fenton 试剂对 COD 的去除效果

| 序号 | 废水量/mL | pH | 4%高锰酸钾/mL | Fenton 试剂 | | 出水颜色 | COD | |
				硫酸亚铁/g	30% H_2O_2/mL		/(mg/L)	去除率/%
1	100	2.5～3.0	2.5	0.6	7	黄色	26049.8	21.1
2	100	2.5～3.0	2.5	0.8	5	黄色	24511.5	25.8
3	100	2.5～3.0	2.5	1.0	3	黄色	25414.4	23.0

从表 2-4 可以看出，硫酸亚铁投加量为 8.0kg/(m³ 废水)，30% H_2O_2 投加量为

$50L/(m^3$ 废水）时对废水有较好的处理效果，COD 去除率可达 25.8%。试验表明：并非 H_2O_2 投加量越多越好，随着硫酸亚铁投加量的增加，可减少 30% H_2O_2 的投加量，且能达到较好的去除效果，综合考虑运行成本和去除效果，可选取硫酸亚铁投加量为 $10.0kg/(m^3$ 废水），30% H_2O_2 投加量为 $30L/(m^3$ 废水）对硝化段废水进行处理。

2.3.2.4　活性炭吸附+ 高锰酸钾+ Fenton 试剂氧化处理

在 pH=2.5～3.0 时，首先投加活性炭 $[10kg/(m^3$ 废水）]，反应过滤后投加高锰酸钾 $[1.0kg/(m^3$ 废水）]，最后向废水中投加不同量的 Fenton 试剂以考察其对硝化段废水 COD 的去除效果，其结果见表 2-5。

表 2-5　活性炭吸附＋高锰酸钾＋Fenton 试剂氧化对 COD 的去除效果

序号	废水量/mL	pH	活性炭/g	4%高锰酸钾/mL	Fenton 试剂		出水颜色	COD	
					硫酸亚铁/g	30% H_2O_2/mL		/(mg/L)	去除率/%
1	100	2.5～3.0	1.0	0	0	0	黄色	30848.4	6.6
2	100	2.5～3.0	1.0	2.5	0	0	黄色	28842	12.6
3	100	2.5～3.0	1.0	2.5	0.8	3	黄色	23240.8	29.6
4	100	2.5～3.0	1.0	2.5	0.8	5	黄色	21067.2	36.2
5	100	2.5～3.0	1.0	2.5	0.8	7	黄色	18977.2	42.5
6	100	2.5～3.0	1.0	2.5	0.6	5	黄色	22478.8	31.9
7	100	2.5～3.0	1.0	2.5	1.0	5	黄色	18392	44.3

从表 2-5 可以看出，该方法比高锰酸钾＋Fenton 试剂法对废水有更好的去除效果，COD 最大去除率可达 44.3%。在硫酸亚铁投加量为 $8.0kg/(m^3$ 废水）的条件下，随着 H_2O_2 投加量的增加，COD 去除率也随之增加；在 30% H_2O_2 投加量为 $50L/(m^3$ 废水）条件下，随着硫酸亚铁投加量的增加，COD 去除率也随之增加。从表 2-5 中还可以看出，增加硫酸亚铁的投加量可以降低 30% H_2O_2 的投加量，且处理效果更好。综合考虑运行成本和处理效果，在 pH=2.5～3.0，活性炭投加量 $10.0kg/(m^3$ 废水），高锰酸钾投加量 $1.0kg/(m^3$ 废水）时，选取硫酸亚铁投加量 $10.0kg/(m^3$ 废水），30% H_2O_2 投加量 $50L/(m^3$ 废水）的条件对硝化段废水进行处理。

2.3.3　醚化段废水处理

醚化段废水活性炭吸附＋高锰酸钾氧化的处理效果见表 2-6。

表 2-6　活性炭吸附＋高锰酸钾氧化对醚化段废水 COD 的去除效果

序号	废水量/mL	pH	活性炭/g	4%高锰酸钾/mL	出水颜色	COD	
						/(mg/L)	去除率/%
1	100	2.5～3.0	1.0	0	略带棕色	4848.8	13.7
2	100	2.5～3.0	1.0	1.25	略粉红色	4036.5	28.2
3	100	2.5～3.0	1.0	2.5	略粉红色	3678.4	34.5
4	100	2.5～3.0	1.0	5.0	略紫红色	3702.6	34.1

从表 2-6 可以看出，醚化段废水经过活性炭吸附后，再用高锰酸钾氧化，对废水中的 COD 有较好的去除效果，COD 降为 3678.4mg/L，去除率达 34.5%。但并非高锰酸钾投加量越多越好，随着高锰酸钾投加量的增加，氧化处理所需要的时间也随之增加，且投加量超过 $1.0kg/(m^3$ 废水）后处理效果并没有明显提高，反而因投加量增加使得运行成本

增加。综合考虑运行成本和处理效果，在 pH＝2.5～3.0，活性炭投加量 10.0kg/(m³ 废水)，高锰酸钾投加量 1.0kg/(m³ 废水) 时，对醚化段废水进行处理。

2.3.4　合成段废水处理

选取不同 pH 条件，用高锰酸钾＋Fenton 试剂氧化的方法对合成段废水进行处理，其处理效果见表 2-7。

表 2-7　不同 pH 下高锰酸钾＋Fenton 试剂氧化对合成段废水 COD 的去除效果

| 序号 | 废水量/mL | pH | 4% 高锰酸钾/mL | Fenton 试剂 | | 出水颜色 | COD | |
				硫酸亚铁/g	30% H_2O_2/mL		/(mg/L)	去除率/%
1	100	1.5	1.25	1.0	4	黄色	10433.3	17.0
2	100	2.5～3.0	1.25	1.0	4	黄色	6061	51.8
3	100	3.5～4.0	1.25	1.0	4	黄色	7106	43.5

从表 2-7 可以看出，高锰酸钾＋Fenton 试剂处理合成段废水比较理想的 pH 条件为 2.5～3.0，在此 pH 条件下，合成段废水中的 COD 降为 6061mg/L，去除率达 51.8%，此时高锰酸钾投加量为 0.5kg/(m³ 废水)，硫酸亚铁投加量为 10kg/(m³ 废水)，30% H_2O_2 投加量为 40L/(m³ 废水)。

2.3.5　ACM 混合废水处理

前述是将硝化、醚化和合成各段废水分别处理的结果。因胺草醚生产中，各段废水排放量有差别，为减少处理设备的投资和操作的繁琐，下面将硝化段、醚化段与合成段废水按照一定比例混合处理。

2.3.5.1　三种废水混合比例（Ⅰ）

硝化段：醚化段：合成段＝90：210：200 时，混合后废水为黄色，pH＜0.5，COD 为 10115.6mg/L。采用活性炭吸附＋高锰酸钾＋Fenton 试剂氧化的方法对该混合废水进行处理，当活性炭投加量为 10kg/(m³ 废水)，高锰酸钾投加量为 1.0kg/(m³ 废水)，硫酸亚铁投加量为 8kg/(m³ 废水) 时，考察 30% H_2O_2 不同投加量对 ACM 混合废水的处理效果，其结果见表 2-8。

表 2-8　活性炭吸附＋高锰酸钾＋Fenton 试剂法对 ACM 混合废水的处理效果

| 序号 | 废水量/mL | pH | 活性炭/g | 4% 高锰酸钾/mL | Fenton 试剂 | | 出水颜色 | COD | |
					硫酸亚铁/g	30% H_2O_2/mL		/(mg/L)	去除率/%
1	100	2.5～3.0	1.0	0	0	0	黄色	9028.8	10.7
2	100	2.5～3.0	1.0	2.5	0	0	黄色	8527.2	15.7
3	100	2.5～3.0	1.0	2.5	0.8	3	黄色	4882.2	51.7
4	100	2.5～3.0	1.0	2.5	0.8	5	黄色	7289.9	27.9
5	100	2.5～3.0	1.0	2.5	0.8	7	黄色	7891.8	22.0

从表 2-8 可以看出，采用活性炭吸附＋高锰酸钾＋Fenton 试剂氧化法对 ACM 混合废水有较好的处理效果，COD 降为 4882.2mg/L，去除率达 51.7%。但并非 H_2O_2 的投加量越多越好，投加量越多，成本高且反应时间越长，综合考虑运行成本和处理效果，选取

30% H_2O_2 的投加量为 30L/（m³ 废水）时对 ACM 废水进行处理。

2.3.5.2 三种废水混合比例（Ⅱ）

硝化段：醚化段：合成段＝110：210：200 时，混合后废水为黄色，pH＜0.5，COD 为 13964.5mg/L。采用活性炭吸附＋高锰酸钾＋Fenton 试剂氧化的方法对该混合废水进行处理，当活性炭投加量为 10kg/（m³ 废水），高锰酸钾投加量为 1.0kg/（m³ 废水），30% H_2O_2 投加量为 30L/（m³ 废水）时，考察不同量硫酸亚铁投加量对 ACM 混合废水的处理效果，其结果见表 2-9。

表 2-9 活性炭吸附＋高锰酸钾＋Fenton 试剂法对 ACM 混合废水的处理效果

序号	废水量/mL	pH	活性炭/g	4%高锰酸钾/mL	Fenton 试剂		出水颜色	COD	
					硫酸亚铁/g	30% H_2O_2/mL		/(mg/L)	去除率/%
1	100	2.5～3.0	1.0	0	0	0	黄色	12372.8	11.4
2	100	2.5～3.0	1.0	2.5	0	0	黄色	12172.2	12.8
3	100	2.5～3.0	1.0	2.5	0.6	3	黄色	8493.8	39.2
4	100	2.5～3.0	1.0	2.5	0.8	3	黄色	7724.6	44.7
5	100	2.5～3.0	1.0	2.5	1.0	3	黄色	7557.4	45.9

2.3.5.3 三种废水混合比例（Ⅲ）

硝化段：醚化段：合成段＝100：210：200 时，混合后废水为黄色，pH＜0.5，COD 为 11093.7mg/L。采用活性炭吸附＋氧化剂氧化的方法对该混合废水进行处理，考察两种氧化剂单独投加和联合投加时对 COD 的去除效果，其结果见表 2-10。

表 2-10 活性炭吸附＋高锰酸钾＋Fenton 试剂氧化对 ACM 混合废水的处理效果

序号	废水量/mL	pH	活性炭/g	4%高锰酸钾/mL	Fenton 试剂		出水颜色	COD	
					硫酸亚铁/g	30% H_2O_2/mL		/(mg/L)	去除率/%
1	100	2.5～3.0	1.0	0	0	0	黄色	9472	14.6
2	100	2.5～3.0	1.0	2.5	0	0	黄色	8819.8	20.5
3	100	2.5～3.0	1.0	2.5	0.8	3	黄色	5885.4	46.9
4	100	2.5～3.0	1.0	2.5	0.8	3	黄色	6052.7	45.4
5	100	2.5～3.0	1.0	0	0.8	3	黄色	6988.96	37.0
6	100	2.5～3.0	1.0	0	0.8	3	黄色	7156.2	35.5

从表 2-10 可以看出，活性炭吸附和活性炭吸附后仅投加高锰酸钾对 COD 的去除效果较差（试验序号 1 和 2），仅投加 Fenton 试剂对 COD 的去除效果较好（试验序号 5 和 6），高锰酸钾和 Fenton 试剂联合投加时对 COD 的去除效果最好（试验序号 3 和 4），其中 3 号 COD 降为 5885.4mg/L，去除率达 46.9%。

综上所述，三段废水分开处理时，醚化段废水较易处理，硝化段和合成段废水较难处理，且分开处理需增加处理设备和操作手续，消耗更多的人力、物力和财力。因而仍然推荐将三段废水混合后处理。其 COD 去除率可稳定在 45% 左右，去除效果良好且运行成本适中，此处理条件为：高锰酸钾投加量为 1.0kg/（m³ 废水），硫酸亚铁投加量为 8.0kg/（m³ 废水），30% H_2O_2 投加量为 30L/（m³ 废水）。

依据上述试验中采用活性炭吸附＋高锰酸钾＋Fenton 试剂氧化的方法处理 ACM 混合废水的结果，本团队建议对胺草醚生产废水的预处理作如下更改。

① 合并胺草醚废水进入一个能容纳 2 罐废水（约 40m³）的大调节池，在池内增加曝

气管，间歇曝气均质；

②将均质的废水泵入原铁碳微电解罐，加废活性炭吸附 [按 10kg/（m^3 废水）计算]，曝气 10～15min；

③打板框压滤，出水进反应罐；

④废水进反应罐后，再用 30%NaOH 调 pH=3，曝气 5min；

⑤接着加 4%高锰酸钾 [按 1kg/（m^3 废水）计算]，曝气 0.5h；

⑥接着加 $FeSO_4 \cdot 7H_2O$ [按 8kg/（m^3 废水）计算]，在 15min 内加完，曝气 3min，不能延长曝气时间，要防止 Fe^{2+} 氧化为 Fe^{3+}（将原加亚铁管改大分为 4 个支管加入，在罐四壁的 4 个方位近中部加入）；

⑦接着加 30%H_2O_2 [按 30L/（m^3 废水）计算]，15min 内加完，曝气 10min，停 1h（将原加双氧水管改大分为 4 个支管加入，在罐四壁的 4 个方位近中部加入，"加入"和"曝气时间"不能延长，要防止双氧水被分解）；

⑧再用 9/10 的 30%NaOH+1/10 石灰调节 pH=8～9，曝气 0.5h，打板框压滤，出水去中间池，再去曝气处理后进生化系统处理达标排放。

2.4　胺草醚和精喹与烟嘧废水混合处理试验

2.4.1　胺草醚与精喹废水混合处理

2.4.1.1　胺草醚与精喹废水混合处理试验

为减少胺草醚和精喹生产废水处理过程中调节 pH 时酸碱的用量，将 pH<0.5 的胺草醚废水与 pH>13 的精喹环合结晶、醚化和磺化废水分别混合（或称中和）处理，使中和废水的 pH 为 3 左右，接着用 $KMnO_4$ 和 Fenton 试剂处理，观察其对 COD 的去除效果，见表 2-11。

表 2-11　胺草醚与精喹废水混合处理结果

试验序号		(1)	(2)	(3)
混合废水组成	胺草醚/mL	100	100	100
	精喹/mL	环合结晶 50	醚化 5	磺化 32
混合后 COD/（mg/L）		15215	10701	20566
$KMnO_4$/（kg/m^3）		1	1	1
$KMnO_4$ 反应后 COD/（mg/L）			9865	21987
Fenton 试剂	$FeSO_4 \cdot 7H_2O$/（kg/m^3）	8	8	8
	H_2O_2/（L/m^3）	30	50	40
Fenton 反应后 COD/（mg/L）		9948	10366	1839
COD 去除率/%		34.6	—	91.1

表 2-11（1）号试验为：胺草醚废水 100mL，加精喹环合结晶废水 50mL，pH 为 3 左右，两者混合过滤后 COD 为 15215mg/L。取废水 100mL，按 1kg/m^3 加 $KMnO_4$ 后有大量棕红色沉淀生成，过滤后，再按照 8kg/m^3 加 $FeSO_4 \cdot 7H_2O$、30L/m^3 加 30%H_2O_2，有大量土红色沉淀，过滤测得 COD 为 9948mg/L，COD 去除率为 34.6%，效果较好。

表 2-11（2）号试验为：100mL 胺草醚废水+5mL 精喹醚化废水，混合后 pH≈3、

COD 为 10701mg/L。取废水 100mL 加 4％ KMnO₄ 2.5mL，反应 15min 后，过滤测得 COD 为 9865mg/L，接着加 0.8g FeSO₄·7H₂O 和 30％ H₂O₂ 5mL，反应后，过滤测得 COD 为 10366mg/L。此试验说明胺草醚＋醚化废水中和 pH 处理无效果。

表 2-11（3）号试验为：胺草醚废水 100mL（pH＜0.5），加精喹磺化废水 32mL（pH＞14），混合后 pH≈3、COD 为 20566mg/L，过滤，取废水 100mL，加 4％ KMnO₄ 2.5mL，反应 15min 后，过滤测得 COD 为 21987mg/L，接着加 0.8g FeSO₄·7H₂O 和 30％ H₂O₂ 4mL，产生大量土红色沉淀，过滤测得 COD 为 1839mg/L，COD 去除率为 91.1％，效果较好。

综上所述：胺草醚废水可与精喹环合结晶废水和精喹磺化废水混合处理，可减少调节 pH 的酸碱用量。上述试验因所取胺草醚和精喹废水已存置半年，与现场当日废水水质差异大，处理 COD 值仅供参考。但处理思路可行，需用现场当日该废水再试验，重新确定处理参数后，再在工程上试用。

2.4.1.2　现场精喹低浓度废水处理试验

精喹低浓度废水采用 KMnO₄（1kg/m³）、FeSO₄·7H₂O（5kg/m³）、H₂O₂（20L/m³）预处理的结果见图 2-1 和图 2-2。从图 2-1 和图 2-2 可见，精喹低浓水预处理 COD 最低去除率为 12.81％，最高去除率为 88.9％；进水 COD 平均为 7624mg/L，出水 COD 平均为 3411mg/L，COD 平均去除率 55.3％。

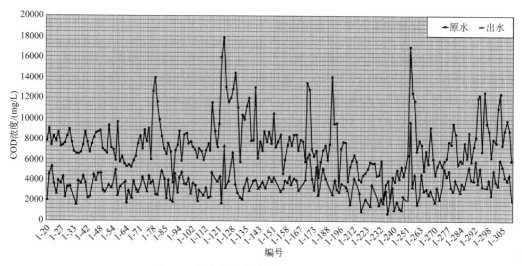

图 2-1　精喹低浓度废水预处理 COD 结果

2.4.2　现场烟嘧＋胺草醚废水预处理试验

现场烟嘧＋胺草醚废水采用 KMnO₄（0.5kg/m³）、FeSO₄·7H₂O（5kg/m³）、H₂O₂（20L/m³）预处理的结果见图 2-3 和图 2-4。从图 2-3 和图 2-4 可见，烟嘧＋胺草醚废水进水 COD 范围为 5697～25466mg/L，COD 平均为 14257mg/L；预处理出水 COD 范围为 1640～15688mg/L，COD 平均为 8005mg/L。

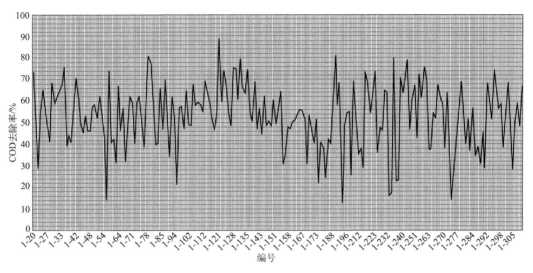

图 2-2　精喹低浓度废水预处理 COD 去除率

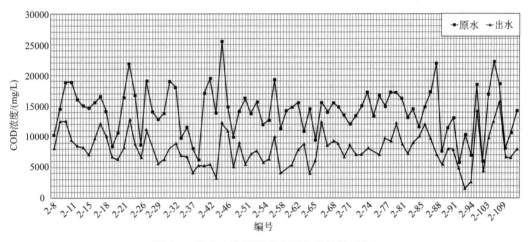

图 2-3　烟嘧＋胺草醚废水预处理结果（Ⅰ）

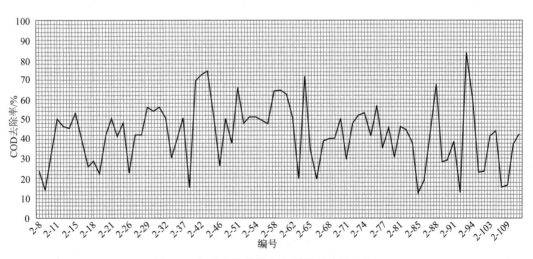

图 2-4　烟嘧＋胺草醚废水预处理结果（Ⅱ）

2.5　精喹+胺草醚+烟嘧废水预处理+生化处理试验

2.5.1　胺草醚连续预处理废水性状和COD浓度

胺草醚（ACM）的醚化、硝化、合成三个工段废水的性质见表2-12。实验室拟采用连续流预处理的方法对ACM的醚化、硝化、合成废水进行处理研究，其试验原理为：先在调节槽中调节废水pH=3.0，然后通过蠕动泵泵入混合反应池，硫酸亚铁溶液和双氧水也分别通过蠕动泵泵入混合反应池，通过搅拌机的作用将废水与硫酸亚铁溶液和双氧水混合反应，然后溢流进入不同接收器。通过对不同接收器不同时间段的废水取样进行分析，研究它们的COD、臭味、色度等指标的脱除效果。

表 2-12　ACM 的醚化、硝化、合成三个工段废水的性质

编号	pH	气味	颜色	COD/(mg/L)
醚化废水①号	<1	刺激性大	淡黄色	8046
醚化废水②号	<1	刺激性大	淡黄色	8011
硝化废水①号	<0.5	酸味大	精黄色	36034.0
硝化废水②号	<0.5	酸味大	精黄色	30733.6
合成废水①号	<0.5	略带刺激性	黄色	54940
合成废水②号	<0.5	略带刺激性	黄色	54776

检测及评价指标：COD、臭味、色度。

2.5.2　ACM醚化废水连续流预处理试验

通过对ACM醚化废水连续流试验：硫酸亚铁投加量为8g/(L废水)，30%双氧水投加量为40mL/(L废水)。

计算得：连续流处理废水流量为200mL/min（恒流泵120r/min），20%硫酸亚铁为：8mL/min（恒流泵40r/min），30%双氧水为：8mL/min（恒流泵50r/min）。试验结果见表2-13、图2-5。从表2-13、图2-5可见，随时间的增加废水的COD逐渐降低，臭味逐渐消除，废水的颜色逐渐变浅。在反应4h后处理出水为棕色，无臭味，COD平均脱除率达55%左右。

表 2-13　ACM 醚化废水连续流预处理试验结果

序号	采样点	反应时间/h	颜色	气味	COD/(mg/L)	COD脱除率/%
1	1	0	淡黄	臭味	8046	0
2	1	0.5	微红	臭味	6913	14.1
3	1	1.0	微红	淡臭味	5859	27.2
4	1	2.0	淡黄	淡臭味	4847	39.8
5	1	4.0	棕色	无味	4411	45.2
6	1	8.0	黄绿	无味	3419	57.5
7	2	0	淡黄	臭味	8046	0
8	2	0.5	微红	臭味	7703	4.3
9	2	1.0	淡黄	淡臭味	7637	5.1
10	2	2.0	棕色	淡臭味	4542	43.5
11	2	4.0	黄色	无味	3226	59.9

续表

序号	采样点	反应时间/h	颜色	气味	COD/(mg/L)	COD 脱除率/%
12	2	8.0	黄绿	无味	3486	56.7
13	3	0	淡黄	臭味	8046	0
14	3	0.5	微红	臭味	6584	18.2
15	3	1.0	淡黄	淡臭味	6913	14.1
16	3	2.0	淡黄	淡臭味	4847	39.8
17	3	4.0	棕色	无味	3094	61.5
18	3	8.0	黄绿	无味	3419	57.5

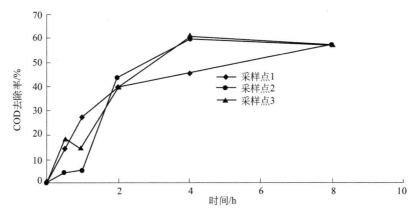

图 2-5　ACM 醚化废水连续流预处理试验结果

2.5.3　ACM 硝化废水预处理试验

2.5.3.1　ACM 硝化废水静态预处理试验

硝化废水特征：黄色，pH＜0.5，刺激性酸味，废水中有大量悬浮物，COD 为 30733mg/L。

Fenton 试剂静态氧化处理试验：20％硫酸亚铁的投加量由 60mL/L 废水改为 80mL/L 废水、30％双氧水的投加量由 80mL/L 废水改为 120mL/L 废水，测量反应 3h 出水的 COD 变化，见表 2-14。

表 2-14　ACM 硝化废水静态预处理结果

编号	废水量/mL	反应 pH	20％硫酸亚铁/mL	30％双氧水/mL	反应时间/h	出水颜色	COD_{Cr}/(mg/L)	COD 脱除率/%
1	100	3	6	8	3	淡黄色	26480	13.8
2	100	3	8	12	3	淡黄色	18268	40.6

从表 2-14 可见，随着 Fenton 试剂投加量的增加，出水 COD 逐渐下降，COD 的脱除率随 Fenton 试剂投加量的增加而增长。COD 脱除率最高时的每升废水 20％硫酸亚铁投加量为 80mL，30％双氧水投加量为 120mL。

2.5.3.2　ACM 硝化废水连续流预处理试验

通过 Fenton 试剂氧化 ACM 硝化废水静态试验研究得出的反应条件设计连续流预处

理的条件为：反应 pH＝3，20％硫酸亚铁溶液投加量为 80mL/L 废水，30％双氧水投加量为 100mL/L 废水（表 2-15）。试验结果见表 2-16、图 2-6。

表 2-15　ACM 硝化废水连续流试验设计参数

废水		反应 pH	20％硫酸亚铁溶液		30％双氧水	
转速/(r/min)	流量/(L/min)		转速/(r/min)	流量/(mL/min)	转速/(r/min)	流量/(mL/min)
57	0.1	3	34	8	36	10

表 2-16　ACM 硝化废水连续流预处理 COD 脱除率随时间的变化趋势

反应时间/h	颜色	气味	COD/(mg/L)	COD 脱除率/%
0	黄色	无	37626.2	—
0.5	黄色	无	31676.4	15.81
1.0	黄色	无	31508.8	16.26
2.0	黄色	无	31844	15.37
4.0	黄色	无	31341.2	16.70
6.0	黄色	无	30610.8	18.64
24.0	浅黄色	无	21285.2	43.43

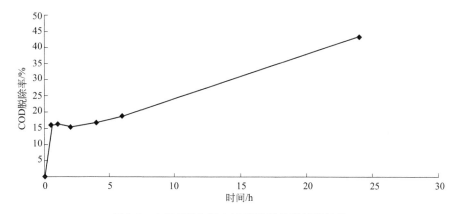

图 2-6　ACM 硝化废水连续流预处理试验结果

从表 2-16 和图 2-6 可见，随着反应时间的增加，废水中的 COD 脱除率总体上呈现逐渐升高趋势，前 6h 内 COD 脱除率保持在 16％左右，当反应时间为 24h 时，COD 脱除率达到最大，为 43.43％。

改变 ACM 硝化废水和处理药剂流量，其连续流预处理设计参数见表 2-17。

表 2-17　ACM 硝化废水连续流预处理试验设计参数

废水		反应 pH	20％硫酸亚铁溶液		30％双氧水	
转速/(r/min)	流量/(L/min)		转速/(r/min)	流量/(mL/min)	转速/(r/min)	流量/(mL/min)
28	0.05	3	17	4	18	5

根据表 2-17 设计参数进行 ACM 硝化废水连续流试验，废水中 COD 脱除率随时间的变化趋势见表 2-18 和图 2-7。

表 2-18　ACM 硝化废水连续流预处理 COD 脱除率随时间的变化

反应时间/h	颜色	气味	COD/(mg/L)	COD 脱除率/%
0	精黄色	无	36034	—
0.5	黄色	无	31006	13.95

续表

反应时间/h	颜色	气味	COD/(mg/L)	COD 脱除率/%
1.0	黄色	无	25642.8	28.84
2.0	黄色	无	27989.2	22.33
4.0	黄色	无	28372.0	21.26
6.0	黄色	无	26816.0	25.58
48.0	浅黄色	无	20850	42.14

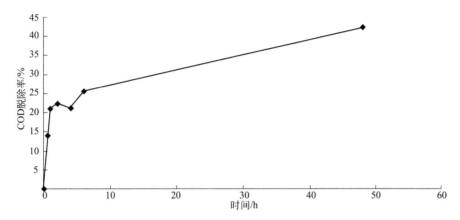

图 2-7　ACM 硝化废水连续流预处理 COD 脱除率随时间的变化

从表 2-18 和图 2-7 可见，反应 0.5h 时废水中的 COD 脱除率较低，仅为 13.95%；反应 1~6h 间废水中的 COD 脱除率稳定在 22% 左右，当反应 48h 之后，COD 脱除率达到最大，为 42.14%。研究发现，在前 6h 以内，降低废水流量，适当延长加药反应时间有助于废水中 COD 的脱除，与表 2-16 相比，COD 脱除率平均提高了约 6%。但是表 2-16 中反应 24h 的样品和表 2-18 中反应 48h 的样品结果显示，氧化反应 24h 即达到反应终点，之后 COD 脱除率不再随时间变化。因此连续流预处理反应时间取 24h 为宜。

2.5.4　ACM 合成废水连续流预处理试验

取用 H_2SO_4 调节 pH 为 3 的 ACM 合成废水（100mL）8 个，共分两组，分别改变 Fe^{2+} 和 H_2O_2 的投加量，处理得出：$FeSO_4 \cdot 7H_2O$ 的投加量为 1g/(L 废水)，30% 双氧水投加量为 40mL/(L 废水) 时，废水 COD 从 54920mg/L 降到 39365mg/L，COD 去除率为 28.3%。

先取 5000mL 该合成废水，按此条件作静态处理，后得过滤出水再用 Fenton 试剂连续处理，设计其连续流预处理试验的参数，见表 2-19。

表 2-19　ACM 合成废水连续流预处理试验设计参数

废水		反应 pH	20% 硫酸亚铁浓度		30% 双氧水	
转速/(r/min)	流量/(mL/min)		转速/(r/min)	流量/(mL/min)	转速/(r/min)	流量/(mL/min)
57	100	3	18	5	18	5

2.5.5 精喹+胺草醚+烟嘧废水预处理出水一级生化处理试运行结果

精喹＋胺草醚＋烟嘧废水预处理出水进集水池，再经一级厌氧（ABR）＋好氧处理的试运行，结果见图 2-8 和图 2-9。

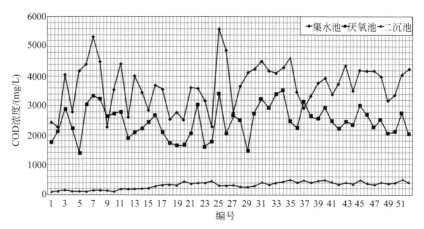

图 2-8　预处理的精喹＋胺草醚＋烟嘧废水再经一级生物处理后 COD

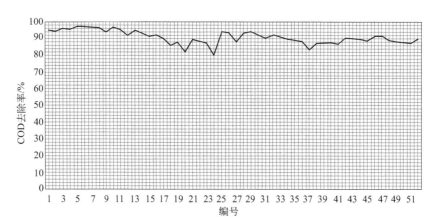

图 2-9　预处理的精喹＋胺草醚＋烟嘧废水再经一级生物处理后 COD 去除率

从图 2-8 和图 2-9 可见，厌氧池进水 COD 范围为 2294～5341mg/L，二沉池出水 COD 小于 500mg/L 达 GB 8987—1996 的三级标准，接着去污水处理总厂再处理达一级标准后排放。

2.5.6　小结

与静态处理比较，ACM 的醚化、硝化、合成三个工段的废水采用连续流预处理有操作管理简便，COD 去除率高，脱色除臭效果好的优点。但需增加投加废水、硫酸亚铁和双氧水的计量泵。

① 醚化废水连续流预处理的条件为：用硫酸调节废水 pH 为 3，废水流量为 200mL/min（12000mL/h），20% $FeSO_4 \cdot 7H_2O$ 流量为 8mL/min（480mL/h），30% H_2O_2 流量为 8mL/min（480mL/h），反应完毕，用 NaOH＋石乳调节 pH 为 8.5～9.0，过滤（压

滤），出水去生化系统处理。

② 硝化废水连续流预处理的条件为：废水 pH 用硫酸调节为 3，废水流量为 50mL/min（3000mL/h），20% $FeSO_4 \cdot 7H_2O$ 流量为 4mL/min（240mL/h），30% H_2O_2 流量为 5mL/min（300mL/h），反应完毕，用 NaOH＋石乳调节 pH 为 8.5～9.0，过滤（压滤），出水去生化系统处理。

③ 合成废水连续流预处理的条件为：废水 pH 用硫酸调节为 3，先进行静态预处理，其出水再进行连续流预处理，连续流预处理的条件为废水流量为 100mL/min（6000mL/h），20% $FeSO_4 \cdot 7H_2O$ 流量为 5mL/min（300mL/h），30% H_2O_2 流量为 5mL/min（300mL/h），反应完毕，用 NaOH＋石乳调节 pH 为 8.5～9.0，过滤（压滤），出水去生化系统处理。

2.6　精喹和胺草醚及烟嘧生产废水处理示范工程

2.6.1　工程概况

业主生产精喹、胺草醚和烟嘧除草剂。日排放废水量约为 300m³。废水中主要污染物有：氯化钠（10%）、二甲胺的盐酸盐（11%）、氯化铵（5%）、2-氯烟酸、2-氯-N，N-二甲基烟酰胺、2-氨基磺酰基-N，N-二甲基烟酰胺、2-氨基磺酸基-N，N-二甲基烟酰胺、2-磺酸基-N，N-二甲基烟酰胺、6-氯-2-羟基喹喔啉、2,6-二氯喹喔啉、4-(6-氯-喹喔啉氧基)苯酚、2-对甲苯磺酸基丙酸乙酯、对苯二酚、三乙胺盐酸盐、对甲基苯磺酸钠等。该废水成分极其复杂，所含污染物多数属难降解有机物质。业主原用多效蒸发、微电解、氧化、水解酸化和接触氧化法处理，多效蒸发耗能大，运行费高，微电解和水解对 COD 等的去除率低，排放出水（COD＞1400mg/L）进二级污水厂，对二级污水厂的冲击负荷很大，致使二级污水厂出水不达标，因而必须对该废水处理工程进行技术改造。

本团队依据对多个公司精细化工生产废水进行的大量翔实的处理工艺试验和建成废水处理工程投运的实践经验，依据业主多次采用胺草醚、精喹和烟嘧生产废水进行物化和生化处理获得的设计参数，以及本团队专业技术人员对业主该废水原处理工程的实地考察结果，设计的改造方案解决了难降解的精喹和胺草醚及烟嘧生产废水处理的难题，创新了预处理＋生物处理的关键技术，投加复合功能菌强化处理，工程长期稳定运行，处理出水的 COD、NH_3-N、硫化物、挥发酚、石油类、悬浮物和 pH 等污染指标达《污水综合排放标准》GB 8978—1996 的一级排放标准。

2.6.2　精喹和胺草醚及烟嘧生产水质水量调查

业主于 2009 年 6 月 19 日提供的精喹、胺草醚和烟嘧生产废水的水质水量调查，见表 2-20。

精喹生产日排废水 179m³，胺草醚 21.5m³，烟醚 40.2m³，合计 240.7m³/(d·废水)。从表 2-20 可见，三种农药生产废水的成分复杂，酸度大，盐分高，含有多种污染物以及相关副产物，处理难度极大。

表 2-20 业主精喹和胺草醚及烟嘧生产废水水量水质调查表

产品名称	废水产生工段	主要污染物		主要污染物含量	产生量/(t/d)	pH	颜色
		序号	名称				
精喹	环合结晶	1	氢氧化钠	7.0%	27	≥14	褐色
		2	硫化物	4.0%			
		3	醋酸钠	2.7%			
		4	含氮杂环化合物	1.3%			
	环合酸化	5	氯化钠	1.2%	54	6	乳白
		6	含氮杂环化合物	0.3%			
	氯化水洗	7	甲苯	0.5%	3	3	无色
		8	盐酸	0.5%			
		9	亚硫酸	0.5%			
	氯化真空水箱	10	盐酸	2.6%	6	≤1	无色
		11	亚硫酸	4.5%			
	醚化板框一次	12	对苯二酚钠盐	0.4%	15	≥14	褐色
		13	氢氧化钠	1.0%			
		14	氯化钠	2.0%			
		15	乙醇	0.2%			
		16	含氮杂环化合物	0.6%			
	醚化板框二次	17	对苯二酚	0.1%	24	≥8	浅褐色
		18	氢氧化钠	0.1%			
	磺化水洗	19	甲苯	0.1%	8	≥14	无色
		20	氯化钠	9.0%			
		21	三乙胺	2.7%			
		22	乳酸	0.7%			
		23	乙醇	0.5%			
		24	对甲苯磺酸	1.6%			
	合成水洗	25	碳酸钾	3.3%	18	≥12	棕色
		26	对甲苯磺酸钾	4.0%			
		27	甲苯	0.5%			
	合成四次水洗	28	钾盐	0.5%	9	8	无色
		29	甲苯	0.1%			
	合成高真空水箱	30	甲苯、乙醇等		5	8	无色
	公用水环真空水箱	31	甲苯、乙醇等		10	8	无色
胺草醚	醚化	32	氯化钾	2.9%	9	2	浅棕
		33	甲苯	0.1%			
		34	盐酸	0.4%			
		35	二甲亚砜	2.0%			
		36	间羟基苯甲酸	0.3%			
		37	氯氟甲苯	0.4%			
	硝化	38	二氯甲烷	0.2%	4	≤1	浅黄
		39	硫酸	0.1%			
	合成	40	氯苯	1.2%	8.5	≤1	棕
		41	甲基磺酰胺	0.8%			
		42	氯化钠	2.6%			
		43	磷酸	2.0%			
		44	氯化氢	1.7%			
烟嘧	氯化水洗	45	二甲胺盐酸盐	21.0%	3.2	≤1	浅黄
		46	氯化氢	0.5%			
	氯化真空水箱	47	氯化氢	5.0%	2	≤1	
		48	亚硫酸	3.0%			

续表

产品名称	废水产生工段	主要污染物 序号	主要污染物 名称	主要污染物含量	产生量/(t/d)	pH	颜色
烟嘧	磺化氯化釜	49	氯化钠	8.7%	14	≤1	
		50	氯化氢	8.0%			
		51	含氮杂环化合物	1.7%			
	磺化氨化釜	52	氯化铵		2	6	浅黄
		53	氯化氢				
	酯化	54	氯化钠	7.0%	13	2	
		55	丙酮	3.0%			
	合成	56	甲苯	0.5%	3	7	
	真空水箱	57	丙酮		3		

2.6.3　设计处理水量和水质

依据业主提供的生产水量：精喹生产废水 $179m^3/d$，胺草醚 $21.5m^3/d$，烟醚 $40.2m^3/d$，合计 $240.7\ m^3/d$。业主最后确定：按日处理 $300\ m^3/d$、$12.5\ m^3/h$ 设计。其中精喹生产废水 $210m^3/d$，胺草醚生产废水 $40m^3/d$，烟醚生产废水 $50\ m^3/d$。设计处理进出水水质见表 2-21。

表 2-21　设计处理进出水水质　　　　单位：mg/L

项目	原废水	预处理出水	生化处理出水 厌氧	生化处理出水 好氧	国标(三级)
COD 均值	35000~260000	5000~30000	<1600	<500	≤500
NH₃-N	<1300	<200	<60	<25	≤25※
硫化物	<10	<2	<1	<1	≤1※
色度/倍	500~10000	<150	≤100	<80	≤80※
TP	<500	<12	<1	<1.0	—
pH	1.5~14	8~9	7~8	7~8	6~9

注：※国标二级。

2.6.4　精喹和胺草醚及烟嘧生产废水处理改造工艺设计

2.6.4.1　原处理工艺须技改的理由

原处理工艺流程见图 2-10。

原处理工艺须技改的理由如下。

① 原工艺采用多效蒸发处理的运行成本高。

② 原工艺未进行"轻""重"污染分质处理，如精喹生产废水未分质处理，其合成一次洗水 COD 高达 260000mg/L，属"重"污染废水，未对其焚烧或三效处理，混入低浓度废水中，导致处理难度大。

③ 原处理工艺存在以下几方面的缺陷：

a. 高浓度难降解废水先经微电解处理效果差；b. 氧化塔出水可生化性差，接着去水解酸化池处理效果也差；c. 生物接触氧化池出水 COD 高达 1400mg/L，经气浮效果差，排去东区污水厂，对该厂污水处理系统的冲击负荷大；d. 无厌氧和缺氧工段是该生物处理工艺的最大缺陷，导致好氧生化处理效果甚微。

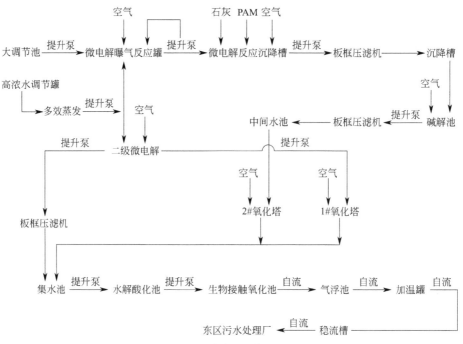

图 2-10 原处理工艺流程图

④ 处理出水 COD 高达 1400mg/L，大部分难降解物质未被分解，进二级污水处理厂因冲击负荷大，可导致二级处理厂排放不达标。

基于上述理由，原处理工艺非改不可。

2.6.4.2 精喹和胺草醚废水处理

2009 年 6 月 23 日～6 月 30 日，对业主 6 月 19 日采集的精喹和胺草醚废水采用"预处理＋生化处理工艺"处理，结果见表 2-22。

表 2-22 业主五种废水处理结果

序号	废水种类	废水			预处理出水			生化处理出水		
		pH	色度/倍	COD/(mg/L)	pH	色度/倍	COD/(mg/L)	pH	色度/倍	COD/(mg/L)
1	精喹醚化反应水	>14	黑色 10000	33654	8～9	黄色 10	5023	7～8	无色 0.5	<100
2	精喹磺化一次水洗水	>14	浅茶色 500	22136	8～9	微黄色 5	4776	7～8	无色 0.5	<96
3	精喹合成一次水洗水	9	深棕红色 8000	226969	8～9	浅黄色 8	13884	7～8	无色 0.5	<100
4	精喹环合结晶水	>14	亮棕红色 7000	72500	8～9	微黄色 5	7500	7～8	无色 0.5	<98
5	胺草醚废水	1.5	深黄色 4400	6541	8～9	微黄色 5	2800	7～7.5	无色 0.5	<90

从表 2-22 可见，精喹环合、醚化、磺化和合成产生的废水碱度大，色度深，COD 高达 226969mg/L，经预处理和氧化处理可达到生化进水水质要求，再经 ABR＋好氧处理，出水可达 GB 8978—1996 一级排放标准。其中精喹环合结晶水可不再用热电焚烧处理，而用本工艺"预处理＋生化处理"便能达国标一级排放；精喹磺化洗水和胺草醚生产废水用本工艺"预处理＋生化处理"能达国标一级排放；该三种废水用本工艺处理的药剂成本

每立方米废水约 20～30 元。精喹醚化废水（12.5m³/d）用本工艺处理的药剂成本每立方米约 80～110 元。精喹合成一次水洗废水因含较高浓度的对甲基苯磺酸钾（4.4%），处理药剂量将随 COD 的增高而加倍增加，其处理成本随之增高，建议将其易燃部分（2～3m³）与燃煤混合焚烧处理，既可降低成本，又可确保废水处理的安全性。

2.6.4.3　处理改造工艺流程

本团队依据对精喹、胺草醚生产废水处理试验获得的工程设计参数和多年处理类似化工废水的工程实践经验积累，及对原处理工艺的调查分析，采用预处理＋生化处理工艺对原处理工艺进行改造。其处理改造工艺流程见图 2-11。

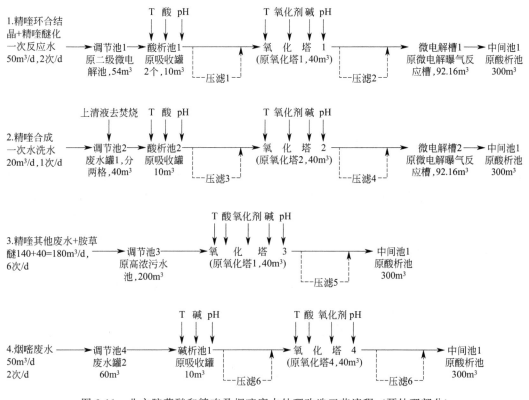

图 2-11　业主胺草醚和精喹及烟嘧废水处理改造工艺流程（预处理部分）

精喹环合结晶＋精喹醚化一次反应水、精喹合成一次水洗水、精喹其他废水＋胺草醚、烟嘧废水分别进调节池 1、2、3、4，接着调节池 1、2 废水分别进酸析池 1、2 预处理后通过氧化塔 1、2 处理，之后进微电解槽处理流入中间池 1。调节池 3 废水进氧化塔 3 后流入中间池 1。调节池 4 废水经碱析池进氧化塔处理后流入中间池 1。接着进 YA（亚氨基二乙腈）处理系统的 ABR 池和好氧池生化处理，然后去二沉池，经过滤器过滤后排放。在耐盐的高效菌 1 和分解有机物的高效菌 2 的作用下，充分分解有机物和脱氮后达 GB 8978—1996 三级排放标准，排放去二级污水厂。精喹合成一次水洗水上层油状物与燃煤混合焚烧处理，中下层废水经酸析、氧化和微电解处理后，去生化处理达标排放。

业主胺草醚和精喹及烟嘧废水处理改造工艺流程（预处理部分）说明：①每个调节池配提升泵 2 台，液位计 2 台；②酸析池配加酸设备、pH 仪和温度仪各 1 套；③各氧化塔配加碱、氧化剂设备，pH 仪和温度仪各 1 套；④合成一次水洗废水在调节池 2（废水罐

1）分层，上层油状物送焚烧，中下层废水经酸析、氧化和微电解处理后，去生化处理；⑤酸指加稀硫酸酸析。碱指加 NaOH 和 Ca(OH)$_2$ 调 pH；⑥PAM 加于污泥管絮凝污泥压滤。

其生化处理部分处理改造工艺流程见图 2-12。

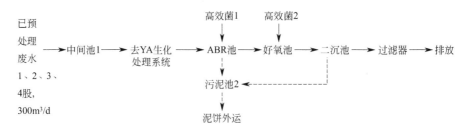

图 2-12　业主胺草醚和精喹及烟嘧废水处理改造工艺流程（生化处理部分）

经预处理后的 1、2、3、4 股废水进中间池 1，去 YA 处理系统的 ABR 池和好氧池生化处理，二沉池出水经过滤后达标排放。但 YA 生化系统容积小，需增加好氧池 1000m^3，厌氧池 600m^3，因而必须增加 YAJ（精喹、胺草醚、烟嘧）的原好氧池和水解池及碱解池等改造基本能满足日处理 YAJ 300m^3 废水要求，建议最好用原大调节池新建生化系统处理。高效菌 1 为降氰菌，高效菌 2 为降解杂环、嗜盐和降 COD 菌。

业主胺草醚和精喹及烟嘧废水处理改造工艺流程（生化处理部分）说明：①ABR 池可用原水解 1$^\sharp$ 和 2$^\sharp$ 池及中间水池（808m^3）；②好氧池可用原好氧池＋碱解池（1500m^3）；③二沉池可用原沉淀分离池（60m^3，但太小）；④污泥池 1 用原集水池（40m^3）；⑤污泥池 2（40m^3，新建）。

2.6.4.4　改造平面布置图

精喹和胺草醚及烟嘧生产废水处理改造示范工程平面布置见图 2-13。

2.6.5　精喹和胺草醚及烟嘧生产废水处理调试运行中相关问题解答

2009 年 10 月至 2010 年 1 月对精喹、胺草醚和烟嘧生产废水进行预处理和生物处理，情况基本较好。

预处理精喹低浓度废水 COD 平均去除率为 53.4%；胺草醚＋烟嘧废水 COD 平均去除率为 41.8%；生物处理部分 2009 年 10 月 17 日~12 月 7 日出水 COD 平均去除率为 90.3%，12 月 8 日~2010 年 1 月 10 日出水 COD 平均去除率为 74.9%，2010 年 1 月 11 日~1 月 30 日出水 COD 平均去除率为 82.7%。2009 年 10 月 17 日~12 月 7 日出水 COD<500mg/L，12 月 9 日后因污泥流失，污泥浓度在 1500~2500mg/L 波动，SV 约为 15~25，pH 低（pH＝5.5）和水温较低（<22℃），二沉池出水 COD 平均值高于 500mg/L，2010 年 1 月 11 日后，补充了活性污泥和用热水提高水温，出水 COD 开始下降，1 月 11 日~1 月 30 日二沉池出水 COD 平均为 500mg/L，逐渐恢复正常。

调试中有关问题解答如下。

① 胺草醚废水预处理进水浓度变化大，COD 从 7099mg/L 到 22259mg/L 变化，因投加 Fe^{2+}、H$_2$O$_2$ 及 KMnO$_4$ 的量是固定的，在进水 COD 高时，相对而言，投加药量就少了，致使出水 COD 高，COD 去除率不稳定；改为在酸性条件下加 KMnO$_4$ 预处理，去

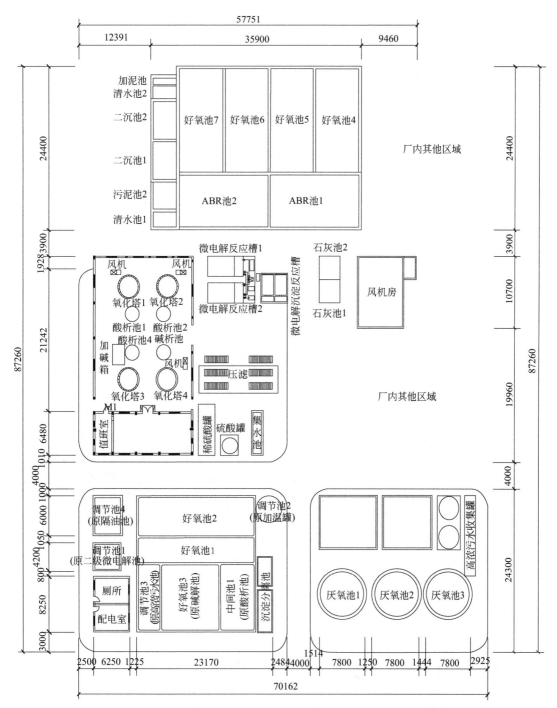

图 2-13　精喹、胺草醚、烟嘧生产废水处理改造示范工程平面布置

除效果有好转，$KMnO_4$ 对难氧化的有机物、杂环化合物和硝基化合物等有良好的去除效果，在氧化中形成的还原产物"水合二氧化锰"有巨大的比表面积，在助凝、吸附等方面优于其他氧化剂，可继续使用，在预处理中尽可能减少其投加量，以降低运行成本。须在胺草醚废水进预处理反应池前面增加调节池，使废水均质后，$KMnO_4$ 的投加量可固定，使成本降低。

② 精喹低浓度废水投加 H_2O_2 量大，预处理成本高，在该废水进预处理反应池前增加调节池均质后，可使 H_2O_2 的用量固定，降低成本。尽量避免进水 COD 高或低时，均加 $8kg/m^3$ Fe^{2+}、$40L/m^3$ H_2O_2；要依据进水 COD 的浓度确定投加 H_2O_2 的量，可在进水后测 COD 浓度，确定 Fe^{2+} 和 H_2O_2 投加量；避免多加药浪费、少加药 COD 去除效果差的情况发生。

③ 好氧池温度低，须增加蒸汽管加热，提高到（33 ± 2）℃，保持微生物的活性，可提高 COD 去除率。

④ 厌氧池（ABR 池）有死污泥存在，预曝池出水先经压滤，后经集水池去 ABR 池处理，或在前面经沉淀后，将上清液送去 ABR 池处理。这样可避免大量悬浮物进 ABR 池沉淀产生死污泥造成堵塞。

⑤ 硫酸根去除的方法：其一，依据钙离子与硫酸根结合生成硫酸钙，硫酸钙微溶的原理，在加硫酸亚铁和 H_2O_2 反应后，加 NaOH 和 $Ca(OH)_2$ 调 pH 为 $9\sim10$，这时生成微溶的硫酸钙沉淀，将沉淀过滤可除去大部分硫酸钙；其二，本团队已在 ABR 池投加了 5 株硫酸盐还原菌，它们能将硫酸根还原为单质硫析出，此可进一步去除硫酸根；其三，小部分硫酸根经好氧池到二沉池，会被活性污泥吸附絮凝沉淀，然后随剩余污泥被排除。这三方面的复合作用，可使硫酸根被去除到期望值。

⑥ 关于 KF 型过滤器应用的建议。

KF 型过滤器在设计上把混絮凝混合、快速紊流反应、重力加速沉淀、微滤和气水旋转反冲洗的功能组合为一体，一座过滤器相当于一个混絮凝搅拌池、逆流紊流反应池、重力沉淀池和砂滤池组成的一套废水处理工程，占地小，投资省。将其用在 YA 废水处理上，可起到三级处理的作用。YA 废水处理中一级为预处理，二级为生物处理，加 KF 三级处理可确保出水水质的稳定达标。为了简化起见，本团队将该一体化处理器简称为过滤器。常规活性炭过滤器的主要作用是吸附和过滤；常规砂滤池的主要作用是过滤，某公司生产的 GXQ 型纤维球过滤器的主要作用也是过滤，其结构比较简单。KF 型过滤器的结构特征不同于这些过滤器，结构复杂，功能多，因而它的作用就多。在该 KF 专利产品中增加了旋转反冲洗器和涡流反应构件及特制的疏水型纤维球以及微孔布水器等，使得该一体化反应器结构更合理，去污效果更好，比常规过滤器 COD 去除效率高且稳定，使用更方便，主体设备 5 年内不需维修，纤维球质保期 1 年半。

KF 型过滤器在多家公司得到应用，效果非常令人满意。在 YA 废水处理流程中增添了该设备能确保出水稳定达标。该 KF 型过滤器与其他类似的一体化设备比较，经改良更具先进性，在业主精喹、胺草醚和烟嘧生产废水中实用，价值较好。

2.7 精喹和胺草醚生产废水处理调试运行

2.7.1 精喹和胺草醚生产废水处理改造工程调试运行情况

2009 年 9 月初开始进行业主精喹＋胺草醚废水处理工程调试，调试主要分为两个部分：①预处理部分，主要对精喹低浓度废水和胺草醚废水进行氧化预处理，使其污染物浓度降低到可生化处理的范围内；②生化处理部分，经过预处理后的精喹低浓度废水和胺草醚废水进入 YA 预处理＋生化系统，在投加的高效好氧菌和厌氧菌及活性污泥作用下，废水中的污染物得到有效降解，使其出水达到排入东区污水处理厂的标准后排入东区污水厂。

2.7.1.1　预处理部分

（1）概述

经过一个月左右的现场废水试验（九月初至十月初），物化部分处理方案已经基本确定，采用活性炭吸附＋高锰酸钾和 Fenton 试剂两级氧化的方法。根据现场生产工艺和废水试验情况，将废水分为 4 股处理，分别为精喹低浓度废水、精喹环合结晶和醚化废水、精喹合成一次水洗废水、胺草醚和烟嘧废水。所用废活性炭主要为甲方生产过程中用于酒精脱色和部分原料提纯后的废活性炭，经试验证明满足废水处理需要，可以使用。

经过两个月运行，改造后处理工艺所需设备和管道由甲方安装到位，达到长期稳定运行条件。现场操作人员经过培训和现场操作已经掌握处理工艺，能够按照操作程序熟练进行现场操作，具备了初步的现场问题判断和应急处理能力。精喹低浓度废水 COD 去除率大于 50%，胺草醚和烟嘧废水 COD 去除率为 40%～50%，废水处理能力超过 200m³/d。精喹低浓度废水采用活性炭吸附＋Fenton 试剂氧化的处理方法，胺草醚废水采用活性炭吸附＋高锰酸钾氧化＋Fenton 试剂氧化的处理方法。到 12 月初精喹低浓度废水处理工艺运行稳定，处理效果良好但运行成本偏高，后进行优化处理降低了运行成本，并进一步提高了处理效果；但胺草醚废水处理效果较差且不稳定，若加大氧化剂用量，运行成本高。为了降低运行成本，将高浓度的胺草醚、精喹环合结晶和醚化废水与燃煤混合进电厂高炉焚烧发电处理。

（2）调试中存在的问题

调试初期预处理出水 COD 高，主要有以下几个方面的原因：①精喹低浓度废水和胺草醚废水水质不稳定，废水水质波动大，COD_{Cr} 在几千到几万 mg/L 的范围内波动；②胺草醚废水处理效果差且不稳定，氧化处理后 COD_{Cr} 通常在 1 万左右；③多效蒸发的废水没有经过氧化预处理，仅通过加石灰沉淀反应后就进入后续生化系统之前的预曝池，由于多效蒸发出水水质不稳定，废水 COD 在几千到几万 mg/L 的范围内波动，导致进入预曝池废水的 COD 波动大，且可生化性较差；④预处理车间掌握氧化预处理原理的熟练操作工较少，而且某些班次的操作工操作不规范（有时加药量不足，或反应时间不够，或出水 pH 过高或过低）。

（3）解决方法

上述预处理系统多方面的原因造成废水总体处理效果较差，出水污染物指标偏高。对于现场出现的诸多问题，本团队参加调试的人员与业主方进行了大量的研究和讨论，分析得出了有效可行的解决方案。

① 调试前期处理水量较小，单批处理时间较长。解决方法为：采用容积较大的处理设备，将精喹低浓度废水单批处理量由 18m³ 提高到 40m³；根据现场操作情况适当简化操作流程，提高操作人员的熟练程度。

② 胺草醚和烟嘧水质与处理效果不稳定。解决方法为：流程前端进水增加调节罐，对进入处理设备的废水均质均量；与生产车间协调，提高产品产率，减少进入废水中的原料；减少生产中液氯使用量，降低废水酸度和氯离子含量；胺草醚生产硝化工段废水极难处理且色度较大，应严格控制其在废水中的比例；改成低 pH 条件下直接投加高锰酸钾进行氧化处理。

③ 部分废水处理成本偏高。解决方法为：使用生产车间废活性炭；经实验室和现场处理结果证明，处理精喹低浓度废水可以不使用高锰酸钾，这种废水占废水的 2/3 以上，

每立方米水可节约成本 8 元左右，经济效益十分可观；精喹合成一次水洗废水由于 COD 和含盐量极高，处理成本和操作难度很高但水量较小，经过与业主协商后将其运往电厂与煤混合燃烧发电处理。

④ 精喹废水色度较高且脱色困难。解决方法为：控制投加活性炭时废水 pH，使其充分发挥吸附脱色的能力；对于色度较高废水适当增加双氧水用量；加强现场管理，保证各关键点严格按照操作程序进行。

⑤ 多效蒸发的废水经过氧化处理后进入后续的预曝池。延长 YA 系统的预曝池曝气停留时间，提高预曝池的处理效果。

⑥ 加强对预处理车间操作工的培训，确保操作工按照规范的操作流程进行操作。

⑦ 精喹低浓度废水采用 Fenton 试剂氧化处理效果良好，但氧化药剂投加量较大，使得成本偏高，由于该废水水质波动大，可根据其污染物浓度（以 COD_{Cr} 计）调整氧化药剂的投加量。现场可通过 COD 快速测量仪快速检测废水中的 COD_{Cr}，当废水 COD_{Cr} 偏低时适当减少氧化药剂的投加量，当废水 COD_{Cr} 较高时适当增加氧化药剂的投加量，通过调整避免造成药剂的过度浪费，从而优化降低废水处理的运行成本。胺草醚废水水质波动大，同样可以根据废水中的污染物浓度来调整氧化药剂高锰酸钾的投加量，优化降低运行成本。

（4）预处理结果和药剂成本分析

通过现场调试改善预处理和生化处理工艺之后，总体处理效果有所提高。胺草醚废水采用高锰酸钾氧化处理效果良好，废水中的污染物浓度明显降低。多效蒸发废水污染负荷高时通过 Fenton 试剂氧化处理，降低了污染物浓度并保证了进入生化系统的废水水质趋于稳定。同时对预处理车间的操作工进行培训和考核，现场操作更加规范化，使预处理效果更加稳定。预曝池用碱调节 pH 并延长曝气时间后，废水中的污染物浓度进一步降低，氨氮含量也基本降低到生化系统能承受的范围之内。

2010 年 7 月 1 日～7 月 20 日预处理 COD 结果见图 2-14 和图 2-15。由图 2-14 和图 2-15 可见，原水 COD 波动较大，浓度范围 1032.0～13328.6mg/L，平均 4111.0mg/L，出水浓度范围 607.5～7825.0mg/L，平均 2023.4mg/L，去除率范围 20%～89.9%，平均去除率 49.5%。药剂平均使用量为：硫酸亚铁 5.88kg/(m^3 废水)，双氧水 25.44L/(m^3 废水)，按照硫酸亚铁 400 元/(t 废水)，双氧水 800 元/t 计算，平均药剂成本约为 22.7 元。

2.7.1.2　生化处理部分

（1）概述

2009 年 9 月中旬投加菌种，经过半个月驯化，到 9 月底开始少量进水，11 月中旬处理水量达到 120～150 m^3/d，已接近该生化处理系统的最大处理量。10 月中旬启用另外一套生化处理系统（原草甘膦废水的生化系统）同时处理该废水，合计总处理能力 200 m^3/d 左右。

（2）调试中存在的问题

初期调试检测发现：生化系统处理出水水质差，污染指标超标，厌氧池和好氧池污泥浓度低且 pH 偏低，好氧池污泥轻微膨胀。即时分析生化系统异常原因并研究出解决的方法。

生化系统处理效果变差且出水污染指标高，主要有以下几个方面的原因：①预处理车

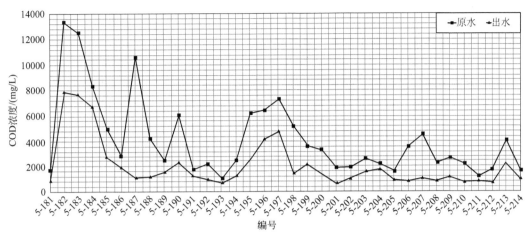

图 2-14　2010 年 7 月 1 日～20 日预处理 COD 结果

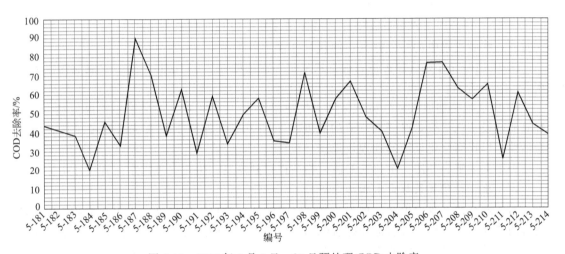

图 2-15　2010 年 7 月 1 日～20 日预处理 COD 去除率

间出水污染浓度高且波动大，可生化性差（这是造成生化系统处理效果差的最主要原因）；②预处理出水进入预曝池后，曝气停留时间短，同时由于预处理水量大，进入预曝池的水量太大，曝气效果差，有机负荷得不到有效降低，使得进入生化系统的废水有机负荷高，且水质波动大；③胺草醚废水中氨氮含量高，使得进入生化系统的废水氨氮含量较高，生化系统进水量大且停留时间短，废水中的污染物尤其是氨氮都得不到充分的降解，高氨氮废水进入好氧池后在好氧菌的作用下硝化反应产生大量酸，导致好氧池酸化，pH 降低（pH＜5.5），污泥膨胀，处理效果下降；④冬季室外气温很低，厌氧池蒸汽量不足，温度偏低，处理效果下降；好氧池没有蒸汽管线，温度较低，好氧污泥生物活性差，导致处理效果差；⑤由于预处理废水中盐含量高，需要进行一定稀释，与热水混合后导致生化系统进水量过大，废水在生化系统中的停留时间短，废水中的有机物得不到充分的降解，同时由于进水量大，厌氧池和好氧池跑泥现象严重，导致污泥浓度低，处理效果差。

（3）解决方法

上述生化系统诸多方面的原因，造成废水总体处理效果较差，出水污染物指标偏高。对于现场出现的前述问题，调试技术人员进行了大量的研究和讨论，提出了下列有效可行的解决方法。

① 由于冬季气温较低且现场蒸汽压力不足，11 月后生化池水温较低。解决方法为：使用热水代替稀释水，辅助少量蒸汽进行保温。

② 好氧池泡沫问题严重。解决方法为：使用少量消泡剂；控制曝气强度，在没有进水的情况下调小曝气量，但溶解氧不应低于 2mg/L。不定期喷洒少量食用面粉（按 0.5‰ 计量）在好氧池表面，可防止好氧池泡沫产生，同时补充了微生物所需的营养物，效果较好。

③ 水质波动较大，处理水量不足。解决方法为：启用原有的六个预曝池，缓解物化处理水质波动对生化处理的影响，还可以稍稍降低进水 COD 浓度；使用两套生化处理系统（YA 和草甘膦处理系统），提高生化处理水量。

④ 生化进水 Cl^- 和 SO_4^{2-} 含量很高，其中 Cl^- 最高时超过 20000mg/L，影响生化去除率。解决方法为：对原水进行稀释，控制进水 Cl^- 浓度低于 8000mg/L；尽量减少生产过程和物化处理过程中相关药剂的使用量。在预处理中加石灰乳生成 $CaSO_4$ 沉淀可去除绝大部分 SO_4^{2-}，少量 SO_4^{2-} 不影响后续生化处理。

⑤ 针对预处理出水氨氮含量高，可在预曝池中投加片碱调节 pH 为 10～11，延长曝气时间，吹脱废水中的部分氨氮，使其氨氮含量降低到 400mg/L 以下。

⑥ 生化系统补充活性污泥，保证厌氧池污泥浓度在 8～11g/L 左右，好氧池污泥浓度在 3～4g/L 左右。

⑦ 厌氧池增加通入蒸汽量，保证厌氧池温度为 32～35℃，调高第一格温度达 39℃，好氧池铺设蒸汽管线，保证好氧池的温度在 25～30℃，保证生化系统活性污泥具有高生物活性，以提高生化系统的处理效果。

采用上述解决办法，生化池的微生物活性得到恢复，生化处理出水达到设计指标。

（4）生化处理效果与出水指标分析

通过现场调试改善生化处理工艺之后，总体处理效果有所提高。生化系统补充了大量新鲜的活性污泥之后，厌氧池和好氧池的污泥浓度上升到适宜的范围之内，提高了生化系统的处理效果。虽然好氧池没有铺设蒸汽管线，但是厌氧池增加了通入的蒸汽量，能够保证厌氧池温度稳定在 34～36℃，而经过厌氧处理的废水流入好氧池后能保证好氧池的温度在 24～27℃之内，使得生化系统温度适宜，活性污泥中的微生物具有良好的生物活性，保证了生化系统有较好的处理效果，处理后的污水能够达到东区污水厂的进水污染物浓度指标要求（COD_{Cr}＜500mg/L，NH_3-N＜50mg/L）。

2010 年 4 月 1 日～5 月 6 日生化部分处理结果见图 2-16 和图 2-17。

由图 2-16 和图 2-17 可见，废水 COD 波动较大，集水池浓度范围 2736.7～7404.8mg/L，平均 4551.3mg/L；厌氧池出水浓度范围 802.6～2008.3mg/L，平均 1528.7mg/L，厌氧池相对于集水池 COD 去除率范围 30%～87.8%，平均去除率 66.41%；好氧池出水 COD 浓度范围 186.3～526.8mg/L，平均 304.7mg/L，好氧池相对于厌氧池 COD 去除率范围 58%～89%，平均去除率 80.7%；排水口出水 COD 浓度范围 97.7～476.4mg/L，平均 208.9mg/L，总去除率范围 90%～98%，平均总去除率 95.45%。处理后的污水 COD_{Cr}＜500mg/L，能够达到东区污水厂的进水污染物浓度指标要求。

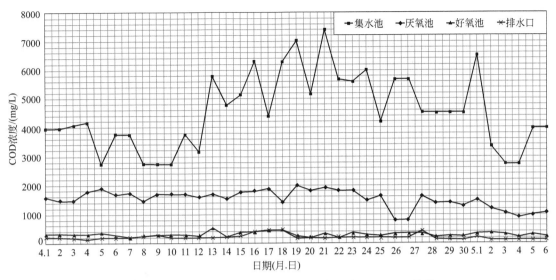

图 2-16　2010 年 4 月 1 日～5 月 6 日生化部分处理 COD 结果

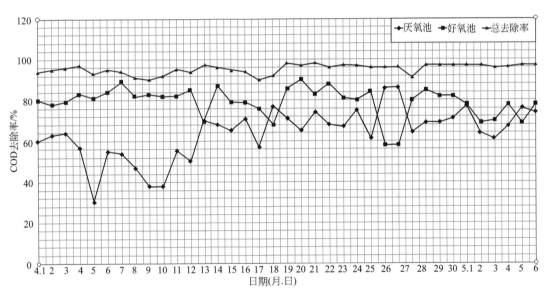

图 2-17　2010 年 4 月 1 日～5 月 6 日生化部分处理 COD 去除率

2.7.2　调试运行小结

　　调试初期出现了预处理车间出水污染指标高，胺草醚废水处理效果差且不稳定，生化系统处理出水水质差，厌氧池和好氧池污泥浓度低且 pH 偏低等问题，参加调试的技术人员与业主方进行了大量的研究和讨论，分析得出了有效可行的解决方案，使问题基本得到解决，出水比较稳定且达标。

　　预处理出水浓度范围 607.5～7825.0mg/L，平均 2023.4mg/L，去除率范围 25.9%～89.9%，平均去除率 49.5%。药剂平均使用量为硫酸亚铁 5.88kg/(m³ 废水)，双氧水 25.44L/(m³ 废水)，按照硫酸亚铁 400 元/(t 废水)，双氧水 800 元/t 计算，平均药剂成本约为 22.7 元。

生化系统排水口出水浓度范围 97.7～476.4mg/L，平均 208.9mg/L，总去除率范围 90%～98%，平均总去除率 95.2%。处理后的污水 COD_{Cr}<500mg/L，能够达到东区污水厂的进水污染物浓度指标要求。

处理出水指标达到东区污水厂的进水污染物浓度指标要求，处理能力与精喹、胺草醚和烟嘧生产产生的废水量匹配。

2.8　2010～2013 年运行结果

2.8.1　2010 年 1～7 月预处理结果

2010 年 1～7 月预处理月平均结果见图 2-18。

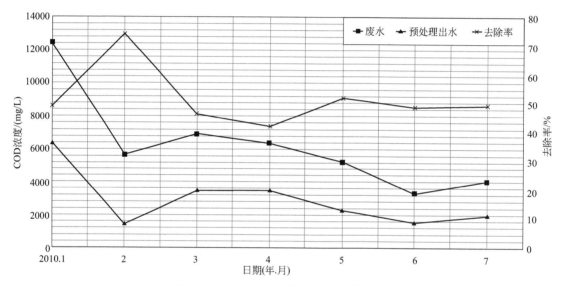

图 2-18　2010 年 1～7 月预处理月平均结果

从图 2-18 可见，预处理对 COD 的月均去除率为 42.4%～74%。

2.8.2　2010 年 1～7 月一级生化处理结果

2010 年 1～7 月一级生化处理结果见图 2-19 和图 2-20。

从图 2-19 和图 2-20 可见，厌氧对 COD 的月均去除率为 58%～79%，好氧对 COD 的月均去除率为 70%～94%。

2.8.3　2011 年 1 月～2013 年 3 月预处理结果

2011 年 1 月～2013 年 3 月预处理月平均结果见图 2-21。

从图 2-21 可见，2011 年 1 月～2013 年 3 月预处理出水：COD 的月均值在 210.45～457.0mg/L 波动；氨氮在 26.36～112.42mg/L 波动；氯化物在 2898.2～4105.8mg/L 波动。

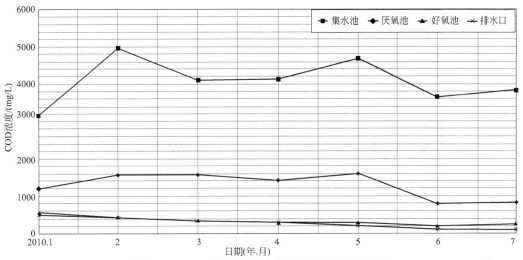

图 2-19 2010 年 1～7 月一级生化处理 COD 结果

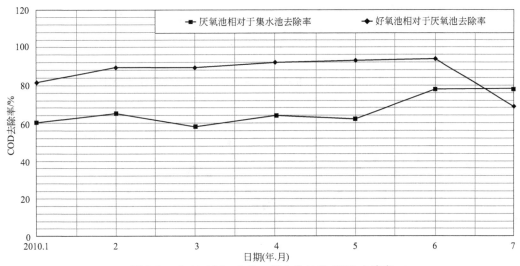

图 2-20 2010 年 1～7 月一级生化处理 COD 去除率

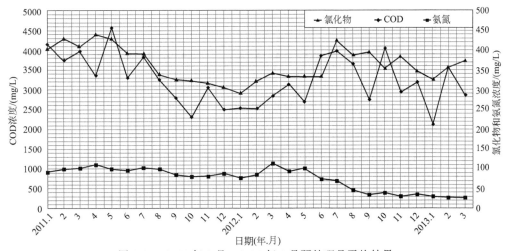

图 2-21 2011 年 1 月～2013 年 3 月预处理月平均结果

2.8.4 2011 年 1 月～2013 年 3 月二级生化总排口检测结果

2011 年 1 月～2013 年 3 月二级生化总排放口检测月均值见图 2-22 和图 2-23。

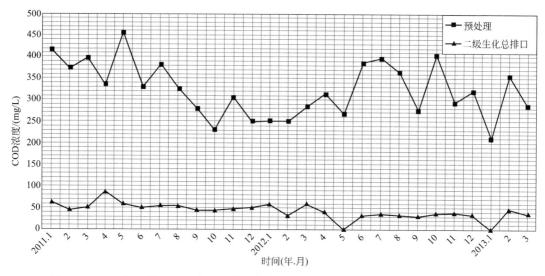

图 2-22 2011 年 1 月～2013 年 3 月精喹废水预处理及二级生化总排口 COD 月均值变化

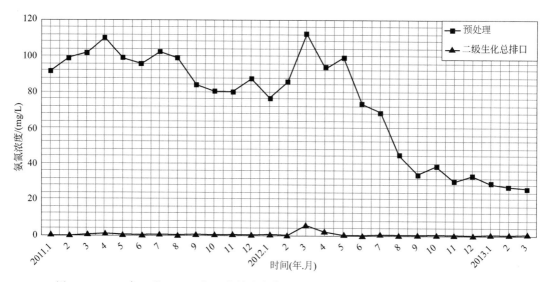

图 2-23 2011 年 1 月～2013 年 3 月精喹废水预处理及二级生化总排口氨氮月均值变化

从图 2-22 和图 2-23 可见，COD 在 0～88.0mg/L 波动，氨氮波动在 0.14～5.84mg/L。而 2011 年 1 月～2013 年 3 月总排口检测月均值为：石油类波动在 0.4～1.0mg/L；挥发酚波动在 0.02～0.44mg/L；硫化物未检出；悬浮物波动在 6～11mg/L；pH 7.86～8.79；色度 20 倍。这些指标优于国标 GB 8978—1996 的一级排放标准。

2.8.5　2012 年 5~7 月处理排放水在线监测数据

2012 年 5～7 月处理排放水在线监测 COD 和氨氮日变化见图 2-24 和图 2-25。从图 2-24 和图 2-25 可见，处理排放水的 COD、NH_3-N 优于国标《城镇污水处理厂污染物排放标准》（GB 18918—2002）一级 A 标准。

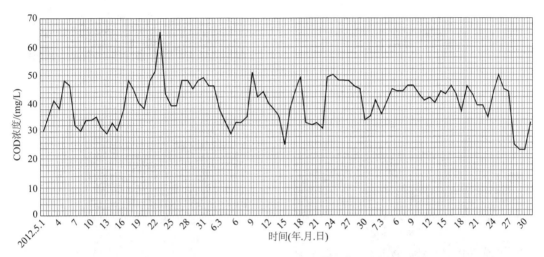

图 2-24　2012 年 5～7 月处理排放水在线监测 COD 日变化

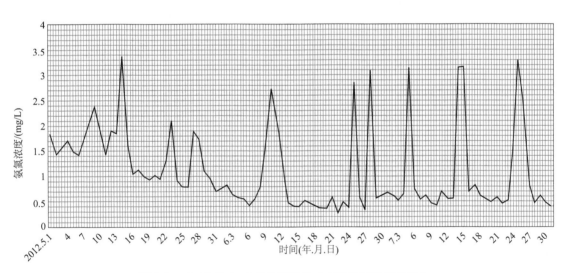

图 2-25　2012 年 5～7 月处理排放水在线监测氨氮日变化

2.9　示范工程现场图

精喹和胺草醚及烟嘧生产废水处理示范工程现场见图 2-26～图 2-29。该项目利用本技术运行至今，其系统先进成熟，运行稳定可靠达标，操作管理简便，投资运行费用低，有较好的社会环境和经济效益。

图 2-26　BN 生产系统

图 2-27　主风管及预处理池

图 2-28　好氧池及废气收集系统

图 2-29　单质 S

第 3 章

稀土生产废水处理技术研究与工程案例

摘要：镧（La）等 12 种元素的生产废水中 F^-、NH_3-N、Cl^- 和 Th、U 及剩余化学药剂浓度高，酸度大，成分复杂，处理难度大。业主委托本团队处理该稀土废水；本团队针对稀土生产废水设计了"预处＋生化＋深处"处理工艺。设计建成投用后，处理出水的总 α、总 β、COD_{Cr}、NH_3-N、SS、磷酸盐等指标均达国标 GB 8978—1996 的排放标准。

3.1 稀土简介

稀土（rare earths）元素是镧（La）、铈（Ce）、镨（Pr）、钕（Nd）、钷（Pm）、钐（Sm）、铕（Eu）、钆（Gd）、铽（Tb）、镝（Dy）、钬（Ho）、铒（Er）、铥（Tm）、镱（Yb）、镥（Lu）、钪（Sc）和钇（Y），共 17 种元素的总称，用符号 Re 表示，稀土是重要的国防材料。这类元素被发现的时候，人们本以为它们在地球上的分布量是非常稀少的，所以才把它命名为稀土。其实地壳中蕴含着丰富的稀土元素，大部分的稀土甚至比金和银还要更加常见，稀土有着很高的商业价值，是因为它在高科技领域当中有着广泛的用途。小至手机屏幕、数码相机，大至各种军事设备，稀土都是关键的原材料，所以稀土也叫做工业维生素，据估算一台手机里面就含有 0.5g 的稀土元素。

我国是稀土大国，稀土的储量及产量均占世界首位。由于稀土应用日益扩大，特别在我国人们已把稀土大量应用于农业、林业，并正在试用于饲养业作为饲料的微量添加剂，稀土将越来越多地进入人类生存的环境和食物链，近年来人们对稀土的生物学效应十分关注。许多科学工作者为了阐明稀土进入体内到底是有害还是有益，进行了许多研究和报道。

3.2 稀土生产废水的危害

3.2.1 稀土废水分类

稀土工业废水来源主要有三种。一是稀土精矿焙烧尾气喷淋净化产生的酸性废水，这类废水，水质氟含量偏高。二是碳酸稀土生产过程产生的铵盐（硫酸铵废水），主要是稀土生产中利用焙烧矿或硫酸稀土为原料，在生产碳酸稀土过程中产生的。三是稀土萃取分离产生的铵盐（氯化铵废水）。

3.2.2 稀土废水对环境、动植物等的影响

镧（La）、铈（Ce）、镨（Pr）、钕（Nd）等稀土元素在自然界中广泛存在，主要集中在地壳，此外在土壤、水体、大气和生物体中均有分布，由于稀土元素在土壤中的化学形态不同，其生物效应往往会有很大差异，而在清洁的河水或湖水中稀土元素含量很低；大气中气溶胶含有极微量稀土元素；分布趋势北方高于南方，远离陆地的海洋上空气溶胶要比城区低1～2个数量级。植物体内普遍含有但比地壳中低一个数量级，而植物性食品中含量还要低一个数量级。无论施用稀土与否，植物体内的稀土元素均来源于土壤，因此施用稀土可促使植株更多吸收稀土。稀土元素在人和动物体内的分布主要积聚在肝和骨中，骨中含量最高，但排出较难，而牙和骨中的分布代谢相似。随着年龄的增长有一定积累，但50岁以后开始有稳定和下降的趋势，这种现象与老年人骨中Ca、P沉度变化相似。适量的稀土元素对人体有抑制肿瘤的作用。镧离子与钙离子相近似，对人体骨骼有很高的亲和性，可能取代骨中的钙离子，长期摄入低剂量硝酸镧可导致其在骨中蓄积，引起骨微结构改变。

3.3 国内外稀土生产产生的酸性废水处理方法

对酸性废水进行处理时，通过减压蒸馏回收工艺，实现硫酸与氢氟酸的分离，达到回收70%硫酸和15%氢氟酸的工艺目的。在产品回收方式上，采用既回收冷凝相——氢氟酸，又回收残液相——浓硫酸的方式，获得硫酸产品和氢氟酸产品符合稀土生产工艺的要求。治理酸性废水目前有两种成熟工艺，即直接中和或回收硫酸及氟化物。

3.3.1 直接中和

利用廉价的碱性物质，如石灰或电石渣等将废水中的酸性物质中和，同时将废水中的有害物质生成沉淀物及盐类去除掉，再进行深度除氟及水澄清处理，废水可达标排放。此种方法工艺简单、流程短、投资少、适合中小企业采用，但消耗石灰量大，水处理成本高，产生大量废渣（石灰渣），还需进行妥善处理否则会造成二次污染。

3.3.2 回收硫酸及氟化物

本技术通过对尾气强化冷却、稀酸吸收等措施，将洗涤中的硫酸含量富集到可回收的浓度（93%左右），再通过蒸发浓缩分离氢氟酸，使液体中的硫酸含量提高，分离出的氢氟酸通过"两反应-合成工艺"制成冰晶石或生产其他氟化物。一方面，该技术无二次污染，并可节约大量的水（大部分可回用），极大地减少水处理负荷；另一方面，其还能将废水中的有用物质回收，创造一定的经济效益。

3.4　国内外稀土生产产生的硫铵废水处理方法

此类废水前端一般采用碳铵沉淀，硫酸铵废水由管道收集后，进入集水池，再由泵定期将集水池废水提升至废水处理站调节池，调节池废水由泵提升至石灰反应池，同时加液碱，使废水 pH 在 12 以上，然后由污泥泵压入压滤机，清液流入中间水池由后续处理工艺处理，泥渣外运。

目前氨氮废水的治理方法有物理法、物理化学法、生物法等，但针对稀土废水，由于受废水中氨氮的存在形式、铵盐浓度及水量的限制，采用生物法是不可行的，只能是物理法或物理化学法，其共同点是资源回收，前者是将废水中的铵盐转化为气态氨后进行回收，后者是对废水中的硫酸铵直接进行回收，可选择直接蒸发浓缩法或电渗析-蒸发浓缩法或碱性蒸氨法。

3.4.1　直接蒸发浓缩法

直接蒸发浓缩法是通过蒸发浓缩结晶，从废水中提取铵盐的方法，此方法工艺简单、流程短、蒸发后的冷却水完全可以回用，废水经治理后基本可以实现"零排放"，但由于硫铵盐浓度较低，能耗较高。按日处理 100t 废水计算，日耗煤在 20t 以上加高额的运行费用，企业难承受。

3.4.2　电渗析-蒸发浓缩法

电渗析是盐水，尤其是海水淡化处理方面普遍采取的一种膜处理技术，随着新型膜材料和膜应用技术的发展，以及制作成本的大幅度下降，其应用越来越广泛。有关实验已证明通过选择合适的铵离子选择性透过膜，可以将废水中的铵离子（其他杂质较少）浓度控制在 200mg/L 下。此种废水完全可返回使用，电渗析出来的 10%～15% 的铵盐水，经进一步蒸发-浓缩-结晶将铵盐进行回收，该方法是对直接蒸发浓缩回收铵盐法的一种改进，处理后的水可以达到很高的水质要求，能耗有较大幅度的下降，但该方法技术含量较高，对水质要求苛刻，如对含钙-含镁杂质过高的稀土生产硫铵废水，实验证明是行不通的（主要是膜堵塞）。另外，该方法工艺流程较长，所需要的公辅设施较多，尤其是电渗析设备一次性投资较高。因此该方法仅适合在环境要求较高且不考虑经济承受能力的条件下采用。

3.4.3　碱性蒸氨法

采用碱法将废水中的固定铵盐转化为游离氨，再利用汽提方法将氨分离，得到氨水，此法技术成熟。实践证明采用先进的雾化、气化及分离提取装置，处理后的废水氨氮含量远远低于国家排放标准。

从废水中回收氨（18%～20% 氨水）可用于稀土分离工序，排出的废水可回用于焙烧矿水浸工段，此法在大、中、小企业中均可使用，对于处理浓度较高、排量较大的铵盐废水尤为适合。虽然这种方法也要消耗一定的能量，但其采用先进的雾化、气化提取工艺而不是纯粹的蒸发法，因此在能耗上比直接蒸发或电渗析法要低得多。但该工艺处理后排放的废水具有一定的碱性，并含有一定的固体物质，所以不能直接排放，需要进一步处理。因此结合并考虑酸性废水的处理工艺，可将此部分排水用于残余酸性废水的中和处理，处理后的水质明显改善，并可降低杂质含量，可用于焙烧窑尾气净化或稀土水浸及碳沉洗涤工艺，达到一举三得的目的，从而实现循环再利用的过程，因而使所有的污染物质均转化为无污染的固态形式去除掉，达到了废水综合治理的目的。

3.5　国内外稀土生产产生的氯铵废水处理方法

对于高浓度氯化铵废水，可以采用三效闪蒸法蒸发浓缩回收氯化铵，该工艺蒸汽利用率高，工艺成熟，产品质量稳定，但投资较大。回收的氯化铵产品可达农用级氯化铵的标准，工艺运行成本基本持平，高浓度氯化铵废水处理后进入低浓度氯化铵处理工艺。低浓度氯化铵一般可采用吹脱法处理，由于含氨氮废水中的氨氮多以氨离子 NH_4^+ 和游离氨 NH_3 的状态存在，其平衡关系式如下：

$$NH_4^+ + OH^- \longrightarrow NH_3 + H_2O$$

当废水中的 pH 为 7 左右时，氨氮多以氨离子 NH_4^+ 的状态存在。随着 pH 的升高，游离氨 NH_3 所占比例逐渐增大。当 pH 升至 11 以上时，NH_3 可达 90% 以上。此时利用空气吹脱的物理作用，让空气与废水充分接触，使废水中溶解气体 NH_3 穿过气液界面，向气相扩散，从而降低废水中氨氮浓度，达到使废水中氯化铵被降低的目的。

3.6　稀土生产废水的处理研究技术

3.6.1　α 放射性核素去除技术研究

稀土废水经碳酸钙和氧化钙预处理后，α 活度仍较高，达不到排放标准，可采用以下五种处理方案。

3.6.1.1　方案 1

用碳酸钙中和稀土废水酸度，用氧化钙调 pH＞7～8 后，加入废水量 0.1% 的三氯化铁、0.02% 的明矾，再用氧化钙调 pH＝9，加入废水量 0.29‰ 的活性二氧化锰，再曝气搅拌 20min，静置澄清 3h，上清液 α（活度）＜1Bq/L，则可将上清液排放。

注：①三氯化铁可在 0.1‰～0.2‰ 间变化；二氧化锰可在 0.2‰～0.3‰ 间变化；②活性二氧化锰的制法：将市售二氧化锰用 0.01mol/L 盐酸浸泡 24h，去上清液，用水冲洗至中性，干燥过 200 目筛待用；③或将用碳酸钙和氧化钙预处理后的废水，再加入三氯化铁、明矾和二氧化锰作二级处理可确保达标排放。

3.6.1.2　方案 2

在已用碳酸钙和氧化钙预处理的稀土废水中，加入废水量 0.3‰ 的三氯化铁和 0.5‰ 的香叶汁，再曝气搅拌 20min，澄清 3h，上清液 α＜1Bq/L，则排放上清液。

注：香叶汁为 10kg 香叶粉加于 1t 水中浸泡 24h 的上清液。

3.6.1.3 方案 3

在已用碳酸钙和氧化钙预处理的稀土废水中，加入废水量 2‰ 的硫酸亚铁，用石灰调 pH=8~9，再曝气 20min，沉淀 3h，上清液 α<1Bq/L，则排放上清液。

3.6.1.4 方案 4

将已用碳酸钙和氧化钙预处理的稀土废水，再通过重晶石吸附柱（重晶石粒度 2~3min，层高 1.0m，接触时间 2min），床体积与废水体积比为 100000，柱出水 α<1Bq/L，则出水可排放。

3.6.1.5 方案 5

采用"预处理+生化（SBRK）"处理，其中 SBRK 为本团队改良的 SBR 工艺。

3.6.2 宁夏和四川稀土生产产生的废水处理试验结果

取宁夏和四川稀土废水进行了处理基础研究，小试、中试和扩试试验。反复多种试验得到其试验的结果，见表 3-1。

表 3-1 宁夏和四川的混合稀土生产产生的废水处理试验的结果　单位：mg/L

序号	污染物项目	稀土废水	处理排放水	GB 8978—1996（一级）	GB 26451—2011（表 2）
1	pH	1.5,10~11	6~9	6~9	6~9
2	SS	550	50	100	50
3	氟化物	1800	<1	10	8
4	COD	850	>0	100	70
5	TP	10	1	—	1
6	NH_3-N	13000	15	15	15
7	总锌	6	1	2.0	1.0
8	总汞	0.5	0.005	0.05	—
9	钍、铀总量	1.1	0.01	—	0.1
10	总镉	2	0.01	0.1	0.05
11	总铅	3	0.01	1.0	0.2
12	总砷	0.8	0.01	0.5	0.1
13	总铬	3.5	0.5	1.5	0.8
14	Cr^{6+}	3.0	0.0	0.5	0.1
15	总 α(Bq/L)	2.7	0.01	1	—
16	总 β(Bq/L)	28	0.1	10	—

注："—"表示无此指标。

从表 3-1 的结果可见，处理混合稀土生产产生废水的出水达 GB 8978—1996《综合污水排放标准》的一级标准，也达 2011 年 10 月 1 日实施的（GB 26451—2011）《稀土工业污染物排放标准》表 2 的标准，这表明研究的处理方法是可行的。依据上述获得设计参数和类似工程建设的设计经验，及业主生产稀土氧化物及其沉淀产品，主要高纯氧化镧、钇、钇铽、钇铕、高纯稀土基体、氧化锆及锆盐产品产生的废水的主要成分和浓度，设计了业主的稀土废水处理工程方案。设计建成，经一个多月的调试运行，处理出水达 GB 8978—1996 的一级排放标准和 GB 26451—2011 表 2 标准，见表 3-2。

表 3-2   稀土生产产生的废水处理出水检测结果   单位：mg/L

项目	pH	COD	SS	NH$_3$-N	TP	F$^-$	ThU	TCd	TCr	Cr^{6+}	TAs
数据	6～9	7	50	15	0.1	＜8	0.01	0.01	0.5	0.0	0.01

设计稀土废水的处理工艺流程，见图 3-1。

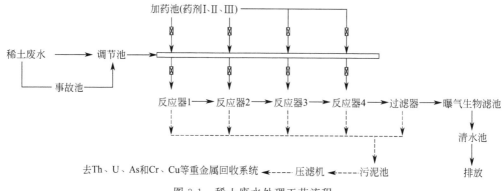

图 3-1   稀土废水处理工艺流程

稀土废水泵入调节池，事故废水分次进调节池。根据废水量大小，可并联或串联进入反应器 1、2、3，反应器 4 备用，依次加入药剂 I、II、III，先后去除 F$^-$、NH$_3$-N、Th、U/As 和重金属后再进过滤器，经曝气生物滤池去除 COD 等污染物后，经清水池排放。

3.6.3   稀土厂硝酸盐废水治理试验

单一稀土氧化物生产常用盐酸法，但纯度很难达 5N（99.999％）以上。若用硝酸法则可以达 6N（99.9999％）。但该方法产生含有大量硝酸盐的废水，如不经处理或仅对酸度作简单处理排放，则造成水体的硝态氮或总氮严重超标，使水体很快富营养化。

硝酸法产生的废水中，99％为硝态氮，约 1％为铵态氮。稀土生产产生的废水中，总氮（主要是硝态氮）为 36000mg/L，氨氮 340mg/L，如此大量的硝酸盐用化学法或生物法处理难度很大（生物法可处理总氮在 10000mg/L 以下的废水）。因此，选择使用蒸发法，以达到零排放和回收利用硝酸盐的目的。

3.6.3.1   脱色

稀土硝酸盐的废水除硝酸盐外还含有比盐酸法废水更多的萃取剂（如 P507）及其溶剂（如煤油），故废水常带有黄色，如不脱色，蒸发后得出的初产品亦有黄色。

本试验脱色采用活性炭法，步骤是：称取粒状活性炭 13g，水洗至无色，装入先垫有玻璃棉或泡沫塑料的 25mL 滴定管中（可装柱 23mL，整柱高 31cm）。将 200mL 废水（pH＝4.86）先用 1％氢氧化钠溶液调至 pH＝7.5，以 1mL/min 流速通过，出水颜色为无色或很浅的黄色，气味亦减轻许多。

3.6.3.2   蒸发

取上述已脱色的废水 100mL，置于 200mL 烧杯中，在低温电炉上蒸至近干，打碎，除去多余水气，可得 17g 白色硝酸盐。其中 9％是硝酸钠，约 1％是硝酸铵，产率 78％。

3.6.3.3　效益分析

用上述方法，从 $1m^3$ 废水中可得 170kg 硝酸盐初品（可进一步精制，分别得到硝酸钠和硝酸铁，两者都是重要化工产品），日产废水 $20m^3$，可产出硝酸盐初品 3.4t，这是一笔可观的经济收益，更重要的是做到了零排放，对环境保护非常有益。

3.7　稀土生产废水处理工程

3.7.1　工程概况

业主生产镧（La）、铈（Ce）、钪（Sc）、钇（Y）等 12 种元素，每天排放其生产废水 $800m^3$，受生产工艺特点的影响，排放的废水中含有大量的 $NH_3\text{-}N$，$C_2O_4^{2-}$、P507、Cl^- 和煤油等有害物质，废水酸性较强，pH 1～2。废水中的氟（F），氨氮（$NH_3\text{-}N$）、氯碱和放射性的钍（Th）、铀（U）及剩余的化学药剂，成分复杂，处理难度大。如不处理直接排放，工厂废水排放后不仅将对工厂周边环境造成污染，而且对长江水体造成污染，对生态环境危害很大，对植被有毁灭性的损害。为此必须对工厂废水实行有效治理，使排放水严格达到国家污水综合排放标准（GB 8978—1996）一级标准的要求。业主委托本团队提供该废水处理方案，设计建成稀土废水处理工程投运。

本团队依托在加拿大、叙利亚等国家和香港地区建成的相关工程项目，特制了本"物化预处理＋高效复合功能菌深度处理"达标排放或回用的实用技术方案，经省级专家评审通过后，设计、建成、验收、投用。

3.7.2　设计水质水量

3.7.2.1　设计水量

萃取废水、沉淀母液水、沉淀洗涤水和其他废水等按 $800m^3/d$ 处理能力设计。

3.7.2.2　设计进水水质

综合废水：Cl^- 35000mg/L，H^+ 0.42mg/L，COD_{Cr} 500mg/L。

3.7.2.3　设计出水水质

设计处理后的废水达到《污水综合排放标准》（GB 8978—1996）的二级排放标准：$NH_3\text{-}N$ ＜25mg/L，COD_{Cr} ＜150mg/L，色度≤80 倍，pH 为 6～9，磷酸盐（以 P 计）≤1.0mg/L。

对于废水中的放射性污染，排放浓度符合 GB 18871—2002《电离辐射防护与辐射源安全基本标准》的要求。

3.7.3　设计处理工艺

3.7.3.1　设计业主稀土废水处理工艺流程

本工艺主要采用"物化预处理＋高效复合功能菌深度处理"的高新生物技术处理高浓

度化工、冶金废水，其基本原理是利用从化工、冶金污水和污泥中分离筛选、驯化、培养获得的高效复合功能菌能富集去除废水中的微量元素和放射性核素及充分降解 P_{507}、煤油、草酸和 NH_3-N 等污染物。经固液分离，废水被净化，污泥量少。稀土废水处理工艺流程见图 3-2。

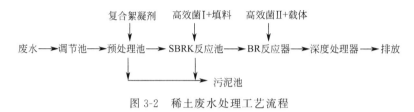

图 3-2　稀土废水处理工艺流程

　　废水经自流入调节池后均质处理，后进入预处理池，在预处理池中加入复合絮凝剂，充分反应后上清液流入 SBRK 反应池反应，在 SBRK 池中装有特殊处理填料，并投加高效菌Ⅰ（BM 菌剂）。预处理池与 SBRK 池中产生的污泥流入污泥池经干化系统处理。废水在 SBRK 池中充分反应后进入下一级 BR 反应器处理，BR 反应器装有特殊载体，并投加高效菌Ⅱ（降 COD 菌）。经 BR 反应器处理后废水泵入深度处理器处理达标后排放。本工艺的关键技术是高效复合功能菌的培养和挂膜及其生存条件。

3.7.3.2　稀土废水处理平面布置

　　稀土废水处理平面布置见图 3-3。

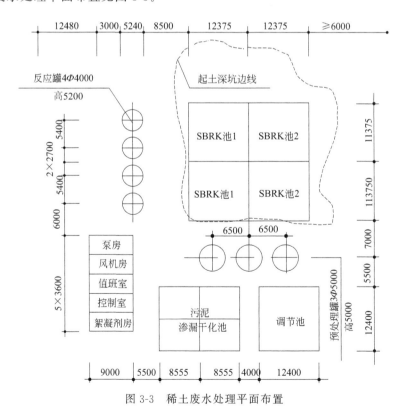

图 3-3　稀土废水处理平面布置

3.7.4　主要构筑物和设备

3.7.4.1　主要构筑物

主要构筑物见表3-3。

表 3-3　主要构筑物

序号	名称	规格/(m^3、m^2)	单位	数量	备注
1	调节池	450	座	1	钢筋砼,防腐
2	预处理池	450	座	1	原罐改造
3	SBRK 反应池	1200	座	2	钢筋砼,防腐
4	污泥干化池	300	座	1	砖砌＋遮雨棚
5	设备基础	5	座	5	钢筋砼,防腐
6	泵房	20	座	1	砖混
7	风机房	30	座	1	砖混
8	絮凝剂房	30	座	1	砖混

3.7.4.2　主要设备

主要设备见表3-4。

表 3-4　主要设备

序号	设备名称	型号规格	材质	单位	数量
1	BR 反应器	$\Phi 4.0 \times 5.2m$	碳钢防腐	套	3
2	深度处理器	$\Phi 4.0 \times 5.2m$	碳钢防腐	套	2
3	提升泵	IJ100-80-160	不锈钢	套	4
4	三叶式罗茨鼓风机	3L22WD	不锈钢	套	3
5	pH 计		不锈钢	套	3
6	污泥泵	2PNL	不锈钢	套	2
7	格栅	自制	不锈钢	套	1
8	絮凝投加装置	自制	碳钢	套	1
9	静态混合器	$\Phi 1200$	玻璃钢	套	2
10	填料	TM-1Φ1-2mm	TPV	m^3	60
11	填料	CK-1Φ150mm	TPC	m^3	900
12	载体	MLΦ10-20mm	ML	m^3	80
13	高效复合菌Ⅰ	ZSR		批	1
14	高效复合菌Ⅱ	CSR		批	1
15	电磁流量计	LDG-80,10～80m^3/h		台	4
16	数字温度显示仪	XQMT-101,0～150℃		台	2
17	电气、自控、仪表			批	1
18	阀件、管件			批	1
19	水帽	M20Φ1～2mm		个	300
20	曝气头	KBB		个	800

3.7.5　技术经济分析

3.7.5.1　占地

占地约 $300m^2$。

3.7.5.2 运行管理和成本

废水处理运行成本约 1.47 元/（m^3 废水）。

3.7.5.3 劳动安全及保护

电气设备采用接零保护，防止触电事故。室外水池走道，设栏杆，保障通行安全。

3.7.5.4 环境效益

废水经处理后，免交排污费，有较好的环境和经济效益。

3.8　现场连续运行结果

3.8.1　总α、总β检测结果

本稀土废水治理工程运行的原始废水，处理出水，预处理渣和酸溶渣的总β、总α活度、pH 连续的分析测量结果见表 3-5。

表 3-5　稀土废水治理放射性测量结果　　　　　　　单位：Bq/L

年．月．日	样品名称	α 活度	β 活度	pH
1998.11.12	废水	1.10	19.6	0.42
1998.11.25	废水	0.82	11.1	0.57
平均值		0.96	15.35	
11.10	处理出水	0.31	9.11	7
11	处理出水	0.34	0.92	8
12	处理出水	0.32	7.83	7
13	处理出水	0.11	4.98	7
16	处理出水	0.02	4.56	7.5
18	处理出水	0.03	1.10	8.2
20	处理出水	0.04	3.59	8.2
24	处理出水	0.02	3.59	7
25	处理出水	<探测限	5.59	9
平均值		0.15	4.58	
11.11	预处理渣	28.33 Bq/kg	1.48×10^3 Bq/kg	
11.11	酸溶渣	1.54×10^3 Bq/kg	6.16×10^4 Bq/kg	

从表 3-5 可见，废水的总β活度在 11.1～19.6Bq/L 波动，均值为 15.35Bq/L，总α活度在 0.82～1.10Bq/L 波动，均值为 0.96Bq/L。处理后出水的总β活度在 0.92～9.11Bq/L 波动，均值为 4.58Bq/L，总α活度在低于探测限～0.34Bq/L 波动，均值为 0.15Bq/L，这表明从 11 月 10 日到 11 月 25 日处理出水的总β、总α活度均低于国家 GB 8978—1996 标准（总β为 10Bq/L 与总α为 1Bq/L）。处理出水的 pH 为 7～9，亦在该标准规定的范围内。预处理渣的总β活度为 1.48×10^3 Bq/kg，总α活度为 28.33Bq/kg，这表明预处理渣有一定的放射性，但可不作放射性废渣处理。酸溶渣的总β活度为 6.16×10^4 Bq/kg，总α活度为 1.54×10^3 Bq/kg，已接近放射性废渣的放射性水平，须作适当的处置处理。

3.8.2 水质检测结果

水质检测结果见表 3-6。

表 3-6 水质检测结果统计 单位：mg/L

序号	项目	处理设施进口		处理设施出口(1#)		平均处理效率/%	2# 排放口		排放标准
		结果范围	均值	结果范围	均值		结果范围	均值	
1	pH	<1	—	6.66～8.4	—	—	6.06～7.59	—	6～9
2	COD_{Cr}	437～508	480	72～135	115	76.0	11～23	16	150
3	NH_3-N	8.12～12.8	9.49	7.85～11.9	10.0	—	5.73～10.3	8.28	25
4	SS	273～353	320	46～132	80	75.0	29～37	33	200
5	磷酸盐	1.42～1.74	1.61	0.25～0.27	0.26	83.9	0.07～0.23	0.15	1.0

检测结果表明：处理设施出口（1# 排放口）和 2# 排放口排放废水中的 pH、COD_{Cr}、悬浮物、氨氮和磷酸盐均未超过《污水综合排放标准》（GB 8978—1996）中表 2 二级标准。污水处理设施对 COD_{Cr}、SS 和磷酸盐的平均处理效率分别为 76.0%、75.0% 和 83.9%。

3.9 工程现场图

稀土废水处理工程现场见图 3-4～图 3-7。从图 3-4～图 3-7 可见其处理效果较好。其处理系统先进成熟，运行稳定可靠达标，操作管理简便，高效低能，投资运行费用低。有较好的社会环境和经济效益。

图 3-4 稀土废水处理站全貌

图 3-5 调节池（废水为深绿色）

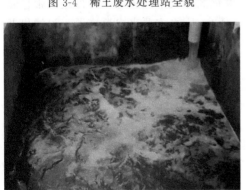

图 3-6 预处理池（废水为深蓝色）

图 3-7 处理排放水（废水为清澈无色）

第 4 章

染料生产废水处理技术研究与工程案例

摘要： 染料废水中含剧毒的联苯胺、吡啶、氰、酚、汞、镉、铬，色度深、有机物浓度高，三致成分多，成分极复杂，染料抗光解、抗氧化性强，对环境和水源危害大。业主生产82种染料，日排废水1000m^3，原采用"混凝过滤＋A/O工艺"处理，出水不达标。遂委托本团队改造原工程，本团队针对染料废水的特性，系统分析了处理技术的重难点，设计处理的工艺流程为"废水——→铁碳——→混沉——→臭氧——→A^{2}O——→砂滤——→消毒——→排放"，其中投加的高效菌1、2，前处理的O$_3$、活性炭、铁碳电解工段起了保障出水达标的作用。处理系统先进、稳定运行达标，节能减排，绿色低碳，有较好的社会环境和经济效益。

4.1 染料废水简介

染料废水是指从棉、羊毛、化纤等纺织品的预处理、染色、印花和后整理中排出的各种废水的总称。具有废水量大、色度高、组成复杂并且水质变化范围大的特点。工业上的染料废水一般是指用苯、甲苯及萘等为原料经硝化、碘化生产中间体，然后再进行重氮化、偶合及硫化反应制造染料、颜料生产过程中排出的废水。由于生产的染料、颜料及其中间体种类繁多，废水的性质各不相同。一般分为酸性废水、碱性废水。废水中含酸、碱、铜锌等金属盐、硫化碱等还原剂、氯化钠等氧化剂以及中间体等，另外还有带色悬浮物（100～500mg/L）和溶解物（3000～16000mg/L）。废水主要来自反应器、过滤机及设备和地面清洗。生产每吨染料产生30～100m^{3}废水。

我国是染料的主要生产国，染料产品达14类500个品种。年产各类染料达17.5万～18万吨，约占世界产品的1/5。由于生产布局分散，点多面广，技术设备和操作管理水平比较落后，染料生产中资源消耗量和"三废"排放量都很大。据调查，全国染料行业用水量为3.87亿吨/年，废水排放量为1.57亿吨/年，万元产值废水排放量为4730吨。除少数大的染料厂对生产废水采用了较为有效的多级处理外，大部分企业只对废水进行一级处理，有的厂家甚至未经任何处理就直接排放。全国染料工业废水治理率为22.5%，其中治理达标率为42%。

4.2　染料废水来源及特点

4.2.1　染料废水来源

染料生产废水主要有三个来源：①化学反应过程（如磺化、氯化、硝化、重氮化、氰乙基化、偶合、还原、氧化等）产生的废母液；②产品分离、精制、水洗过程中产生的浓过滤液和洗涤水；③生产设备及车间地面冲洗水。

4.2.2　染料废水特点

染料废水一般具有以下特点。

① 废水排放量大，一般 $5\sim8m^3/(t$ 产品)，有时高达 $42\sim608m^3/(t$ 产品)。

② 染料生产批量小，品种多，生产多为间歇操作，废水间断性排放，水质水量变化大。

③ 废水多呈酸性，个别呈碱性，一般含盐量都很大，无机盐浓度可达 15%～25%。

④ 废水中的有机物绝大多数是以苯、萘、蒽、醌等芳香基团作为母体，带有显色基团，颜色很深，色度达 500～500000 倍，有很强的污染感。

⑤ 由于生产过程及分子结构的需要，染料及中间体分子往往含有极性基团，其增强了水溶性，使物料流失量加大。废水中通常含有许多原料和副产品，如卤化物、硝基物、氨基物、苯胺、酚类等系列有机物和氯化钠、硫化钠、硫化物等无机盐。据估计，90% 的无机原料、10%～30% 的有机原料和 2% 的染料产品流失到废水中。因而废水成分复杂、浓度高、毒性大。一般 COD（单位 mg/L）可高达数万甚至数十万。

⑥ 由于染料的品种越来越多，并朝着抗光解、抗氧化性、抗生物降解的方向发展，染料生产废水和染料中间体生产废水越来越难以用一般方法处理。

4.3　染料废水对环境的污染

染料废水色度深、有机污染物含量高、成分复杂、重金属和生物毒性大、难生物降解，染料抗光解、抗氧化性强，且含有多种具有生物毒性或导致"三致"（致癌、致畸、致突变）的有机物，对环境的危害非常大。其主要危害有以下几种。

4.3.1　染料废水中色度对环境的污染

废水中的染料能吸收光线，降低水体的透明度，大量消耗水中的氧，造成水体缺氧，影响水生生物和微生物生长，破坏水体自净，同时易造成视觉上的污染。

4.3.2　染料废水中毒性对环境的污染

染料是有机芳香族化合物苯环上的氢被卤素、硝基、氨基取代以后生成的芳香族卤化物、芳香族硝基化合物、芳香族胺类化学物以及联苯等多苯环取代化合物，生物毒性都较大，有的还是"三致"物质。

4.3.3　染料废水中重金属对环境的污染

染料废水中的铬、铅、汞、砷、锌等重金属盐类无法被生物降解，它们在自然环境中能长期存在，并且会通过食物链不断传递，在人体内积累。在日本就曾发生过由重金属汞和镉污染而造成的"水俣病"等公害事件。

4.3.4　染料废水中多种化合物对环境的污染

一般的酸、碱、盐等物质和肥皂等洗涤剂虽然相对无害，但它们对环境仍有一定影响。近年来，许多含氮、磷的化合物大量用于洗净剂，尿素也常用于印染各道工序，使废水中总磷、总氮含量增高，排放后使水体富营养化。如果染料废水不加处理直接排放，将会对日益紧张的饮用水源造成极大的威胁。因此对废水处理，不但可减轻或避免环境污染，保护人们身体健康，还可以回收利用处理后的水，节约水资源。

4.4　国内外染料生产废水处理技术

染料生产废水含有酸、碱、盐、卤素、烃、硝基物、胺类和染料及其中间体等物质；有的还含有剧毒的联苯胺、吡啶、氰、酚，以及重金属汞、镉、铬等。这种废水组分复杂，具有毒性，比较难以处理。近年来，由于染料生产废水日增，危害更加严重，有的工厂和某些产品只好停止生产。许多国家正在探索染料废水处理的新方法。国内通过试验研究初步掌握了一些处理方法。

染料生产废水水质复杂，要依据废水的特性和对它的排放要求，选用适当的处理方法。去除固体杂质和无机物，可采用混凝法和过滤法；脱色一般可采用混凝法和吸附法组成的工艺；去除有毒物质或有机物，主要采用化学氧化法、生物法和反渗透法等；去除重金属，可用离子交换法等。

4.4.1　化学混凝法

化学混凝法是国内外普遍用来提高水质的一种既经济又简便的方法，其处理对象主要是水中的微小悬浮物和胶体杂质。含酸、碱、盐和有机物的低浓度染料废水，先经均化沉淀，加入适量的碱或酸中和后，再加混凝剂絮凝沉淀。混凝剂可用硫酸铝、硫酸亚铁、聚氯化铝、聚丙烯酰胺等。染料废水絮凝沉淀的处理效果，取决于混凝剂、助凝剂的选择和用量，废水的 pH 和混凝的水力条件。化学混凝法一般可去除约 $70\% \sim 90\%$ 的色度，$50\% \sim 80\%$ 的 COD（化学需氧量）。

4.4.2　生物法

常用的生物法有活性污泥法、生物膜法、氧化塘法和厌氧生物法等。生物法可处理大部分染料废水。废水中含胺类、酚类等，用生物法处理有较好效果。对酸性和碱性废水，可先经中和处理后再用生物法处理；对偶氮染料和硫化染料废水，可先经还原和氧化处理，降低其毒性后，再用生物法处理。

4.4.3　吸附法

常用的吸附剂有活性炭、活性硅藻土、活化煤、活性白土、褐煤和高分子吸附剂等，一般使用粒状活性炭或活化煤。各种吸附剂对不同类型染料生产废水的吸附能力是有差异的，即吸附剂具有选择性。吸附法能去除废水中难以分解的物质；对于不宜用生物法处理的废水，或生物法处理后达不到排放标准的废水，可用吸附法处理。如果废水中有机物浓度高，采用活性炭吸附处理是不经济的。

4.4.4　氧化法

氧化法是通过强烈的氧化作用，破坏废水中的有机物，从而达到较彻底脱色、去毒、去味和脱臭的目的。它是染料废水处理研究的主要课题之一。可采用的氧化法有臭氧氧化、加氯氧化、射线氧化、光氧化、电解氧化、湿式空气氧化、燃烧和硝酸空气氧化等。中国已在臭氧氧化和光氧化方面取得一定成果。一般说来，臭氧对亲水性染料（如直接染料、酸性染料、碱性染料、活性染料等）脱色速度快，效果好；对疏水性染料（如还原染料、纳夫妥染料、氧化染料、硫化染料、分散染料等和涂料）脱色和处理效果差，用量大。用臭氧来处理含铬染料废水，反而会生成六价铬离子，加重毒性。可见，用臭氧处理染料废水有一定的选择性。光氧化法利用光和氧化剂共同产生一种强烈氧化作用，对废水中的污染物进行氧化分解，可以基本上去除掉废水中的 COD 和 BOD（生化需氧量）。光氧化法常用的氧化剂有臭氧、氯、次氯酸、空气、双氧水等；光源是紫外线（但要判明何种特定波长对何种染料最为有效）。光氧化法氧化能力强，不产生污泥，设备较紧凑，但耗电量较大。

4.4.5　电化学方法

电化学方法是由电极产生的氧化还原剂破坏染料的分子结构以使染料脱色和降解的方法。电化学方法主要分为电解法、电浮法和微电池法。研究表明，电化学方法是一种有效的染料废水处理方法，可以有效地处理染料废水的色度、COD_{Cr}、BOD 和 TSS。电解法以石墨、钛板等为极板，以 NaCl、Na_2SO_4 或水中的原盐为导电介质电解染料废水。电解过程中阳极产生 O_2 或 Cl_2，阴极产生 H_2，溶液中形成新生态氧或 NaClO，其氧化作用及 H_2 的还原作用破坏了染料分子结构而脱色；电浮法以 Fe 和 Al 为阳极，通过电极反应生成 Fe^{2+} 和 Al^{3+} 水解产物，形成絮凝物，因吸附而脱色，并且由于阴极产生的 H_2 絮凝物浮起。微电池方法使用铸铁屑作为过滤材料，然后使染料废水浸入或通过。H 的高化学活性会引起染料废水中各种成分的氧化还原反应，破坏染料的颜色结构。

4.5　"物化＋生化"工艺处理染料废水技术的研究

业主生产的基本原料是苯系、萘系、蒽醌系以及苯胺、硝基苯、酚类等，产品收率低，生产过程中染料损失率约为 2%，致使废水 COD 浓度和色度高，废水中有机物可生化性差，BOD_5/COD 比值低（在 0.2 以下）。曝气池活性污泥对多变的染料中间体废水的驯化、适应不容易，影响生物降解能力。为提高 COD 和色度的去除率，本团队做了下述研究。

① 增加絮凝和生化反应时间，即"絮凝再絮凝""生化再生化"，这使治理工程占地面积大，流程长，工程费用高，处理效果不令人满意。

② 将并联曝气池改为串联运行，能够形成大流量的水动力条件，有利于强化菌胶团的活性，使生化处理效率有所提高；但提高的范围是相当有限的，染料废水中某些对微生物无抑制和有抑制的有机物，是不能被微生物摄食的，即使串联 4～5 级生化，效果仍不佳。

③ 不溶或难溶的染料微粒，用絮凝方法使之沉降，絮凝沉降相当快，一级混凝装置基本满足工艺要求，但若不变更絮凝剂，再进行二级、三级混凝，有机物去除率不会增加太多，基建运行费用却成倍增加，经济上不划算。

④ 研究中发现活性炭吸附作为一级工艺，有相当好的去除效果，由于目前已解决活性炭再生困难的问题，处理成本大大降低，经济上可被接受。

⑤ 用臭氧氧化法、次氯酸钠氧化法、$Fenton＋Fe^{2+}$ 氧化法，能收到较好的效果；能将絮凝未除去的难降解有机物氧化分解，且不带进无机离子（如 Cl^-），提高了可生化性，有利于后续生化处理，但成本偏高。

⑥ 用铁碳微电解法能将硝基还原为氨基，提高可生化能力。

⑦ 本团队多年从江苏、河北、四川等地的染料、印染厂废水和污泥中分离筛选获得降解染料、印染废水的 6 株高效菌：假单胞菌属（*Pseudomonas* sp.）、芽孢杆菌属（*Bacillus* sp.）、白腐菌属（*White rot fungus*）、可变单孢菌属（*Alteromonas* sp.）、柠檬酸杆菌属（*Citrobacter* sp.）和微球菌属（*Micrococcaceae* sp.），将这些菌用于染料废水的处理，有很好的脱色和 COD 去除效果。

由此可见，生产的染料和中间体品种多，类别复杂，疏水性、亲水性、阳离子、阴离子等各种类型染料都在混合废水中，造成治理技术上的困难，用"絮凝再絮凝，生化再生化"的处理方法处理染料废水，流程过长，工程建设费用大，是不理想的；用单一的物化或生化方法处理不能达到排放要求，综合前述的试验结果，采用物化法＋生化法对染料废水进行处理，可获得较好的效果。依据本物化法＋生化法处理实际染料废水的结果参数，设计用物化＋生化的工艺处理染料废水。设计中利用原有设施和已新建的构筑物，增加臭氧处理设备和铁碳微电解池，可实现投资少、能耗小、处理出水达标回用的目标。

4.6　染料生产废水处理工程

4.6.1　工程概况

业主生产酸性橙 67（C.I. acid orange 67）、酸性黑 PV（C.I. acid black PV）、酸性黄 199（C.I. acid yellow 199）、酸性蓝 B（C.I. acid blue B）、酸性红 374（C.I. acid red 374）、酸性红 336（C.I. acid red 336）、酸性红 249（C.I. acid red 249）、酸性绿 9（C.I. acid green 9）、酸性黑 172（C.I. acid black 172）等染料。废水主要来自这些染料生产合成过程中产生的废母液，产品分离、精制过程中的洗涤水，以及生产设备及车间地面的冲

洗水等。废水中含有较多原料和副产品，如含有大量的卤代物、硝基物、氨基物、苯胺及酚类等，并带有发色基因（如—N=N—，—N=O）及极性基因（如 OH^-，—NH_2，—SO_3Na 等），还含有无机盐，如 $NaCl$、Na_2SO_4、Na_2S 等。生产原料主要包括：苯胺、苯酚、硝基苯及酚类等，产品回收率低。未反应物和副产物多，废水组成复杂、污染物浓度高（COD 7000～80000mg/L）、色度深（6000～40000 倍）、盐度大（0.5%～15%），难降解，水质水量变化大，排放量大，处理难度非常大。

　　本团队根据 20 余年来治理工业废水的经验并结合业主染料废水状况和原有处理设施及新建生化处理池的现状，本着保证处理效果，最大限度地考虑合理利用原有和已新建的设施及投资效益、降低处理成本的原则，于 2003 年 12 月 5 日提交物化＋生化处理法日处理 $1000m^3$ 业主染料生产废水的初设方案。2003 年 12 月 25 日经业主公司领导和技术人员、环保管理部门和其工程建设人员研究，确定用本物化＋生化法处理业主染料生产废水，其工艺流程是：废水──→调节池──→铁碳池──→混反池──→混沉池──→臭氧池──→活炭柱（备用）──→厌氧池──→兼氧池──→好氧池──→二沉池──→砂滤池──→消毒池──→排放或回用。

4.6.2　设计水质水量

4.6.2.1　设计水量

　　设计处理废水量 $1000m^3/d$，每天连续 24 小时处理。设备设施最大处理能力 $42m^3/h$。

4.6.2.2　设计进出水水质

　　设计进出水水质指标见表 4-1。

表 4-1　设计进出水水质指标　　　　　　　　　单位：mg/L

序号	项目	设计进水	设计出水
1	Cr^{6+}	<0.01	0.5
2	总铬	18.20	1.5
3	COD	6200	100
4	BOD	600	30
5	NH_3-N	18.2	15
6	SS		70
7	色度/倍	40000	50
8	pH	3～6	6～9
9	苯胺类	3.50	1.0
10	硝基苯	75.80	2.0
11	挥发酚	12.00	0.5
12	硫化物	0.75	1.0

4.6.3　处理工艺流程

4.6.3.1　设计业主染料废水处理工艺流程

　　设计业主染料废水处理工艺流程见图 4-1。染料废水经格栅自流入调节池，溢流入铁碳池（曝气），经铁碳池尾部配水区后，泵入混凝反应池（混反池），加絮凝剂脱色并去除部分有机物，溢流入混沉池分出沉淀；出水溢流进臭氧池，通入臭氧反应，进一步脱色和分解有机物，出水溢流进生化处理系统（厌氧池、兼氧池和好氧池及二沉池）使有机物（苯、硝基苯、苯胺、酚、偶氮基、蒽醌基等）彻底降解和脱色，最终氧化为 CO_2 和水，二沉池出水经砂滤池过滤和二氧化氯消毒后排放或回用。

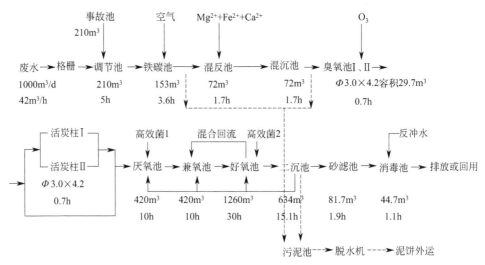

图 4-1　染料废水处理工艺流程

本工艺具有下列特点：①本工艺充分利用原有设施和已新建的生化处理池；②本工艺各单元之间连接灵活、切换方便，处理高浓度有机物和高色度废水时，用全流程；处理低浓度、低色度废水时，可越过臭氧池和活炭柱（备用）工序；③本工艺操作、管理、维修方便，处理出水能稳定达标并可回用。

4.6.3.2　设计业主染料废水处理平面布置

设计业主染料废水处理平面布置见图 4-2。

4.6.4　处理工艺各单元设计说明

4.6.4.1　调节池

功能：提供足够的容量以满足水量水质调节的需要，保证后续处理系统正常运行。结构形式：地下钢砼，防腐，$210m^3$，用原调节池改建。数量：1座。

4.6.4.2　石灰池（铁碳池及混反池附属构筑物）

功能：用于调节铁碳池废水的 pH 为 2～3 和调节混凝反应池的 pH 为 8～9。结构形式：钢砼，$39.2m^3$，用原石灰池改造。配用设备：调速搅拌机 1 台，加石灰装置 1 套，排泥系统 1 套。数量：1座。

4.6.4.3　铁碳池

功能：对废水进行微电解，将—NO_2 还原为—NH_2，使部分发色基团脱色。结构形式：钢砼，地下式，$12.25 \times 5.0 \times 2.5 = 153$（$m^3$），防腐。设布水区 1 个。内装 1/5 体积的铁刨花和焦炭，铁碳比为 1:1。配用设备：排泥系统 1 套，曝气系统 1 套，防腐自吸泵 2 台，配液位计控泵，一备一用。$Q = 42m^3$，$H = 15m$，$N = 7.5kW$。数量：1 座。

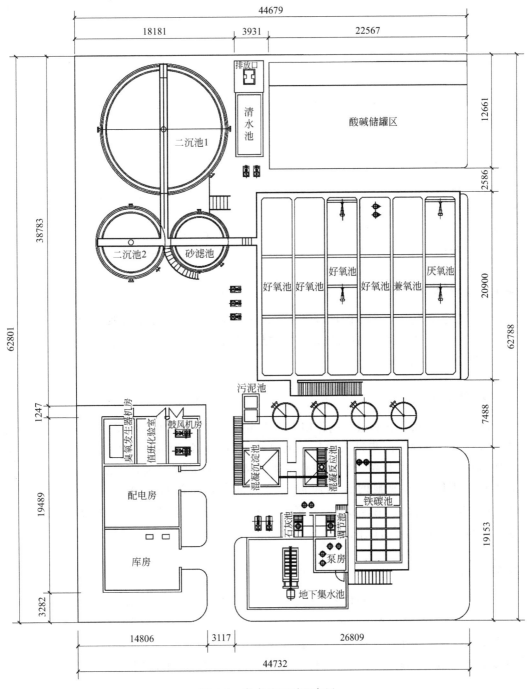

图 4-2　废水处理平面布置

4.6.4.4 混反池

功能：加入 Mg^{2+}、Fe^{2+}、Ca^{2+} 复合混凝剂脱色和去除有机物。结构形式：钢砼，地上式，$3.8 \times 3.8 \times 6.1 = 88$（$m^3$），有效容积 72.6$m^3$，用原沉淀池改造。配用设备：pH 计 1 台，搅拌机 1 台，加复合处理剂装置 1 套。数量：1 座。

4.6.4.5 混沉池

功能：对混反池的出水进行固液分离。结构形式：钢砼，地上式，$3.8 \times 3.8 \times 6.1 = 88$（$m^3$），有效容积 72.6$m^3$，用原脱氯池改造。配用设备：配加助凝剂（PAM）装置 1 套，搅拌机 1 台，排泥系统 1 套。数量：1 座。

4.6.4.6 臭氧池

功能：接纳混沉池出水，通臭氧对废水氧化使其中的有机物分解和脱色，出水溢流入厌氧池（或经泵提升至活炭柱Ⅰ或活炭柱Ⅱ，经吸附处理后再进厌氧池）。结构形式：钢砼，地上式，$\Phi 3.0 \times 4.2$ 容积 29.7m^3，新建。配用设备：配 1000g O_3/h 臭氧产生仪 1 台，配填料和布气管 1 套。$N = 15.8$kW。数量：2 座，一备一用。

4.6.4.7 活炭柱Ⅰ、Ⅱ

功能：除去前述工序剩下的极难降解有机物。结构形式：A3，防腐，地上式 $\Phi 3.0 \times 4.2$ 容积 29.7m^3，内装煤质活性炭 20m^3。配用设备：反冲洗装置 1 套，活性炭再生装置 1 套。数量：2 座（备用）。

4.6.4.8 厌氧池

功能：本生物法是在高效菌的作用下将生物脱氮和生物除磷组合在一个流程中，污水首先进入首段厌氧池与同步进入的从二沉池回流的含磷污泥混合，本池主要功能为释放磷，使污水中磷的浓度升高，溶解性有机物被微生物细胞吸收而使污水中 BOD_5 浓度下降；另外，NH_3-N 因细胞的合成而被去除一部分，使污水中 NH_3-N 浓度下降，但 NO_3^--N 含量没有变化。结构形式：钢砼，420m^3，布置在新建生化池内。配用设备：安装组合填料 140m^3，配 pH 计、DO 仪各 1 台。数量：1 座。

4.6.4.9 兼氧池

功能：在兼氧池中，反硝化菌以污水中的有机物作碳源，将回流混合液中带入的大量 NO_3^--N 和 NO_2^--N 还原为 N_2 释放至空气中，因此，BOD_5 浓度下降，NO_3^--N 浓度大幅度下降而磷的变化很小。结构形式：钢砼，420m^3，布置在新建生化池内。配用设备：安装组合填料 140m^3，配 pH 计、DO 仪和 ORP 仪各 1 台。数量：1 座。

4.6.4.10 好氧池

功能：在好氧池中，在高效菌的作用下，有机物被微生物生化降解，BOD_5 继续下降；有机氮被氨化继而被硝化，使 NO_3^--N 浓度显著下降，随着硝化过程，NO_3^--N 的浓度却增加，磷随着聚磷菌的过量摄取，也以比较快的速度下降。所以，A^2/O 工艺可以同时完成有机物的去除、硝化脱氮、过量摄取磷的去除等功能，脱氮的前提是 $NO_3^- $-N 应完全硝化，好氧池能完成这一功能，缺氧池则完成脱氮功能。厌氧池和好氧池联合完成除磷功能。结构形式：钢砼，$1260m^3$，布置在新建生化池内。配用设备：配提升式曝气管 12 根。配 DO 仪、ORP 仪、pH 仪各 1 套。配三叶式罗茨风机 2 台，风量 $200m^3/h$，风压 6000mm 水柱，$N=45kW$。数量：1 座。

4.6.4.11　二沉池

功能：对好氧池出水进行固液分离。结构形式：钢砼，半地上式，$498+136=634m^3$，用原好氧池改造。配用设备：刮泥排泥设备 2 套，进出水布水管 2 套。数量：1 座。

4.6.4.12　砂滤池

功能：去除二沉池出水中微量的悬浮物。结构形式：钢砼，半地上式，$81.7m^3$，内装卵石、石英砂和白煤。用原脱氯池改建。配用设备：布水管和反冲管各 1 套、反冲泵 1 台，$Q=42m^3/h$，$H=50m$，$N=7.5kW$。数量：1 座。

4.6.4.13　消毒池

功能：对砂滤池出水进行消毒。结构形式：钢砼，地上式，$6.7\times2.15\times3.1=44.7(m^3)$，用原气浮池改建。配用设备：配二氧化氯或臭氧发生器 1 套。数量：1 座。

4.6.4.14　污泥池

功能：贮存污泥，待处理。结构形式：砖混，$20m^3$，用原污泥池。配用设备：污泥泵 2 台，$Q=10m^3/h$，$H=10m$，$N=4.5kW$，一备一用。数量：1 座。

4.6.4.15　营养物投加装置

功能：按 C：N：P＝100：5：1 的比例投加营养物，保障生化系统的功能菌正常生长。配用设备：搅拌机 1 台。数量：1 套。

4.6.4.16　脱水机

功能：对污泥脱水。配用设备：螺杆泵 2 台，$N=7.5kW$。数量：1 台。用原板框压滤机。

4.6.4.17　电动葫芦

功能：提升药剂投入加药装置内，$N=1.5kW$。数量：1 台。

4.6.4.18　废水处理工艺各工段处理效果

废水处理工艺各工段处理效果见表 4-2。

表 4-2   废水处理工艺各工段主要污染物去除率   单位：％

废水	铁碳池	混凝池	臭氧池	生化池	消毒池	排水
COD(6000mg/L)	15	25	35	24	0.5	达标
色度 8000(倍)	50	20	28	1.99	0.008	达标
硝基苯等(75.80mg/L)	10	25	38	26.98	0.009	达标

4.6.5 相关专业设计

4.6.5.1 建筑设计

本工程所建水工构筑物中属钢筋砼结构的，池壁均做 C20 防水砼（除注明做玻钢防腐的外），抗渗等级不小于 S6，池内壁做 1∶2 水泥砂浆掺 5％防水剂抹面，池外壁做油毡防水层。在地面以上部分，防水层做到高于自然地面 0.1m，高于地面以上的水池外壁采用 1∶2.3 水泥砂浆掺 5％防水剂抹面压光，做不大于 1m×1m 的分格，刷蛋青色外墙涂料。

4.6.5.2 结构设计

（1）设计参数

地震烈度：7 度。

（2）遵循的主要设计规范

①《建筑结构荷载规范》（GBJ 9—1987，现为 GB 50009—2012）。

②《混凝土结构设计规范》（GBJ 10—1989，现为 GB 50010—2010）。

③《砌体结构设计规范》（GBJ 3—1988，现为 GB 50003—2011）。

（3）地质资料

由于建设单位未提供本工程站址地质勘察资料，主要持力层载力暂按 100kPa 考虑，待下步挖槽勘验。地下水位按 2.0m 以下考虑，地下水暂按混凝土无侵蚀性考虑。

（4）构筑物结构选型

本设计构筑物为现浇钢砼结构，强度要求 C20，抗渗等级 S6。

4.6.5.3 控制系统

（1）控制要求描述

① 对于整个工程控制系统需要采集酸度（pH1～14）、温度（0～37℃）、液位（300～6000mm）、流量（1～42m^3）、COD、DO、ORP 七个模拟量（并控制在要求的控制点上），以及来自现场的液位报警开关量、紧急状态开关量；系统据此控制：主要阀门的开闭，主要水泵电机的启停以及转速（对于一般系统，转速固定）和备用电机、风机的切换。②操作上，要求系统具备聚散控制功能，可以就地控制，也可以集中数据采集和控制，记录各个模拟量曲线的历史数值；各工序允许独立启停，独立控制。③要求操作方便，使用触摸屏，数据和报警显示直观。④系统的调节由过程仪表和控制阀完成。⑤数据具备由打印机打印输出功能，实现永久保存。

（2）控制方案

配置主控制台和从控制台；配电互相独立，以保证安全。

4.6.5.4　供配电

（1）供电设计依据

①《工业与民用供电系统设计规范》（GBJ 52—1983），现为《供配电系统设计规范》（GB 50052—2009）。

②《低压配电装置及线路设计规范》（GBJ 54—1983），现为《低压配电设计规范》（GB 50054—2011）。

③《建筑物防雷设计规范》（GB 50057—1994，现为 GB 50057—2010）。

④《工业与民用电力装置的接地设计规范》（GBJ 65—1983），现为《电力装置电测量仪表装置设计规范》（GB/T 50063—2017）。

⑤《工业与民用电力装置的继电器保护和自动装置设计规范》（GBJ 62—1983），现为《电力装置的继电保护和自动装置设计规范》（GB/T 50062—2008）。

（2）供电设计范围

废水处理站供电设计由以下内容组成：①废水站变配电装置设计和继电保护设计；②废水站用电设备供电及控制设计；③废水站电线（缆）敷设设计；④废水站各构筑物及现场照明设计。

（3）供配电源设计

供电设计见表 4-3。

表 4-3　供电设计表

设备	单机容量/kW	安装数量	工作台数	安装容量/kW	工作容量/kW	需要系数	工作负荷/kW
铁碳池提升泵	7.5	2	1	15	15	1.0	15
砂滤池提升泵	7.5	2	1	15	15	1.0	15
污泥回流泵和污泥提升泵	4.5	4	2	18	9	1.0	9
风机	45	2	1	90	45	1.0	45
搅拌机	1.5	2	2	3.0	3.0	0.5	1.5
加药装置等	0.5	2	2	1.0	1.0	0.2	0.2
臭氧发生器	18.5	1	1	18.5	1.0	1.0	18.5
合计				160.5			104.2

4.6.5.5　供电系统

（1）低压配电及电气启动方式

设配电及控制中心 1 座。风机与污泥脱水及加药装置设就地控制。单建 1 座臭氧发生器。

废水处理工艺系统所采用的动力设备都为 380V/220V 低压电机，故一般均采用直接启动。大于等于 22kW 的均采用自耦降压或软启动方式。低压开关系统：户内组装抽屉式低压开关柜。开关控制箱：一部分为随工艺设备配套的电气设备，其余系非标设备，需按设计要求制造。

（2）计量方式

照明及辅助用电设备分开计量，除所有计量值供电管部门计费外，还将通过电量变送器远传至管理中心供废水厂内部核算用。

（3）功率因数补偿

低压配电装置集中装设自动无功功率补偿装置，补偿后功率因数≥0.96。

（4）保护方式

① 继电保护：低压电机——短路保护，过电流保护，过热保护，电机自身要求的保护；工艺配套电机、风机——短路保护，过电流保护，过热保护，电机自身要求的保护。

② 接地保护：废水处理站采用 PEN 制（地线与中性点接线合并），高压配电间及各配电场所均设集中接地装置，其接地电阻应小于 4Ω，低压馈线距离超过 50m 时，设重复接地装置，其接地电阻不大于 10Ω。

③ 防雷保护：废水站内主要构筑物根据现场环境和构筑物高度设防雷保护，防雷接地装置接地电阻不大于 10Ω。

（5）电缆敷设

厂区设置必要的室外电缆沟，以满足数量多的电缆敷设，部分动力控制电缆直接埋地敷设。各工序电缆沿室内电缆沟或电缆桥架敷设。站区路灯电缆直接埋地敷设。

4.6.6　主要构筑物和设备

4.6.6.1　主要构筑物

主要构筑物见表 4-4。

表 4-4　主要构筑物

序号	名称	规格/m³	数量	备注
1	调节池	210	1	原调节池改造
2	事故池	210	1	待建
3	混反池	72.6	1	原沉淀池改造
4	混沉池	72.6	1	原脱氯池改造
5	铁碳池	153	1	钢砼,新建
6	厌氧池	420	1	新建生化池内
7	兼氧池	420	1	新建生化池内
8	好氧池	1260	1	新建生化池内
9	二沉池	634	1	原好氧池改造
10	污泥池	20	1	原污泥池改造
11	消毒池	44.7	1	原气浮池改造
12	砂滤池	81.7	1	原脱氯池改造
13	臭氧池	29.7	2	钢砼,新建
14	石灰池	39.2	1	原石灰池改造

4.6.6.2　主要设备

主要设备见表 4-5。

表 4-5　主要设备

序号	名称	数量	单位	备注
1	铁碳池、砂滤池提升泵	4	台	
2	混沉池搅拌器	2	台	进口
3	污泥回流和提升泵	4	台	
4	臭氧发生器	1	套	

续表

序号	名称	数量	单位	备注
5	加药装置	2	套	
6	超声流量计	1	套	
7	ORP 仪	2	套	
8	pH 仪	4	套	
9	液位计	2	套	
10	DO 仪	2	套	
11	三叶式罗茨风机	2	台	原有
12	板框压滤机	1	台	原有
13	砂滤池填料	30	t	
14	厌氧、兼氧池填料	280	m³	
15	曝气设备	1	套	
16	二氧化氯消毒设备	1	套	
17	电动葫芦	1	台	
18	仪表电控系统	1	套	
19	电缆等	1	套	
20	管道系统	1	套	
21	设备及管道支架	1	套	

4.6.7　经济效益分析

4.6.7.1　劳动定员

编制 4 人。

4.6.7.2　工程运行费用

（1）电费

装机容量：160.5kW；常开机容量：104.2kW；工业用电以 1.0 元/kW·h 计，则处理/m³ 废水电费：$104.2 \times 1.0 \times 24/1000 = 2.5$ 元/（m³ 废水）。

（2）药剂费用

每日用复合处理剂等费用：5～15 元/（m³ 废水）。

（3）人工工资

4 人人均工资按 900 元/月计，即 0.12 元/（m³ 废水）。

（4）运行成本

平均运行成本：$2.5 + (5～15) + 0.12 = 7.62～17.62$ 元/（m³ 废水）。不含设备折旧、维修、照明等费用。

4.6.7.3　工程效益

废水处理站的兴建将带来显著的社会、经济、环境效益。

废水站每年可少向环境排 3.65×10^5 t 污水，回用 1.8×10^5 t 中水，可抵消部分运行费，提高了环境质量，减少对周边环境的影响；环境质量的提高也激发职工的劳动积极性，促进了企业经济的可持续发展。

4.7　工程现场图

染料废水处理工程现场见图 4-3、图 4-4，从图 4-3 和图 4-4 可见其运行好。其系统先进成熟，运行稳定可靠达标，操作管理简便，高效低能，投资运行费用低，有较好的社会环境和经济效益。

图 4-3　染料废水处理二沉池及砂滤池

图 4-4　染料废水处理混凝反应池

第5章

半导体材料生产的高酸高浊及重金属废水处理技术研究与工程案例

摘要：业主生产光伏行业的多晶硅、单晶硅半导体材料，日排重金属和高酸度废水 12000m³，废水含 Cd、As、Pb、Zn、F⁻、Cl⁻、CN⁻等污染物，要求处理达 GB 8978—1996 的一级标准。本团队受委托后，对酸性废水进行了多种处理技术小试研究，通过方案比选，最终采用投药中和法处理高酸高浊废水，设计的工艺流程为"废水——中和——混沉——过滤——排放"；对各项重金属废水处理技术进行利弊分析后采用综合化学法处理重金属废水，设计的工艺流程为"废水——反应——斜沉——过滤——排放"。设计建成投运后，处理出水的 TCr、Cr^{6+}、TCd、TAs、TPb、TZn、F⁻、COD、NH_3-N、pH 均达 GB 8978—1996 的一级标准。

5.1 半导体材料生产产生的重金属对环境和人的危害

半导体材料（多晶硅、单晶硅）生产产生的含铬、镉、铅、锌、砷、氟废水未经治理排入环境，必然对水源、水生物和土壤造成污染；经生物链转移到人体，导致对人的危害。

5.1.1 铬对环境和人的危害

铬有三价（Cr^{3+}）和六价（Cr^{6+}）之分。三价铬是生物所必需的微量元素，有激活胰岛素的作用，可以增强对葡萄糖的利用。三价铬不易被消化道吸收，在皮肤表层和蛋白质结合而形成稳定络合物，因此不易引起皮炎和铬疮。三价铬在动物体内的肝、脾、肾和血中不易积累，而在肺内存量较多，对肺有伤害。三价铬对抗凝血活素有抑制作用。三价铬的毒性为六价铬的 1%。

六价铬对人体的皮肤、呼吸系统、内脏的危害如下所述。

5.1.1.1 对皮肤有刺激和过敏作用

生产实践中发现工人接触铬酸盐、铬酸雾的部位，如手、腕、前臂、颈部等处可出现皮炎。六价铬经伤口和擦伤处进入皮肤，会因腐蚀作用而引起铬溃疡（又称铬疮）。溃疡呈圆形，直径 2～5mm，边缘凸起，呈苍白或暗红色，中央部分凹陷，表面高低不平，有少数脓血粘连，有时覆有黄色痂，压之微痛。愈合后会遗留下界线分明的圆形萎缩性疤痕。

5.1.1.2　对呼吸系统的损坏

六价铬对呼吸系统的损害，主要表现为鼻中隔膜穿孔、咽喉炎和肺炎。长期接触铬雾，可首先引起鼻中隔出血，然后鼻中隔黏膜糜烂，鼻中隔变薄，最后出现穿孔。常接触铬雾还能造成咽喉充血，也可能引起萎缩性咽喉炎。吸入高浓度的铬酸雾后，刺激黏膜，导致打喷嚏、流鼻涕、咽喉发红、支气管痉挛、咳嗽头痛、气短等症状，严重者也可能引起肺炎等。

5.1.1.3　对内脏的损害

六价铬经消化道侵入，会造成味觉和嗅觉减退以至消失。剂量小时也会腐蚀内脏，引起肠胃功能降低，出现胃痛，甚至肠胃道溃疡，还可能对肝脏造成不良影响。

5.1.1.4　六价铬化物的致癌作用

多数研究者认为铬化合物能致呼吸道癌，主要是支气管癌。在操作中应主要防止铬烟雾对人体的影响。

5.1.2　镉对环境和人的危害

金属镉是一种有毒物质，进入人体的镉主要分布于胃、肝、胰腺和甲状腺内，其次是胆囊、睾丸和骨骼中。镉在人体内可留存 3～9 年。

口服镉盐后中毒潜伏期极短，经 10～20min 即发生恶心、呕吐、腹痛、腹泻等症状，严重者伴有眩晕、大汗、虚脱、上肢感觉迟钝、麻木甚至可能休克。口服硫酸镉的致死剂量为 30mg。

众所周知的"骨痛病"首先发生在日本的富山省神通川流域，其是一种典型的镉公害病。原因是镉慢性中毒，导致镉代替了骨骼中的钙而使骨质变软，患者长期卧床，营养不良，最后发生失用性萎缩、并发性肾功能衰竭和感染等并发症而死亡。

5.1.3　铅对环境和人的危害

铅及其化合物对人体的很多系统都有毒性作用。急性铅中毒突出的症状是腹绞痛、肝炎、高血压、周围神经炎、中毒性脑炎及贫血，慢性铅中毒常见的症状是神经衰弱症。铅中毒引起的血液系统的症状，主要是贫血和铅溶。除此之外，铅中毒还可以引起泌尿系统症状，另外还会造成高血压、引起肾炎。

5.1.4　砷对环境和人的危害

砷及所有含砷的化合物都是有毒的，三价砷较五价砷的毒性更强，有机砷化物又比无机砷化物毒性更强。它们在人体内积累都是致癌、致畸物质。砷化物即使达到 100mg/L 的剧毒浓度，人们也往往感觉不出来，因为它不会改变水的颜色及透明度，对水的气味也无影响，只是味道有轻微的改变。

5.1.5 氟对环境和人的危害

在氟化物中，氟化物的水溶物——氢氟酸毒性最大。含氟的废气中，毒性最大的是氟化氢。氟化氢对人体的危害作用比二氧化硫大 20 倍，对植物的影响比二氧化硫大 10～100 倍。长期饮用含氟高于 1.5mg/L 的水会引起氟中毒。氟化物对人体的危害，主要是使骨骼受损害，临床表现为上、下肢长骨疼痛，严重者发生骨质疏松、骨质增殖或变形，并发生原发性骨折；其次，氟化物能损害皮肤，使皮肤发痒、疼痛，引发湿疹及各种皮炎。

5.1.6 锌对环境和人的危害

锌是人体必需的微量元素之一，正常人每天从食物中吸入 10～15mg 锌。肝是锌的储存地，锌与肝内蛋白质结合成锌硫蛋白，供给机体生理反应时所必需的锌。人体缺锌会出现不少不良症状，误食可溶性锌盐会对消化道黏膜有腐蚀作用。过量的锌会引起急性肠胃炎症状，如恶心、呕吐、腹痛、腹泻，偶尔腹部绞痛，同时伴有头晕、周身乏力。误食氯化锌会引起腹膜炎，导致休克死亡。

半导体材料厂领导对厂排放的铬、镉、铅、砷、锌和氟废水的处理非常重视，要求对其彻底治理，杜绝超标排放，做到万无一失，不得对环境和人体造成任何危害，尽量做到将排放水回用。

5.2 半导体材料生产产生的废水处理方法研究

国内外对酸性废水的处理方法有多种，对铬、镉、铅、砷、锌和氟废水的治理方法有 20 余种。本团队依据经验及对四川、江苏等地取得的废水进行的大量的小试、中试和扩试研究，得出处理该类废水的最佳分类处理方法和工程设计参数。

5.2.1 酸性废水的处理方法

酸性废水经典常规的处理方法为使用碱性物质中和处理，中和处理方法有投药中和法、过滤中和法和滚筒中和法。

5.2.1.1 药剂的选用

常用的中和剂有石灰、氢氧化钠、碳酸钙、石灰石、白云石等。选用中和剂首先应考虑采用废碱、电石渣等废料，以节省处理费用，降低处理成本。在没有废料可利用时才选用新碱作为中和剂。

石灰货源较广，价格低廉，反应后生成的污泥含水率低，污泥的脱水性也好，但其主要缺点是运输量大，存放时占地较多，工人劳动强度大，易产生粉尘影响环境，另外，处理后的污泥量大，若制成石灰乳后投加，则配制溶液的设备较多，输送石灰乳管道易堵，管理不便。因此，对处理水量不大或工厂场地不大，人员紧张的厂、点一般很少采用。

工业氢氧化钠、碳酸钠的优点是易溶于水，便于投加，反应速度快，污泥量少，但价格贵，处理后生成的污泥不易脱水，由碳酸钠形成的金属碳酸盐有些溶解度高，另外，形成的沉淀细小，沉降困难。目前大部分厂、点采用工业氢氧化钠。

石灰石，一般用于滚筒中和处理法和过滤中和处理法。

表 5-1 为中和 1kg 酸所需碱中和剂的理论投加量，表 5-2 为沉淀 1kg 重金属所需碱中和剂的理论投加量，供设计参考。在实际使用中要根据具体情况确定其投加量，一般为理论量的 1.2～1.5 倍。

表 5-1　中和 1kg 酸所需碱中和剂的理论投加量

酸类型	中和 1kg 酸所需碱中和剂的理论投加量/kg					
	CaO	Ca(OH)$_2$	CaCO$_3$	CaCO$_3$ · MgCO$_3$	NaOH	Na$_2$CO$_3$
H$_2$SO$_4$	0.57	0.76	1.03	0.94	0.82	1.08
HCl	0.77	1.01	1.37	1.29	1.10	1.46
11.2mol/L HCl	0.27	0.36	0.48	0.45	0.39	0.51
15mol/L HNO$_3$	0.44	0.59	0.80	0.73	0.64	0.84
H$_3$PO$_4$	0.86	1.13	1.53	1.41	1.22	1.62
29mol/L HF	0.70	0.93	1.25	—	1.0	1.33

表 5-2　沉淀 1kg 重金属所需碱中和剂的理论投加量

重金属名称	沉淀 1kg 重金属所需碱中和剂的理论投加量/kg			
	CaO	Ca(OH)$_2$	NaOH	Na$_2$CO$_3$
二价铁	1.0	1.34	1.44	1.90
三价铁	1.5	2.01	2.16	2.85
铜	0.88	1.16	1.26	1.68
镍	0.96	1.26	1.36	1.81
铬	1.62	2.13	2.31	3.07
锌	0.86	1.14	1.22	1.62

5.2.1.2　投药中和法

投药中和法是常用的中和处理方法之一，其适用范围较广。对处理流程、中和试剂的选用等要结合当地货源及工艺情况等。

图 5-1 为一般中和处理工艺流程。可采用间歇式处理；连续式处理时应安装 pH 自动检测和投药装置。废水先除油然后进入预沉池，预沉池兼做调节池使用，并应设置清除沉渣的措施，其容积按平均流量时 1～2h 的体积计算，当采用 pH 自动控制时，其容积可适当减小，但应满足除油和预沉淀的技术要求；废水进入反应池，进行投药中和反应时，池内应设置搅拌设施，一般以机械搅拌为宜，反应池容积可按 5～10min 考虑，最后经沉淀池处理后水排放或部分回用，沉淀池沉淀时间为 1～1.5h，反应时 pH 一般控制在 8～9。

酸性废水中含有氢氟酸，处理中和剂采用石灰，与氟离子反应生成氟化钙而沉淀，但处理后水含氟浓度若在 10mg/L 左右，则沉淀物不易沉降，为此，添加混凝剂（P）和助凝剂（M）较好，先向废水中投加石灰乳，调节废水 pH 到 6～7.5，接着加 P，再投加 M 加速絮凝沉积。

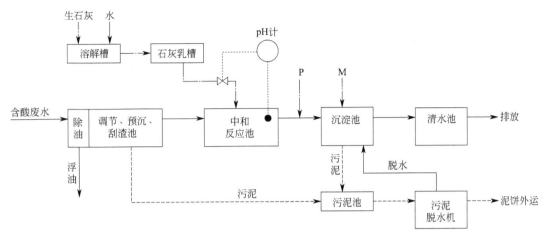

图 5-1　含酸废水中和处理工艺流程

5.2.1.3　过滤中和法

酸性废水含重金属离子不多，也可采用过滤中和法，应对废水中含有的油类物质、悬浮物质等杂质进行预处理后再进入中和滤池，否则易堵塞滤层。经过滤中和后出水 pH 在 5 左右，达不到排放标准时还需加碱，以提高 pH，达到排放标准后才能排放。

（1）过滤中和滤料的选用

一般常用的过滤中和滤料为石灰石，也有用白云石。石灰石主要成分为碳酸钙，货源较广，用于过滤中和时，其碳酸钙含量不宜低于 75%，否则残渣量大，会增加倒床次数。滤料粒径为 0.5～3mm。酸与石灰石作用时反应为：

$$2HCl + CaCO_3 \Longrightarrow CaCl_2 + H_2CO_3$$

$$H_2CO_3 \Longrightarrow H_2O + CO_2 \uparrow$$

废水中 HCl 与 CaCO_3 反应生成 CaCl_2 和 H_2CO_3，等当量反应可使废水 pH 达到 4.2 左右，生成 H_2CO_3 继续与 CaCO_3 反应生成 Ca(HCO_3)_2 提高了废水的 pH，余下的 H_2CO_3 一部分分解为 H_2O 和 CO_2，一部分随水流走，此时，废水的 pH 为 5 左右。

将滤池设计成升流式进水，使滤料翻滚相互摩擦和碰撞，有利于反应的进行。可采用石灰石作为滤料。白云石主要成分为 $CaCO_3 \cdot MgCO_3$，它与酸反应速度比石灰石慢，且这种滤料货源较少，成本比石灰石高。

（2）过滤中和的流程及主要技术条件参数

过滤中和在滤床上进行，含酸废水采用逆向升流式进水，这样容易排气，同时由于滤料膨胀而滚动将生成的氯化钙或小滤料等带走，随着中和的进行，滤料中的有效成分不断被消耗，相应地滤床中的惰性物质等杂质不断增加。因此，要及时排除这部分杂质，同时填补新的滤料，当经过几次填补，杂质不能排尽积聚过多时，须进行倒床，部分或全部更新滤料。

① 地下式过滤中和滤池。一般设置 1～2 级中和滤池，靠水位差重力进水，滤池设于地下，滤料层厚度 1～1.5m，滤料是粒径为 1～3mm 的石灰石，反应时间 15～20min，滤速 3～5m/h，处理后出水 pH 一般为 4～5。这种滤池由于清理、倒床、加料等均不方便，目前已经很少采用。

② 升流膨胀过滤中和滤池。升流膨胀过滤中和滤池一般设于地面,由塑料或钢板内设防腐蚀层制作,为圆柱形过滤柱,一般由水泵以较高流速逆向升流式进水,使滤料层膨胀呈悬浮状态,滤料相互摩擦和碰撞,其表面生成的垢壳剥落,使之不断更新,提高处理效率,同时滤料层内不易积存气体,一部分较轻的杂质被水带走。为此,升流膨胀过滤中和滤池又分为恒滤速和变滤速两种中和滤池。

a. 恒滤速升流膨胀中和滤池。特点是过滤柱上下直径一样,滤速恒等,当采用石灰石作为中和滤料时,滤速一般为 60~80m/h,滤料颗粒直径为 0.5~3mm。滤料厚度不宜过高,过高时,酸性废水在滤料层内停留时间增长,容易生成钙垢壳,使滤料失去活性后,滤料层失效高度增长加快,造成过早倒床,故应尽可能降低等当点(即第一步反应终点)以上的滤料层高度,一般采用 1~1.2m。滤料层膨胀率采用 50% 左右。处理后出水 pH 一般在 5 左右。滤池总高度一般为 3~3.5m。需定期反冲洗添补新料。一般每天冲洗 2~3 次,每次冲洗 5min,反冲洗时,流速可增加到 100m/h 以上,滤料膨胀率在 50% 以上。

倒床可采用空气提升器将石灰石杂质等抽出池外。加料可用小型皮带提升机。

b. 变滤速升流膨胀中和滤池。在恒滤速升流膨胀中和滤池的基础上改进的滤池,其主要特点是过滤柱断面上大下小,滤速则上小下大,它流失的颗粒石灰石较少,提高了石灰石的利用率,由于下部滤速较大,滤料不易结垢,减少了排渣量,同时出水 pH 较稳定。变滤速升流膨胀中和滤池流程见图 5-2。

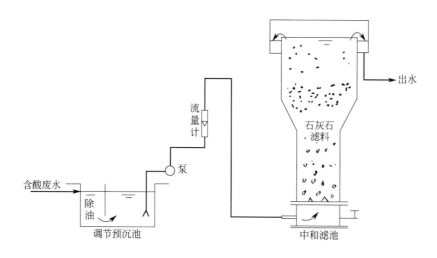

图 5-2　变滤速升流膨胀中和滤池流程

变滤速升流膨胀中和滤池当采用石灰石为滤料时,其颗粒直径一般为 0.5~3mm,滤池下部的滤速为 60~70m/h,上部滤速为 15~20m/h,反应时间 100~150s,滤料层厚度一般采用 1m 左右。

c. 过滤中和处理出水的 pH 问题。经过滤中和处理后出水 pH 在 4.5~5.5 范围内,因此,还需进一步处理,一般将出水经曝气法脱除 CO_2 来提高废水的 pH。用曝气淋水塔时,其淋水密度为 $10m^3/(m^2 \cdot h)$,曝气后废水 pH 能达到 6 以上。

5.2.1.4　滚筒中和法

当用过滤中和法而含酸浓度过高时，会产生钙结垢，包裹在石灰石表面；另外，废水中含铁盐等杂质过多时会堵塞滤层，影响中和效率。采用滚筒中和法处理就能够避免这些缺点，此外，它比采用石灰处理的操作条件好。但主要的缺点是有噪声；中和剂损耗较大；设备易损坏。

滚筒中和法对滤料的颗粒直径要求不严，一般在 20～150mm 范围内均可使用，白云石或石灰石填充量为滚筒容积的一半左右，滚筒转速一般为 10～20r/min。该装置由进料漏斗、筒体、筛板、挡板、托轮和传动齿轮等构成，含酸废水进入筒体后，筒内壁设有挡板，使白云石或石灰石随着筒体的转动不断地被滚动而互相碰撞，在筒体的尾部设有一块布满锥形孔眼的筛板，白云石或石灰石被筛板挡住，处理后水排放。由于筒体中心线与水平线有 0.5°～1°的倾角，进料口部分高，出水口低，便于将处理后水排出。但该法的投资高。

5.2.1.5　处理方法的选择

比较"投药中和法""过滤中和法"和"滚筒中和法"三种方案，从投资费用省和操作管理方便上应首选投药中和法方案。该方案处理流程中包括隔油池、废水调节池、石灰乳配制槽、投药装置、中和反应池、沉淀池以及污泥干化床等。本团队多次采集业主酸性废水实验获得其工程的运行经验参数：在中和反应池中，应进行必要的搅拌，防止石灰渣的沉淀；同时，废水在其中的停留时间一般不大于 5min；沉淀池中的废水，可停留 1～2h；产生的沉渣容积约为废水量的 3%～10%，沉渣含水率 95%～97%，故应进行脱水干化。投药中和法的缺点是：劳动条件差，污泥较多，脱水操作麻烦。因而需要自动投加石灰乳和自动带式压滤机使污泥脱水，泥饼外运，以减轻劳动强度。

5.2.2　含铬废水的处理方法

含铬废水的处理方法有电解法、离子交换法、活性炭吸附法、二氧化硫还原法、铁氧体法、化学法和生物法等。电解法能耗高；离子交换法投资高，操作频繁；活性炭吸附法运行成本高，活性炭再生耗能；二氧化硫还原法有二氧化硫污染大气的可能性；铁氧体法需在 60℃高温下制备铁氧体；化学法（硫酸亚铁还原法）污泥量大；生物法有投资和运行费低的优点。业主的含铬酸废水中除含铬外，还有氟离子、硫酸根离子和硝酸根离子等污染物，仅用电解法处理，不能使氟达标。

本团队依据业主含铬酸废水水质和处理出水要求和 22 年从事含铬废水治理工程的实践经验，汇集上述方法优点，采用综合化学法处理该废水。

5.2.3　重金属废水的处理方法

铬酸废水和重金属废水处理工艺流程见图 5-3。

半导体材料生产产生的重金属废水中含镉、砷、铅、锌等污染物。含镉废水的处理方法有离子交换法、化学法、电解法、反渗透法等；含砷废水的处理方法有硫化物沉淀法、石灰法和软锰矿法等；含铅废水的处理方法有沉淀法、离子交换法、活性炭或腐殖酸煤吸

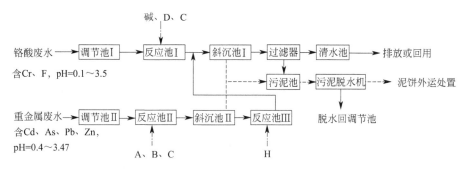

图 5-3　铬酸废水和重金属废水处理工艺流程

附法等；含锌废水的处理方法有化学法、离子交换法和反渗透法等，上述这些方法对单独含镉、砷、铅、锌等废水的处理各有利弊，有的去除效果较好，有的投资高，有的运行费用高。这些单个方法用来处理同时含有镉、砷、铅、锌的重金属废水和含氟废水时往往不能保证处理出水稳定达标。

5.3　半导体材料生产产生的高酸高浊度废水处理工程

5.3.1　工程概况

业主现有酸性工业废水收集在两座池（共 1209.6m³）内，再用石灰乳中和处理，处理设备陈旧，运行处理操作劳动强度大。现确定扩大改建该酸性废水处理工程，按每小时处理 500m³ 废水，每日处理按 24 小时设计。另有高浊度废水（50m³/h）未处理。厂领导对该工程十分关注，要求经处理后，出水的 pH 和 SS 及 COD 指标达到 GB 8978—1996 的一级排放标准。

本团队依据该厂提供的资料和对该工程现场考查踏勘，多次采集该酸性废水处理获得的设计参数，多年处理该类似酸性废水的实践经验，以及采集高浊度废水单独或与酸性废水合并处理获得的参数，将高浊度废水与酸性废水合并处理，设计建设本工程。

5.3.2　设计水质水量

5.3.2.1　设计水量

生产车间目前每小时排放酸性废水 100～170m³，经工艺改造扩产后每小时排放酸性废水 500m³，每日 24 小时排放，每天排放废水 12000m³，废水 pH 范围为 0.18～4.41，主要含有 HCl，硅化物，氯离子（236.59～1027.3mg/L）、氰离子（1.14～1.2mg/L）、悬浮物（SS）浓度在 7.2～169mg/L 变化，该悬浮物为灰白色，静置后，70%～80%的悬浮物悬浮在表面，逐渐变成硬块，大约有 5～15cm 厚，随排放量的增加，静置时间越久，硬块越多、越厚。

切磨片车间每小时排放切磨片高浊度废水 50m³，每天排放 1200m³，废水 pH＝6～9，SS 为 150～348mg/L，COD 为 59～596mg/L，悬浮物为灰黑色。切磨片废水的 SS 和 COD 较高。

5.3.2.2　设计进出水水质

设计进出水水质见表 5-3。

表 5-3　设计进出水水质

项目		流量 /(m³/h)	进水/(mg/L)				
			pH	SS	COD	氰化物 (以 CN⁻ 计)/(mg/L)	氯化物 (以 Cl⁻ 计)/(mg/L)
进水	酸性废水	500	0.18~4.41	7.2~169	<100	1.14~1.2	236.59~1027.3
	高浊度废水	50	6~9	150~348	59~596	—	—
出水	酸性废水	500	6~9	≤70	≤100	≤10	※
	高浊度废水	50	6~9	≤70	≤100	—	※

注:"—"表示无,※表示 GB 8978—1996 无此标准,《四川省水污染物排放标准》DB 51/190—1993 的三级标准氯化物为 400mg/L,五级标准氯化物为 600mg/L。

5.3.3　设计工艺流程

5.3.3.1　处理方法的确定

根据业主提供的酸性废水的水质水量,并参考本团队已完成的酸性废水治理工程的成功经验和相关废水的治理经验,选用投药中和法对该废水进行处理。

酸性废水中含有氟离子,由于中和剂采用石灰,能与氟离子反应生成氟化钙沉淀,为使细小的颗粒易于沉淀去除,添加混凝剂 P 和絮凝剂 M。即先在废水中投加石灰乳,调节废水 pH,然后再依次投加 P 和 M,使其颗粒显著变大形成絮凝沉淀而被去除。

依据本团队多次取该高浊度废水(切片和磨片废水)单独处理或与酸性废水合并处理获得的设计参数,设计将高浊度废水与酸性废水合并处理,可减少投资,同时也可达预期的处理效果。

5.3.3.2　处理工艺流程及主要技术条件和参数

处理工艺流程见图 5-4。该工艺可用间歇式处理,也可用连续式处理。水量小时采用间歇式处理,水量大时采用连续式处理,安装 pH 自动检测和投药装置。本工程处理水量大,为保证处理出水稳定达标,采用 pH 自动检测联动自控投药。

废水先经除油(特别是磨片废水中的油污),然后进入预沉池,预沉池兼做调节池使用,并设有清除浮渣的专门装置和排沉渣的设施。预沉池容积满足除油和预沉淀的技术要求。废水进入中和反应池进行投药中和反应时,池内设置机械搅拌设施,反应池容积按一定的停留时间考虑。沉淀池处理出水经过滤后排放或部分回用,沉淀池沉淀时间约 1.5h,按要求控制反应时的 pH。

采集酸性废水和切磨片废水进行了一系列实验,为本工程的设计,尤其在技术设计参数等方面,获得了最佳的设计参数。这些参数设计,能使本工程设计得更加合理,处理效果更好,并大为减少工程建造费用和运行费用;使"老大难"的出水浮渣问题得到彻底解决,而中和反应池、混凝/絮凝池等的停留时间也得到了合理的确定。产生的湿沉渣容积约为废水量的 3%~10%,沉渣含水率 95%~97%,沉渣的量较大,采用带式压滤机进行脱水干化。自动投加石灰乳,采用自动带式压滤机使泥渣脱水,泥饼外运,可减轻劳动强度,保障处理出水达标。

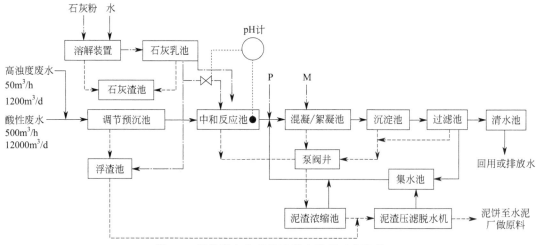

图 5-4　酸性废水和高浊度废水处理工艺流程

本处理流程包括：调节预沉池、悬浮刮渣系统、石灰溶解装置、石灰乳池、石灰渣池、石灰乳手动投加平台、pH 自动检测和自控调节投加系统、中和反应池、混凝/絮凝池、混凝剂投药装置、絮凝剂投药装置、沉淀池泥渣排出系统、泥渣浓缩池、泥渣压滤脱水机、集水池和集水回流系统等。

5.3.3.3　设计平面布置图

酸性废水及高浊度废水处理平面布置图见图 5-5。

5.3.4　相关设计

5.3.4.1　建筑与绿化

本废水处理站设计的主导是处理废水，但也重视美化环境。站内的废水处理设施周围可以种植草皮、修建花坛，栽种鲜花，离池子较远的地方还可植树，使站内鲜花常开，草木常绿，景色优美。

5.3.4.2　结构设计

废水处理站大部分构筑物为钢筋混凝土现浇结构，混凝土考虑防渗设计，整体式底板。所有建（构）筑物均按《建筑抗震设计规范》《室外给水排水和煤气热力工程抗震设计规范》及其他相关构造要求进行设计。

5.3.4.3　电气设计

污水处理站设计总装机容量为 103.95kW，常开机运行用电量 28.18kW，由半导体材料厂提供 220V/380V 三相五线电源。

5.3.4.4　机械设备设计

① 各设备的选型要求经济合理，满足工艺的需要，并符合构筑物形式要求。
② 设备的处理能力达到 550m³/h、13200m³/d 的水量要求，并备有余量。

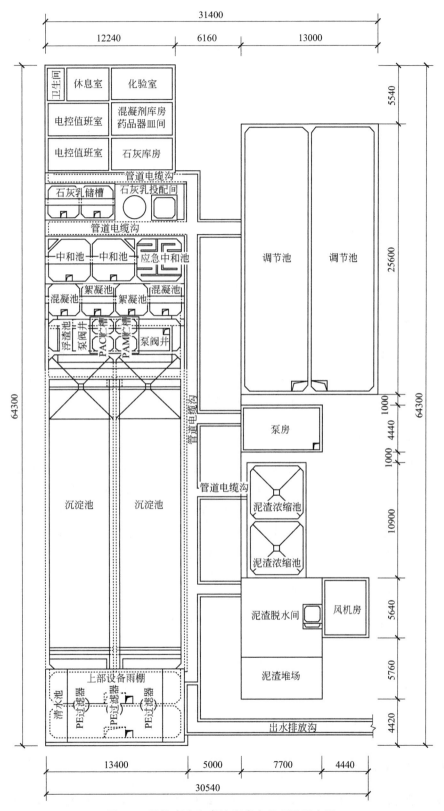

图 5-5　酸性废水和高浊度废水处理平面布置

5.3.5　主要构筑物设备及工程建设相关指标

5.3.5.1　调节预沉池

功能：调节水量和均化酸碱度等水质指标，减小后续处理工序受水量水质变化的影响，并经过初步悬浮沉淀分离出水中的悬浮物，有利于后续工序的中和、混凝和絮凝沉淀处理。为除去表面的浮渣，表面需设置悬浮行车式刮渣机，及时将表层浮渣自动清除，将渣刮到浮渣池内储存。而沉渣进入沉渣斗内，定期排渣到泥渣浓缩池。由于该废水酸度大（pH=0.18 左右），腐蚀性强，普通不锈钢难以经受其腐蚀，因此采用多斗平流式沉淀池，池底配耐腐的排沉渣设备。该池设有超越管，以备停池检修时用。结构规格：原有 1200m^3，新建 1000m^3，池上部深 3m，沉淀区有效水深 2.7m，下部设 4 斗，斗深 3.5m，总深 6.5m，总容积 1000m^3，有效容积 950m^3，预沉淀停留时间 2h，钢砼结构，玻钢防腐，1 座。配用设备：宽 4.5m 的行车式浮渣刮渣机 1 台，功率 0.75kW，刮除浮渣用，耐酸型。配排渣泵 4 台，两用两备，每台流量 100m^3/h，N=7.5kW，耐酸型。

5.3.5.2　浮渣池

功能：用于调节预沉池浮渣和沉渣储存。结构规格：容积 30m^3，钢砼结构，玻钢防腐，1 座。配用设备：排渣泵 2 台，一用一备，每台流量 20m^3/h，N=2.2kW，耐酸型，搅拌装置 1 套，石灰乳投加泵 1 台，pH 控制仪 1 套。

5.3.5.3　中和反应池

功能：本池专为中和酸性废水设置，使其 pH 能达标排放，并配用自控投加石灰乳中和系统。石灰乳溶液浓度 5%，每小时石灰乳投加量 4~8.8m^3 左右，石灰用量 200~440kg/h。结构规格：40m^3，钢砼结构，玻钢防腐，1 座。配用设备：双层桨式搅拌机 1 台，304 不锈钢材质（玻钢防腐），转速 100r/min，电机功率 4.0kW；桨叶安装位置：距池底 1/4 处（其他搅拌机的桨叶安装位置与此相同）。

5.3.5.4　石灰溶解装置和石灰乳池

功能：设置将石灰粉（40 目）配制成石灰乳的投配装置。结构规格：其中石灰溶解池 1 座（置中和反应池上标 0.5m），20m^3，石灰乳池 2 座，30m^3/座。配用设备：其中石灰溶解池配搅拌机 1 台，4.0kW，石灰乳池配石灰乳自动投加泵 2 台，2.2kW，采用 pH 自动检测仪和 PLC（可编程序控制器）控制自动投加调节系统，进行中和反应的 pH 检测和石灰乳投加量的调控，共 2 套，也可手动操作。该系统包括 PLC、pH 自动检测仪、伺服控制器、电动调节阀等。

5.3.5.5　混凝/絮凝池

功能：使悬浮物混凝、絮凝，利于沉淀。结构规格：40m^3，钢砼。1 座。配用设备：溶药池 1 个，8m^3，分 2 格，砖混，配搅拌机 2 台，0.3kW。隔膜计量泵 1 台，0.37kW。

5.3.5.6　石灰渣池

功能：储存石灰溶解剩余的渣滓。结构规格：$20m^3$，砖混，1 座。配用设备：排渣泵 2 台。

5.3.5.7　沉淀池

功能：采用平流沉淀池对絮凝反应后的悬浮物进行固液分离。结构规格：$600m^3$，钢砼，防渗。配用设备：设泥渣斗 4 个。配排渣泵 2 台，一用一备，$100m^3/h$，$N = 7.5kW$。

5.3.5.8　泵阀井

功能：为使沉淀分离工作正常，及时排除沉淀池斗内的沉渣以及脱水池的污水。规格结构：容积 $50m^3$，1 个，钢砼结构，玻璃防腐。

5.3.5.9　集水池

功能：泥渣浓缩池的上清液和压滤机脱出的滤液以及站内的其他废水进入集水池内，经集水泵自控打入混凝/絮凝池内重新处理，确保所有外排废水都能达标。结构规格：集水池容积 $30m^3$，1 座，钢砼结构。配用设备：排污泵 2 台，一用一备，$100m^3/h$，$N = 7.5kW$。

5.3.5.10　泥渣浓缩池

功能：沉淀池渣斗中的泥渣，经泵打入泥渣浓缩池内浓缩，再经泥渣进料耐酸泵，并添加絮凝剂后进入带式压滤机脱水干化，然后经胶带输送机把泥饼送到泥渣堆间临时堆放，待外运处置。结构规格：泥渣浓缩池 $100m^3$，钢砼结构，1 座。配用设备：配滤带宽 1.5m 的耐腐蚀带式压滤机 1 台，功率 2.2kW。由于该泥渣非常细腻，滤布必须选用特殊的细密型。泥渣进料（耐酸）泵 2 台，一用一备，溶药搅拌机 1 台。絮凝剂投加泵 1 台、静态混合器 1 台、微型空压机 1 台和清洗水泵 1 台以及胶带输送机 1 台，功率 1.1kW。集中电控柜 1 台。

5.3.5.11　过滤池

功能：过滤去除沉淀池出水中的剩余悬浮物。结构规格：钢砼结构，防渗透。总容积：$100m^3$。配用设备：配反冲洗泵 1 台，具有自动耦合装置的潜水型排污泵，流量 $Q = 300m^3/h$，功率 22kW，设在清水池内。泵清水池的水对滤料进行反冲洗。

5.3.5.12　清水池

功能：贮存过滤池出水用于反冲砂滤池滤料或回用。结构规格：容积 $100m^3$，钢砼结构，防渗透。

5.3.5.13 配套用房

功能：由电控值班室、泥渣脱水间（包括絮凝剂投配）、石灰库房、混絮剂库房、化学药剂室、石灰乳投配间组成。结构规格：电控值班室 $40m^2$，带式压滤机脱水棚 $56m^2$，泥渣堆放棚 $50m^2$，石灰库房 $50m^2$，混絮剂库房、化学药剂室、器皿室 $30m^2$，石灰乳投配间 $40m^2$（含石灰乳投加平台），混凝剂投配棚 $30m^2$，化验室 $30m^2$，卫生间 $4m^2$，更衣间 $15m^2$，合计 $345m^2$。砖混结构。

5.3.5.14 配套用棚

采用上面遮雨的敞开式轻型棚架，下部有1m高的砖砌围栏，合计 $176m^2$。

5.3.5.15 设备用电情况

设备用电情况见表5-4。

表5-4 设备用电负荷表

设备	单机容量/kW	安装数量/台	工作数量/台	安装容量/kW	工作容量/kW	需要系数	工作负荷/kW
行车式刮渣机	0.75	1	1	0.75	0.75	0.20	0.15
调节预沉池排渣泵	7.5	4	2	30.0	15.0	0.20	3.0
浮渣池排渣泵	2.2	2	1	4.4	2.2	0.012	0.03
沉淀池排渣泵	7.5	2	1	15.0	7.5	0.25	1.88
砂滤池反洗泵	22	22	1	22	22	0.1	2.2
中和反应池搅拌机	4.0	1	1	4.0	4.0	1.0	4.0
石灰乳池搅拌机	4.0	1	1	4.0	4.0	1.0	4.0
石灰乳投加泵	2.2	2	1	4.4	2.2	1.0	2.2
泥渣浓缩池搅拌机	1.1	2	1	2.2	1.1	0.5	0.55
带式压滤机	2.2	1	1	2.2	2.2	0.5	1.1
泥渣进料泵	2.2	2	1	4.4	2.2	0.5	1.1
胶带输送机	1.1	1	1	1.1	1.1	0.5	0.55
集水池排污泵	7.5	2	1	15.0	7.5	0.5	3.75
溶药、加药装置	0.75	6	6	4.5	4.5	0.5	2.25
照明和其他	5.0			5.0	5.0	0.5	2.5
合计				118.95	81.25		29.26

5.3.6 主要设备及构筑物

5.3.6.1 主要构筑物

主要构筑物见表5-5。

表5-5 主要构筑物

编号	名称	规格（m^3 或 m^2）/座	单位	数量	备注
1	调节预沉池	2200	座	1	钢砼,玻钢防腐
2	浮渣池	30	座	1	钢砼,玻钢防腐

续表

编号	名称	规格(m³ 或 m²)/座	单位	数量	备注
3	石灰溶解池	20	座	1	钢砼,防渗
4	石灰乳池	30	座	2	钢砼,防渗
5	混凝剂制备池	12	座	1	砖混,防渗
6	絮凝剂制备池	12	座	1	砖混,防渗
7	中和反应池	40	座	1	钢砼,玻钢防腐
8	混凝/絮凝池	48	座	1	钢砼,防渗
9	沉淀池	600	座	2	钢砼,防渗
10	过滤池	100	座	1	钢砼,防渗
11	泥渣浓缩池	100	座	1	钢砼,防渗
12	泵阀井	50	座	1	钢砼,玻钢防腐
13	浮渣池	30	座	1	钢砼,玻钢防腐
14	石灰渣池	20	座	1	钢砼,防渗
15	集水池	30	座	1	钢砼,防渗
16	清水池	100	座	1	钢砼,防渗
17	配套用房	345	座	1	砖混
18	配套用棚	176	座	1	轻型棚架,砖混
19	玻钢防腐	2500	m²		计入总价
20	合计	3420m³,345m²,176m²			

5.3.6.2　主要设备及材料

主要设备及材料见表 5-6。

表 5-6　主要设备及材料

编号	处理单元	名称	规格型号	参数	单位	数量	生产厂家
1	调节预沉池	行车式刮渣机	KGZ-45F	宽度 4.5m	台	1	科泰
		行轨			套	1	科泰
		排渣泵	SLWH100-125A	$Q=100m^3/h$, $H=14m$, $N=7.5kW$	台	4	连成、凯程
2	浮渣池	排渣泵	SLWH100-125A	$Q=20m^3/h$, $H=14m$, $N=2.2kW$	台	2	连成、凯程
3	中和反应池	搅拌机	D1200	100r/min	台	1	科泰
		石灰乳投加装置	DZDT-1500	PLC 控制	套	2	天津大泽
		石灰溶解池搅拌机	D1200	100r/min	台	1	科泰
		石灰乳储存池搅拌机	D1200	100r/min	台	2	科泰
		溶解石灰粉除尘装置			套	1	科泰
		石灰渣排放泵	SLWH80-100A	$Q=31.3m^3/h$, $H=11m$, $N=2.2kW$	台	2	连成、凯程

编号	处理单元	名称	规格型号	参数	单位	数量	生产厂家
4	混凝/絮凝池	溶药搅拌机			台	2	科泰
		溶解 P 和 M 搅拌机	D1000	100r/min	台	4	科泰
		隔膜计量泵	GM	300L/h	台	4	上海黑牛
5	沉淀池	排渣泵	SLW100-125A	$Q=100m^3/h$, $H=12m$, $N=7.5kW$	台	2	连成、凯程
		行车式刮渣机	KG2-45P	宽 5m	台	1	
		行轨			套	1	
		液位控制器	JC258+XMZJ	量程 0~5m	套	1	成都伦兹
6	过滤池	滤料			T	40	科泰
		反洗泵	SLW150-315A	$Q=300m^3/h$, $H=24.5m$, $N=22kW$	台	1	连成、凯程
7	泥渣脱水系统	带式压滤机	带宽 1.5m, LFD1000S8L	$10m^3/h$	套	1	唐山、烟台
		泥渣输送机		5000×400	台	1	科泰
8	集水池	排污泵	SLWH100-125A	$Q=100m^3/h$, $H=14m$, $N=7.5kW$	台	2	连成、凯程
		液位控制器	JC258+XMZJ	0~3m	套	1	成都伦慈
9	控制系统	自控/PLC			套	1	国产
		电控柜/电缆			批	1	国产
		管阀			批	1	川路
		支架			批	1	国产

5.3.7　主要技术经济指标及经济效益分析

5.3.7.1　占地面积

占地面积约 $1100m^2$。

5.3.7.2　运行费

本工程运行费 0.25 元/（m^3 废水）上下。

5.3.7.3　建设周期

本工程设计建设周期为 6 个月。

5.3.7.4　特点

本工艺技术成熟可行，投资少，运行费用低，出水稳定达标，操作管理方便。

5.4　半导体材料生产产生的铬酸废水和重金属废水处理工程

5.4.1　工程概况

业主每小时排铬酸废水 $3m^3$，废水 pH=0.13～3.50，六价铬 0.511～145.733mg/L，总铬 15.92～201.5mg/L，氟 8.21～530mg/L，现用电解法处理，处理能耗高，设备陈旧老化。拟选用节能简便的方法处理，要求处理出水达 GB 8978—1996 的一级排放标准。

每小时排重金属废水 $5m^3$，废水 pH 为 0.45～3.47，废水中含镉 0.003～0.346mg/L，总砷 0.017～6.53mg/L，总铅 0.02～0.789mg/L，总锌 0.022～0.213mg/L，总磷（按 P 计）0.055～0.283mg/L，现用石灰乳加三氯化铁混凝沉降处理，三氯化铁试剂贵，处理成本高，并且处理砷不彻底，处理出水中砷有不达标的可能。拟采用较好的方法对该处理工程进行改造。要求处理出水达 GB 8978—1996 的一级排放标准。

5.4.2　设计水质水量

5.4.2.1　设计水量

设计含铬废水 $3m^3/h$，$72m^3/d$；含重金属废水 $5m^3/h$，$120m^3/d$，合计 192 m^3/d。

5.4.2.2　设计水质

设计进出水水质见表 5-7。

表 5-7　设计进出水水质　　　　　　　　　　单位：mg/L

项目	Cr^{6+}	TCr	F^-	TCd	TAs	TPb	TZn	pH	COD
进水	0.5～146	16～201	8.2～530	0.003～0.346	0.02～6.5	0.02～0.79	0.02～0.2	0.13～3.5	90～250
出水	0.5	1.5	10	0.1	0.5	1.0	2.0	6～9	100

5.4.3　设计工艺流程

5.4.3.1　工艺流程图

采用综合化学法处理该重金属废水的工艺流程见图 5-3。其中铬酸废水 $72m^3/d$；重金属废水 $120m^3/d$。

铬酸废水自流进调节池Ⅰ，泵入反应池Ⅰ，与碱、D、C 反应去除 Cr 和 F，进斜沉池Ⅰ进行固液分离，再经过滤器Ⅰ过滤后自流入清水池排放或回用。斜沉池Ⅰ和过滤器的污泥进污泥池，经污泥脱水机脱水后，泥饼外运处置，脱水回调节池。

重金属废水自流进调节池Ⅱ，泵入反应池Ⅱ，与 A、B、C 反应去除 As、Cd、Pb 等，进斜沉池Ⅱ进行固液分离，自流入反应池Ⅲ，加 H 进一步去 As、Pb、Zn 等，再自流入斜沉池Ⅰ固液分离，泵入过滤器过滤后，自流入清水池排放或回用。斜沉池Ⅰ、Ⅱ和过滤器的污泥进污泥池，经污泥脱水机脱水后，泥饼外运处置，脱水回调节池。

5.4.3.2 工艺流程预期处理效果

该工艺流程预期处理效果见表 5-8，进水 pH＝0.13～3.5，反应池及过滤器出水 pH 均为 8～9。

表 5-8 工艺流程预期处理效果   单位：mg/L

序号	项目	进水	反应池去除/%	过滤器去除/%	清水池	国标 GB 8978—1996
1	Cr^{6+}	0.5～146	99.9	99.99	<0.1	0.5
2	TCr	16～201	99.9	99.99	达标	1.5
3	F^-	8.2～530	99	99.0	达标	10
4	TCd	0.003～0.346	99	99.9	<0.5	0.1
5	TAs	0.02～6.5	99	99.9	达标	0.5
6	TPb	0.02～0.79	99	99.9	达标	1.0
7	TZn	0.02～0.2	99	99.9	达标	2.0
8	COD	90～250	45	65	达标	100

5.4.3.3 设计平面布置图

设计业主铬酸废水和重金属废水平面布置同图 5-5。

5.4.4 主要构筑物设备及工程建设相关指标

5.4.4.1 调节池

功能：调节水质水量。规格结构：调节池Ⅰ，$30m^3$，钢砼，防腐，原有调节池改造；调节池Ⅱ，$50m^3$，钢砼，防腐，原有调节池改造。配用设备：防腐提升泵 4 台，2 备 2 用，$N＝1.1kW$。转子流量计 2 台。数量：调节池Ⅰ、Ⅱ各一座。

5.4.4.2 反应池

功能：废水与药剂反应去除 Cd、As、Pb、Zn、Cr、F 等污染物。规格结构：①反应池Ⅰ：$24m^3$，分 3 格，钢砼，防腐。配用设备：H、D、C 自动加药装置 3 套，pH 自控仪 2 套，ORP 仪 1 套，搅拌机 3 台。$N＝2.25kW$。数量：1 座。②反应池Ⅱ：$48m^3$，分 2 格，钢砼，防腐。配用设备：A、B、C 自动加药装置 3 套，pH 自控仪 2 套，ORP 仪 1 套，搅拌机 2 台。$N＝1.5kW$。数量：1 座。③反应池Ⅲ：$16m^3$，钢砼，防腐。配用设备：H 自动加药装置 1 套，pH 自控仪 1 套，搅拌机 1 台。$N＝0.5kW$。数量：1 座。

5.4.4.3 斜沉池

功能：固液分离。规格结构：Ⅰ $80m^3$，Ⅱ $50m^3$，钢砼，防腐。配用设备：斜管 $33m^2$，支架、排泥系统。数量：Ⅰ、Ⅱ各 1 座。

5.4.4.4 过滤池

功能：去除微小的悬浮物。规格结构：KF2，$\Phi1.8\times4.8m$，A3，防腐。配用设备：提升泵 2 台，一备一用，单台 $N＝1.5kW$。数量：1 座。

5.4.4.5　清水池

功能：贮存达标排放水用于反冲洗滤料或回用。规格结构：$20m^3$，钢砼。配用设备：反冲洗泵 1 台，$N=4.5kW$。数量：1 座。

5.4.4.6　出水明渠

$0.5\times0.5\times4.0m$，1 条。砖混，镶白色瓷砖，配计量板。

5.4.4.7　污泥池

功能：贮存污泥。规格结构：$20m^3$，钢砼。配用设备：螺杆台 2 台，$N=1.5kW$。带式污泥脱水机 1 台，$N=1.5kW$。数量：1 座。

5.4.4.8　设备配电

设备配电见表 5-9。

表 5-9　设备配电负荷

用电单元	设备名称	单机容量/kW	安装数量/台	工作数量/台	安装容量/kW	工作容量/kW	需要系数	工作负荷/kW
调节池	防腐提升泵	1.1	4	2	4.4	2.2	0.5	1.1
反应池Ⅰ	加药装置	0.1	3	3	0.3	0.3	0.5	0.15
	搅拌机	0.75	3	3	2.25	2.25	0.5	1.13
反应池Ⅱ	加药装置	0.1	3	3	0.3	0.3	0.5	0.15
	搅拌机	0.75	2	2	1.5	1.5	0.5	0.75
反应池Ⅲ	加药装置	0.1	1	1	0.1	0.1	0.5	0.05
	搅拌机	0.5	1	1	0.5	0.5	0.5	0.25
过滤池	提升泵	1.5	2	1	3.0	1.5	0.5	0.75
清水池	反冲洗泵	4.5	1	1	4.5	4.5	0.1	0.45
污泥池	污泥脱水机	1.5	1	1	1.5	1.5	0.2	0.3
	污泥泵	1.5	2	1	3.0	1.5	0.2	0.3
合计					21.35	16.15		5.38

5.4.5　主要构筑物及设备材料

5.4.5.1　主要构筑物

主要构筑物见表 5-10。

表 5-10　主要构筑物

序号	构筑物名称	规格/(m^3 或 m^2)	单位	数量	备注
1	调节池	30+50	座	2	钢砼、防腐（原有调节池改造）
2	反应池Ⅰ	24	座	1	钢砼、防腐

续表

序号	构筑物名称	规格/(m³或m²)	单位	数量	备注
3	反应池Ⅱ	48	座	1	钢砼、防腐
4	反应池Ⅲ	16	座	1	钢砼、防腐
5	斜沉池	80+50	座	2	钢砼
6	清水池	20	座	1	钢砼
7	污泥池	20	座	1	钢砼
8	出水明渠	1	条	1	砖混

5.4.5.2　主要设备材料

主要设备材料见表5-11。

表5-11　主要设备材料

序号	处理单元	设备名称	型号规格	单位	数量	备注
1	调节池	防腐提升泵	10m³/h	台	4	连成、凯程
		转子流量计	10m³/h	台	2	
2	反应池Ⅰ	搅拌机	100r/min	台	3	科泰
		H、D、C自动加药装置		套	3	科泰
		pH自控仪		套	2	进口
		ORP仪		套	1	进口
3	反应池Ⅱ	搅拌机	100r/min	台	2	科泰
		A、B、C自动加药装置		套	3	科泰
		pH自控仪		套	2	进口
		ORP仪		套	1	进口
4	反应池Ⅲ	搅拌机	100r/min	台	1	科泰
		H自动加药装置		套	1	科泰
		pH自控仪		套	1	进口
5	斜沉池Ⅰ、Ⅱ	斜管		m²	33	宜兴
6	过滤池	过滤器	KF2型,Φ1.8×4.8m	台	1	科泰
		提升泵	10m³/h	台	2	连成、凯程
7	清水池	反冲洗泵	50m³/h	台	1	连成、凯程
8	污泥池	污泥泵	15m³/h	台	2	川工
		带式压滤机	带宽1m	台	1	绿丰
9	管阀			批	1	
10	电控柜、线缆			批	1	
11	支架、辅料			批	1	

5.4.6　技术经济指标分析

5.4.6.1　占地面积及运行成本

本工程占地面积约300m²，运行成本为2.66～3.66元/(m³废水)。

5.4.6.2　环境社会效益

该废水处理达标后，可避免As、Cd、Pb、Zn、F等对环境水源的污染，可免交排污费，处理出水可作中水回用，有较好的社会环境经济效益。

5.5　工程现场图

　　高酸高浊及重金属废水处理现场见图 5-6、图 5-7。从图 5-6 及图 5-7 可见，其外观优美，设备保护措施良好。其系统先进成熟，运行稳定可靠。经验收达设计指标后投运。本系统操作管理简便，高效低能，投资运行费用低。有较好的社会环境和经济效益。

图 5-6　折流混合反应池　　　　　　　　　　　图 5-7　中控池

第6章

4,6-二羟基嘧啶和丙二酸二甲酯生产废水处理技术研究与工程案例

摘要： 业主生产 4,6-二羟基嘧啶（DHP）和丙二酸二甲酯（DMM）产生的废水酸度高，无机盐浓度高，有机物成分复杂，属难处理、难降解废水。根据对废水特性的系统分析确定了高效实用的处理工艺，通过小试等试验优化了工艺参数，设计 DHP 和 DMM 废水 $250m^3/d$（生化段按 $1500m^3/d$ 设计）。设计工艺流程为"废水 ⟶ 预处理 ⟶ A/O ⟶ 二沉 ⟶ 园区污水处理厂"。设计、建成、投运后，处理出水 COD≤500mg/L，BOD≤300mg/L，SS≤400mg/L，pH 为 6～9，达 GB 8978—1996 的三级排放标准；CN^-≤0.5mg/L，达 GB 8978—1996 的一级排放标准。

6.1 DHP 和 DMM 产品的生产

6.1.1 DHP 的生产

制备 DHP 的方法是：在高温下，丙二酸甲酯与甲酰胺和碱金属醇化物反应。其反应式如下。

原料：丙二酸甲酯、甲酰胺、甲醇钠、盐酸。这些原料的利用率为 80% 左右，因而废水含较多的污染物。其主要污染物有：甲醇、氯化钠、甲酸。其次有：甲酰胺、甲醇钠、盐酸、嘧啶盐、少许丙二酸、甲酯和其他副产物。

6.1.2 DMM 的生产

DMM 的生产：多用氰化酯化法。氯乙酸与碳酸钠中和生成氯乙酸钠，再用氰化钠进行氰化得氰乙酸钠。氰乙酸钠与盐酸反应生成氰乙酸，然后在硫酸存在下与甲醇酯化得丙二酸二甲酯，再经洗涤，蒸馏即得成品。工业品含酯量（纯度）≥98%。原料消耗定额：氯乙酸 1120kg/t、氰化钠 551kg/t、甲醇 955kg/t。国外开发的新工艺主要以催化羰基化

法为主，即以氯乙酸酯、一氧化碳、甲醇为原料，在催化剂存在下，一步反应合成丙二酸二甲酯。相比之下，催化羰基化法工艺技术先进，但工艺复杂，反应条件苛刻，实现工业化有一定的困难。

氰化酯化法的化学反应式如下：

中和：$2ClCH_2COOH + Na_2CO_3 \Longrightarrow 2ClCH_2COONa + CO_2\uparrow + H_2O$

氰化：$ClCH_2COONa + NaCN \Longrightarrow CNCH_2COONa + NaCl$

酸化：$CNCH_2COONa + HCl \Longrightarrow CNCH_2COOH + NaCl$

酯化：$CNCH_2COOH + 2CH_3OH + H_2SO_4 \Longrightarrow CH_2(COOCH_3)_2 + NH_4HSO_4$

原料：氯乙酸、氰化钠、甲醇、碳酸钠、盐酸、硫酸。原料的利用率约 80%，因而废水含较多原料成分及反应副产物，废水中主要成分有：氯化钠、硫酸氢铵、氯乙酸钠、氰乙酸钠、氰乙酸。其次有：甲醇、盐酸、硫酸、碳酸钠、丙二酸和其他副产物。

6.2　DHP 和 DMM 生产废水处理工艺流程的选择

6.2.1　DHP 和 DMM 生产废水水质分析

本团队对 DHP 和 DMM 生产废水分析的结果见表 6-1。

表 6-1　DHP 和 DMM 生产废水分析结果

序号	样品名称	颜色	甲醇 /(g/L)	酸度 (耗碱量 mol/L)	COD /(g/L)	CN^- /(mg/L)	NH_3-N /(mg/L)	Cl^- /(g/L)	SO_4^{2-} /(g/L)
1	DHP 酸水（母液）	红褐色	44.16	0.65	117.04	23.28	380	106.10	0.04
2	DHP 洗水	黄绿色	1.57	0.03	4.68	0.45	20	2.070	0.03
3	DMM 酸化酸水	无色	0.98	0.10	5.01	5.32	16	0.87	0.08
4	DMM 酯化酸水	黄褐色	38.49	5.05	112.35	0.33	2820	81.99	560.46

从表 6-1 可见：①DHP 酸水（母液）中含甲醇 4.42%，DMM 酯化酸水中含甲醇 3.85%，这两种废水中甲醇含量较高，具有一定的回收价值；②DHP 酸水（母液）中氯离子含量较高，达 106.10g/L；DMM 酯化酸水中氯离子和硫酸根离子含量分别为 81.99g/L 和 560.46g/L，因而这两种废水分别具有回收盐酸和硫酸的价值；③这四种废水的成分复杂，污染物浓度变化大，如：酸度变化大（0.03～5.05mol/L）；COD 高，且变化大（4.68～117.04g/L）；CN^- 在 0.33～23.28mg/L 变化；NH_3-N 在 16～2820mg/L 变化；DHP 酸水（母液）和 DMM 酯化酸水的色度在 1000 倍以上。

6.2.2　处理流程试验的选择

从表 6-1 可知，这四种废水的酸度大，无机盐浓度高，有机物成分复杂。其属难处理、难降解废水，国内未见处理该废水的先例。国外对该类废水的处理方法有湿式催化氧化法、微滤超滤纳滤反渗透法、蒸发浓缩灼烧法、离子交换与活性炭吸附法、电解＋生物法等。这些方法或投资大，或运行成本高，或处理不彻底，时有不达标的问题存在。

本团队依据对业主四种废水水质水量的分析结果（该废水成分极其复杂、处理难），以及承担多项处理类似废水的工程实践经验，首先分别对每种废水进行预处理，根据对四种废水的预处理结果，再把高浓度废水与低浓度废水合并预处理，然后再把四种废水合并预处理，依据这些初试结果再进行小试和扩大试验，进而获取最佳的技术设计参数，最后确定该废水处理的工艺流程。

6.3 DHP 和 DMM 生产废水的预处理

该四种废水中因含甲酰胺、嘧啶、氯乙酸、氰乙酸、丙二酸、甲苯、游离氰等难降解、剧毒物质，必须进行氧化分解预处理后，才能进行后续生化处理，否则这些高浓度的、剧毒的物质将使生化工段的菌中毒、菌胶团分散，使生化处理不能进行。

对这些污染物的氧化分解方法有：湿式催化氧化法、臭氧氧化法、高锰酸钾或重铬酸钾氧化法、芬顿试剂氧化法、双氧水氧化法、二氧化氯氧化法、次氯酸钠氧化法等，这些方法各有利弊。本团队依据这些污染物的理化性质，考虑到加入氧化剂处理后不妨碍后续生化处理，同时这些氧化剂价廉易得，使用方便，不产生二次污染的原则，用各种方法处理前述废水，在大量氧化处理试验后，研制组合成复合氧化处理剂（简称复合剂，KC），用 KC 预处理 DHP 酸水（1 号）、DHP 洗水（2 号）、DMM 酸化酸水（3 号）、DMM 酯化酸水（4 号）和其两两组合（1+4，2+3）以及四种废水（1+2+3+4）混合处理的结果见表 6-2~表 6-4、图 6-1~图 6-3。

6.3.1 KC 分别处理四种废水 COD 的去除

KC 分别处理四种废水，其 COD 的去除率见表 6-2 和图 6-1。

表 6-2 **KC 分别处理四种废水，其 COD 随时间的变化**

处理时间/h	COD/(mg/L)			
	1 号	2 号	3 号	4 号
0	117040	4715	4041	112358
12	99273	3912	3211	85247
24	85624	3249	2812	59874
48	43980	2391	2109	39821
60	28451	1827	1637	28561
72	21756	1539	1203	17740
84	16259	1309	996	14927
COD 去除率/%	86.1	72.2	75.4	86.7

从表 6-2 和图 6-1 可知，在用 KC 处理 84h 之后，1 号样 COD 从 117040mg/L 降到 16259mg/L；COD 去除率为 86.1%；2 号样 COD 从 4715mg/L 降到 1309mg/L，COD 去除率为 72.2%；3 号样 COD 从 4041mg/L 降到 996mg/L，COD 去除率为 75.4%；4 号样 COD 从 112358mg/L 降到 14927mg/L，COD 去除率为 86.7%；KC 分别对这四种废水 COD 的去除率在 70% 以上，这说明 KC 是有效的复合处理剂。

6.3.2 KC 处理高低浓度废水 COD 的去除

该高浓度废水由 1 号和 4 号样按 1∶1 混合；低浓度废水由 2 号和 3 号样按 1∶1 混

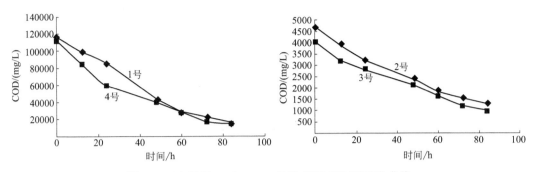

图 6-1　KC 处理 1、2、3、4 号样 COD 随时间变化曲线

合；用 KC 处理的结果见表 6-3 及图 6-2。

表 6-3　1＋4 号样和 2＋3 号样废水用 KC 处理，其 COD 随时间的变化

处理时间/h	COD/(mg/L)	
	1＋4 号样	2＋3 号样
0	114695	4845
1	56448	4233
2	54432	4166
24	32501	2453
32	27861	2142
40	21574	2006
48	15642	1941
72	12159	1309
COD 去除率/%	89.4	73.0

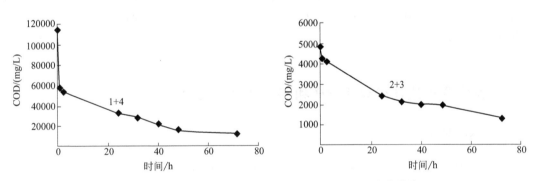

图 6-2　KC 处理 1＋4 号、2＋3 号样 COD 随时间变化曲线

从表 6-3 及图 6-2 可知，用 KC 处理 1＋4 号、2＋3 号样 72h 之后，1＋4 号样的 COD 从 114695mg/L 降到 12159mg/L，COD 去除率为 89.4%；2＋3 号样的 COD 从 4845mg/L 降到 1309mg/L，COD 去除率为 73.0%，这说明 KC 对该高、低浓度废水分别处理也是有效的。

6.3.3　KC 处理实际比例废水 COD 的去除

该四种废水 1、2、3、4 号样按实际产生量比例（66∶436∶436∶66）混合后，用 KC 处理的结果见表 6-4、图 6-3。

表 6-4 四种废水按实际废水量比例混合后用 KC 处理，其 COD 随时间的变化

处理时间/h	COD/(mg/L)	处理时间/h	COD/(mg/L)
	1+2+3+4 号样		1+2+3+4 号样
0	19364	41	6813
1	18359	47	6086
2	15583	59	5484
17	8694	71	4664
23	8029	83	4475

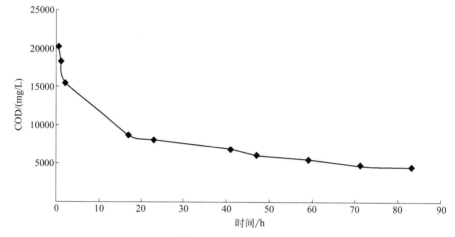

图 6-3 四种废水按实际产生量混合后用 KC 处理的 COD 随时间变化曲线

从表 6-4 及图 6-3 可知，四种废水按实际产生量比例混合，用 KC 处理 83h 之后，COD 从 19364mg/L 降到 4475mg/L，COD 去除率 76.9%，这说明将 KC 用于处理实际生产废水是可行的。

6.4 膜生物反应器处理 DHP 和 DMM 生产废水

6.4.1 MBR 法

传统活性污泥法（conventional activated sludge processes，CAS）存在一个主要问题，就是污泥和微生物随排水流失。尽管泥水分离在二次沉淀池中依靠重力沉降作用完成，但是其分离效率完全依赖于活性污泥的沉降特性。污泥的沉降特性除了与水质有关外还取决于曝气池的运行状况，所以要改善污泥沉降性必须严格控制曝气池的操作条件，特别要防止丝状菌增殖引起污泥沉降性变差等现象发生。对于 DHP 和 DMM 工艺废水，P 和 N 营养物的缺乏会引起丝状菌的过度增殖。另一方面，由于经济因素的制约，二沉池的容积不可能很大，所以曝气池中活性污泥浓度不会很高，一般在 4~6g/L 左右，从而限制了系统中污染物的去除率。污泥伴随出水流失还导致了出水水质变差。

膜生物反应器（membrane bioreactor）以膜单元（超滤膜或微滤膜）取代二沉池，所有悬浮物和胶体都被膜分离截留，污泥的沉降性不会影响到出水水质，另一方面膜分离单元增加了曝气池中活性污泥浓度，提高了生物降解速率，同时降低了比负荷率（进水污染物负荷/生物量，即 F/M 值），减少了剩余污泥的产生量。膜生物反应器工艺由于膜分

离的截留作用基本上解决了传统活性污泥法存在的问题。

6.4.1.1 MBR 的负荷

膜生物反应器的污泥浓度、容积负荷都远高于传统活性污泥法。所以膜生物反应器处理系统所占的空间体积要小于传统活性污泥法。膜生物反应器系统的水力停留时间（HRT）甚至低至 2h 时仍会有满意的出水质量。

传统活性污泥法的 F/M 值在 $0.05 \sim 1.5$ 之间，而通常膜生物反应器的 F/M 值小于 0.1。膜生物反应器系统在这样低的 F/M 值下运行，是因为泥龄相当长、污泥是高百分比的内源呼吸相，MLSS 甚至可以高达 $20 \sim 30g/L$。在传统工艺中，F/M 值过低容易产生沉降性差的污泥，这会给工艺系统的运行带来很大问题。而在膜生物反应器工艺中，由于膜为固液分离提供了绝对的保证，排水的质量与生物絮体的沉降性没有关联，而且较长的泥龄也不利于丝状菌的增殖。所以，膜生物反应器工艺基本上解决了活性污泥法的污泥膨胀问题。

6.4.1.2 MBR 的出水水质

大多数膜生物反应器出水的 COD 值都相当低，有的甚至低至 $5mg/L$，是传统活性污泥法出水 COD 的 1/10。由于膜生物反应器的出水中基本不含有悬浮物质和病原性微生物，所以它可以直接排放进入地表水域而不会污染环境，或者可以直接应用于某些特定的领域，譬如：洗车、草地灌溉、厕所冲洗、住宅小区的绿化、景观娱乐用水、环卫扫道喷地用水和工业冷却水等。

膜生物反应器工艺对氮和磷等营养物的去除效率亦优于传统工艺（表 6-5），这是因为膜生物反应器系统可以在更高的污泥浓度下运行。膜生物反应器工艺出水的氨态氮（NH_4^+-N）含量相当低，绝大多数膜生物反应器系统都可以实现几乎完全的硝化反应。硝化菌的生长速度率较为缓慢，在传统工艺里硝化菌会伴随出水流失，使处理池内硝化菌浓度较低。而膜的截留作用则充分保证了硝化菌在反应池内维持较高的浓度，所以膜生物反应器系统能够表现出更高的硝化性能。出水水质可达到 $BOD : NH_4^+$-N $: SS =$ $5mg/L : 5mg/L : 5mg/L$，这是膜生物反应器的常规水准。

表 6-5 浸没式膜生物反应器工艺和传统活性污泥法的性能对比

项目	进水平均值 /(mg/L)	传统活性污泥法		浸没式 MBR	
		出水/(mg/L)	去除率/%	出水/(mg/L)	去除率/%
COD	520	75	85.6	15	97.1
TP	15.0	7.9	47.3	2.25	85.0
PO_4^{3-}-P	10.5	7.1	32.4	1.90	81.9
SS	110	40	63.6	ND	100
浊度 NTU	38	15	60.5	0.44	98.8
NH_3-N	48.3	30.2	37.5	3.4	93.0
NH_4^+-N	35.0	20	42.9	1.90	94.6
NO_3^--N	0.94	3.0	—	13.5	—

注:ND 表示未检出。

膜生物反应器除去各种病原性微生物效率大大地优于现行的加氯杀菌和紫外线消毒的方法，使处理出水可达到 2005 年国家颁布的《城市供水水质标准》（CJ/T 206—2005）。

6.4.1.3 MBR 的污泥产率

MBR 的污泥产率明显低于传统活性污泥法。低 F/M 值的膜生物反应器工艺中污泥处于高度的内源呼吸相，细菌内源代谢后只留下真正生物惰性的残留物；而传统工艺由于生物随出水流走，一些活性细菌也构成了排放的污泥。膜生物反应器工艺的净污泥产率（污泥产率/污泥浓度）依赖于进水负荷，F/M 值越低、净污泥产率越小，直到进水负荷低至 $0.07kgCOD/(kgMLSS \cdot d)$ 时，净污泥产率为零。

6.4.1.4 生物降解的效率

膜对污水中有机物的截留增加了生物反应池的降解效率。有机污染物的氧化过程是一放热反应，由于膜生物反应器维持较高的污泥浓度，生物反应池更容易维持在较高的温度下运行，同时也保证了细菌更高生物活性。由于较高的污泥浓度和生物活性，膜生物反应器的有机污染物的降解效率要比传统方法高 $10 \sim 15$ 倍，而且更有可能在较冷气候环境下运行。

有机物的降解需要微生物在反应池的停留时间大于降解该有机物的最小污泥停留时间。越是难降解的有机物，所需最小污泥停留时间也就越长。传统活性污泥法的污泥停留时间较短，所以会有一些难生物降解的有机物无法降解，被当成惰性有机物作为剩余污泥被排放。由于微生物长时间被截留，一些传统工艺难以降解的有机物都会被膜生物反应器系统所降解。

膜生物反应器在较短水力停留时间（HRT$=2 \sim 3d$）的情况下，就能够以相当高的负荷$[1 \sim 3kgCOD/(m^3 \cdot d)]$，对生化降解度较低的废水（BOD/COD$=0.03 \sim 0.16$）取得超过 80% 的 COD 去除率。而传统的生物处理方法在较长的水力停留时间、相当低的进水负荷$[<0.25kgCOD/(m^3 \cdot d)]$时，对生化降解度较高的废水（BOD/COD$=0.21 \sim 0.3$）才取得 63% 的去除率。这说明膜生物反应器在处理难生物降解的废水方面具有明显的优势。

6.4.2 膜生物反应器工艺的经济技术因素

制约膜生物反应器发展的因素是膜的价格和膜的寿命。膜生物反应器的前述优点使膜生物反应工艺近年来迅速发展，膜的价格已降到 50 美元$/m^2$，膜寿命可达 5 年以上。因而中小型污水处理厂采用膜生物反应器工艺处理污水比用传统活性污泥法处理污水有更好的经济技术价值。

6.4.3 DHP 和 DMM 生产废水的膜生物反应器处理

DHP 酸水（母液）和 DMM 酯化酸水经前述工艺回收甲醇、盐酸和硫酸后，接着与低浓度的 DHP 和 DMM 生产废水一起进入预处理系统与复合处理剂 KC 反应去除绝大部分难降解有机物（如甲酰胺、嘧啶等），以及氰（腈）化物、氨氮和无机盐后经氧化反应进一步分解有机物质，再进入膜生物反应器系统处理，达标排放或回用。DHP 和 DMM生产废水的缺氧/好氧膜生物反应器处理流程见图 6-4。

预处理出水经厌氧/好氧处理结果见表 6-6。从表 6-6 可见，预处理＋氧化处理将

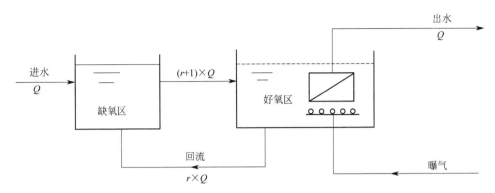

图 6-4 缺氧/好氧膜生物反应器处理流程示意图

COD 调整到 1900mg/L 以下，再进入厌氧/好氧处理，其出水的 COD 可达 260mg/L
以下。

表 6-6 预处理出水经厌氧/好氧处理结果

年.月.日	样号	预处理 COD/(mg/L)	氧化处理 COD/(mg/L)	厌氧/好氧处理 COD/(mg/L)
2007.7.25	2+3	1263	865	55
7.27	2+3	1263	810	53
7.30	2+3	1263	801	60
8.1	1+4	4081	1818	85
8.2	1+4	4081	1826	187.9
8.3	1+4	4081	1786	256.7
8.4	1+2+3+4	3061	1276	133.0
8.5	1+2+3+4	3061	1291	110.0
8.6	1+2+3+4	3061	1301	93.3
8.7	1+2+3+4	3311	1407	87.1
8.8	1+2+3+4	3311	1466	88.6
8.9	1+2+3+4	3311	1438	81.6
8.10	1+2+3+4	3563	1509	77.5
8.11	1+2+3+4	3563	1577	76.6
8.12	1+2+3+4	3563	1533	75.8
8.13	1+2+3+4	3377	1399	75.6

6.5 DHP 和 DMM 中甲醇的回收

6.5.1 甲醇的物化性质

化学名称：甲醇，别名：甲基醇、木醇、木精。英文名：methanol。分子式：
CH_3OH，分子量 32.04，有类似乙醇气味的无色透明易挥发性液体。密度（20℃）为
0.7913g/mL。熔点为 -97.8℃，沸点为 64.65℃。折射率（n）为 1.3290，表面张力为
22.6dyn/cm，黏度 0.5945cP。20℃蒸气压 96.3mmHg（1mmHg＝133.322Pa），闪点
（闭口）11.11℃，（开口）16℃。自燃点 455℃，燃烧热 5420cal/g，汽化热 263cal/g，比

热 20℃ 时为 0.599cal/(g·℃)。在空气中甲醇蒸气的爆炸极限为 6.0%～36.5%（体积）。甲醇是最常用的有机溶剂之一，与水互溶且体积缩小，能与乙醇、乙酸等多种有机溶剂互溶。

甲醇为有毒化工产品，有显著的麻醉作用，对视神经危害最为严重，吸入浓的甲醇蒸气时会出现沉醉、头痛、恶心、呕吐、流泪、视力模糊和眼痛等，需要数日才能恢复，空气中允许浓度为 0.05mg/L。

6.5.2　回收甲醇实验

依据甲醇的上述理化性质，采用了蒸馏法和汽提法回收 1 号样［DHP 酸水（母液）］和 4 号样（DMM 酯化酸水）中的甲醇，其回收装置见图 6-5 及图 6-6。

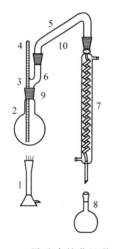

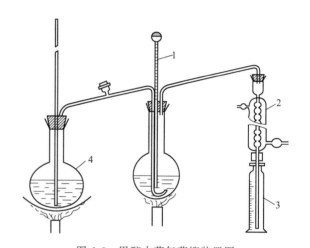

图 6-5　甲醇直接蒸馏装置

1—电炉；2—1L 烧瓶；3—橡胶套管；4—温度计；
5—内径 12mm 的连接管；6—连接器；7—冷凝器；
8—300mL 量瓶；9，10—ST24/40 接头

图 6-6　甲醇水蒸气蒸馏装置图

1—温度计；2—冷凝器；3—接收器；4—蒸汽发生器

直接蒸馏装置如图 6-5 所示，甲醇在沸点较高的盐酸混合溶液中被直接蒸出，从而与混合液中干扰物分离。水蒸气蒸馏装置如图 6-6 所示。在沸点较高的硫酸与盐酸混合溶液中，通入水蒸气，甲醇以蒸气形式被蒸出，从而与混合液中干扰物分离。

从 DHP 酸水（母液）和 DMM 酯化酸水中直接蒸馏（直蒸）和水蒸气蒸馏（气蒸）回收甲醇的结果见表 6-7。

表 6-7　DHP 酸水（母液）和 DMM 酯化酸水中甲醇回收结果

样品名称	样品		蒸馏时间/min	蒸馏酸度/(mol/L)	回收含 100%甲醇量/mL	甲醇回收率/%	回收方法
	取样量/mL	含 100%甲醇量/mL					
DHP 酸水（母液）	100	5.59	30	0.65	2.79	50	直蒸
	100	5.59	60	0.65	3.91	70	直蒸
	200	11.18	60	0.65	8.05	72	直蒸
	200	11.18	30	0.65	8.38	75	气蒸
	200	11.18	60	0.65	9.06	81	气蒸
	200	11.18	60	0.65	9.50	85	气蒸

续表

样品名称	样品		蒸馏时间/min	蒸馏酸度/(mol/L)	回收含100%甲醇量/mL	甲醇回收率/%	回收方法
	取样量/mL	含100%甲醇量/mL					
DMM酯化酸水	100	4.87	30	5.05	2.68	55	直蒸
	100	4.87	60	5.05	3.46	71	直蒸
	200	9.74	60	5.05	7.40	76	直蒸
	200	9.74	60	5.05	7.99	82	气蒸
	200	9.74	60	5.05	8.28	85	气蒸
	200	9.74	60	5.05	8.38	86	气蒸
DHP酸水（母液）+	100+100	8.27	60	2.85	6.53	79	直蒸
DMM酯化酸水	100+100	8.27	60	2.85	6.86	83	气蒸

从表 6-7 可见，①采用直接蒸馏和水蒸气蒸馏都能回收 DHP 酸水（母液）和 DMM 酯化酸水中甲醇；②回收率与酸度无关，与蒸馏时间和回收的方法有关；③回收时间≤30min，直蒸法回收率为 50% 和 55%；回收时间约为 60min，直蒸法的回收率为 70%～79% 左右；气蒸法的回收率为 75%～86%；④气蒸法的回收率＞直蒸法的回收率；⑤两法回收的甲醇均为无色透明液体，纯度达 80% 以上，但直蒸法甲醇的纯度大于气蒸法获得的纯度，若再精馏可达 99% 以上。

6.6　DHP 和 DMM 中盐酸的回收

6.6.1　盐酸的物化性质

盐酸，别名氢氯酸，英文名 hydrochloric acid，分子式 HCl，分子量 36.46。物化性质：纯氯化氢为无色有刺激性臭味的气体。其水溶液即盐酸，纯盐酸无色，工业品因含有铁、氯等杂质，略带微黄色。相对密度 1.187。氯化氢熔点 $-114.8℃$，沸点 $-84.9℃$，易溶于水，有强烈的腐蚀性，能腐蚀金属，对动植物纤维和人体肌肤均有腐蚀作用。浓盐酸在空气中发烟，触及氨蒸气会生成白色云雾。氯化氢气体对动植物有害。盐酸是极强的无机酸，与金属作用生成金属氯化物并放出氢；与金属氧化物作用生成盐和水；与碱起中和反应生成盐和水；与盐类能起复分解反应生成新的盐和新的酸。

6.6.2　废盐酸液中回收盐酸的方法

目前比较成熟的处理回收废盐酸的方法有 $FeCl_3$ 法、中和法、直接焙烧法、常压蒸发浓缩结晶法和负压外循环蒸发浓缩法。

$FeCl_3$ 法是把游离的 Cl^- 全部转化成 $FeCl_3$，因 $FeCl_3$ 销路不佳和耗用 Cl_2 现已很少采用；中和法是用生灰石中和得到固体废渣，造成二次污染和严重资源浪费；直接焙烧法是在高温下氧化水解亚铁盐，并将水蒸发掉，从而得到氧化铁和再生盐酸，该法过高的投资和运行费用，企业很难承受；常压蒸发浓缩结晶采用二效蒸发浓缩工艺，存在设备易堵塞和设备寿命短的问题。

浓缩结晶法采用负压可以使蒸发温度由 110℃下降 30℃；外循环工艺防止结晶堵塞，使液体通过加热器的速度由 0.02m/s 提高 1.0m/s；蒸发结晶后完全回收 HCl 和 $FeCl_2$。

以上这些研究仅限于在无机酸溶液中使用，未见用于含无机物和有机物的混合废酸溶液中。近期研究了阴离子膜回收盐酸和硫酸，但阴离子膜靠进口，投资较高，且也仅用于含无机酸的废酸溶液中。

本团队研究了上述处理废盐酸的各种方法，比较了它们的优劣，同时研究了阴离子膜的理化性质及其处理含无机酸（盐酸和硫酸）、有机酸（丙二酸）和大量有机物的 DHP 与 DMM 酸废水，从中回收盐酸和硫酸的可行性。

6.6.3 DHP 酸水（母液）和 DMM 酯化酸水中盐酸的回收

6.6.3.1 常压蒸馏回收盐酸

将 DHP 酸水（母液）和 DMM 酯化酸水中甲醇蒸馏回收后，将恒温石蜡液浴升温至120～130℃，在混合试验液温度升至100℃时溶液呈沸腾状态，继续加热，溶液的第二沸点不变，这时水和盐酸被蒸出（pH 试纸显酸性）。回收蒸汽，通过冷凝器冷却后得到稀盐酸溶液。

6.6.3.2 负压蒸馏回收盐酸

将真空泵连接到蒸馏系统中，启动真空泵，使系统达到确定的真空度，开蒸汽阀，加热蒸发已蒸出了甲醇的 DHP 或 DMM 废酸液，在重力和热力作用下，废酸在加热室和蒸发室之间循环加热。这时蒸发的盐酸和水经冷却后，得到了稀盐酸。

工艺参数为：真空度 500mmHg，沸点 80℃，废液含酸（HCl）量 2%～3%，蒸汽温度 135～140℃，冷却水温度＜28℃，回收酸（HCl）浓度 5%～8%。

6.6.3.3 阴离子膜分离回收盐酸或硫酸

阴离子膜回收废酸（膜法）采用的是扩散渗析原理，是以浓差作推动力。整个装置由扩散渗析膜、配液板、加强板、流液板框等组合而成，有板式或卷式，由一定数量的膜组成不同的结构单元；其中每个单元由一张阴离子均相膜隔成渗析室（A）和扩散室（B），在阴离子均相膜的两侧分别通入废酸液及接收液（自来水）时，废酸液中的酸及其盐的浓度远高于水的一侧，由于浓度梯度的存在，废酸及其盐类有向 B 室渗透的趋势，但膜是有选择透过性的，它不会让每种离子以均等的机会通过。首先阴离子膜骨架本身带正电荷，在溶液中具有吸引带负电水化离子而排斥带正电水化离子的特性，故在浓度差的作用下，废酸液一侧的阴离子被吸引而顺利透过膜孔道进入水一侧。同时根据电中性要求，也会夹带正电荷的离子，由于 H^+ 的水化半径比较小，电荷较少，而金属盐的水化离子半径较大，又是高价的，因此 H^+ 会优先通过膜。这样废酸液中的酸就会被分离出来。由于采用逆流操作，在废液出口处，酸室中的酸浓度因扩散而大大降低，仍比进口水中酸的浓度高，所以渗析室和扩散室一直存在酸的浓度梯度。装置对酸的回收率一般能达到80%以上。膜法回收废酸示意图见图 6-7。

图 6-7 膜法回收废酸示意图

上述三种方法从 DHP 酸水（母液）（1 号）DMM 酯化酸水（4 号）中回收盐酸的结果见表 6-8。

表 6-8 1 号和 4 号样中盐酸的回收结果

回收方法	原样	直接蒸馏		负压蒸馏		膜法	
	HCl /(g/L)	HCl /(g/L)	回收率 /%	HCl /(g/L)	回收率 /%	HCl /(g/L)	回收率 /%
1 号样 HCl	106.1	81.99	77.28	82.8	78.04	60.33	56.86
4 号样 HCl	76.4	57.4	75.13	62.3	81.54	52.94	69.29

从表 6-8 可见，直接蒸馏、负压蒸馏和膜法均能从 1 号和 4 号样中回收盐酸，其中负压蒸馏法回收率较高，其次是直接蒸馏法。蒸馏法回收的 HCl 为无色，膜法回收的 HCl 近无色，有少量的有机杂质。

阴膜法回收 1 号样中 HCl 的照片见图 6-8。

从图 6-8 可见，回收的 HCl 近无色。

图 6-8 阴膜法回收 1 号样中 HCl 的照片（左图为回收酸）

阴膜法回收 1 号样中 HCl 的结果见表 6-9，HCl 的回收率从 20.0% 增至 81.4%。

表 6-9 阴膜法回收 1 号样中 HCl 的结果

时间 2007.8.13	进口流量/(mL/min)		出口流量/(mL/min)		回收酸 HCl 浓度 /(mol/L)	残液 HCl 浓度 /(mol/L)	回收率 /%
	水	酸液	回收酸	残液			
08:50	两室注满浸泡						
09:50	进料	0.0	0.0	0.0	0.0	0.0	0.0
11:40	12	11.5	4.5	19	0.14	0.2	20.0
14:20	15	7.8	6.1	18.5	0.36	0.25	51.4
15:40	10	6.7	4.8	17	0.44	0.24	62.9
17:20	10.2	6.5	0.8	16	0.48	0.22	68.6
18:20	10	6	0.3	15	0.57	—	81.4

注：1. 原液中酸浓度 0.70mol/L。
2. 测定酸离子浓度的方法是：以酚酞作为指示剂，用标准碳酸钠滴定至无色变为淡粉色。

6.7 DMM 废水中硫酸的回收

6.7.1 硫酸的物化性质

硫酸，英文名 sulfuric acid，分子式 H_2SO_4，分子量 98.07。物化性质：纯品为无色、无臭、透明的油状液体，呈强酸性。市售的工业硫酸为无色至微黄色，甚至红棕色。相对密度：98％硫酸为 1.8365（20℃），93％硫酸为 1.8276（20℃）。熔点 10.35℃。沸点 338℃。其有很强的吸水能力，与水可以按不同的比例混合，并放出大量的热。其为无机强酸，腐蚀性很强。化学性质很活泼，几乎能与所有金属及其氧化物、氢氧化物反应生成硫酸盐，还能和其他无机酸的盐类作用。在稀释硫酸时，只能注酸入水，切不可注水入酸，以防酸液表面局部过热而发生爆炸喷酸事故。浓度低于 76％的硫酸与金属反应会放出氢气。

6.7.2　废硫酸液中回收硫酸的方法

从废硫酸溶液中回收硫酸的方法有：聚合硫酸铁法、加酸冷冻法、真空浓缩法、浸没燃烧法、硫酸铵法、电解法等，这些方法存在工艺复杂、操作难度高、设备防腐投资大、运转费用高、占地面积大等缺点。

近期研究了单管填料升膜浓缩结晶法回收废硫酸，该法采纳了真空浓缩法和加酸冷冻法的特点，采用了新型高效单管填料密封列管式蒸发器以及改性聚丙烯新型防腐材料，具有蒸发效率高、能连续稳定生产、操作简单、治理过程不需加新酸、设备防腐耐用、操作运转费用低等优点，但投资较大。

研究了纳米过滤工艺回收废酸液中硫酸。纳米技术具有下列特点：①在过滤分离过程中，能够截留小分子的有机物并可同时透析出盐，集浓缩与透析为一体；②操作压力低，因为无机盐能通过纳滤膜而透析，使得纳滤的渗透压远比反渗透低，这样，在保证一定的膜通量的前提下，纳滤所需的外压比反渗透低得多，可节约动力；③纳滤膜具有良好的耐热、耐酸碱性能，在有机溶液中有较好的稳定性，工作温度可达 80℃，在 pH＝0～14 工作范围内，有较强的抗溶剂作用；④纳滤膜具有离子选择性，含有不同离子的溶液，透过膜后离子分布是不相同的（透过率随其他离子浓度变化），此即为 Donnan（唐南）效应。如在溶液中含有 Na_2SO_4 和 NaCl 时，纳滤膜优先截留 SO_4^{2-}，对 Cl^- 的截留随着 Na_2SO_4 浓度的增加而直线减少，同时为了保持电中性，Na^+ 也会透过膜，在 SO_4^{2-} 浓度高时，Na^+ 的截留甚少。因此，用纳滤膜分离回收硫酸，必须进行 2 级以上的纳滤分离。纳滤受操作的压力、时间、流速和 pH 影响大。目前该法投资大，运行费用高。

此外，还研究了阴离子膜回收废酸液中硫酸，其机理和操作与回收盐酸相同。本团队研究了上述从无机物酸溶液中回收酸的各种方法，同时也研究了阴离子膜分离回收酸的可行性。拓展了这些方法回收 DMM 酯化酸水中的硫酸。回收工艺见图 6-9 及图 6-10。

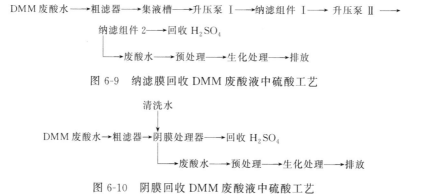

图 6-9　纳滤膜回收 DMM 废酸液中硫酸工艺

图 6-10　阴膜回收 DMM 废酸液中硫酸工艺

4 号样中酸回收结果见表 6-10。

表 6-10　4 号样中酸的回收结果

样品名称	原样 H_2SO_4 /(g/L)	纳滤回收		阴膜回收	
		H_2SO_4/(g/L)	回收/%	H_2SO_4/(g/L)	回收/%
DMM 酯化酸水	560.46	308.3	55	394.6	70.4

从表 6-10 可见，阴膜法回收率较高，纳滤法的回收率较低。

阴膜回收 4 号样中酸的照片见图 6-11。

图 6-11　阴膜回收 4 号样中酸的照片（左图为回收酸）

从图 6-11 可见，回收的酸为浅黄色，含少量杂质。阴膜法回收 4 号样中 H_2SO_4 + HCl 的结果见表 6-11。

表 6-11　阴膜法回收 4 号样中 H_2SO_4 + HCl 的结果

时间	进口流量/(mL/min)		出口流量/(mL/min)		回收酸 /(mol/L)	残液酸 /(mol/L)	回收率 /%
	水	料液	回收酸	残液			
08:00	进料,两室注满浸泡						
09:30	10	9.5	0.0	0.0	0.0	0.0	—
10:30	9.8	8.2	5.8	12	2.3	1.37	50.0
11:45	12.5	9	—	—	—	—	—
14:00	11	7.8	4.5	13.4	2.92	1.6	63.5
15:20	10.5	8	4.5	15	2.92	1.6	63.5
16:20	10.2	7	4.3	14	3.08	1.64	67.0
17:25	10	6.8	3.8	13.7	3.19	1.6	69.3
18:30	9.5	8.5	4	14.5	3.23	1.65	70.2
19:30	9.5	8.2	4.1	14	3.24	1.64	70.4

注：1.4 号样总酸度 4.6 mol/L,回收率＝回收酸浓度/总酸度。

2. 测定酸浓度的方法是：以甲基橙作为指示剂，用标准碳酸钠滴定至红色变为橙色。

6.8　甲醇和盐酸及硫酸回收的工程投资与估算

6.8.1　回收甲醇的效益估算

6.8.1.1　甲醇回收装置

回收甲醇的装置由蒸馏釜、蒸馏塔、填料、换热器、冷却器、稳压罐、计量罐、温控仪、比重测量装置、高位槽、甲醇贮罐和管阀等组成。其装置示意图见图 6-12。

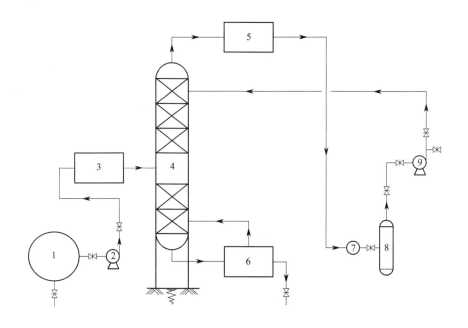

图 6-12 甲醇回收装置

1—DHP 和 DMM 废液罐；2，9—水泵；3—加热器（70~75℃）；4—常压精馏塔；

5—冷凝器；6—再沸器（80~85℃）；7—视窗；8—甲醇零位贮罐

因 DHP 和 DMM 废水酸度较高，蒸馏釜、蒸馏塔可选用搪瓷材料，其余为 304 不锈钢。按每天回收 $66m^3$ DHP 酸水（母液）和 $66m^3$ DMM 酯化酸水中 3%~4% 的甲醇，每天 24 小时运行，每小时处理 $2.75m^3$ DHP 酸水（母液）设计，则塔容积 3200L，塔高 12000mm，高位罐容积 1500L，冷凝面积 $40m^2$，冷却面积 $15m^2$，换热面积 $30m^2$，回收能力 600kg/h，设备回收甲醇浓度小于 90%。填料形式：陶瓷波纹填料，设备重：约 9000kg，外形尺寸：4200mm×1800mm×1400mm，设备套数：4 套，2 用 2 备，设备价格：55 万元/套×4 套＝220 万元。

6.8.1.2 甲醇回收的效益

（1）甲醇回收

DHP 和 DMM 中甲醇含量约 $40kg/(m^3$ 废水)，即含 4% 的甲醇，每天产生 DHP 和 DMM 废水 $66m^3+66m^3$，回收残液中还含甲醇 0.05%，甲醇的回收率按 80% 计，现甲醇价格按 3000 元/t 计算，则每年回收甲醇为 40×132÷1000×（4%－0.05%）×80%×24×300＝1201.3(吨)，折人民币 1201.3×3000÷10000＝360.4(万元/年)。

（2）工程投资

① 设备费 220 万元；② 土建费 8 万元；③ 电器仪表费 20 万元；④ 管阀费 16 万元；⑤ 其他 2.7 万元；合计 266.7 万元。

（3）回收甲醇支出

① 水电汽耗：水电汽耗见表 6-12。

价格合计 1827.5 元，则总耗 1827.5×24×300÷10000＝1315.8（万元）。

② 人工工资：4 人×1500 元/月×12 月＝72000 元＝7.2 万元。

③ 大修折旧：266.7×12％＝32.0（万元），合计支出 1355 万元。

表 6-12 水电汽耗

项目	消耗	单价	总价
循环水	10t	2 元/t	20 元
电	15kW·h	0.5 元/(kW·h)	7.5 元
蒸汽	15t	120 元/t	1800 元

6.8.1.3 年净回收效益

360.4－1355＝－994.6（万元）。

评议：因 DHP 和 DMM 中甲醇含量低（4％），因而本回收将产生亏损，若甲醇的含量大于 10％，将有微利。

6.8.2 回收盐酸的效益估算

6.8.2.1 盐酸的回收

66m³DHP 酸水（母液）和 66m³DMM 酯化酸水中约含盐酸 8％，用负压蒸馏法回收盐酸，每天 24 小时运行，每小时处理 5.5m³ 废水，负压蒸馏法回收盐酸的工艺流程见图 6-13。

图 6-13 负压蒸馏法回收盐酸工艺流程

6.8.2.2 主要设施设备

① 中间池 1，55m³，玻钢防腐，1 座；
② 过滤器 1，KF1 型，玻钢防腐，2 座；
③ 负压蒸馏器：搪瓷或陶瓷罐 10m³，2 座，配耐盐酸真空泵 2 台，填料 4m³，真空计、温控仪等仪表各 1 套；
④ 石墨冷凝器，K3 型，2 套；
⑤ 回收盐酸贮槽，20m³，防腐。

6.8.2.3 工程投资

设备费 180 万元，土建费 20 万元，电器仪表费 18 万元，管阀费 13 万元，其他 2.5 万元，合计 233.5 万元。

6.8.2.4 盐酸回收的效益

（1）年回收盐酸的价值

盐酸的回收率按 70％计，31％盐酸的价格按 1000 元/t 计，若 66m³DHP 酸水（母液）和 66m³ DMM 酯化酸水中可回收盐酸为 80kg/（m³ 废水），则全年可回收盐酸为：
80×（66＋66）×70％＝7392（kg），折合为 31％盐酸为：7392÷31％÷1000＝23.85（t），
1000 元/t×23.85t÷10000＝2.38 万元/年，即年回收盐酸的价值为 2.38 万元。

（2）年回收盐酸的成本

水电汽消耗约 15 万元/年，人工工资约 5.4 万元，大修折旧＝233.5×12％＝28.02
（万元），合计 48.42 万元。

（3）年净回收盐酸效益

2.38－48.42＝－46.04（万元）。

评议：因 DHP 和 DMM 中盐酸含量低（小于 8％），因而本回收将产生亏损。

6.8.3 回收硫酸的效益估算

6.8.3.1 硫酸的回收

阴膜法回收 DMM 酯化酸水中硫酸的工艺流程见前述，该阴膜的性能指标为：含水率
42.3％，交换容量 1.82mg 当量/（g 干膜），膜面电阻 2.7Ω/cm²（25℃液温），爆破强
度＞0.9MPa，膜电阻 14.9mV(14℃液温)，膜内离子迁移数 0.981，选择透过率 96.2％，
膜厚 0.32～0.34mm，膜寿命＞3 年。

DMM 酯化酸水 66m³/d，硫酸根含量约 560g/L，经阴膜处理硫酸的回收率约 60％，
则年回收硫酸 560×66×0.6×300÷1000＝6652.8（t/a），折算成 98％硫酸为 6652.8÷
1.84＝3615.7m³，每吨硫酸市售价按 600 元/m³ 计，则每年回收硫酸价值为：600×
3615.7＝2169391 元＝216.94 万元。

6.8.3.2 工程投资

（1）主要设施设备

阴膜处理器，11 台；冷却器，11 台；中间池 3，1 座，55m³；过滤器，KF1 型，1
座；配用设备：增压泵，2 台，pH 仪 1 台。

（2）工程投资

设备费 360 万元，土建费 30 万元，电器仪表费 20 万元，管阀 15 万元，其他 2.5 万
元，合计 427.5 万元。

6.8.3.3 年回收硫酸的运行成本

水电消耗约 20 万元/年，人工工资（2 人）约 5.4 万元/年，大修折旧 427.5×12％＝
51.3 万元/年，合计 76.7 万元/年。

6.8.3.4 年净回收硫酸效益

216.94－76.7＝140.24（万元）。

6.8.3.5 静态投资回收年限

总投资÷（年利＋年折旧）＝427.5÷（140.24＋51.3÷2）＝427.5÷165.89＝2.58

年，即 2.58 年可回收投资成本。

6.8.4　总结

① 汽提法回收 $66m^3/d$ DHP 酸水（母液）和 $66m^3/d$ DMM 酯化酸水中的甲醇，工艺简单，投资 266.7 万元，回收甲醇价值 360.4 万元/年，见效快，可考虑采用，但是该两种废水中甲醇含量低，运行成本高，存在着亏损。

② 负压蒸馏法回收 $66m^3/d$ DHP 酸水（母液）和 $66m^3/d$ DMM 酯化酸水中的盐酸，工艺流程简单，投资 223.5 万元，回收盐酸价值 2.38 万元/年，但其废酸水中盐酸含量低，运行成本高，存在着亏损，要慎用。

③ 阴膜法回收 $66m^3/d$ DMM 酯化酸水中的硫酸，工艺简单，投资 427.5 万元，回收硫酸价值 216.94 万元/年，运行成本 76.7 万元/年，年净利润 140.24 万元，2.58 年可回收投资成本，可考虑回收硫酸。

④ 若不考虑回收 $66m^3/d$ DHP 酸水（母液）和 $66m^3/d$ DMM 酯化酸水中的甲醇、盐酸和硫酸，则可采用"废水——调节池——预处理池——氧化池——厌氧池——好氧池——过滤池——排放"工艺处理该废水，其投资少，运行成本低，处理出水达标排放或回用。

⑤ 膜生物反应器已是成熟的先进技术，在负荷、出水水质、污泥产率、降解效率等几方面优于传统的活性污泥法，建议可采用。

⑥ 阴膜回收硫酸和盐酸的技术是新颖的先进技术，在操作管理、防酸腐蚀、减少污染以及对酸的回收方面优于传统的酸回收工艺，建议可采用。

6.9　DHP 和 DMM 生产废水处理工艺流程

6.9.1　工艺的确定

依据前述 6.2 节至 6.7 节的试验和 DHP 与 DMM 生产废水的水质水量，初步设计该废水处理的工艺流程，见图 6-14。该工艺流程包括：甲醇回收单元；盐酸、硫酸回收单元；预处理＋氧化处理单元；膜生物反应器处理单元和污泥处理单元。

工艺说明：①含甲醇浓度较高的 DHP 和 DMM 废水自流入调节池 1、2，泵入精馏塔 1、2 精馏，馏出液经冷却器冷却回收甲醇；②精馏残留液进中间池 1，再经过滤器脱渣（盐）后，进蒸馏器蒸馏，蒸出液经冷却器 2 冷却回收盐酸；③蒸馏盐酸后的残液进中间池 2，再经过滤器 2 脱渣盐后，进阴膜处理器回收硫酸，阴膜浓缩液进中间池 3，再经过滤器 3 脱渣盐后，进调节池 3；④DHP、DMM 低浓度废水自流入调节池 3，将调节池 3 废水泵入预处理池与 KC 作用去除大部分有机物；其出水经过滤器 4 过滤后，进入氧化池，加强氧化剂分解极其难降解的有机物（如甲酰胺等），接着经过滤器 5 过滤后，流入中间池 4；⑤中间池 4 废水泵入膜生物反应器系统，在高效菌 1、2 的作用下，经厌氧/好氧充分解有机物，再经膜组件，过滤出水达标排放或回用。

6.9.2　工艺简化

若 DHP 和 DMM 生产废水中甲醇、盐酸、硫酸的含量低，无回收价值，不考虑对其

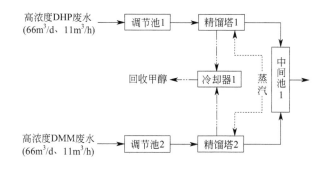

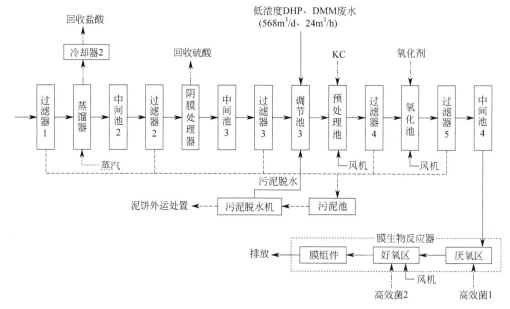

图 6-14 DHP 和 DMM 生产废水处理工艺流程

回收，则 DHP 和 DMM 生产废水处理的工艺流程可简化，如图 6-15 所示。

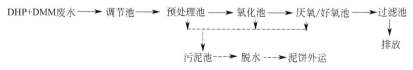

图 6-15 DHP+DMM 生产废水处理简化工艺流程

图 6-15 工艺流程的投资和运行成本大约是图 6-14 工艺流程的 1/3。选何种流程可根据业主领导意见确定。各工段预期处理效果见表 6-13。

表 6-13 各工段预期处理效果   单位：mg/L

项目	原废水	预处理池	氧化池	A/O 池	过滤池	排放
COD	4000～110000	3000～4000	1500～1800	100～150	80～100	≤100
CN⁻	0.33～23.3	0.5～1.0	0.5	<0.1	0.0	0.0
NH$_3$-N	16～2820	15～30	10	<5	<2	<1

从表 6-13 可见，出水的 COD、CN⁻ 和 NH$_3$-N 等指标达 GB 8978—1996 的一级排放标准。

6.10　DHP 生产废水处理工程

6.10.1　工程概况

业主委托本团队做 4,6-二羟基嘧啶（DHP）生产废水处理工程的方案设计。本团队依据业主《DHP 和 DMM 生产废水处理工艺流程试验技术总结报告》和近期的 DHP 生产废水处理工艺流程优化试验获取的设计参数，以及业主确认的初设方案，编写本设计方案供业主、环保领导和工程技术人员审查确定。业主提供的 DHP 生产废水的水质水量见表 6-14。

2007 年 12 月 11 日业主对 DHP 生产工艺进行技改。技改后，DHP 生产废水由三种变成二种，即由母液和洗水两种废水组成。其中，DHP 母液废水和洗水合计 156m³/d，按 200m³/d 设计，生物处理按 250m³/d 设计。处理后出水要求达到 GB 8978—1996 的三级排放标准。

表 6-14　业主 DHP 生产废水的水质水量　　　　　　　　单位：g/L

批号	甲醇	丙二酸二甲酯	耗碱量/(mol/L)(以耗氢氧化钠计)	COD$_{Cr}$	无机氮	有机氮	DHP	水量/(m³/d)
DHP 母液槽废水	31.48	0.005	0.76	115.913	0.210	1.02	未检出	66
串联逆流洗涤水	1.76	0.009	0.02	15.0	0.015	0.18	2.36	30
水循环泵排水	—	—	—	—	—	—	—	60

6.10.2　DHP 生产废水处理工艺流程

6.10.2.1　DHP 生产废水水质分析

DHP 生产废水分析的结果见表 6-15 及表 6-16。

表 6-15　DHP 生产废水分析结果

序号	样品名称	颜色	甲醇/(g/L)	酸度/(耗碱量 mol/L)	COD/(g/L)	CN⁻/(mg/L)	NH₃-N/(mg/L)	Cl⁻/(g/L)
1	DHP 母液槽废水	红褐色	44.16	0.65	117.04	23.28	380	106.10
2	串联逆流洗涤水	黄绿色	1.57	0.03	1.5	0.45	20	2.070
3	水循环泵排水	无色	—	—	1.5	—	—	—

注："—"表示未测出。

表 6-16　DHP 生产废水检测结果

采样日期(年.月.日)	废水	pH	COD/(mg/L)	甲醇/(g/L)	Cl⁻/(g/L)	CN⁻/(mg/L)	NH₃-N/(mg/L)
2007.7.25	母液	0.19	117040	46	106	23	380
	洗水	1.53	4682	1.4	2.1	0.45	20
11.12	母液	2.5	89123	10.6	174.9	24	250
	洗水	2.5	23497	2.94	29	0.40	21
	循环泵水	9	46995	3.42	0.3	0.35	25
11.20	母液	2.5	198219	17	99	22	280
	洗水	2.5	18596	2.6	6.6	0.33	19
	循环泵水	9.5	16280	3.3	0.4	0.30	20

采样日期 (年.月.日)	废水	pH	COD /(mg/L)	甲醇 /(g/L)	Cl⁻ /(g/L)	CN⁻ /(mg/L)	NH₃-N /(mg/L)
12.11	母液	2.5	86968	29.9	96	22	96
	洗水	3	9458	2.9	10.7	1.9	30.5

从表 6-15 及表 6-16 可见：①DHP 母液中含甲醇 1.57～44.16g/L，甲醇含量不太具回收价值；②DHP 母液中氯离子含量很高，达 106.1g/L，处理方案应考虑氯离子的影响；③废水中甲酰胺和嘧啶盐属不能降解物质，须对其进行氧化降解处理；④该废水的成分复杂，污染物浓度变化大，酸度变化大（0.03～0.65mol/L）；COD 高（在 1500～198219mg/L 变化）；CN⁻ 在 0.45～23.28mg/L 变化；NH₃-N 在 20～380mg/L 变化；DHP 母液槽水的色度在 1000 倍以上。洗水的 COD 等污染物浓度较低。

6.10.2.2 预处理工艺流程的选择

从表 6-15 及表 6-16 可知，DHP 母液槽废水的酸度大，无机盐浓度高，有机物成分复杂，属难处理、难降解废水，国内未见处理该废水的先例。国外对该类废水的处理方法有湿式催化氧化法、微滤超滤纳滤反渗透法、蒸发浓缩灼烧法、离子交换与活性炭吸附法、电解＋生物法、焚灼法、铁碳微电解法等。这些方法或投资大，或运行成本高，或处理不彻底，时有不达标的问题存在。

本团队依据对业主 DHP 生产废水水质水量的分析结果，该废水成分极其复杂、处理难的特点，以及承担多项处理类似废水的工程实践经验，首先对 DHP 母液槽废水进行预处理，加入氧化剂分解甲酰胺和嘧啶。另外废水的氯离子浓度很高，为避免其对后续微生物处理的影响，添加混凝剂，经过滤脱出部分氯（或作适当稀释降低氯离子浓度），预处理出水进后续生化处理，达 GB 8978—1996 三级标准排放至工业园区污水处理厂。设计出水指标见表 6-17。

表 6-17　设计 DHP 生产废水处理出水水质　　　　　　　　　单位：mg/L

指标	pH	COD	BOD	总氰	SS
数据	6～9	≤500	≤300	≤1.0	≤400

DHP 生产废水处理工艺流程见图 6-16。

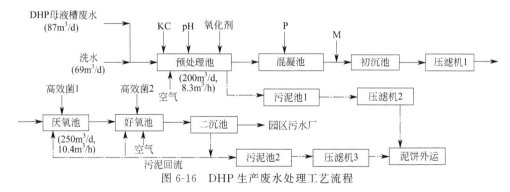

图 6-16　DHP 生产废水处理工艺流程

6.10.2.3 DHP 生产废水处理平面图

DHP 生产废水处理平面布置见图 6-17。

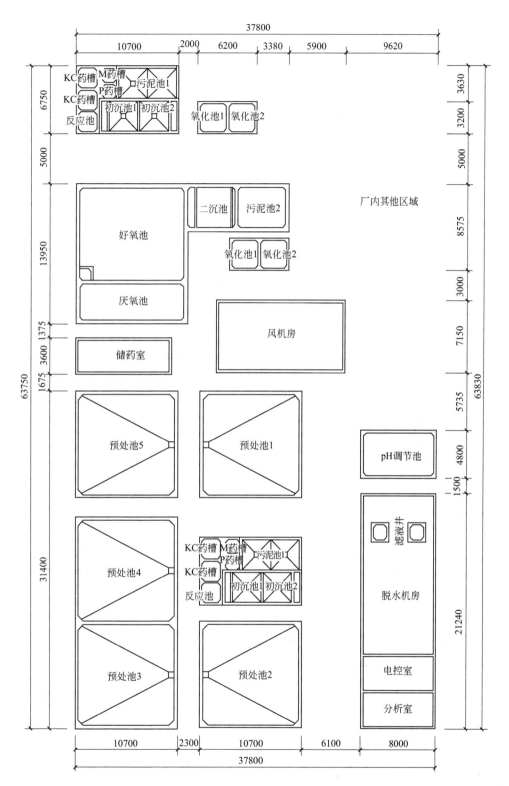

图 6-17 DHP 生产废水处理平面布置

6.10.3 处理工程设计

6.10.3.1 主要构筑物和设备

（1）预处理池

功能：分解大部分难降解有机物，同时调节水质水量。结构规格：$10 \times 10 \times 2.8 =$ $280m^3$，钢筋砼，防腐。配用设备：风机4台，三用一备。钢管：主风管 DN450×4.5m，弯头一个；支风管 DN200×66m，弯头10个。曝气管 $\Phi60 \times 4500$ 根，20×5 根 $= 100$ 根，法兰 $40 \times 5 = 200$ 只。闸阀：DN200 $= 5$ 只。数量：5座。

（2）KC药槽、FE药槽

功能：溶解、储存KC和FE药。结构规格：C $2 \times 2.2 \times 2 = 8.8m^3$。F $1.95 \times 2 \times 2 =$ $7.8m^3$，钢筋砼，防腐。配用设备：搅拌机2台，轴长1.6m，加C和F装置各1套。

（3）P药槽、M药槽

功能：溶解、储存P药和M药。结构规格：$1.55 \times 1.4 \times 2 = 4.34m^3$，钢筋砼，防渗。配用设备：搅拌机2台，轴长1.6m，加P药装置1套，加M药装置1套。数量：各1座。

（4）混凝反应池

功能：混凝沉淀。结构规格：$2 \times 2.2 \times 2 = 8.8m^3$，钢筋砼，防腐。配用设备：搅拌机1台，轴长1.6m。提升泵2台，$20m^3/h$，15m。数量：1座。

（5）初沉池

功能：预处理来水的固液分离。结构规格：$3m \times 3.8m \times 4.7m$，2座，$107.16m^3$，钢筋砼，防腐。配用设备：斜管 $24m^2$，排泥管1套，支架，排泥管、阀。数量：1座。

（6）压滤机1

功能：固液分离。结构规格：厢式压滤机1台，过滤面积 $60m^2$。配用设备：提升泵2台，$25m^3/h$，H：40m。安全阀1只，压力表1只。数量：1座。

（7）pH调节池

功能：调节压滤机出水pH，并曝气分解有机物。结构规格：$7.5 \times 4.0 \times 3.6 =$ $108m^3$，钢筋砼，防腐。配用设备：提升泵2台，$15m^3/h$，H：26m，混旋曝气器48套。数量：1座。

（8）压滤机2

功能：过滤预处理污泥。结构规格：厢式压滤机1台，过滤面积 $60m^2$。配用设备：提升泵2台，$20m^3/h$，H：50m。安全阀2只，压力表2只。数量：1座。

（9）氧化池

功能：氧化分解难降解物质。结构规格：$2.8m \times 2.8m \times 2.5m$，2座，$39.2m^3$，钢筋砼，防腐。配用设备：加氧化剂（O）装置1套。计量泵1台。数量：2座。

（10）滤液井

功能：转输压滤机1来的滤液进厌氧池。结构规格：$1.5 \times 1.5 \times 2 = 4.5m^3$，2座，$9m^3$，钢筋砼，防渗。配用设备：提升泵2台，$20m^3/h$，$H$：15m。数量：2座。

（11）厌氧池

功能：加高效菌1在厌氧条件下分解有机物，脱氮。结构规格：$10.88 \times 3.6 \times 5 =$

$195.84m^3$，钢筋砼，防渗。配用设备：安装塑料折流板$72m^2$，布水管、排水管、排泥管。上清液回流泵2台，$10m^3/h$，$H=14m$。数量：1座。

（12）好氧池

功能：加高效菌2在好氧条件下分解有机物，脱磷。结构规格：$24.2\times9.2\times5=1113.2\ m^3$，钢筋砼，防渗。配用设备：旋混式曝气器450套，曝气管1套，污泥回流管1套，风机2台，DO仪1台，筛网1套，风管1套。数量：1座。

（13）二沉池

功能：好氧池出水的固液分离。结构规格：$5.38\times4.48\times4.5=108.46m^3$，钢筋砼，防渗。配用设备：斜管$25m^2$，支架、布水管、出水挡板、排水管1套。无堵塞污泥泵2台，$30m^3/h$，18m。数量：1座。

（14）出水明渠

$4\times0.5\times0.5=1m^3$，砖混，嵌白色瓷砖。

（15）污泥池1、2

功能：储存预处理污泥和剩余污泥。结构规格：① $3\times6.0\times3=54m^3$，② $5.38\times4.48\times5=120.51m^3$。钢筋砼，防渗。配用设备：厢式压滤机1台，安全阀1只，压力表1只。过滤生化污泥，过滤面积为$40m^2$。无堵塞排污泵2台。污泥回流管2套，滤液回流管2套。空气压缩机1台。数量：2座。

（16）电控系统

电控柜9个。各种规格管阀一批。

6.10.3.2　各工段预期处理效果

各工段预期处理效果见表6-18。

表6-18　各工段预期处理效果　　　　　　　单位：mg/L

项目	DHP生产废水	预处理	二沉池排放	GB 8976—1996 三级
COD	60000～90000	4000～5000	500	500
BOD	300～8000	1000～1500	300	300
CN$^-$	0.33～23.3	0.5～1.0	0.5	1.0
SS	300～800	600	400	400
pH	<1	7～9	6～9	6～9

从表6-18可见，预期出水的pH、COD、BOD、CN$^-$和SS等指标达GB 8978—1996三级排放标准。

6.10.3.3　工程用电负荷

工程用电负荷见表6-19。

表6-19　工程用电负荷

序号	名称	单机电量 /kW	数量/台	安装电量 /kW	使用数量 /台	工作负荷 /kW	需要系数	工作电量 /kW
1	KC、FE药槽搅拌机	0.75	2	1.5	2	1.5	0.5	0.75
2	P、M药槽搅拌机	0.75	2	1.5	2	1.5	0.2	0.3
3	混凝反应池提升泵	1.5	2	3.0	1	1.5	1	1.5
4	预处理池风机	55	4	220	3	165	1	165

续表

序号	名称	单机电量/kW	数量/台	安装电量/kW	使用数量/台	工作负荷/kW	需要系数	工作电量/kW
5	预处理池加药装置	0.75	2	1.5	1	0.75	0.3	0.23
6	混凝反应池加药装置	0.75	2	1.5	1	0.75	1	0.75
7	氧化池加药装置	0.75	1	0.75	1	0.75	1	0.75
8	滤液井1、2提升泵	1.5	2	3.0	1	1.5	1	1.5
9	好氧池风机	37	2	74	1	37	1	37
10	二沉池污泥回流泵	5.5	2	11	1	5.5	1	5.5
	合计			317.5				213.28

6.10.4　主要构筑物及设备材料

6.10.4.1　主要构筑物

主要构筑物见表6-20。

表6-20　主要构筑物

序号	名称	规格	单位	数量	总量(m³、m²)	结构
1	预处理池	10×10×2.8	座	5	1400	钢筋砼、防腐
2	初沉池	3×3.8×4.7	座	2	107.16	钢筋砼、防腐
3	pH调节池	7.5×4.0×3.6	座	1	108	钢筋砼、防腐
4	氧化池	2.8×2.8×2.5	座	2	39.2	钢筋砼、防腐
5	KC药槽	2×2.2×2	座	1	8.8	钢筋砼、防腐
6	FE药槽	1.95×2×2	座	1	7.8	钢筋砼、防腐
7	混凝反应池	2×2.2×2	座	1	8.8	钢筋砼、防腐
8	P药槽	1.55×1.4×2	座	1	4.34	钢筋砼、防渗
9	M药槽	1.55×1.4×2	座	1	4.34	钢筋砼、防渗
10	厌氧池	10.88×3.6×5	座	1	195.84	钢筋砼、防渗
11	好氧池	24.2×9.2×5	座	1	1113.2	钢筋砼、防渗
12	二沉池	5.38×4.48×4.5	座	1	108.46	钢筋砼、防渗
13	污泥池1	3×6.0×3	座	1	54	钢筋砼、防渗
14	污泥池2	5.38×4.48×5	座	1	120.51	钢筋砼、防渗
15	滤液井	1.5×1.5×2	座	2	9	钢筋砼、防渗
16	风机基础		座	1	24	钢筋砼、防渗
17	风机房	13.5×7.15	间	1	96.53	砖混
18	电控值班室	4.12×5.44	间	1	22.41	砖混
19	分析室	4.12×5.44	间	1	22.41	砖混
20	储药室	3.5×10.14	间	1	35.49	砖混
21	脱水机房	16.04×8	间	1	128.32	砖混
22	钢栅	180	间	1	180	

6.10.4.2　设备和材料

设备和材料见表6-21。

表6-21　设备和材料

序号	名称		型号规格	单位	数量
1	预处理池	pH计	进口便携式	套	1
		风机	54.12m³/min,39.2kPa,55kW	台	4
		曝气管	DN450、DN200、DN60,碳钢管,防腐	套	5
		排泥管	DN200,碳钢管	套	5

序号	名称		型号规格	单位	数量
2	pH调节池	自吸式无堵塞排污泵	65ZW25-4,25m^3/h,40m	台	2
		自吸式无堵塞排污泵	40ZW20-15,20m^3/h,15m	台	2
		曝气器	KTΦ260	套	48
		转子流量计	5~25 m^3/h	套	1
3	P药槽	搅拌机	$L=1.6m,D_O=0.7m,n=60r/min,N=2.2kW$	台	1
		加药提升泵	25FSB-18,3m^3/h,16m	台	1
4	FE药槽	搅拌机	$L=1.6m,D_O=0.8m,n=60r/min,N=2.2kW$	台	1
		液下泵	40YW15-15-1.5,15m^3/h,15m	台	2
5	M药槽	搅拌机	$L=1.6m,D_O=0.7m,n=60r/min,N=2.2kW$	台	1
		加药提升泵	25FSB-18,3m^3/h,16m	台	1
6	KC药槽	液下泵	40YW15-15-1.5,15m^3/h,15m	台	2
		搅拌机	$L=1.6m,D_O=0.8m,n=60r/min,N=2.2kW$	台	1
7	混凝反应池	搅拌机	$L=1.6m,D_O=0.8m,n=60r/min,N=2.2kW$	台	1
		提升泵	40ZW20-15,20m^3/h,15m	台	2
8	脱水机房	增强聚丙烯厢式压滤机	XA40/800-UK	台	1
		空气压缩机	HW15007,1.5m^3/min,7kg	台	1
		安全阀	0.4MPa	只	1
		压力表	0~1.0MPa	只	1
		增强聚丙烯厢式压滤机	XA60/800-UK	台	2
		安全阀	0.4MPa	只	1
		压力表	0~1.0MPa	只	1
		浮球开关		套	2
9	厌氧池	高效菌1		t	1
		塑料折流板	72m^2	幅	3
		布水管		台	1
		排水、排泥管		套	1
10	滤液井	提升泵	40ZW20-15,20m^3/h,15m	台	2
11	好氧池	曝气器	KTΦ260	套	450
		风管	DN200	套	1
		风机	22m^3/min,58.8kPa,37kW	台	2
		筛网		套	1
		高效菌2		t	1
12	二沉池	斜管	斜长1000mm,壁厚0.4mm,倾角60°,孔径50mm	m^3	24
		支架		套	1
		布水管		套	1
		出水堰板		套	1
		排水管和排泥管	DN150	套	1
		自吸式无堵塞排污泵	65ZW30-18,30m^3/h,18m	台	2
13	污泥池1	螺杆泵	G50-1,20m^3/h,60m	台	1
		污泥管	DN100	套	2
		滤液回流管	DN150	套	2
14	污泥池2	螺杆泵	G40-1,12m^3/h,60m	台	1
15	初沉池	斜管		m^3	24
		支架		套	1
		排泥管		套	1
16	电控系统	电控柜		套	9
		电缆、桥架和支架		套	1
17	管阀	各种规格		批	1

续表

序号	名称		型号规格	单位	数量
18	氧化池	加氧化剂装置		套	1
		计量泵	300L/h	套	1

6.10.5　技术经济分析

6.10.5.1　技术分析

本工程依据 DHP 生产废水的复杂成分和其污染物浓度，在工艺流程大量试验获得设计参数的基础上，采用物理化学＋生物法处理该废水，其技术先进，操作管理简便，高效低能，运行稳定可靠，出水达 GB 8978—1996 的三级标准，投资和运行成本大大低于单一的物理化学法。

6.10.5.2　占地

占地约 $2000m^2$。

6.10.5.3　运行成本

① 电费：每度电以 0.6 元计，则每日电费为 0.6×213.3×24＝3071（元/d）。
② 人工费：每日 4 人操作管理，1000 元/(人·月)，133.3 元/d。
③ 药剂费：每日药剂费约为 1800～5000 元/d。
④ 运行成本：运行成本＝电费＋人工费＋药剂费＝20～32 元/(m^3 废水)。

6.10.5.4　工程工期

设计施工安装期共 3 个月。

6.10.5.5　环境效益

废水经处理后，免交超标排污费，有较好环境效益。

6.10.5.6　劳动安全及保护

电气设备采用接零保护，防止触电事故。水池、便道设栏杆，保障通行安全。

6.10.5.7　本处理工艺特点

① 预处理提高可生化性；
② Fenton 试剂的强氧化作用使甲酰胺和嘧啶环降解；
③ 投加了高效降氰菌和 COD 高效分解菌；
④ 采用先进的 ABR 工艺；
⑤ 本工艺将理化法和生物法综合于一体，经济适用、技术先进、抗冲击负荷强、节能减排；
⑥ 投资省、占地少、加药少、运行费低、排污少、操作管理简便、运行稳定达标

排放。

6.11　DHP 生产废水处理工程调试运行操作手册

业主 DHP 生产废水处理工程由土建施工、设备安装、调试和运行组成。在调试阶段可以对设计、建设中存在的工艺问题、设备质量问题、处理能力问题进行必要的调整，为废水处理工程的正式投产积累必要的数据，为废水处理的运行提供详细的操作规程和考核依据。本操作手册包括调试前的准备工作、单元调试、联动调试、高效菌和活性污泥培养、运行的异常情况及其对策、活性污泥管理的指示生物、试运行阶段、构筑物的运行管理、机械设备安装使用和维护、常用电气仪表维护、安全规程和分析检测方法等。

6.11.1　调试前的准备工作

6.11.1.1　编写调试方案并完成审批

调试方案由本团队编写完成，并报送业主审批后执行。调试小组由工艺技术人员、业主管理操作人员组成。

6.11.1.2　紧急预案

本调试工作系统性较强，处理中可能会遇到一些易燃、易爆、有毒害的特高浓度的废水，应将其引入事故池储存，以待分次处理，并做好防火及其他安全措施。

6.11.1.3　现场清理

安装工作结束及时对现场各构筑物进行检查和清扫，彻底清除泥沙堆积和杂物，对已安装完毕的设备应做好清洁，转动部位应加油养护。对管道及各井室等进行检查清理，排除积水、清除泥渣和杂物。

6.11.1.4　操作管理人员到岗和建立岗位责任制

在调试阶段，操作管理人员应到岗，同时建立岗位责任制。

6.11.1.5　熟悉现场设施设备情况加深对设计的理解

各岗位调试人员到岗后熟悉设计图纸与施工现场，加深对设计意图的理解；对调试工作内容，调试人员接受指导老师的技术指导。

6.11.1.6　对上岗操作人员进行培训

对各岗位人员就地进行理论、操作等培训工作。

6.11.1.7　各工种协调检查、土建工程和安装工程检查及构筑物清水试漏

① 管道、各井室检查：对其安装位置、高程、防腐处理等检查记录，并办理好签证；

各连接部位已紧固，临时固定装置已拆除。

② 设备：检查各机泵和阀门等设备的完好程度，其型号、材质、性能等记录在案，并与设计对照。转动部位的润滑油（脂）是否按规定加注到标准，设备基脚螺丝是否固定牢固，基础强度是否达到要求。

③ 进口设备部分：除满足上述要求外，还应满足说明书提出的要求。

④ 电机、仪表、配电和电控等电气部分：检查安装、接线是否完毕无误，应做好有关的电气绝缘检测（500V 或 250V 兆欧表检测，绝缘电阻≥0.5MΩ）和其他检测或试验，须检测和试验正确，记录齐全。

⑤ 构筑物清水试漏和记录、沉降情况记录、防腐处理等，并办理中间交工验收签证。

6.11.1.8　调试所需工器具、材料、辅料、安全防护设施齐全

进入调试工作后，调试人员应该完全执行废水处理工程内的各项规章制度，佩戴有关安全防护用品进行操作。备齐调试过程可能需要的各种药剂（如：石灰粉、氢氧化钠、硫酸、聚合氧化铝、聚丙烯酰胺、磷酸二氢钠、高锰酸钾、硫酸亚铁、亚硫酸钠、双氧水等）、运输工具以及常用设备的维修器具（如：扳手、钳子、改刀、万用表、试电笔等），确保调试工作的正常进行。

6.11.2　单元调试

本废水处理工程的调试工作主要分为设备方面的单机试车、工艺方面的单元调试和联动调试，即预处理、生化处理以及污泥脱水的联动调试，并基本上依此顺序进行。因此，调试人员要在调试小组的组织下，先掌握现场设备、设施等的基本情况，为该调试做好准备。调试人员要参加安装单位和设备供应商对设施设备操作管理的培训和指导。

对预曝池风机和曝气器、曝气池风机和曝气器、石灰乳投加装置、氧化池的药液投加装置、厢式压滤机、过滤柱和各个泵等主要设备需要进行单机试车和调试。泵的单机试车须带负荷，否则只准点动试车（即启动后立即停止，以定泵的旋转方向）或拆开联轴器后单独进行该泵电机的空载试车。调试要点如下。

6.11.2.1　单机试车和单元调试的目的

这是为了检查设备和单元的性能质量及安装质量是否符合有关标准。经过调试，使该单元的自控手控正常，设备工况正常达标。如预曝池单元的风机、曝气器、石灰乳自动投加装置等的自控手控运行均应正常达标。氧化池单元的各个药液投加装置的自控手控运行均应正常。过滤机单元的提升泵的自控和过滤工况，压滤机单元的泥渣进料泵、絮凝剂投加装置、清洗装置、空压机及滤布张紧和调偏装置等的工况都需要操控运行正常。

6.11.2.2　单元调试应具备的条件

① 安装工作完成，技术检验合格并经业主验收合格。

② 现场清理工作完成。有关构筑物已进行完清水试漏，结果正常。在给厌氧池和缺氧池注水时，应注意使池内各格的水位均匀涨高，严防空池时从一端进水，以免压差过大导致其中的隔墙垮塌，因隔墙是砖砌的。而在将池水抽干时，也要注意使各格的水位均匀下降。

③ 已接通供电系统。

④ 供水与排水已落实并具备供排水条件，供水的水压水量和排水等符合规定要求。

⑤ 单元调试的设备已完成全部安装工作。

⑥ 单元调试的设备已完成通电调试的一切准备，包括配套的电气等工程。

⑦ 设备本身已具备调试条件，包括设备的清洁、润滑和其他外部条件。

⑧ 调试人员已认真阅读各设备的有关资料，熟悉设备的机械和电气性能以及操作规程，已做好有关调试的各项技术准备。

⑨ 准备好调试的各类表格，以供调试时填写。

⑩ 设备单机试车和单元调试时生产厂家或供应商应到场。

6.11.2.3　单机试车和单元调试前及过程中的检查项目

（1）资料检查

应注意各项隐蔽工程资料是否齐全，各类管道的规格型号、材料材质是否有记录，防腐工程验收记录和主体设备的资料、验收的表格及记录等是否齐全。

（2）启动前的检查

其主要检查设备的外观、固定部位、润滑油位和润滑脂的加注有无异常，注意有无漏油和密封失效等异常情况，对电机的转动部位必须盘动联轴器，检查是否正常（否则应作有关处理或检修），以及检查电机电器的绝缘等是否符合规定要求。

（3）运行实测检查

其主要检查设备的运行情况是否符合规定要求，包括声响、振动、电流、电压、温度、轴温、压力等。

（4）性能测试

性能测试依据有关说明书进行。

6.11.2.4　设备的单机试车步骤

熟悉工艺和设备性能，及时解决有关疑难问题和故障，经调试使该单元运行正常，有关指标达标。

（1）全面检查

单机试车前和试车过程中必须进行有关检查项目的全面检查。

（2）条件核准

单机试车前和试车过程中应逐条对照设备的各条款核准条件。

（3）空载试车

空载试车在没有负荷加载设备之前进行。根据设备操作规程（先辅机后主机），在电气设备正常的条件下，检验该设备应具有的基本性能。要特别注意启动和运行过程中的声响、振动、温度、轴温、电流、电压等有无异常，如有异常应立即停车检查，无异常时方可连续运行。空载试车应以每台设备能正常连续运行 2h 为准。泵类不准空载运行，只允许点动试车，以定旋转方向。

（4）荷载试车

荷载试车即带负荷试车。在空载试车正常完毕后，将清水注入处理构筑物或溶液箱等，使设备进入带负荷状态的运行检测。荷载试车可验证有关机泵和仪表控制系统的工况是否正常与是否符合标准，及其工作电流、控制环路的功能、系统功能，并检验有无液体泄漏。荷载试车以每台设备能连续运转 4h 为准。

对设施设备检查存在的问题汇总，并提出相应建议和解决措施。单机试车记录单如表6-22 所示。

表 6-22 单机试车记录单

单机试车参加单位与人员：			单机试车主持人：		
日期：		主送：		抄送：	
试车项目	检查内容	是否达到要求	整改要求（如需要整改）	整改实施单位	下次检查时间

说明：本单机试车记录单是设备状况可以进入联动调试和工艺调试的依据。

（5）紧急情况处理

调试期间必须有人在现场值班，认真监视，并定时进行各个设备的声响、振动、轴温、电流、电压等的数据抄录。若发现有关设备严重异常，应立即停机，做好记录，并及时通知有关技术人员处理。

（6）预处理调试

预曝池调试：先进行手动控制的调试，成功后再将有关控制选择开关置于自控上，进行自动控制，并使各指标达标。

启动调节池提升泵，往 1# 预曝池进废水（pH＝2 左右），加 30% 石灰乳 55.6L/（t 废水），曝气搅拌，控制 pH 在 5 左右，连续曝气。曝气一日后，加入 20% $FeSO_4 \cdot 7H_2O$ 25L/（t 废水），然后继续曝气。再经过一天后，加入 25L/（t 废水）30% 的 H_2O_2，曝气一天，然后加入 30% 石灰乳 18.5L/（t 废水）调 pH 为 7~8，通过斜板沉淀池，再按 5L/（t 废水）加入 5‰ PAM 絮凝剂，沉淀 3~4h，泵入厢式压滤机过滤，上清液排入后面的厌氧池处理。如果每天废水按 200m³ 算，每天需要石灰 3.34t，$FeSO_4 \cdot 7H_2O$ 1t，双氧水 5m³，絮凝剂 PAM 5kg。1# 预曝池进满调节池来的废水后，将废水转入 2# 预曝池，并在 2# 预曝池加 30% 石灰乳进行曝气，其操作方法及其检查的指标等与 1# 预曝池相同。

依此类推，在第三、四、五个预曝池内以同样操作进行该废水的处理。

在处理前做好以下准备工作：按规定做好有关检查。在各个储药槽按规定配制好所需药液：20% $FeSO_4$、30% 石灰乳。注意安全，先加水后加酸。合上有关电控柜和电控箱的总电源开关和自动空气开关，并将自动手动转换开关置于手动位置。

6.11.3 联动调试

联动调试主要核定设备设施能否协调稳定连续运行，试验设施系统过水能力和有关工艺指标等是否达到设计要求。

6.11.3.1 准备工作

调试前，调试者需阅读下列文件资料并检查所准备的工作。

① 由所有选用的机械设备、控制电气及备件的生产、制造、安装、调试、分析等使用文件组成的本调试运行操作手册；

② 所有废水处理装置的设计文件及前阶段验收文件；

③ 相关设备安装工程和选用设备的规范和标准；

④ 各单机设备应试车合格；

⑤ 所有管、渠和有关构筑物都进行了清水通水试验和试漏检验，全部正常；

⑥ 供电系统经负荷试验达到设计要求，能保证安全可靠、系统正常；

⑦ 废水处理工艺程序的自动手动控制系统已进行了调试，具备了稳定运行条件；

⑧ 调试所需物资及消耗品，如：石灰粉、硫酸、氢氧化钠、亚硫酸钠、硫酸亚铁、H_2O_2 等已到位；

⑨ 调试各岗位操作人员已经培训，熟悉操作规程，以便使调试工作交接顺利；

⑩ 安全防护措施已落实，能保证系统正常运行和确保操作人员的安全。

6.11.3.2　外部条件

联动调试时，水力流程已经走通，工艺流程融入整体流程中，具备废水输送的条件，各构筑物水位调整到位，出水管道具备向外排水的能力。

单元调试已完成，各设备通过初步验收。有问题的设备经过检修和更换已合格。

供电能力满足联动试车的负荷条件，配电设备等能投入运行，满足联动试车的用电负荷。

电气和自控系统通过单机试车，能达到控制用电设备的条件。

人员经过充分的培训，对设备的性能及调试方法已基本掌握。

6.11.3.3　联动调试内容

联动调试分预处理、生化处理和污泥脱水三部分联动运行。

6.11.3.4　操作规程及管理要求

① 粗格栅除污机操作规程和运行管理要求；

② 闸门、阀门操作规程；

③ 进水泵运行管理要求；

④ 风机、PE 过滤器、厢式压滤机、活性炭滤塔操作规程和运行管理要求；

⑤ 应急处理装置操作规程和运行管理要求；

⑥ 配药间操作规程和运行管理要求；

⑦ 预曝池进出水中 pH、COD、NH_3-N、总氰每日检测 2 次记录在表格中；

⑧ 生化进出水中 pH、COD、NH_3-N、总氰、DO、生物相每日检测 2 次，记录在表格中；

⑨ 各主要设备维护保养计划一览表；

⑩ 制定相应的 pH、DO 仪表自检保养制度和巡视管理办法。

6.11.3.5　人员培训

调试期间化验项目有 COD 等 6 项，须用仪表及时检测，并记录在案，以备及时调整运行参数，获取最佳的运行效果。通过实际操作和分析对人员进行培训。

6.11.3.6   水力流程联动

在本阶段的调试中主要考察废水处理装置的整体过水能力、过泥能力以及单体构筑物间的衔接。进行最大设计流量下的过流能力测试和污泥回流系统测试等工作。

6.11.3.7   主工艺设备运行工况考核

联动调试对主要工艺设备运行工况进行相应检查考核。设备带负荷连续试运行时间要求大于24h。对设备出现的故障或存在的问题，及时维修或整改。

6.11.3.8   供电系统运行工况考核

现场所有的变配电设备（高/低压配电系统）在运行工作中都要求处于正常状态，能保证本站调试在各种状态下的负载承担。配电屏、电控柜、电控箱等在出现有关的电气故障时，应具有短路保护和过载保护的能力，能迅速切断故障电源以保护设备，并在故障解决后，能方便而且符合要求地恢复到正常供电。

电气设备中的控制、保护、联锁等功能，有关的刀开关、空气断路器、交流接触器、继电器等电气元件的工作能力符合要求。

6.11.3.9   控制仪表和自控系统运行工况考核

现场所有仪表（pH仪、DO仪等）都要求调试到位，使其能及时正确地反映各项运行过程中的工艺参数，控制仪表能达到设备调控要求。

系统联动条件：安装检查；安装试验；系统接地、供电系统试验；设备单机试车完成。

无负荷运转：在未通水的情况下，模拟信号条件，确认现场的动作，并作全程联调。

负荷预期：在手动投运正常后，转入自动。

6.11.3.10   控制仪表和自控系统的调试要求

① 仪表能准确反映各有关的物理变化和化学变化。

② 预处理和生化处理的分析监测仪表能正常反映工艺参数。

③ 各加药设备能正常自控投药，计量准确。

6.11.3.11   联调启动程序

① 调节池──→预曝池──→斜板沉淀池──→厢式压滤机──→厌氧池──→缺氧池──→好氧池──→二沉池──→出水。

② 预处理污泥处理：预曝池──→斜板沉淀池──→污泥处理池。

③ 生化污泥处理：二沉池──→污泥浓缩池。

6.11.3.12   厌氧、缺氧、好氧池的除氮调试

① 启动混合液回流泵，并进行回流量调整，根据出水氨氮最小确定其回流量。

② 若氨氮仍未达标，则调整混合液至缺氧池的回流位置和调整污泥回流至厌氧池的

位置使出水氨氮稳定达标。

6.11.4 高效菌和活性污泥培养

6.11.4.1 高效菌放大培养

高效降腈（氰）菌和处理难降解废水的复合功能菌的小型放大培养和扩大培养由本团队完成（此处从略）。

6.11.4.2 现场活性污泥的培养驯化

现场活性污泥的培养驯化按下列步骤及原则进行。

① 在厌氧池、缺氧池、好氧池、二沉池等检查试漏和有关设备试车调试正常的情况下进行。

② 在厌氧池、缺氧池和好氧池内引入生活污水和粪便水，并引入10%经预处理后的生产废水至正常水位。无足够的生活污水和粪便水时应及时补充淀粉和磷等营养物，检测各池内的 CN^- 为5～10mg/L，pH应在6～9，否则应作调整。注意注水时使池内各格水位均匀地上涨，严防空池时从一端进水，以免压差过大导致其中的隔墙垮塌，因隔墙是砖砌的。

③ 将本团队运来的2t高效降腈（氰）菌和复合功能菌，以及从化工污水处理场取来的4t活性污泥中的2t，一起投入生化好氧池中，进行好氧活性污泥的微生物接种培养。另2t化工活性污泥投放在厌氧池中，进行厌氧污泥微生物的培养。

④ 开启余热蒸汽或换热器，使厌氧池、好氧池水温控制在25～30℃范围，启动风机给曝气池曝气，控制DO（溶解氧）在2～4mg/L。

⑤ 每天检测池内的COD、CN^-、SV、DO、pH，并镜检活性污泥的生长情况。

⑥ 好氧池内COD低于200mg/L（或根据镜检情况）时，补充添加生产废水和生活污水、粪便水或淀粉及磷等营养物至400～600mg/L。厌氧池则根据镜检情况，补充10%～30%的经预处理的生产废水和生活污水、粪便水或淀粉及磷等营养物至600～1000mg/L。

⑦ 根据厌氧污泥和好氧污泥的生长情况，改为从厌氧池进水端进废水和营养物，而好氧池不再另进。并适时调整进入的生产废水比例和需要补充的营养物的比例和浓度。

⑧ 当活性污泥增长到2g/L以上时，逐渐增大生产废水的比例，并同时减少粪便水和其他营养物的添加。

⑨ 当好氧池污泥增加超过3g/L以上时，启动污泥回流泵，将污泥的多余部分打入厌氧池内。厌氧池进水COD控制在1000～2000mg/L，并根据污泥生长情况及时进行调整，使其生长繁殖和驯化都能正常进行。

⑩ 按 BOD：N：P=100：5：1 补充营养物（P以 NaH_2PO_4 形式加入）和生活污水。

当好氧池污泥增长到3g/L以上，厌氧池污泥增长到8g/L以上，生产废水全部处理，而且出水能稳定达标，活性污泥的培养驯化即成功完成。

投菌式活性污泥的培养和驯化是整个调试工作的重点和关键，关系到最终出水是否达标。在调试和以后的运行中补充生活污水作为营养源是必不可少的，因此，应及时解决生活污水的引入问题。再有就是需要解决生化系统冬季水温低的问题，需要将化工生产装置的高温余热蒸汽或高温生产废水引入厌氧池和好氧池进行热交换，将水温提高到 25～30℃，使微生物的生长繁殖正常。

6.11.5 运行的异常情况及其对策

生物处理系统运行时，常常会因进水水质、水量或运行参数的变化而出现异常情况，导致处理效率降低，甚至损坏处理设备。掌握常见的异常现象及其常用对策，有助于及时地发现问题和解决问题，使废水处理工程长期稳定运行。

6.11.5.1 污泥膨胀

正常的活性污泥沉降性能良好，含水率一般在 99% 左右。当污泥变质时，污泥就不易沉降，含水率上升，体积膨胀，澄清液减少，这种现象叫污泥膨胀。污泥膨胀主要是大量丝状菌（特别是球衣菌）在污泥内繁殖，使污泥松散、密度降低所致。其次，真菌的繁殖也会引起污泥膨胀，污泥中结合水异常增多也有可能导致污泥膨胀。

活性污泥的主体是菌胶团。与菌胶团相比，丝状菌和真菌生长时需较多的碳素，对氮、磷的要求则较低。它们对氧的要求也和菌胶团不同，菌胶团需要较多的氧（至少 0.5mg/L）才能很好地生长，而真菌和丝状菌（如球衣菌）在低于 0.1mg/L 的微氧环境中，才能较好地生长。所以在供氧不足时，菌胶团将减少，丝状菌、真菌则大量繁殖。对于毒物的抵抗力，丝状菌和菌胶团也有差别，如对氯的抵抗力，丝状菌不及菌胶团。菌胶团生长的适宜 pH 范围在 6～8，而真菌则在 pH 等于 4.5～6.5 之间生长良好，所以 pH 稍低时，菌胶团生长受到抑制，而真菌的数量则可能大大增加。根据污水厂经验，水温也是影响污泥膨胀的重要因素。丝状菌在高温季节（水温在 25℃ 以上）宜生长繁殖，可引起污泥膨胀。因此，污水中碳水化合物较多，溶解氧不足，缺乏氮、磷等养料，水温高或 pH 较低时，均易引起污泥膨胀。此外，超负荷、污泥龄过长或有机物浓度梯度小等，也会引起污泥膨胀。排泥不畅则引起结合水性污泥膨胀。

为防止污泥膨胀，可针对引起膨胀的原因采取相应的措施。如缺氧、水温高等可加大曝气量，或降低水温，减轻负荷，或适当降低 MLSS 值，使需氧量减少等；如污泥负荷率过高，可适当提高 MLSS 值，以调整负荷，必要时还要停止进水，"闷曝"一段时间；如缺氮、磷等养料，可投加硝化污泥或氮、磷等成分；如 pH 过低，可投加石灰等调节 pH；若污泥大量流失，可投加 5～10mg/L 氯化铁，促进凝聚，刺激菌胶团生长，也可投加漂白粉或液氯（按干污泥的 0.3%～0.6% 投加），抑制丝状菌繁殖，控制污泥膨胀。此外，投加石棉粉末、硅藻土、黏土等物质也有一定效果。

6.11.5.2 污泥解体

污泥解体现象是指处理水质浑浊、污泥絮凝体微细化，处理效果变坏等。导致这种异常现象的原因有运行中的问题，也可能由于污水中混入了有毒物质。运行不当（如曝气过量），会使活性污泥生物营养的平衡遭到破坏，微生物减少且失去活性，吸附能力降低，絮凝体缩小；一部分则成为不易沉淀的羽毛状污泥，SV 值降低，使处理水变浑浊。当污水中存在有毒物质时，微生物会受到抑制、伤害，污泥失去活性，导致净化能力下降。一般可通过显微镜观察来判别产生的原因。当鉴别出是运行方面的问题时，应对污水量、回流污泥量、空气量和排泥状态以及 SV、MLSS、DO 等多项指标进行检查，加以调整。当确定是污水中混入有毒物质时，应考虑可能是预曝池未处理的废水混入。若确有未预处理废水混入，则必须将其预处理 COD 降至 1200mg/L 以下，才能进入后续生化池。

6.11.5.3　污泥脱氮（反硝化）

污泥在沉淀池呈块状上浮的现象，并不一定是由腐败所造成的，也可能是由污泥反硝化造成的。曝气池内污泥泥龄过长时，硝化过程比较充分（$NO_3^- > 5mg/L$），在沉淀池内产生反硝化，硝酸盐的氧被利用，氮即呈气体脱出附于污泥上，使之相对密度降低，整块上浮。反硝化是指硝酸盐被反硝化菌还原成氨或氮的作用。反硝化作用一般在溶解氧低于 0.5mg/L 时发生。试验表明，如果让硝酸盐含量高的混合液静止沉淀，在开始的 30～90min 污泥可以沉淀得很好，但不久就可以看到，反硝化作用所产生的氮气在泥中形成小气泡，使污泥整块地浮至水面。在做污泥沉降比试验时，由于只检查污泥 30min 的沉降性能，往往会忽视污泥的反硝化作用。这是在活性污泥法的运行中应当注意的现象，为防止这一异常现象的发生，应采取增加污泥回流量或及时排除剩余污泥，或降低混合液污泥浓度和缩短污泥龄等措施。

6.11.5.4　污泥腐化

在沉淀池中污泥可能由于长期滞留而厌氧发酵，生成气体（H_2S、CH_4 等），从而发生大块污泥上浮的现象。它与污泥脱氮上浮所不同的是，污泥腐败变黑，产生恶臭。此时也不是全部污泥上浮，大部分污泥都是正常地排出或回流，只有沉积在死角长期滞留的污泥才腐化上浮。防止的措施有：①设不使污泥外溢的浮渣设备；②消除沉淀池的死角；③不使污泥滞留于池底（如增加池底刮泥设施或加大池底坡度）。

此外，如曝气池内曝气过度，使污泥搅拌过于激烈，生成大量小气泡附聚于絮凝体上，也容易产生这种现象。防止措施是将供气控制在搅拌所需的限度内，而脂肪和油则应在进入曝气池之前去除。

6.11.5.5　泡沫问题

与曝气池中泡沫产生相关的主要因素有：污泥停留时间、pH、溶解氧（DO）、温度、憎水性物质、曝气方式和气温、气压及水温等。泡沫会给生产操作带来一定困难，其危害主要有：①泡沫一般具有黏附性，常常会将大量活性污泥等固体物质卷入曝气池的漂浮泡沫层，泡沫层又在曝气池表面翻腾，阻碍氧气进入曝气池混合液，降低充氧效率；②生物泡沫蔓延到池外，影响巡检和设备维修，夏天生物泡沫随风飘荡，将产生一系列环境卫生问题，冬季泡沫结冰后，清理困难，给巡检和维护人员带来不便；③回流污泥中含有泡沫会引起类似浮选的现象，损坏污泥的正常性能，生物泡沫随排泥进入泥区，干扰污泥浓缩和污泥消化的顺利进行。实践表明，虽然泡沫产生的基本原理差不多，但引起泡沫现象的原因很多，控制的方法和取得的效果也各不相同，部分控制泡沫的方法及其成功率的统计数据见表 6-23。

消除泡沫的措施有向池器内投加填料和投加化学药剂等。喷洒水是一种最简单和最常用的物理方法，但它不能根本消除产生的泡沫现象。投加杀菌剂和消泡剂存在同样的问题。降低污泥龄能有效地抑制丝状菌的生长，以避免由其产生的泡沫问题。有试验表明，厌氧消化池上清液也能抑制丝状菌的生长，但由于上清液中 COD 和 NH_3-N 浓度很高，

有可能影响最后的出水质量，应用时应慎重考虑。消泡剂（如机油、煤油等）用量为
0.5～1.5mg/L，过多的油类物质将污染水体。因此，为了节约油的用量和减少油类进入
水体污染水质，应尽量少投加油类物质。

表 6-23　一些污水厂泡沫控制方法及其成功率

控制方法	统计(1)		统计(2)		统计(3)	
	污水厂	成功率/%	污水厂	成功率/%	污水厂	成功率/%
喷洒水	58	88			46	28
降低污泥龄	44	73			46	57
投加杀菌剂	48	58	9	66	46	20
投加消泡剂	35	20	7	57		
设置选择器			11	73		
减少曝气时间	5	60			46	33

6.11.6　活性污泥管理的指示生物

生物相是指活性污泥中微生物的种类、数量、优势度、代谢活力以及生理生化等状况
的概貌。生物相能在一定程度上反映出曝气系统的处理质量及运行状况。当运行条件（如
进水浓度及营养、pH、有毒物质、溶解氧、温度等）变化时，在生物相上也会有所反映。
可通过活性污泥中微生物的这些变化，及时发现异常现象或存在的问题，并以此来指导运
行管理。因此，对生物相的观察，已日益受到人们的重视。各种微生物性状可参见《环境
工程微生物学》等书籍。

6.11.6.1　活性污泥良好时出现的生物（活性污泥生物）

钟虫属、褶累枝虫、锐利盾纤虫、盖成虫、聚缩虫、独缩虫属、各种微小后生动物和
吸管虫类是固着性或匍匐类的，1mL混合液中其数量通常在 1000 个以上，如果含量存
在个体总体的 80% 以上，就可以认为是净化效率高的活性污泥。

6.11.6.2　活性污泥状态恶化时出现的生物

波豆虫属、侧滴虫属、屋滴虫属、豆形虫属、草履虫属等是快速游泳性生物种类。当
这些生物种类出现时，絮凝体会很小（$100\mu p$ 左右），在情况相当恶劣时，可观测到波豆
虫属、屋滴虫属等，如果情况极端恶化，原生动物和后生物完全不出现。

6.11.6.3　活性污泥由恶化到恢复时出现的生物

漫游虫属、斜管虫属、管叶虫属、尖毛虫属、游仆虫属等是慢速游泳性匍匐类生物，
可以观测到这样的生物在 1 个月左右时间内持续占优势。

6.11.6.4　活性污泥分散、解体时出现的生物

简变虫属、辐射变形虫属等虫类如果出现数万以上，将导致菌胶团小，出流水变浑
浊。由于形成这种情况是相当慢的，所以这些微生物急剧增加，可使回流污泥量和送气量
变小。这种解体现象在某种程度上是可以抑制的。

6.11.6.5　膨胀时出现的生物

球衣菌属、贝氏硫菌属、各种霉菌等丝状生物是造成膨胀的生物，在 SVI 为 200 以上的时候，存在像线一样的丝状微生物。在膨胀的污泥中所出现的微型动物比正常污泥中的个数少。

6.11.6.6　溶解氧不足时出现的生物

贝氏硫菌属、扭头纤虫属、新态虫属、草履虫属等喜欢在溶解氧低的时候出现，如果这样的生物出现，此时活性污泥呈现黑色，发生腐败。

6.11.6.7　曝气过剩时出现的生物

如果进行长时间的过剩曝气，各种变形虫属和轮虫属成为优势种类。

6.11.6.8　BOD 负荷低时出现的生物

表壳虫属、鲜壳虫属、轮虫属、寡毛类等占优势。当这样的生物多时，成为进行硝化的指标。

6.11.6.9　有毒物质流入时出现的生物

原生动物与细菌相比对外界环境变化的感受性是很高的，所以通过观察原生动物可以推定有毒物质对活性污泥的影响。活性污泥生物中感受性最高的是盾纤虫，在盾纤虫骤减的时候，证明环境剧变或有非常少量的有毒物质流入，当大部分生物死亡时，可认为活性污泥已被破坏，必须进行恢复。

6.11.7　试运行阶段

根据上述调试过程中得到的各种信息，加以整理分析，然后对本废水处理操作手册进行修改和完善。对运行中出现的问题，及时提出改进的意见和对策，作为调试期间的总结报告，并进入试运行阶段。在试运行阶段中，主要考核出水水质、容积污染（污泥）负荷是否稳定到设计要求。根据实际污染负荷来调整工艺参数和控制参数。初步分析运行单耗及运行直接成本。完善岗位操作规程和制定运行报表，为今后实施 ISO 9001 标准管理积累基础资料。

6.11.7.1　水质分析项目及频率

为了积累处理水质数据和工艺运行数据，水质分析项目及频率见表 6-24，并根据需要对废水和出水的水质分析项目进行调整。

6.11.7.2　调整整体运行模式

根据预曝（或氧化）工艺的出水水质和生化工艺确定的溶解氧浓度、负荷水平、污泥回流、搅拌功率、昼夜水量变化、排泥量和排泥泵运行模式、提升水泵开启台数等来调整整体运行模式。调整后正式投入运行。

表 6-24　水质分析项目及频率

分析项目	进水	好氧池	出水	分析频率
COD	√		√	5 次/周
BOD	√		√	3 次/周
SS/VSS	√	√	√	5 次/周
pH	√		√	5 次/周
TKN(总凯氏氮)	√		√	2 次/周
NH_3-N	√		√	5 次/周
NO_2^--N			√	2 次/周
NO_3^--N			√	2 次/周
TP	√		√	2 次/周
SV_{30}		√		7 次/周
碱度			√	1 次/周

注：水质分析数据以 COD、NH_3-N 为主，其有效数据宜不少于 30 组。

6.11.7.3　污泥脱水系统协调

污泥脱水系统带负荷调试，按厢式压滤机说明书操作，制定与脱水系统相协调的定时排泥方式。

6.11.7.4　化验分析室工作

① 确定分析 pH、COD、BOD、CN^-、NH_3-N、TP、SS、SV_{30} 等项目，必要时增加 NO_2^--N、NO_3^--N 和碱度等项目。

② 选定《水和废水监测分析方法》所列方法（第四版，国家环保局编，2002 年 2 月）。

③ 根据分析方法，购置检查仪器、设备、器皿和药剂，确保仪器设备正常。

④ 天平需计量所检验，量器（如移液管等）用天平校验，不合格者废弃处理。

⑤ 配制或外购各种标准溶液。

⑥ 制定操作规程及安全生产规程。

a. 水样的采集：水样的采样位置确定在进出水口，泥样的采样位置确定在好氧池，无特殊情况不应任意更改。定时定量采集样品，每日由化验人员负责收集分析。在高温季节，定时采集水样宜在冷藏条件下保存。工艺参数分析样品由化验人员采集。水样采样应使用专门的采样器，采样器应能采集任意水深的水样。b. 分析人员应做好分析原始记录，记录应填写完整，字迹清晰，并签名表示负责。c. 分析使用样品，应保存到分析结果得出。分析结果出现异常时，应再重复测定一次进行核对。d. 分析人员应认真执行安全操作要求，做好实验室清洁工作。分析使用过的器皿应及时清洗。e. 控制室做好各仪表的校核标定工作。

⑦ 分析室投入运行。统计水、电、药剂消耗，分析污水处理（包括污泥脱水）直接成本，出现较大差异时，应该分析原因，找出是进水水质还是管理、工艺或者其他方面的因素，以此提高运行管理水平。

⑧ 药耗。药耗的测算及与设计值的对比如表 6-25 所示。

表 6-25　药耗的测算及与设计值的对比

项目	水量/(m³/d)	石灰/(t/d)	PAM/(t/a)	产泥量/(m³/d)
设计值				(含水率 70%)
实际值				(含水率 75%)

⑨ 电耗。电耗的测算及与设计值的对比如表 6-26 所示。

表 6-26　电耗的测算及与设计值的对比

水量 /(m³/d)	运行时间 /h	实际日均电耗量 /(kW·h/d)	实际平均电耗量 /[kW·h/(m³ 废水)]	设计日均电耗量 /(kW·h/d)	设计单耗量 /[kW·h/(m³ 废水)]

6.11.8　构筑物的运行管理

废水处理工程的运行管理人员必须熟悉该废水的处理工艺、设施、设备的运行要求与技术指标，按照要求巡视检查构筑物、设备、电器和仪表的运行情况。各岗位应挂有工艺系统流程图、操作规程等，并应示于明显部位。操作人员应按时做好操作记录，数据应准确无误。操作人员发现运行不正常时，应及时处理并上报厂主管部门。

操作人员应保持整个处理站的清洁卫生，各种器具应摆放整齐。应使水泵、风机、厢式压滤机、活性炭塔等机电设备保持良好状态，及时清除叶轮、阀门、管道、格栅的堵塞物。调节池应每年至少清洗一次。水泵应至少半年检查调整一次，并定期检修调节池液位计及其转换装置。备用泵每月至少应运转一次。

6.11.9　机械设备安装使用和维护

6.11.9.1　三叶型罗茨鼓风机

鼓风机的养护和检修内容及周期见表 6-27。

表 6-27　鼓风机的养护和检修内容及周期

保养/检修	周期				备注
	天	3 月	1 年	3～4 年	
压力	√				
风量	√				
噪声	√				
振动	√				
温度	√				
电线	√				
电流和电压	√				
皮带张力和皮带轮偏正	√				
齿轮油量	√				加到油标中央
清除杂物		√			清洗过滤器
检查齿轮油		√			更换或加入
检查轴承油		√			更换或加入
更换 V 形带			√		
更换消声器的过滤器			√		
更换轴承				√	拆卸时
更换 Z 形垫圈和止退圈				√	拆卸时
更换齿轮箱密封圈				√	拆卸时
检查、更换齿轮				√	拆卸时

注：1. 齿轮油在使用一个月后必须更换。

2. 检查吸气式(进口)消声器的过滤器芯，打开消声器外壳，露出过滤器框架和滤芯，清洗和检查过滤器。

（1）结构说明

三叶型罗茨鼓风机工作原理是：电机（通过窄 V 形带或联轴器）带动风机高速旋转，

经进风消声器从大气中吸入气体，通过一对三叶型叶轮的回转，改变腔体内的气体容积，压缩气体形成高压从排气口排出。

（2）安装

①地基要牢固，表面平整，地基应高出地面。②周围空间应满足拆卸和检修用。③如果风机房内温度超过 40℃，将会缩短风机使用寿命，因此要设置通风扇或其他装置使风机房内温度不超过 40℃。

（3）管道

①风机管道要挠性连接，不要在上面放杂物。②管道材料能承受排气时的温度和风压（可采用钢管）。③管道内部清洁，防止杂物进入。④安装一个逆止阀，防止由于逆转而引起的回流进入风机。

（4）操作、操作前注意事项

①检查螺栓、螺母连接松紧情况。②清扫管道内的异物。③将阀门完全打开。④检查齿轮油。出厂时，齿轮箱内未加齿轮油。加齿轮油时，请加至油标中央为止，加油过多会导致漏油。⑤轴承加油。在皮带轮侧有两个黄油嘴，可以通过油枪往里加油。⑥检查窄 V 带的张力和皮带轮的偏正。皮带轮可以通过金属尺或绳子找正，并调整松紧程度，如使用张力计可以更方便地调整皮带张力，而且，运行 2～3d 后，因皮带与皮带轮磨合，皮带会变松弛，请重新调整。⑦检查电源的电压和频率。⑧检查电缆线的连接。从皮带轮侧看主动轴回转方向为逆时针。⑨开车前必须用手盘动皮带轮，风机转动无异常时方可用电力启动。

（5）操作说明

① 运行初期因为润滑油的黏滞而有噪声和电流过高，这种情况 10～20min 可消失。②气流量的调整。流量不能通过阀门调整，可通过改变回转速度或增加泄压溢流管道而调整。③风机应在规定压力范围内工作，压力表开关处于常闭状态，如需要测量压力，可将压力表开关打开。

（6）养护和检修

鼓风机的养护和检修应在污水处理运行过程中定期进行，根据实际情况可对表 6-27 进行适当修改。

6.11.9.2 厢式压滤机

正确安装使用机器设备、认真执行维护保养和严格遵守安全操作规程是提高设备使用效率、延长设备使用寿命、保证安全生产的必要条件。因此操作者应掌握压滤机的正确操作方法，还应熟悉设备的基本结构和过滤基本原理，才能提高生产效率及避免不必要的设备事故或损坏。

目前压滤机主要有厢式和板框式两系列，厢式压滤机与板框式压滤机相比有许多优越性。在实际生产中以厢式压滤机为主。本说明书也是根据厢式压滤机操作特点而编写的，但板框式压滤机与厢式压滤机工作原理基本相似，所以也能参照。

（1）设备安装

压滤机结构示意见图 6-18。

① 压滤机应水平安装于混凝土基础结构之上，安装的基础应采用二次灌浆（注意在止推板下方的支架处用螺栓固定，油缸下方支架不要固定，不要包水泥）。②接好电源、三相四线。电机需顺时针运转，反向油泵不工作。③打开空气滤清器注入 76# 或 46# 液压

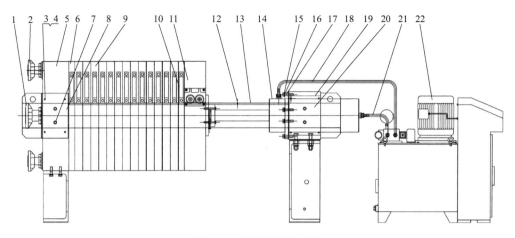

图 6-18　压滤机结构示意

1—进料套管总成；2—水洗套管总成；3，17—螺栓；4，15，16—垫圈；5—止推板总成；
6—上推板墙板；7，12—螺钉；8—止推板罩板；9—滤板；10—压紧板墙板；11—压紧板总成；
13—导板；14—油缸；18—低压油管；19—油缸座总成；20—油缸座罩板；21—高压油管；22—液压站

油，从注油口观察油面高度以不触及电机盖板为准，下限为不低于电机盖板 40mm 为准。当第一次加油时应在油泵电机启动，活塞杆来回运动后，再补加一次。初次压紧前松开油缸压力表、排空气。④进料泵一般选用气动隔膜泵或螺杆泵。气动隔膜泵要有气源、空气压力≥0.8MPa，并配有减压阀。泵和污泥池、压滤机直接联结即可。在压滤机物料进口处配 0～1.2MPa 压力表，以便观察过滤压力。螺杆泵或其他污泥泵、泵和压滤机物料进口管道中应安装回流系统（回流阀、回流管）并在压滤机物料进口管配 0～1.2MPa 压力表。⑤全部安装后，应仔细检查过滤系统和管路是否符合工作要求，当确认无误后才可交付使用。

注：千斤顶式的就可省②、③两项。本工程选用螺杆泵一台。

（2）压滤机使用说明

压滤机的操作过程见图 6-19。可洗式按一、二、三、四、五的过程进行。不可洗式按一、二、四、五的过程进行。吹干式按一、二、六、四、五进行。使用前应将滤板、滤布按结构装配图所示排列，滤布根据用户的需要选购配备。滤布按机型规格开孔，滤布中间的进料孔可用滤布夹夹紧或用缝纫边接，滤布孔和滤板孔必须保持相对同心，以防错位泄漏，滤布不得有破损或折叠。

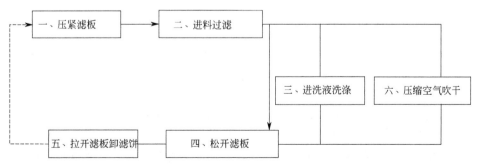

图 6-19　压滤机的操作过程

① 压紧——按"启动"按钮，再按"压紧"按钮，压紧滤板前进，当压力达到调定压力，按"阀停"和"总停"按钮，然后锁紧螺母锁定活塞杆，即可过滤。②退回——按"启动"按钮，再按"压紧"按钮，当压力表压力上去后，松开锁紧螺母，使其退至与压紧滤板相距 10mm 处，按"阀停"，再按"退回"按钮，此时压紧滤板退回，但退回时注意锁紧螺母端面和支承座保持 10mm 以上间隙，否则将发生意外。

（3）过滤前检查

①不同的物料及含水率、温度不同的同一物料，过滤的效果（速度、含水率）差异较大，有的物料过滤前需加助滤剂（如 CaO、絮凝剂、电石渣等），以调理物料的过滤特性。②过滤前应检查滤布及滤板，需洗涤或吹气的应检查洗板和不洗板，以及洗涤孔、吹气孔是否畅通；压紧力是否足够。

（4）过滤操作

①打开滤液出口阀门，启动进料泵，视过滤速度和过滤时间，渐渐增大进料阀门，压力逐渐加大，一般不超过 0.6MPa（板框式不大于 0.4MPa），刚开始时滤液往往浑浊，然后转清，如滤板间有较大渗漏可适当增大压紧力。由于滤布有毛细现象，有少量滤液渗出属正常现象。②监视滤液，如发现浑浊明流即关闭该浑浊水咀，暗流则停止过滤，检查滤布并缝补或更换。③若采用气动隔膜泵可调整减压阀，一次性决定过滤压力，在过滤过程中无需人操作。若采用螺杆泵等进料泵不但要装回流系统，而且根据过滤压力的变化随时调节回流阀的大小，需有人操作，否则将损坏设备。④当过滤压力较大，出水较小时，可视过滤结束，压紧滤板退回，如发现滤饼含水率较大，可合上压紧滤板继续过滤。⑤过滤时间太长或滤饼不能成形，应考虑降低过滤液的含水率，如采用增加沉淀时间，增设浓缩沉淀池或添加絮凝剂和助滤剂（生石灰、硅藻土、珍珠岩）或更换过滤介质等办法解决。⑥如滤饼需冲洗的，关闭洗板上的出水口，关闭进料阀门，打开洗涤水阀门，放水冲洗，冲洗水的压力一般不大于设备的额定压力，冲洗的时间应根据冲洗效果而定，如一次冲洗效果不理想，可在过滤的过程中，分几次冲洗。⑦为减少滤饼的含水率，可用压缩空气催干，其方法和冲洗方法相同，也可采用进料孔进气的方法。

（5）过滤及洗涤流程

过滤及洗涤流程见图 6-20。

（6）注意事项

① 必须按次序和规定的数量放置滤板，禁止在少于规定数量滤板的情况下开机操作，以防造成事故。②厢式 1250 压滤机在压紧后，通入料浆开始工作，进料压力不得超过额定值，否则将损坏压滤机的有关机件。③电接点压力表指针的上、下限出厂前已调好，用户一般不动，若用户要调节压力，则下限以不漏液为准，上限不能超过 27MPa。④过滤开始时，进料阀应缓慢开启，起初滤液较为浑浊，然后转清，属正常现象。⑤在冲洗滤布和滤板时，注意不要让水溅到油箱的电源。⑥由于滤布纤维的毛细作用，有清液渗漏属正常。⑦安全溢流阀在出厂前已调到 29MPa，用户切不可随意调高。⑧搬运、更换滤板时，用力要适当，防止碰撞损坏，严禁摔打、撞击，以免使滤板破裂。滤板的位置切不可放错；过滤时切不可擅自拿下滤板，以免油缸行程不够而发生意外；滤板破裂后，应及时更换。⑨在压紧滤板前，务必将滤板排列整齐，且靠近止推板端，平行于止推板放置。⑩滤液、洗液和压缩空气的阀门，必须按操作程序启用，不得同时开启。液压油应通过空气滤清器充入油箱，以免液压元件生锈、堵塞。⑪电气箱要保持干燥，各压力表、电磁阀线圈以及各个电气元件要定期检验，确保机器正常工作。停机后必须关闭空气开关，切断电

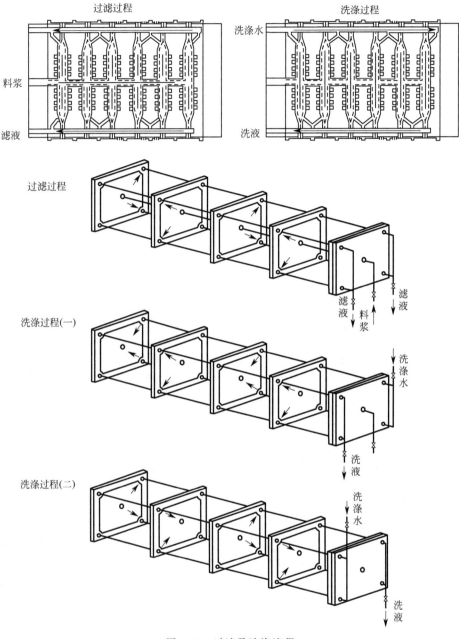

图 6-20　过滤及洗涤流程

源。油缸、油箱、柱塞泵和溢流阀等液压元件需定期进行空载运行循环法清洗，在一般工作环境下使用的压滤机每 6 个月清洗一次，工作油的过滤精度为 20。新机在使用 1~2 周后，需要更换液压油，换油时将脏油放净，并把油箱擦洗干净；第二次换油周期为 1 个月，以后每 3 个月左右换油一次。

（7）主要故障和处理方法

主要故障和处理方法见表 6-28。主要零部件损坏判断方法：①当进油管进油时，在活塞杆静止的情况下，回油管出油很多，则油缸密封圈损坏；②当进油管进油时，在活塞杆静止的情况下，油泵回油管出油，则溢流阀故障；③如溢流阀正常、油缸内密封圈正常，可考虑油泵故障。

表 6-28　主要故障和处理方法

主要故障	原因	处理方法
油缸压力上升不到调定范围	压力表损坏,管路漏油,油缸内密封圈漏油。电器有故障,油泵工作不正常,溢流阀内有杂物,液压油有杂物	更换压力表,修理管路,更换油缸内密封圈。检修溢流阀和电器、油泵。清洗溢流阀、换向阀,更换干净的液压油
保压不好锁紧螺母松不开	锁紧螺母未锁紧,液控单向阀阀芯轧死,油缸压力小,顶不开	锁紧螺母,修复液控单向阀,调溢流阀手柄使压紧力暂时调高 1MPa,锁紧螺母松开后,油压再调低 1MPa
活塞进退不畅	电器、换向阀阀轧死	修复电器,修复换向阀
滤浆泄漏	压紧力未达到规定要求,滤布折皱,滤板表面碰伤,滤布孔偏歪,进浆压力超过 1MPa,滤板、滤布有残渣	调整压紧力到规定要求。更换滤板,将滤布处理平整。调节回流阀,清洗滤布
滤液浑浊	滤布破损,泄漏	更换、缝补滤布
滤板变形	使用不当造成,杂物堵塞孔道,造成滤板两边的压力差过大。顶紧力不够,过滤温度过高	清洗流通孔道,清除滤浆中杂物,调整顶压力。降低进料压力。滤板变形严重的应更换
塑料墙板和机板、塑料头、尾板和机板之间漏液	墙板固定螺丝孔塑料焊接处有裂纹,塑料法兰周围连接处有裂纹	重新塑料焊接
继电器故障	触点接触不良 电磁线圈损坏 熔断器熔断	检修及更换 参见电器线路检修 更换同等电流的熔断器
电器线路故障	导线断路或漏电 接线端接触不良	检修及更换 检修有关接线端
限位开关失灵	安装位置不当 内部微动开关失灵	重新调整安装位置 检修或更换微动开关
拉板脱钩	拉板复位弹簧损坏 拉钩被卡住 滤板把手损坏或变形 拉板导轨变形或支架松动	更换弹簧 清理润滑拉钩部件 更换把手 校直或调整导轨位置

（8）安全操作

①不了解机器结构性能和操作规程者，不应擅自开动机器。②发现机器严重漏油或工作中发生不正常现象（动作不可靠、噪声大、有振动等），应立即停止工作检查分析原因，并排除故障，不得强调理由、使机器带"病"工作。③机器在工作过程中，不得检修或调整设备部件，以免造成不必要的损害和事故。④不许在超过使用压力下工作。⑤不得随意调节溢流阀。

6.11.10　常用电气仪表维护

6.11.10.1　常用仪表的维护

对于本废水处理工程自动化仪表的日常维护、保养、定期检查、标定调整，是保证其正常运行的重要条件。测量的仪表（如 pH 仪表、计量泵等）的校准、调整方法各异，因此对于每种仪表，应按照各自的操作、维护说明书来进行。

（1）仪表档案、资料管理

pH 仪表、计量泵仪表的资料、档案齐全，对于日常维护、故障判别及处理都有重要意义。对于每一台仪表，都应建立一套完整的档案，至少都应有下面的资料、档案。

①仪表位号。②仪表型号、生产厂家。③安装位置。④测量范围。⑤投入运行日期。⑥校验、标定记录（标定日期、方法、精度校验记录）。⑦维修记录（包括维修日期、故障现象及处理方法、更换部件记录）。⑧日常维护记录（零点检查，量程调整、检查，外观核查，泄漏检查，清洗）。⑨原始资料（应包括设计、安装等资料，厂家提供的产品合格证，出厂检验记录，设计参数，使用、维护说明书）。

（2）日常维护、保养及检修

对于每台具体的仪表，应按照生产厂家提供的维修与维护说明书、掌握手册来进行相关操作。一般来说，日常维护工作分为四个部分，即每日巡视检查；清洗、清扫；校验与标定；检修与部件更换。

① 巡视检查　检查内容主要包括看仪表引压管道有无泄漏；就地显示值是否异常，接线是否松动，供电电源是否稳定等。

② 清洗与清扫　对于 pH 仪表，探头部分的清洗工作是十分重要的。其需要定期清洗并按照要求进行清洗。清扫应包括对仪表本体部分进行清扫、擦除尘土、清扫杂物等。

③ 校验与标定　应该定期对 pH 仪表零点、量程进行检查、校验。根据检查情况，对仪表进行零点、量程的调整。在调整时，应严格按照产品说明书的要求进行接线；配制相应的标液或试剂，按照其要求的方法进行校验。在每次校验调整后，都应填写校验记录，并存档。

④ 检修及部件更换　仪表的故障维修工作是一项技术性较强的工作，应由专业人员来进行。切忌没搞清问题所在，又没看或没看懂图纸，盲目调整及更换部件，从而造成故障扩大，以至报废整台仪表。应该指出的是，由于现场条件限制、技术等，pH 仪表应请生产厂家专业人员进行修理或返回其生产厂修理。

（3）计量泵的维护

①开机前检查泵的正反转。②定期检查和预防性保养，确保运行更为可靠。③泵每年应至少检查一次，在严苛的运行条件（强酸强碱）下工作时，应增加检查的次数。④在正常运行条件，固定安装，该泵应至少每三年在维修工场做一次大修。⑤若更换了密封件，运行一个星期后对油进行检查。

6. 11. 10. 2　便携式 pH 计的使用和维护

（1）测试原理

Sunyee-6658 系列工业 pH 计就是利用电极在被测溶液中感测到的电位差，经由高阻差分式前置放大器、温度补偿器进行信号调理，并经 A/D 转换器进行处理，最后送至显示器进行显示的；同时，信号经由比较器与用户的设定值进行比较并驱动电路控制上、下限报警继电器输出以供用户驱动外界控制系统；此外，信号还经由电流转换成 4～20mA 输出以供用户信号传送，同时带有 RS485 通信接口；可方便联入计算机进行监测和通信。

（2）仪表特性

①LED 双排数字显示。②微处理器触摸式按键、无复杂功能调节。③自动温度补偿、带温度显示。④错误标定自动判别功能。⑤上、下限报警继电器输出（250V/3A）。⑥隔离的电流输出和 RS485 通信接口。

（3）技术指标

①测量范围：pH 为 0.00～14.00；电极电位为－1000～＋1000mV；温度为 0～80℃。②精确度：pH 为 ±0.01；电极电位为 ±1mV；温度为 ±3℃。③温度补偿：PT100 自动温度补偿。④温度显示：显示被测液体温度值（使用带 PT100 电极）。⑤警报输出：上、下限继电器输出（250V/3A）。⑥电流输出：隔离式 DC 4～20mA 输出。⑦通信接口：隔离 RS485。⑧环境温度：0～65℃。⑨相对湿度：≤95％。⑩供电电源：AC110/220V±10％，50/60Hz；或 DC 24V。⑪挖孔尺寸：92×92 方孔。

（4）安装

Sunyee-6658 系列在线 pH 计由二次表、pH 电极、测量池及连接电缆线四部分构成。

① 二次表的安装：可将仪表安装在预先开孔的仪表盘上，两边用固定夹紧固即可，然后依照端子接线图联机。二次表可安装在远离现场的监控室，也可安装在现场。所需的联机从二次表后面接线柱引出。

② 仪器的接线（二次表接线端子各脚定义）如下。

1 脚：低报警常开	9 脚：4～20mA 电流正
2 脚：低报警触点	10 脚：4～20mA 电流负
3 脚：高报警常开	11、12 脚：NC
4 脚：高报警触点	13、14 脚：温补（NTC）
5 脚：高报警常闭	15 脚：RS485 通信正
6 脚：FG（大地）	16 脚：RS485 通信负

7、8 脚：AC220V★Q9 头子接 pH 电极的测量和参比（7 脚：DC 24V 地、8 脚：DC 24V）

（5）仪器的使用

① 显示与功能键。Sunyee-6658 在线 pH 计采用高亮度的 LED 显示模块，主显示以红色 0.56 英寸（1 英寸＝2.54cm）数码管显示 pH 或电压，醒目、可视距离远，副显示以红色 0.5 英寸的数码管显示温度，以满足用户的不同使用习惯。

五个功能键说明如下。

a. 按 "ENT" 键存储修改的参数值。

b. 按 "▼" 键向下滚动查阅参数项目或减小数据。在测量状态下按 "▲▼" 键，切换显示 pH 值与 mV 数。

c. 按 "MENU" 键后出现菜单选项。

d. 按 "ESC" 键后推出当前设置界面。

② 功能菜单一览表。在测量状态时，按 "菜单" 键进入菜单功能，在此状态下可修改各参数值。这些参数用了一些形象的代号来表示，在参数设置状态下，副显示为参数代号，主显示为该参数对应的参数值。按 "▲▼" 键修改参数值，按 "确定" 键存储修改后的值，数值闪烁则表示已完成存储，按 "测量" 键则退回到测量状态。

功能菜单参数值说明见表 6-29。

③ 报警滞后撤销。仪器报警继电器的触点是给用户连接相应的控制电器（如电磁阀等），以组成控制系统时使用的。为了避免在报警点附近继电器触点产生抖动现象，二次表里采用滞后撤销的方法。

表 6-29　功能菜单参数值说明

参数代号(副显示)	SE7	HH	LL	OH	OL	HEP			
参数值举例(主显示)	25.0	14.00	0.00	14.00	0.00	7	7-4	7-9	9-4
说明	手动温度	报警上限	报警下限	输出上限	输出下限	一点标定	两点标定		
参数代号(副显示)	EO	SLP	SH2						
参数值举例(主显示)	0.0	59.16	P7S		SSS		SH4		
说明	电极零点	电极斜率	普通水		纯水		加氢超纯水		

达到预设的报警上(下)限时,继电器立即闭合,屏幕上出现 pH 闪烁报警。但当 pH 回落(回升)到报警上(下)限时,报警不会立即撤销,要等到再继续下降(上升)一个 ΔpH,即迟滞量(一般 ΔpH 设为 0.05pH)值时,才消除报警。报警迟滞量和流量补偿值的设置如下:在测量状态时,同时按住"测量"和"确定"键,进入迟滞量的设置菜单。副显示为:HE1、HE2、HE3;主显示显示具体数值;HE1 代表高报迟滞量,HE2 代表低报迟滞量;HE3 代表流量补偿值;按"▲▼"键对迟滞量进行加减,每设置好一个值按"确定"键存储,按"菜单"键,在 HE1、HE2 与 HE3 之间切换。设置完毕按"测量"键返回测量状态。

注:流量补偿值在每次标定后均被恢复为 0.00pH。

④ 输出电流的计算。仪器提供 4～20mA 电流输出信号,但是与之对应的 pH 区间可由用户自行设定,测量的 pH 与输出电流的对应关系如下:

$$I = 4mA + [(D - DL)/(DH - DL)] \times 16mA \qquad (6-1)$$

式中　I——输出的电流值;

　　　D——当前测得的 pH;

　　DH——用户设定的 20mA 电流对应的 pH,即输出上限;

　　DL——用户设定的 4mA 电流对应的 pH,即输出下限。

⑤ 标定。由于每支 pH 电极的零电位不尽相同,电极对溶液 pH 的转换系数(即斜率)又不能精确地做到理论值,有一定的误差,而且更主要的是零电位和斜率在使用过程中会不断地变化,产生老化现象,这就需要不时地通过测定标准缓冲溶液来求得电极实际的零电位 E_0 和斜率 S,即进行"标定"。本表有一点标液标定和两点标液标定两种方式。

在第一次使用电极时,必须用两点标液标定,以后每隔一段时间标定一次。如要确保仪表的测量精度,也必须采用两点标液标定。一点标液标定后,若显示值不满意,应再用两点标液标定。

在标定时需注意以下三点。

a. 等待 mV 数稳定,一般需要几分钟。

b. 每次放入标准缓冲液之前,必须用去离子水冲洗要标定的电极两次以上。然后用干净滤纸将电极底部的水滴轻轻地吸干,千万不要用滤纸去擦电极,以免电极带静电,导致读数不稳定。

c. 仪表有自动判别标准缓冲液的功能,若出现"E-20",则提醒用户没有把电极放入对应的标准缓冲液内。

⑥ 双缓冲液自动标定。当副显示显示"HEP"时,通过按"▲▼"键来选择标定范围。根据用户需测试 pH 的范围来决定标定范围。本表有"9～7pH""7～4pH""9～4pH"三种范围可选择。

"9～7pH"标定:当显示"9～7pH"时,把电极放入 pH=9.18 标准缓冲液内,按"确定"键进入标定程序,等待 mV 数稳定后按"确定"键,显示 6.86pH。取出电极,再把电极放入 pH＝6.86 标准缓冲液内，按"确定"键，等待 mV 数稳定后再按"确定"键，仪表自动返回测量状态。

"9～4pH"标定：当显示"9～4pH"时，把电极放入 pH＝9.18 标准缓冲液内，按"确定"键进入标定程序，等待 mV 数稳定后按"确定"键，显示 4.00pH。取出电极，再把电极放入 pH＝4.00 标准缓冲液内，按"确定"键，等待 mV 数稳定后再按"确定"键，仪表自动返回测量状态。

"7～4pH"标定：当显示"7～4pH"时，把电极放入 pH＝6.86 标准缓冲液内，按"确定"键进入标定程序，等待 mV 数稳定后按"确定"键，显示 4.00pH。取出电极，再把电极放入 pH＝4.00 标准缓冲液内，按"确定"键，等待 mV 数稳定后再按"确定"键，仪表自动返回测量状态。

⑦ 单缓冲液自动标定。注意：单缓冲液自动标定只可使用 pH＝6.86 缓冲液进行。

当显示"7pH"时，把电极放入 pH＝6.86 标准缓冲液内，按"确定"键进入标定程序，6.86 指示灯亮。等待 mV 数稳定后按"确定"键，仪表自动返回测量状态。

（6）辅助操作代码

辅助操作代码用于通知用户界外数值或测试仪故障，表 6-30 归纳了辅助操作代码原因和建议。

辅助操作代码 E-21、E-20 提醒用户注意在测量、标定过程中的潜在问题，可采取表6-30 中几个步骤来消除各种情况下的问题。

表 6-30　辅助操作代码原因和建议

代码	说明	原因和建议
E-21	越界	① 如果发生在电极不在溶液中的时候,代码将在电极重新浸入溶液时消失
		② 试样可能越界,用缓冲液检查系统
		③ 用新缓冲液重新标定系统
		④ 关于如何检查电极,请参考电极说明手册
E-20	标定错误 （与缓冲液的平均标值相比, 测得的电极电压的误差过大）	① 核实缓冲液 pH 为 4.00、6.86 或 9.18
		② 用新缓冲液重新标定
		③ 关于如何清洗电极,请参考电极维护章节或电极说明手册

（7）标准配置

①pH 计一台；②安装固定夹具一副；③操作手册一套；④pH 电极（选配）一支；⑤附件（选配）：延长线、电极护套、防水型接线盒、自动清洗装置等。

6.11.10.3　泵的运行管理与维护

水泵是一种动力输水设备，水泵运行管理应注意如下问题。

① 开车前（尤其是新安装或大修后的泵）应细致进行下列检查。检查集水井水位是否过低，格栅或进水口是否堵塞。电动机的转向，联轴器的同心度和间隙，各部分螺丝是否松动，用手转动联轴器看是否灵活，泵内是否有响声，显示的润湿油是否足够，泵及电机周围是否有妨碍运转的东西，进水池是否有水，如果吸水管上有抽吸泵站底层存水小管，应检查小管上旋塞阀是否关好。

② 关闭出水阀门，开启进水阀门。对阀门开关总数目和转向应做到心中有数。

③ 开车时，人与机器要保持一定的安全距离，开车后应立即开启出水阀门，并密切

注意水泵声音、振动等运转情况，发现不正常时应马上停车检查。

④ 检查各个仪表工作是否正常、稳定，特别注意电流表是否超过电动机额定电流，异常时应立即停车检查。

⑤ 水泵流量是否正常，可以根据流量计读数、电流表电流的大小、出水管水流以及集水井水位的变化情况来估计，力求使水泵在其最佳工况下运行。

⑥ 检查水泵密封件是否发热，滴水是否正常。

⑦ 注意机组的噪声、振动情况。

⑧ 注意轴承、泵壳和电机温升，如过高应停车检查。

⑨ 检查水泵、管道是否漏水，检查各种连接是否松动。

⑩ 停车前先关出水阀门再停车，这样可以减少振动。

⑪ 停车后把泵及电动机表面的水和油渍擦干净。

水泵的日常维护保养工作主要有：泵房和机组表面清洁工作，轴承的油位、油质和温度的定期检查工作，密封件检查和更换工作等。

对备用的水泵要仔细保护，所有未上油漆的表面均要涂防锈漆，轴承加入适量润滑油，清洗泵（外部，进、出水管，泵内壳和叶轮），封闭进、出水口，放在干燥、阴凉的地方，每月转动一次泵轴，并润滑轴承。

泵在长期运行过程中，因摩擦、高温、湿气和各种化学效应的作用，不可避免地造成零部件的磨损、配合失调、技术状态逐渐恶化、作业效果逐渐下降，因此对出现的各种故障必须准确、及时、快速地进行判断和修理，以使泵恢复运行性能，处于良好的工作状态。泵运行故障的判断方法主要有直接分析法、间接分析法和综合分析法。直接分析法就是根据泵运行中的直接现象，通过看、听、摸、嗅等来判断故障。直接观察是各种设备运行管理的基础，为故障判断准备大量和翔实的第一手资料，其具体工作内容如表 6-31 所示。

表 6-31　泵运行管理中"四勤"工作内容

勤看	① 电压表数值是否在设定范围(±10%)，三相是否平衡 ② 电流表数值是否在额定范围 ③ 水泵油箱和油开关油面是否符合标准，有无漏油现象，油开关操作机构及支架面料是否完好 ④ 过电流经电器有无脱扣现象 ⑤ 填料有无严重漏水，各种紧固件是否松动，各类设备外壳、泵站清洁和防腐状态是否良好 ⑥ 泵站底层有无大量存水以及集水井水位变化情况，轴封和电机是否冒烟 ⑦ 指示灯是否正常 ⑧ 流量计和压力表读数是否正常 ⑨ 各电器接点处有无过热而变色等现象 ⑩ 高低压保险器的信号装置是否良好，电器设备金属外壳接地是否良好
勤听	① 变压器发出的声音是否正常 ② 电动机旋转声是否正常 ③ 电动机及水泵轴承有无因破裂或缺油面发出异常声响 ④ 水泵内有无叶轮破碎或其他垃圾杂物的撞击声 ⑤ 各种电磁吸铁、无压释放线圈有无特殊声响 ⑥ 水泵连接管道振动与声音是否正常
勤嗅	① 各类变压器、线圈有无因过载而产生焦味 ② 导线是否过热而产生焦味 ③ 水泵密封件是否过紧产生焦味

续表

勤摸	① 电动机外壳是否超过额定温升
	② 水泵油箱外壳温升是否正常
	③ 水泵法兰滴水温度是否正常
	④ 各类电器设备外壳温升是否正常
	⑤ 电动机及水泵轴承(包括上、下底座和中间轴承)外壳温升是否正常
	⑥ 有绝缘体包扎的导线温升是否正常
	⑦ 电动机和传动部分以及水泵有无过分振动及特殊变化
	⑧ 电动机出风口的空气温度是否过高

　　在实际工作中，用人的五官对泵运行状况和异常现象进行分析，当然有直截了当的长处，但也存在一定局限，如有效性问题和人身安全问题等，如采用电子诊断器、频谱仪等先进仪器对配件质量和鼓风机运行状态进行监测，则必能提高工作效率和质量。

　　故障间接分析法就是要运用辩证的观点和以水泵专业知识为基础通过逻辑推理方法来透过现象看故障本质，综合分析法是直接分析法和间接分析法的有机结合。因为许多故障初期往往呈现的是一种或数种间接的、隐含的现象，并非"一眼"就能够准确判断，合格的操作工应该在观察泵运行现象的基础上学会运用间接法和综合法对泵的故障进行判断，以提高故障分析水平和科学性。表 6-32 是对水泵几种常见故障的综合分析方法。

表 6-32　水泵故障综合分析方法

故障特征	综合分析结论
长期运行的水流量偏小，出水压力偏低，泵体和电机壳发热	泵入口阀门开启失灵或阀杆断裂、阀瓣脱落，泵入口处杂物堵塞、结垢和腐蚀，叶轮与密封圈的间隙因摩擦增大
泵启动后电机电流高居不下，强烈的振动与噪声，轴封处有焦煳味或冒烟，关机后无慢走时间而紧急停转	填料对盘根压得太紧，盘根与轴套之间没有建立起水膜层，使盘根填料失去润滑和冷却，造成轴封冒烟，转动阻力太大使得电流升高、泵体振动等
出水不稳	没有灌水就启动或启动失败，抽吸管空气泄漏等
轴承经常损坏	润滑不当或润滑剂质量不好、受污染，轴向或径向负荷过大，轴偏离中心，轴承安装不准确，叶轮或联轴器不平衡，管道固定不当，泵/电机与基础连接不稳等

　　泵站操作工长期处于高分贝噪声的环境中，会出现心情烦躁、注意力分散、反应迟钝等，严重时因操作失误而发生事故。泵的噪声类型有机械噪声（泵体或轴刚性不好，叶轮动平衡和静平衡不良，转子上零件与泵体之间装配不当，泵底脚设计不合理，安装基础不符合要求，泵与电机同心度不好，轴承或联轴器损坏等）；空气动力噪声（电机风扇和转子在空气中旋转产生气体涡流形成）；电磁噪声（电源不稳，负荷波动）；水力噪声（因运行负荷偏离泵设计要求而产生的气蚀噪声）。减少噪声不仅保护操作工健康，而且也是降低故障率的有效措施，具体做法为可对工艺配管的支架加橡胶垫，加大基础强度，设置隔音墙、罩、帘等。

6. 11. 11　安全规程

　　本工业废水处理工程的安全管理不但要符合前述各章废水处理安全生产的有关规定，同时还需符合厂区本身的有关安全管理的规定。对工业废水处理工程中高压电路和高速风机，安全生产特别重要。岗位操作人员和维修人员必须经过技术培训和生产实践，并经考试合格后方可上岗。

在预曝池曝气时，有时有一定的废气排出，操作人员不应在曝气池顶部停留过长时间，以保障人员的安全。启动设备应于做好启动准备工作后进行。电源电压大于或小于额定电压5%时，不宜启动电机。操作人员在启闭电源开关时，应按照电工操作规程进行，各种设备维修时必须切断电源，并应在开关处悬挂维修标牌后进行。雨天或冰雪天气，操作人员在构筑物上巡视或操作时应注意防滑。

装置内各种机械设备应保持清洁，无漏水、漏气。根据不同机电设备的要求，应定时检查；添加或更换润滑油或润滑脂。清理机电设备及周围环境卫生时，严禁擦拭设备运转部位，冲洗水不得溅到电缆头和电机带电部位及润滑部位。

各岗位操作人员应穿戴齐全劳保用品，做好安全防范工作。起重设备应由专人操作，吊物下方严禁站人。在构筑物的明显位置配备防护设施及用品。严禁非岗位操作人员启闭该岗位的电机设备。

当变、配电装置在运行中发生气体继电器动作或继电器保护动作跳闸、电容器或电力电缆的断路跳闸时，在未查明原因前不得重新合上。在电气设备上进行倒闸操作时，应遵守"倒闸操作票"制度及有关的安全规定，并应严格按规程操作。变压器、电容器等变、配电装置在运行中发生异常情况不能排除时，应立即停止运行。电容器在重新合闸前，必须使断路断开，将电容器放电。如隔离开关接触部分过热，应断开断路器，切断电源。不允许断电时则应降低负荷、加强监视。在变压器台上停电检修时，应使用工作票，如高压侧不停电，则工作负责人员应向全体工作人员说明线路有电，并加强监护。

所有高压电器设备应有示示牌。

6.11.12 分析检测方法

6.11.12.1 COD 的测定

COD 的测定执行《水质 化学需氧量的测定 重铬酸盐法》（GB 11914—1989，现为 HJ 828—2017）。

6.11.12.2 BOD 的测定

BOD 的测定执行《水质 五日生化需氧量（BOD_5）的测定 稀释与接种法》（GB/T 7488—1987，现为 HJ 505—2009）。

6.11.12.3 氰化物的测定

氰化物的测定执行《水质 氰化物的测定 硝酸银滴定法、异烟酸-吡唑啉酮比色法》（GB/T 7487—1987），现为《水质 氰化物的测定 流动注射-分光光度法》（HJ 823—2017）。

6.11.12.4 氨氮的测定

氨氮的测定执行《水质 铵的测定 纳氏试剂比色法》（GB 7479—1987），现为《水质 氨氮的测定 纳氏试剂分光光度法》（HJ 535—2009）。

6.11.12.5 磷的测定

磷的测定执行《水质　总磷的测定 钼酸铵分光光度法》（GB 11893—1989）。

6.11.12.6 悬浮物的测定

悬浮物的测定执行《水质　悬浮物的测定 重量法》（GB 11901—1989）。

6.11.12.7 pH 的测定

pH 的测定执行《水质　pH 值的测定 玻璃电极法》（GB/T 6920—1986）。

6.11.12.8 溶解氧（DO）的测定

溶解氧（DO）的测定执行《水质　溶解氧的测定 碘量法》（GB 7489—1987）。

6.12　DHP 生产废水处理工程调试运行情况

6.12.1　Ⅰ期工程运行情况

Ⅰ期 DHP 生产废水处理工程 2008 年 3 月 15 日起进入调试运行。3 月 16 日至 4 月 8 日处理出水的 COD、总氰、氨氮和 pH 达 GB 8978—1996 三级排放标准。4 月 9 日至 13 日好氧池旋混式曝气头堵塞，溶解氧降低，出水 COD 升高。本团队为此将好氧池的 600 余套旋混式曝气头全部更换为微孔式曝气头，并更换了风机的皮带轮及压滤机滤布（换为 840 型丙纶滤布）后，好氧池微生物复壮，出水 COD 等指标好转。5 月下旬发现预曝池 2#、4#、5# 的曝气管被酸腐蚀漏气，曝气效果很差。在业主副总的指挥下，在七分厂厂长的支持和安排下，在不影响 DHP 生产废水处理的前提下，本团队出资先后更换了五个曝气池的全部曝气管，使曝气池的曝气功能得到恢复，全部投入正常使用。

2008 年 6 月 28 日至 7 月 7 日Ⅰ期 DHP 生产废水的 COD 运行处理结果见图 6-21 和图 6-22。2008 年 6 月 28 日至 7 月 4 日Ⅰ期 DHP 生产废水的 TCN⁻ 和氨氮运行处理结果见图 6-23 和图 6-24。

图 6-21 至图 6-24 表明：Ⅰ期工程 DHP 废水（原水 pH 范围为 1.1~1.8），COD 浓度范围为 18156~25308mg/L；TCN⁻ 浓度范围为 1.04~9.37mg/L，NH_3-N 浓度范围为 154~238mg/L。经处理后出水各项指标均达到 GB 8978—1996 的三级排放标准。其中 COD 均值：好氧池 339mg/L，外排水 125mg/L。TCN⁻ 外排水均值 0.41mg/L，NH_3-N 外排水均值 4.0mg/L，pH＝7.0~7.5。

2008 年 6 月 28 日至 7 月 7 日Ⅰ期 DHP 生产废水处理工程各预处理池 COD 浓度变化见表 6-33。表 6-33 表明：Ⅰ期工程各预处理池废水 COD 随预曝时间的增加而降低，预曝两天，COD 从 20291mg/L 降到 13221mg/L（2 号池），加 Fenton 试剂处理两天后，COD 可降到 10000mg/L 以下（3、4 号池）。

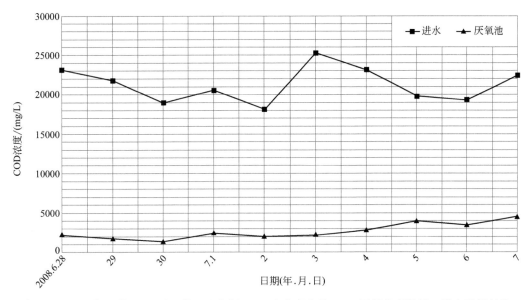

图 6-21　2008 年 6 月 28 日至 7 月 7 日 I 期 DHP 生产废水的 COD 运行处理结果（进水及厌氧池）

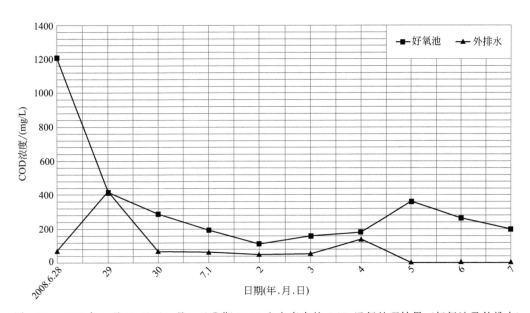

图 6-22　2008 年 6 月 28 日至 7 月 7 日 I 期 DHP 生产废水的 COD 运行处理结果（好氧池及外排水）

表 6-33　I 期 DHP 生产废水处理工程各预处理池 COD 浓度变化　　单位：mg/L

年.月.日	1 号池	2 号池	3 号池	4 号池	5 号池
2008.6.28	19852	11810	—	—	12408
29	16052	11163	—	—	11253
30	13018	11038	—	18881	9746
7.1	11280	9760	24320	16480	—
2	9775	—	19549	14742	22434
3	9414	—	16719	13825	20834
4	—	20291	15041	11688	18003
5	9085	15898	12517	10220	15015
6	21349	13221	9517	9131	14018

注："—"表示未测。

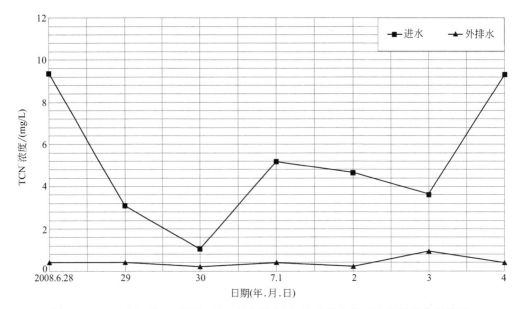

图 6-23   2008 年 6 月 28 日至 7 月 4 日 I 期 DHP 生产废水的 TCN⁻ 运行处理结果

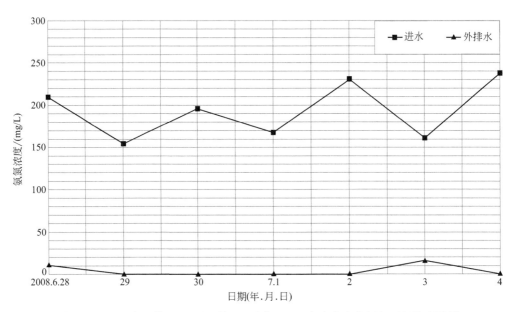

图 6-24   2008 年 6 月 28 日至 7 月 4 日 I 期 DHP 生产废水的氨氮运行处理结果

I 期 DHP 生产废水处理工程 COD、氨氮和总氰运行结果见图 6-25 至图 6-27。

从图 6-25 至图 6-27 可见，I 期工程厌氧池进水 COD 平均值 6662mg/L。厌氧池处理出水 COD 平均值 5947mg/L，去除率 11%。好氧池处理出水 COD 平均值 624mg/L，去除率 89.5%；总氰平均值 0.86mg/L。

6.12.2   II 期工程运行情况

2010 年 6 月 22 日至 7 月 21 日，II 期 DHP 生产废水处理工程 COD、氨氮和总氰运行结果见图 6-28 至图 6-30。

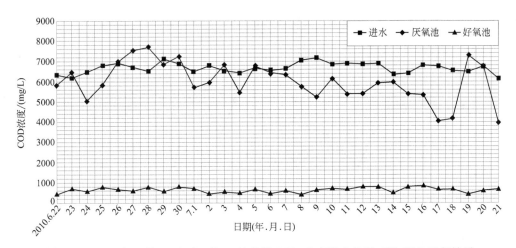

图 6-25　2010 年 6 月 22 日至 7 月 21 日 I 期 DHP 生产废水处理工程 COD 运行结果

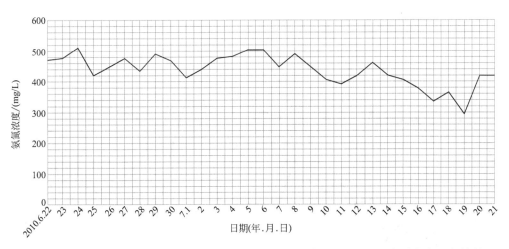

图 6-26　2010 年 6 月 22 日至 7 月 21 日 I 期 DHP 生产废水处理工程厌氧池氨氮运行结果

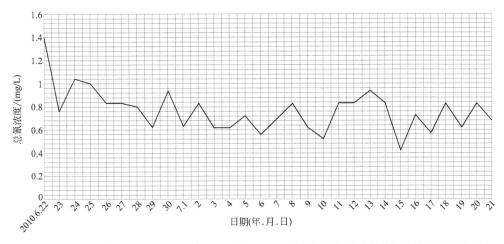

图 6-27　2010 年 6 月 22 日至 7 月 21 日 I 期 DHP 生产废水处理工程好氧池总氰运行结果

　　由图 6-28 至图 6-30 可见，II 期工程厌氧池进水 COD 平均值 6685mg/L，厌氧池处理出水 COD 平均值 5174mg/L 去除率 22.6%，好氧池处理出水 COD 平均值 828mg/L，去除率 84%。氨氮平均值 145mg/L，去除率 63.1%。总氰平均值 1.57mg/L。

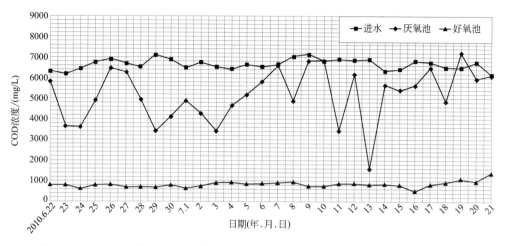

图 6-28　2010 年 6 月 22 日至 7 月 21 日 Ⅱ 期 DHP 生产废水处理工程 COD 运行结果

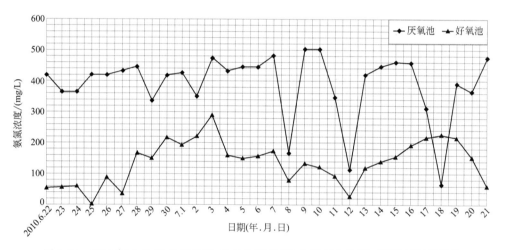

图 6-29　2010 年 6 月 22 日至 7 月 21 日 Ⅱ 期 DHP 生产废水处理工程氨氮运行结果

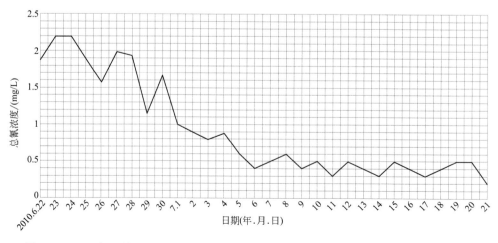

图 6-30　2010 年 6 月 22 日至 7 月 21 日 Ⅱ 期 DHP 生产废水处理工程好氧池总氰运行结果

6.13　工程现场图

　　DHP 和 DMM 生产废水处理工程现场见图 6-31 至图 6-32。从图 6-31 和图 6-32 可见,本工程案例现场整体布局规划有序,安全保护措施到位,系统先进成熟,运行稳定可靠。工程经验收达设计指标投运。本系统操作管理简便,高效低能,投资运行费用低,有较好的社会环境和经济效益。

图 6-31　预处理池

图 6-32　沉淀池

第7章

蛋氨酸生产废水处理技术研究与工程案例

摘要： 蛋氨酸，又名甲硫氨酸，methionine，分子量149.211，是一种重要的氨基酸，主要作饲料添加剂。蛋氨酸生产废水和废气中含多种污染物，其中恶臭的甲硫醇等令人厌恶，废水COD高，SO_4^{2-}高，NH_3-N高，盐度高，属难降解废水。业主首创硫化氢与丙烯醛经甲硫基代丙醛合成海因，水解得蛋氨酸，日排生产废水1920m^3。本团队针对蛋氨酸生产废水成分特征，首先进行了处理工艺流程试验研究，在试验基础上，设计了处理工艺流程为"废水——预处理反应——混沉——ABR——A/O——二沉——过滤——排放"的处理方案。设计、建成、投运后，处理出水达《污水综合排放标准》(GB 8978—1996)的一级排放标准。本团队首创的蛋氨酸生产废水处理技术，突破了该技术壁垒，树立了国内蛋氨酸废水处理技术绿色低碳样板。本技术已在宁夏等四省推广应用。

本研究主要工作有：①Fenton试剂的催化氧化机理；②不同催化剂预处理蛋氨酸废水的效果；③蛋氨酸废水预处理和生化处理存在问题与解决措施；④避免SO_4^{2-}干扰与其去除的方法及Ba^{2+}盐的循环利用；⑤蛋氨酸废水间歇预处理试验研究；⑥蛋氨酸废水连续预处理试验研究；⑦响应面法优化Fenton试剂处理蛋氨酸废水研究；⑧Fenton试剂氧化降解蛋氨酸废水的动力学；⑨间歇与连续预处理利弊与投资；⑩蛋氨酸废水处理工程设计方案等。其中①～⑧工作的实验研究结果表明：采用连续预处理工艺对蛋氨酸生产废水预处理可提高COD去除率，减少氧化药剂消耗量，降低运行费，节省工程投资，确保处理出水的稳定达标。

7.1 Fenton试剂的催化氧化机理

蛋氨酸生产废水成分复杂，COD高，SO_4^{2-}高，NH_3-N高，盐度高，属难降解废水。传统处理采用间歇预处理，停留时间长，操作繁琐，构筑物大。本团队研究了臭氧(O_3)氧化、Fenton均相氧化、湿式催化氧化、超临界水氧化（super critical water oxidation，SCWO）、光催化氧化、电催化氧化、光电催化氧化、超声空气氧化和微波氧化，以及这些高效氧化技术的联合应用，这些氧化技术的效果无可非议，但其中有的投资惊人，有的设备腐蚀严重，有的操作条件苛刻，有的运行费用高得不能承受。从蛋氨酸废水处理工程采用Fenton试剂预处理的效果和运行成本看，仍以选Fenton试剂氧化预处理蛋氨酸生产废水为宜。

7.1.1　概述

1894 年法国科学家芬顿（H. J. H. Fenton）在一项科学研究中发现 H_2O_2 在 Fe^{2+} 催化作用下有氧化多种有机物的能力，如在酸性条件下可以有效地将酒石酸氧化。这为人们分析还原性有机物和选择性氧化有机物提供了一种新的方法。后人为纪念这位伟大的科学家，将 Fe^{2+}/H_2O_2 命名为 Fenton 试剂，使用这种试剂的反应称为 Fenton 反应。40 年后，哈伯（Haber）和韦斯（Weiss）推测 Fenton 反应的机理主要以电子转移（即金属阳离子氧化态和还原态的变化使 H_2O_2 催化分解产生 HO·）来解释水溶液金属阳离子催化分解（即 Haber-Weiss 机理）。20 世纪 40 年代，梅尔兹（Merz）、瓦特斯（Waters）、巴克森代尔（Baxendale）及巴布（Barb）通过一系列试验对 Fenton 反应自由基机理和动力学进行了研究。随后，人们证实这种混合体系所表现出的强氧化性是因为 Fe^{2+} 的存在有利于 H_2O_2 分解产生出 HO·，为提高有机物去除效率，以标准 Fenton 试剂为基础，改变和偶合反应条件，可得到类 Fenton 试剂。

自 20 世纪 60 年代开始，Fenton 试剂开始用于废水处理。1964 年艾森纳（H. R. Eisenhaner）用此试剂处理 ABS（丙烯腈-丁二烯-苯乙烯塑料）废水，ABS 的去除率高达 99%。1968 年，埃尼索夫（Enisov）利用 Fenton 试剂处理苯类废水，TOC（总有机碳）去除率达到 90% 以上；毕肖普（Bishop）等利用 Fenton 试剂对城市污水中难降解有机污染物进行了有效的处理。本团队应用 Fenton 试剂处理染料、精喹、烟嘧、胺草嘧和腈化物废水，也获得了较好的效果。

7.1.2　Fenton 氧化的基本原理

自从 Fenton 试剂被发现以来，其反应机理的研究一直持续到现在。1934 年 Haber-Weiss 提出，Fenton 反应中 H_2O_2 的分解经历以下历程。

$$H_2O_2 + Fe^{2+} \longrightarrow Fe^{3+} + HO^- + HO·$$
$$Fe^{2+} + HO· \longrightarrow Fe^{3+} + HO^-$$
$$Fe^{3+} + H_2O_2 \longrightarrow Fe^{2+} + H^+ + HO_2·$$
$$Fe^{2+} + H_2O_2 + H^+ \longrightarrow Fe^{3+} + H_2O + HO·$$

上式也称为 Fenton 反应式。

Merz 和 Waters 通过一系列试验间接证实了 Fenton 反应中有 HO· 的产生。20 世纪 50 年代，克莱默（Kremer）、加布（Garb）等利用顺磁共振（ESR）方法以 DMPO（5,5-二甲基-1-吡咯啉-N-氧化物）作自由基捕获剂成功获得了 HO· 信号，从而直接证实了 Fenton 反应中有 HO· 的存在。许多学者对 Fenton 反应的动力学和反应机理进行了深入的研究。归纳起来，主要有以下四种机理。

7.1.2.1　机理一

在 Haber-Weiss 推论的基础上，后人对 Fenton 反应机理进行进一步完善和补充，现已被广大研究者所认可的是：Fenton 试剂能通过催化剂分解产生羟基自由基（HO·）进攻有机物分子，并使其氧化为 CO_2、H_2O 等无机物质。

标准 Fenton 试剂是由 H_2O_2 和 Fe^{2+} 组成的混合体系，标准体系中羟基自由基的引发、消耗及反应链终止的反应机理可归纳如下：

$$Fe^{2+}+H_2O_2 \longrightarrow Fe^{3+}+OH^-+HO \cdot$$
$$Fe^{2+}+HO \cdot \longrightarrow Fe^{3+}+OH^-$$
$$HO_2 \cdot +Fe^{3+} \longrightarrow Fe^{2+}+O_2+H^+$$
$$HO \cdot +H_2O_2 \longrightarrow H_2O+HO_2 \cdot$$
$$Fe^{2+}+HO \cdot \longrightarrow Fe^{3+}+HO^-$$
$$Fe^{3+}+H_2O_2 \longrightarrow Fe^{2+}+HO_2 \cdot +H^+$$

$$H_2O_2+Fe^{2+} \longrightarrow Fe^{3+}+HO \cdot +HO^- \qquad k=63.0 L/(mol \cdot s)$$
$$HO \cdot +Fe^{2+} \longrightarrow Fe^{3+}+HO^- \qquad k=3.0 \times 10^8 L/(mol \cdot s)$$
$$Fe^{3+}+H_2O_2 \longrightarrow Fe\text{-}OOH^{2+}+H^+ \qquad k=3.1 \times 10^{-3} mol/(L \cdot s)$$
$$Fe\text{-}OOH^{2+}+3H^++3e^- \longrightarrow Fe^{2+}+2H_2O \qquad k=2.7 \times 10^{-3} mol/(L \cdot s)$$
$$HO \cdot +H_2O_2 \longrightarrow HO_2 \cdot +H_2O \qquad k=3.3 \times 10^7 L/(mol \cdot s)$$
$$Fe^{2+}+HO_2 \cdot \longrightarrow Fe\text{-}OOH^{2+} \qquad k=1.2 \times 10^6 L/(mol \cdot s)$$
$$Fe^{2+}+O_2^-+H^+ \longrightarrow Fe\text{-}OOH^{2+} \qquad k=1.0 \times 10^7 L/(mol \cdot s)$$
$$Fe^{3+}+HO_2 \cdot \longrightarrow Fe^{2+}+O_2+H^+ \qquad k<1 \times 10^3 L/(mol \cdot s)$$
$$Fe^{3+}+O_2^- \longrightarrow Fe^{2+}+O_2 \qquad k=5 \times 10^7 L/(mol \cdot s)$$
$$HO_2 \cdot \longrightarrow O_2^-+H^+ \qquad k=2.7 \times 10 L/(mol \cdot s)$$
$$O_2^-+H^+ \longrightarrow HO_2 \cdot \qquad k=1 \times 10^{10} L/(mol \cdot s)$$
$$HO_2 \cdot +HO_2 \cdot \longrightarrow H_2O_2+O_2 \qquad k=8.3 \times 10^5 L/(mol \cdot s)$$
$$HO_2 \cdot +O_2^-+H_2O \longrightarrow H_2O_2+O_2+OH^- \qquad k=9.7 \times 10^7 L/(mol \cdot s)$$
$$HO_2 \cdot +HO \cdot \longrightarrow H_2O+O_2 \qquad k=7.1 \times 10^9 L/(mol \cdot s)$$
$$HO \cdot +O_2^- \longrightarrow OH^-+O_2 \qquad k=1.0 \times 10^{10} L/(mol \cdot s)$$
$$HO \cdot +HO \cdot \longrightarrow H_2O_2 \qquad k=5.2 \times 10^9 L/(mol \cdot s)$$

7.1.2.2 机理二

德国卡尔斯鲁厄大学研究人员认为，pH 在 2.5～4.5 之间时，低浓度 Fe^{2+} 主要以 $Fe(OH)(H_2O)_5^+$ 形式存在。而热力学计算表明，Fe_{aq}^{2+} 与 H_2O_2 的体外电子转移是不可能的。而 $[Fe_{aq}^{2+}\text{-}H_2O_2]$ 复合物的形式是可能的，这个反应的发生是 H_2O_2 与 H_2O 在 Fe^{2+} 的第一配位体上发生了配位交换，反应式如下：

$$Fe(OH)(H_2O)_5^++H_2O_2 \longrightarrow Fe(OH)(H_2O_2)(H_2O)_4^++H_2O$$

随后发生体内二电子转移反应，生成 Fe^{4+} 的复合物。$Fe(OH)_3(H_2O)_4^+$ 中间体继续反应并产生 $HO \cdot$。

$$Fe(OH)(H_2O_2)(H_2O)_4^+ \longrightarrow Fe(OH)_3(H_2O)_4^+$$
$$Fe(OH)_3(H_2O)_4^++H_2O \longrightarrow Fe(OH)(H_2O)_5^{2+}+HO \cdot +OH^-$$

$Fe(OH)(H_2O)_5^{2+}$ 与 H_2O_2 继续反应可生成 Fe_{aq}^{2+}，从而使 Fe^{2+} 得以循环，该反应可分为以下三步：

$$Fe(OH)(H_2O)_5^{2+}+H_2O_2 \longrightarrow Fe(OH)(HO_2)(H_2O)_4^++H_3O^+$$
$$Fe(OH)(HO_2)(H_2O)_4^++H_2O \longrightarrow Fe(OH)(H_2O)_5^{2+}+HO_2^-$$

$$Fe(OH)(H_2O)_5^{2+}+H_2O+HO_2 \cdot \longrightarrow Fe(OH)(H_2O)_5^{+}+O_2+H_3O^{+}$$

7.1.2.3　机理三

山崎（Yamazaki）等利用顺磁共振（ESR）方法以 DMPO 作自由基捕获剂对 Fenton 反应机理进行了研究。他们认为：首先，部分 Fe^{2+} 被 H_2O_2 氧化成三价态，随后由 Fe^{2+} 和 Fe^{3+} 共同催化分解 H_2O_2 生成 HO·，并且其中一部分还被氧化成 Fe^{4+}。

$$2Fe(H_2O)_6^{2+}+H_2O_2 \longrightarrow 2Fe(H_2O)_6^{3+}+2OH^{-}$$
$$Fe(H_2O)_6^{2+}+H_2O_2 \longrightarrow Fe(H_2O)_6^{3+}+OH^{-}+HO \cdot$$
$$Fe(H_2O)_6^{2+}+H_2O_2 \longrightarrow FeO^{2+}+7H_2O$$

7.1.2.4　机理四

许多学者认为 Fenton 反应除生成 HO· 外，还有高价铁的生成，并认为高价铁有较强的氧化能力。在一些有机物的氧化中高价铁起着主导作用。阿拉萨辛厄姆（Arasasingham）和董（Dong）认为 Fe^{2+} 或 Fe^{3+} 与有机配体（如卟啉和卟啉类化合物）生成的络合物可与过氧化物等其他氧化剂生成高价铁氧中间体 FeO^{2+}，铁呈现 +4 或 +5 氧化态。

$$H_2O_2+Fe^{2+} \longrightarrow FeO^{2+}+H_2O$$

7.1.3　Fenton 试剂的氧化性能

Fenton 试剂之所以具有非常强的氧化能力，是因为 H_2O_2 在 Fe^{2+} 的催化作用下，产生羟基自由基 HO·，羟基自由基 HO· 与其他氧化剂相比具有更高的氧化电极电位，具有很强的氧化性能。羟基自由基与其他氧化剂的氧化电极电位见表 7-1。

表 7-1　羟基自由基与其他氧化剂的氧化电极电位

氧化剂	反应式	氧化电极电位/V
羟基自由基 HO·	$HO \cdot + H^{+} + e^{-} \Longrightarrow H_2O$	2.80
K_2FeO_4	$Fe^{3+}+4H_2O \Longrightarrow FeO_4^{2-}+8H^{+}+3e^{-}$（酸性）	2.20
	$Fe(OH)_3+5OH^{-} \Longrightarrow FeO_4^{2-}+4H_2O+3e^{-}$（碱性）	0.72
O_3	$O_3+2H^{+}+2e^{-} \Longrightarrow H_2O+O_2$	2.07
H_2O_2	$H_2O_2+2H^{+}+2e^{-} \Longrightarrow 2H_2O$	1.77
$KMnO_4$	$MnO_4^{-}+8H^{+}+5e^{-} \Longrightarrow Mn^{2+}+4H_2O$	1.52
ClO_2	$ClO_2+e^{-} \Longrightarrow ClO_2^{-}$	1.50
Cl_2	$Cl_2+2e^{-} \Longrightarrow 2Cl^{-}$	1.36

由表 7-1 可以看出，HO· 的氧化电极电位远高于其他氧化剂，具有很强的氧化能力，故能使许多难生物降解及一般化学氧化法难以氧化的有机物有效分解，HO· 具有较高的电负性或电子亲和能。

多元醇（乙二醇、甘油）以及淀粉、蔗糖、葡萄糖之类的碳水化合物在 HO· 作用下，分子结构中各处发生脱 H（原子）反应，随后发生 C═C 键的开裂，最后被完全氧化为 CO_2。对于水溶性高分子物（聚乙烯醇、聚丙烯醇钠、聚丙烯酰胺）和水溶性丙烯衍生物（丙烯腈、丙烯酸、丙烯醇、丙烯酸甲酯等），HO· 加成到 C═C，使双键断裂，然后将其氧化成 CO_2。对于饱和脂肪族一元醇（乙醇、异丙醇）、饱和脂肪族羧基化合物（醋酸、醋酸乙基丙酮、乙醛），主链稳定的化合物，HO· 只能将其氧化为羧酸，由复杂大分子结构物质氧化分解成直碳链小分子化合物。

对于酚类有机物，小剂量的 Fenton 试剂可使其发生偶合反应生成酚的聚合物；大剂量的 Fenton 试剂可使酚的聚合物进一步转化成 CO_2。对于芳香族化合物，HO· 可以破坏芳香环，形成脂肪族化合物，从而消除芳香族化合物的生物毒性。

对于染料，HO· 可以直接攻击发色基团，打开染料发色官能团的不饱和键，使染料氧化分解。而色素的产生是因为其不饱和共轭体系的存在而对可见光有选择性地吸收，HO· 能优先攻击其发色基团而达到漂白的效果。

7.1.4 Fenton 试剂类型

Fenton 试剂自出现以来就引起了人们的广泛青睐和重视，并进行了广泛的研究，为进一步提高对有机物的氧化性能，以标准 Fenton 试剂为基础，发展了一系列机理相似的类 Fenton 试剂，如改性-Fenton 试剂、光-Fenton 试剂、配体-Fenton 试剂、电-Fenton 试剂等。

7.1.4.1 标准 Fenton 试剂

标准 Fenton 试剂是由 Fe^{2+} 和 H_2O_2 组成的混合体系，它通过 Fe^{2+} 催化分解 H_2O_2 产生 HO· 来攻击有机物分子夺取氢，将大分子有机物降解成小分子有机物或 CO_2 和 H_2O，或无机物。

反应过程中，溶液的 pH、反应温度、H_2O_2 浓度和 Fe^{2+} 的浓度是影响氧化效率的主要因素，一般情况下，pH 为 3~5 是 Fenton 试剂氧化的最佳条件，pH 的改变将影响溶液中铁形态的分布，改变催化能力。降解速率随反应温度的升高而加快，但去除效率改善并不明显。在反应过程中，Fenton 试剂存在一个最佳的 H_2O_2 和 Fe^{2+} 投加量比，H_2O_2 过量或 Fe^{2+} 过量会发生不同的反应，生成的 Fe^{3+} 又可能引发其他不同的反应。

7.1.4.2 改性-Fenton 试剂

利用 Fe^{3+} 盐溶液、可溶性铁以及铁的氧化矿物（如赤铁矿、针铁矿等）同样可使 H_2O_2 催化分解产生 HO·，达到降解有机物的目的，这类改性-Fenton 试剂，因其铁的来源较为广泛，且处理效果比标准 Fenton 试剂处理效果更为理想，所以得到广泛应用。使用 Fe^{3+} 代替 Fe^{2+} 与 H_2O_2 组合产生 HO· 的反应式如下。

$$Fe^{3+} + H_2O_2 + e^- \longrightarrow [Fe(HO)_2]^{2+}$$
$$[Fe(HO)_2]^{2+} \longrightarrow Fe^{2+} + HO_2· + H^+ + e^-$$
$$Fe^{2+} + H_2O_2 \longrightarrow Fe^{3+} + OH^- + HO·$$

为简单起见，上述反应中铁的络合体中都省去了 H_2O。当 pH>2 时，还可能存在如下反应：

$$Fe^{3+} + OH^- \longrightarrow [Fe(OH)]^{2+}$$
$$[Fe(OH)]^{2+} + H_2O_2 \longrightarrow [Fe(HO)(HO_2)]^{2+} + H^+ + e^-$$
$$[Fe(HO)(HO_2)]^{2+} + e^- \longrightarrow Fe^{2+} + HO_2· + OH^-$$

7.1.4.3　光-Fenton 试剂

在 Fenton 试剂处理有机物的过程中，光照（紫外线或可见光）可以提高有机物的降解效率，如当用紫外线照射 Fenton 试剂，处理部分有机废水时，COD 去除率可提高 10% 以上。这种紫外线或可见光照下的 Fenton 试剂体系，称为光-Fenton 试剂。在光照条件下，除某些有机物能直接分解外，铁的羟基络合物（pH 为 3～5 左右，Fe^{3+} 主要以 $[Fe(OH)]^{2+}$ 形式存在）有较好的吸光性能，并吸光分解，产生更多 $HO\cdot$，同时能加强 Fe^{3+} 的还原，提高 Fe^{2+} 的浓度有利于 H_2O_2 催化分解，从而提高污染物的处理效果，反应式如下：

$$4Fe(HO)^{2+} + h\nu \longrightarrow 4Fe^{2+} + HO\cdot + HO_2\cdot + H_2O$$

$$Fe^{2+} + H_2O_2 \longrightarrow Fe^{3+} + OH^- + HO\cdot$$

$$Fe^{3+} + H_2O_2 \longrightarrow [Fe(HO_2)]^{2+} + H^+$$

$$[Fe(HO_2)]^{2+} \longrightarrow Fe^{2+} + HO_2\cdot$$

7.1.4.4　配体-Fenton 试剂

当在 Fenton 试剂中引入某些配体（如草酸、EDTA 等），或直接利用铁的某些螯合体[如 $K_3Fe(C_2O_4)_3\cdot 3H_2O$]，影响并控制溶液中铁的形态分布，增加对有机物的去除效果，则得到配体-Fenton 试剂。另外，在光照条件下，一些有机配体（如草酸）有较好的吸光性能，有的还会分解生成各种自由基，大大促进了反应的进行。

马泽利耶（Mazellier）在用 Fenton 试剂处理敌草隆农药废水时，引入草酸作为配体，可形成稳定的草酸铁络合物{$[Fe(C_2O_4)]^+$、$[Fe(C_2O_4)_2]^{2-}$ 或 $[Fe(C_2O_4)_3]^{3-}$}，草酸铁络合物吸光度的波长范围宽，是光化学性很高的物质，在光照条件下会发生下述反应，以 $[Fe(C_2O_4)_3]^{3-}$ 为例：

$$[Fe(C_2O_4)_3]^{3-} + h\nu \longrightarrow Fe^{2+} + 2C_2O_4^{2-} + C_2O_4^-\cdot$$

$$C_2O_4^-\cdot + [Fe(C_2O_4)_3]^{3-} \longrightarrow Fe^{2+} + 3C_2O_4^{2-} + 2CO_2$$

$$C_2O_4^-\cdot + O_2 \longrightarrow O_2^-\cdot + 2CO_2$$

$$O_2^-\cdot + Fe^{2+} + 2H^+ \longrightarrow Fe^{3+} + H_2O_2$$

因此随着草酸浓度的增加，敌草隆的降解速度加快，直到草酸浓度增加到与 Fe^{3+} 浓度形成平衡时，敌草隆的降解速度最大。

7.1.4.5　电-Fenton 试剂

电-Fenton 系统就是在电解槽中，通过电解反应生成 H_2O_2 和 Fe^{2+}，从而形成 Fenton 试剂，并让废水进入电解槽，提高了试剂的处理效果。

帕尼萨（Panizza）用石墨作为电极电解酸性 Fe^{2+} 溶液，处理含萘、蒽醌-磺酸生产废水，通过外界提供的 O_2 在阴极表面发生电化学作用生成 H_2O_2，再与 Fe^{2+} 发生催化反应产生 $HO\cdot$，其反应式如下：

$$O_2 + 2H_2O \longrightarrow 2H_2O_2$$

$$Fe^{2+} + H_2O_2 \longrightarrow Fe^{3+} + HO\cdot + OH^-$$

有学者则认为催化反应在碱性条件下，更利于阴极产生 H_2O_2，其反应式为：

$$O_2 + H_2O + 2e^- \longrightarrow HO_2^- + OH^-$$
$$HO_2^- + OH^- \longrightarrow H_2O + O_2 + 2e^-$$

7.1.5 Fenton 反应的影响因素

根据 Fenton 反应机理可知，HO· 是氧化有机物的有效因子，而 $[Fe^{2+}]$、$[H_2O_2]$、$[OH^-]$ 决定了 HO· 的产量，影响 Fenton 试剂处理难降解、难氧化有机废水的因素包括 pH、H_2O_2 投加量及投加方式、催化剂种类、催化剂投加量、反应时间和反应温度等，每个因素之间的相互作用是不同的。

7.1.5.1 pH

pH 对 Fenton 系统产生较大的影响，pH 过高或过低都不利于 HO· 的产生。当 pH 过高时会抑制 Fenton 反应的进行，使生成 HO· 的数量减少，使溶液中的 Fe^{2+} 以氢氧化物的形式沉淀而失去催化能力；当 pH 过低时，溶液中 H^+ 浓度过高，由 Fenton 反应式可见，Fe^{3+} 很难被还原为 Fe^{2+}，而使 Fenton 反应式中 Fe^{2+} 的供给不足，催化反应受阻，也不利于 HO· 的产生。大量实验数据表明，pH 的变化直接影响到 Fe^{2+}、Fe^{3+} 的络合平衡体系，从而影响 Fenton 试剂的氧化能力。Fenton 反应系统的最佳 pH 范围为 3~5，该范围与有机物种类关系不大。

7.1.5.2 H_2O_2 投加量与 Fe^{2+} 投加量之比

H_2O_2 投加量和 Fe^{2+} 投加量对 HO· 的产生具有重要影响。当 H_2O_2 和 Fe^{2+} 投加量较低时，产生的 HO· 数量相对较少，同时，H_2O_2 又是 HO· 捕获剂，H_2O_2 投加量过高会导致最初产生的 HO· 减少。另外，若 Fe^{2+} 的投加量过高，则在高催化剂浓度下，反应开始时，从 H_2O_2 中非常迅速地产生大量的活性 HO·。HO· 同基质的反应不那么快，使未消耗的游离 HO· 积聚，在此条件下这些 HO· 彼此相互反应生成水，致使一部分最初产生的被消耗掉；所以 Fe^{2+} 投加量过高也不利于 HO· 的产生。而且 Fe^{2+} 投加量过高也会使水的色度增加。在实际应用当中应严格控制 Fe^{2+} 投加量与 H_2O_2 投加量之比，经研究证明，该比值同处理的有机物种类有关，不同有机物最佳的 Fe^{2+} 投加量与 H_2O_2 投加量之比不同。

7.1.5.3 H_2O_2 投加方式

H_2O_2 的投加量决定了有效性和经济性，随着 H_2O_2 投加量增加，COD 去除率先增加而后下降，H_2O_2 浓度过高，不利于 HO· 产生，致使 COD 去除率下降，这时 H_2O_2 无效分解，放出 O_2，会发生下列反应：

$$HO· + H_2O_2 \longrightarrow H_2O + HO_2·$$
$$HO_2· \longrightarrow O_2 + H^+ + e^-$$
$$2H_2O_2 \longrightarrow O_2 + 2H_2O$$

保持 H_2O_2 总投加量不变，将 H_2O_2 均匀地分批投加，可提高废水的处理效果。其原因是：H_2O_2 分批投加时，$[H_2O_2]/[Fe^{2+}]$ 相对降低，即催化剂浓度相对提高，从而

使 H_2O_2 的 $HO\cdot$ 产率增大，提高了 H_2O_2 利用率，进而提高了总的氧化效果。

7.1.5.4　反应时间

Fenton 试剂处理难降解有机废水，一个重要的特点就是反应速度快。一般来说，在反应的开始阶段，COD 的去除率随时间的延长而增大，一定反应时间后，COD 的去除率接近最大值，而后基本维持稳定。Fenton 试剂处理有机物的实质就是 $HO\cdot$ 与有机物发生反应，$HO\cdot$ 的产生速率以及 $HO\cdot$ 与有机物的反应速率大小直接决定了 Fenton 试剂处理难降解有机废水所需时间的长短，所以 Fenton 试剂处理难降解有机废水与反应时间有关。

7.1.5.5　反应温度

温度升高，$HO\cdot$ 的活性增大，有利于 $HO\cdot$ 与废水中有机物的反应，可提高废水 COD 的去除率；而温度过高会促使 H_2O_2 分解为 O_2 和 H_2O，不利于 $HO\cdot$ 的生成，反而会降低废水 COD 的去除率。本团队研究发现，Fe^{2+}-H_2O_2 处理洗胶废水的最佳温度为 $75\sim83℃$，通过试验证明 H_2O_2-Fe^{2+}/TiO_2 催化氧化分解放射性有机溶剂（TBP）的理想温度为 $75\sim83℃$。

7.1.6　Fenton 氧化技术的优点

Fenton 氧化的主要优点有：①反应启动快，反应条件温和；②设备简单，能耗小，节约运行费用；③Fenton 试剂氧化性强，反应过程中可以将污染物彻底无害化，而且氧化剂 H_2O_2 参加反应后的剩余物可以自行分解，不留残余，同时 Fe^{2+} 氧化为 Fe^{3+}，也是良好的絮凝剂；④运行过程稳定可靠，且不需要特别的维护，操作也简单，只要掌握好反应 pH、Fe^{2+}/H_2O_2 投加量及处理周期即可。

7.1.7　Fenton 试剂在处理难降解有机废水中的应用

7.1.7.1　处理染料废水

染料废水成分复杂、色度深，大多数污染物有毒而且难降解，采用传统生化处理很难使其达标排放，其中脱色处理是难题之一。染料颜色来源于染料分子的共轭体系，即发色体。发色体是含有不饱和基团—N ＝N—、 C＝C 、—N＝O、 C＝O 、—NO_2 等的发色体系。Fe^{2+} 与 H_2O_2 在酸性条件下生成的 $HO\cdot$ 能够氧化打破共轭体系结构，使之变成无色的有机分子从而可以进一步矿化。这是 Fenton 氧化反应对染料废水降解脱色的主要机理。由于 Fenton 试剂处理难生物降解或一般化学氧化难以奏效的染料废水时有其他方法无法比拟的优点，所以常被选用，既可以用于染料废水的预处理，又可以用于最终深度处理，满足出水水质要求。

7.1.7.2　处理含酚废水

含酚废水是一种来源广、水质危害严重的工业废水，产生含酚废水的工业企业很多，如焦化厂、煤气厂，以及用酚作原料与合成酚的各种企业。酚能使蛋白质凝固，使细胞失去活力，尤其对神经系统有较大的亲和力，高浓度的酚能引起急性中毒，甚至死亡；低浓度的酚能引起累积性慢性中毒；长期饮用被酚污染的水，会引起头晕、贫血及神经系统病症。含酚废水对水源地、水生生物的影响颇为严重。因此防治含酚废水的污染引起了各国的普遍重视。采用 Fenton 试剂对 7 种酚类物质进行处理，结果表明 Fenton 试剂去除酚类物质的反应非常快，除对硝基酚和邻硝基酚所用时间稍长之外，其他几种酚类物质均可在 20min 之内达到 95％以上的去除率。

7.1.7.3　处理丙烯腈废水

丙烯腈作为一种重要的化工原料，广泛用于制造腈纶纤维、丁腈橡胶、ABS 工业塑料和合成树脂等领域。但是其在生产和使用过程中有大量废水排放，其中丙烯腈浓度达 1000～1400mg/L，是环境中重要的有害污染物之一，不仅破坏水体生态系统，还危害人类的健康。采用 Fenton 试剂对模拟丙烯腈废水进行处理，结果表明 Fenton 试剂用于高浓度丙烯腈废水的前期预处理是有效的。

7.1.7.4　处理垃圾填埋渗滤液

渗滤液的成分十分复杂，而且水质水量变化很大，一般生化法的厌氧或好氧处理工艺难以奏效。采用 Fenton 试剂对早晚期两种不同的垃圾渗滤液进行处理，结果表明经 Fenton 试剂处理的两种渗滤液的 COD 均有较高的去除率。

随着改革开放经济发展，生活水平提高、环保意识的增强，人们对生态环境日益关注。为了保障大气环境质量、保护人们的健康，国家制定了恶臭的强制排放标准，限制了城市废水处理厂的臭气排放最高浓度。废水处理厂内的臭味是废水处理工程实施需首要解决的问题。

臭味控制成为废水收集、处理和处置设施等的主要考虑因素，公众会因臭味问题难以接受，投诉产生恶臭的废水项目，而导致废水处理项目不能实施或生产厂被停产关闭。

7.2　不同催化剂预处理蛋氨酸废水的效果

能催化 H_2O_2 分解生成 HO· 的催化剂很多，Fe^{2+}、Fe^{3+}、铁粉、铁屑、TiO_2、Cu^{2+}、Mn^{2+}、Ag^+、活性炭等均有一定的催化能力，不同催化剂存在条件下 H_2O_2 对难降解有机物的氧化效果不同，不同催化剂同时使用时能产生良好的协同催化作用。从经济性考虑，$FeSO_4 \cdot 7H_2O$ 是催化 H_2O_2 分解生成 HO· 广泛采用的催化剂。蛋氨酸工程中用 $FeSO_4 \cdot 7H_2O$ 做催化剂，出水的颜色不理想，为此，采用铁粉、二氧化锰和二氧化钛做催化剂试验，以改善出水的颜色状况。

取样时间：2010 年 10 月 27 日。实验时间：2010 年 12 月 19 日～23 日。蛋氨酸中浓度废水的水质状况见表 7-2。

表 7-2　蛋氨酸中浓度废水的水质状况

编号	pH	颜色	COD/(mg/L)	SO_4^{2-}/(g/L)
调节池 2# 10.27	5.5～6.0	棕色	7665	5.14

蛋氨酸中浓度废水静态试验研究结论为：反应 pH＝3.0，硫酸亚铁投加量为 8kg/ (m^3 废水)，双氧水投加量为 35L/(m^3 废水) 时，对废水中的 COD 有较高的脱除率，可达 43.3%。

7.2.1　不同催化剂催化双氧水氧化效果的比较

当反应 pH＝3.0，双氧水投加量为 35L/(m^3 废水) 时，分别选用不同种类不同量的催化剂：①硫酸亚铁 8.0kg/(m^3 废水)，②铁粉 1.6kg/(m^3 废水)，③二氧化锰 1.6kg/ (m^3 废水)，④二氧化钛 1.6kg/(m^3 废水)。这四种不同催化剂对蛋氨酸中浓度废水 COD (7665mg/L) 的脱除率和处理出水颜色见表 7-3。

表 7-3　不同催化剂对蛋氨酸中浓度废水 COD 的脱除率和处理出水颜色

催化剂名称	催化剂 /[kg/(m^3 废水)]	双氧水 /[L/(m^3 废水)]	反应时间 /h	COD /(mg/L)	脱除率/%	出水颜色
硫酸亚铁	8.0	35	24	4345	43.3	浅黄
铁粉	1.6	35	24	4693	38.8	浅黄
二氧化锰	1.6	35	24	5570	27.3	微黄
二氧化钛	1.6	35	24	6887	10.2	棕黄

从表 7-3 可以看出，用硫酸亚铁作为催化剂对 COD 的去除效果最好，用铁粉的效果较好，用二氧化锰效果次之，用二氧化钛效果最差。从处理出水的颜色看，用二氧化锰处理出水的颜色最浅，但反应剧烈，其次是用硫酸亚铁和铁粉，而用二氧化钛的效果最差。

从经济性考虑：TiO_2 12860 元/t，1.6×12.86＝20.6 元/(m^3 废水)，MnO_2 2100 元/t，1.6×2.1＝3.36 元/(m^3 废水)，Fe 粉 3500 元/t，1.6×3.5＝5.6 元/(m^3 废水)，$FeSO_4 \cdot 7H_2O$ 400 元/t，8×0.4＝3.2 元/(m^3 废水)，可见用 $FeSO_4 \cdot 7H_2O$ 最低。用铁粉作为催化剂不引入 SO_4^{2-}，因此可以投加适量的铁粉代替部分硫酸亚铁，从而减少处理后废水中的 SO_4^{2-} 浓度，减轻其对厌氧生化系统的影响。

7.2.2　不同药剂对废水中的 COD 脱除效果的对比

从表 7-2 可知，废水中的 SO_4^{2-} 浓度很高，为了能够从源头上减轻 SO_4^{2-} 对生化系统的影响，先通过氯化钡沉淀的方法降低废水的 SO_4^{2-} 浓度，再加入不同药剂脱除废水中的 COD，不同药剂对废水中的 COD 脱除效果见表 7-4。

表 7-4　不同药剂对废水中的 COD 脱除效果

废水量 /mL	氯化钡 /[g/(L 废水)]	硫酸亚铁 /[g/(L 废水)]	氯化铁 /[g/(L 废水)]	pH	COD /(mg/L)	脱除率 /%
100	2.5	0	0	8	6889	10.1
100	2.5	2.5	0	8	7556	1.4
100	2.5	0	2.5	8	6624	13.6
100	2.5	0	4	8	6162	19.6

从表 7-4 可见，加入适量氯化钡进行沉淀反应，不仅可以降低废水中的 SO_4^{2-}，同时对废水中的有机物也有一定的絮凝脱除作用，COD 脱除率为 10.1%。而"氯化钡＋硫酸亚铁"的效果差，COD 脱除率仅为 1.4%，可能的原因是：硫酸亚铁属于还原性物质，

使得测定的 COD 值升高。"氯化钡＋氯化铁"沉淀反应的效果比前两者好，COD 脱除率随氯化铁投加量的增加而升高，最高达 19.6%。由于"氯化钡＋氯化铁"沉淀反应的方法会引入 Cl^-，Cl^- 浓度过高对生化系统也会造成严重影响。同时氯化铁 4500 元/t，处理成本高，因而该方法的经济可行性差。

7.3　蛋氨酸废水预处理和生化处理存在问题与解决措施

对蛋氨酸废水处理运行状态进行总结，吸取成功的经验，找出存在的问题，有利于蛋氨酸废水处理工程的完善、优化，为此对蛋氨酸废水工程各点取样，进行相关项目的分析。

取样时间：2010 年 10 月 26 日、27 日。取样地点：调节池 1、2、4，厌氧池（ABR 池），好氧池。分析测量时间：2010 年 10 月 28 日至 11 月 9 日。

7.3.1　蛋氨酸废水中硫酸盐和硫化物的分析

调节池 4、厌氧池（ABR 池）和好氧池中硫酸根离子、亚硫酸根离子和二价硫离子的浓度见表 7-5。

表 7-5　调节池和厌/好氧池中硫化物浓度

项目	调节池 4	厌氧池	好氧池
SO_4^{2-}/(g/L)	2.30	1.70	1.80
SO_3^{2-}/(mg/L)	未检出	未检出	未检出
S^{2-}/(mg/L)	未检出	119	未检出
加入乙酸铅试验	无沉淀	有沉淀	无沉淀
COD/(mg/L)	1113	1628	274
COD/SO_4^{2-}	0.484	0.958	0.152

从表 7-5 可见，厌氧池对 COD 没有去除率或去除率很低，其原因分析如下：调节池 4、厌氧池和好氧池中 SO_4^{2-} 分别为 2.30g/L、1.70g/L 和 1.80g/L；其 COD 分别为 1113mg/L、1628mg/L 和 274mg/L；其 COD/SO_4^{2-} 的值分别为：0.484、0.958 和 0.152。调节池 4 中 SO_4^{2-} 为 2.30g/L，说明该废水属含硫酸盐较高的废水，处理中须降低 SO_4^{2-} 的浓度。厌氧池中 $COD/SO_4^{2-}=0.958$，此比值低于厌氧池正常运行的 $COD/SO_4^{2-} \geqslant 10$，说明厌氧池有机物浓度缺乏，硫酸盐还原菌占优势，甲烷菌占劣势，为此须向厌氧池补充碳源或补充活性污泥。SO_4^{2-}、SO_3^{2-} 和 S^{2-} 对甲烷菌的抑制毒性分别为 3300mg/L、50mg/L 和 500mg/L，检验中，在厌氧池未检出 SO_3^{2-}，加入乙酸铅有硫化铅沉淀，说明存在 S^{2-}，检出值为 119mg/L，此值低于 500mg/L，不至于对甲烷菌产生大的毒性，因而厌氧池去除 COD 效果差不是由硫酸盐还原菌引起的，而是 SO_4^{2-} 浓度高，硫酸盐还原菌的碳源不足引起的。

当 $COD/SO_4^{2-}=0.67$ 时，有机物被硫酸盐还原菌完全氧化，硫酸盐本身也被还原；当 $COD/SO_4^{2-}<0.67$ 时，则 SO_4^{2-} 不能完全还原；当 $COD/SO_4^{2-}>0.67$ 时，硫酸盐被还原，有机物完全转化，必然有甲烷产生。常规地讲，$COD/SO_4^{2-} \geqslant 10$，则厌氧正常稳定运行，COD 去除率在 30%～40% 左右。

为了使厌氧池恢复正常运行，应：①补充活性污泥；②尽量降低进入厌氧池的硫酸盐浓度。

厌氧池正常运行的几个条件如下：①温度：30～40℃；②pH：产甲烷菌 pH＝6.5～8.0，最适 pH＝6.8～7.2，产酸菌 pH＝4.0～7.0；③ORP：－100mV～＋100mV；产甲烷段：－150mV～－400mV；④有毒物质和抑制性基质：重金属、氯化有机物对甲烷菌的毒性大，要防止进入；⑤硫酸盐和硫化物：亚硫酸盐的毒性最大，其次是硫化氢，但少量的硫化氢是甲烷菌的必需营养物，一般需 11.5mg S/L（以 H_2S 计）。本厌氧池可在 150～200mg S/L 的情况下运行。游离 H_2S 在 pH＝7 以下时游离浓度大，在 pH＝7～8 时，H_2S 浓度迅速下降。厌氧池的 pH 应控制在 7～8.5。

7.3.2　调节池 1 和调节池 2 废水 Fenton 试剂的用量

调节池 1 和调节池 2 废水 COD 的测定值见表 7-6。

表 7-6　调节池 1 和调节池 2 废水 COD 的测定值

项目	调节池 1		调节池 2	
取样时间	10 月 26 日	10 月 27 日	10 月 26 日	10 月 27 日
pH	3	3	5.5	5.5
COD/(mg/L)	826	932	7176	7599

① 取调节池 1 废水用 H_2SO_4 调节不同 pH，再改变 $FeSO_4 \cdot 7H_2O$ 和 30% H_2O_2 的投加量，反应 1～16h，再调 pH＝8.5，过滤测 COD。最后得出最佳处理条件为：原废水 COD 879mg/L，用 H_2SO_4 调 pH＝3，加入 $FeSO_4 \cdot 7H_2O$[5kg/(m³ 废水)]、30%H_2O_2[5L/(m³ 废水)]，反应 4.5h，用石灰乳调 pH＝8.5，过滤，测得 COD 为 170mg/L，COD 去除率为 80.66%。建议对调节池 1 废水采用该操作条件预处理。

② 取调节池 2 废水用 H_2SO_4 调节不同的 pH，再改变 $FeSO_4 \cdot 7H_2O$ 和 30%H_2O_2 的投加量，反应 1～72h，再调 pH＝8～9，过滤测 COD。最后得出最佳处理条件为：原废水 COD 7388mg/L，用 H_2SO_4 调 pH＝5.5，加入 $FeSO_4 \cdot 7H_2O$[10kg/(m³ 废水)]、30% H_2O_2[35L/(m³ 废水)]，反应 24h，用石灰乳调 pH＝8～9，过滤，测得 COD 为 3898mg/L，COD 去除率为 47.2%。建议对调节池 2 废水采用该操作条件氧化预处理。

7.3.3　二沉池出水的进一步脱色

采用了双氧水、活性硅藻土、活性炭、三氯化铁、Fenton 试剂、臭氧、二氧化氯、聚合硫酸铁、聚合氧化铝、氯化镁、次氯酸钠、次氯酸钙、铁屑＋焦炭等进一步处理二沉池出水，使其颜色脱除，从试验结果看，这些方法均有效果，但各有利弊。从经济实用性、现场的可操作性出发，建议如下。

① 用活性炭塔：将原 YC-216 废水处理站的一个活性炭塔移至蛋氨酸二沉池出水处，内装净化天然气的废活性炭或活性硅藻土吸附二沉池出水中的有色物质，可收到满意的脱色效果。

② 用 Fenton 试剂处理，按 $FeSO_4 \cdot 7H_2O$ 0.5kg/(m³ 废水)、30% H_2O_2 2～3L/(m³ 废水) 的比例投加，反应 1h，过滤排放，须增加一个反应池（器）和一个过滤池

（器）。

③ 优化使用现有的预处理池和氧化池，适当增加 $FeSO_4 \cdot 7H_2O$ 和 H_2O_2 以达到脱色效果。

④ 必须进行竖沉池的排泥，避免预处理产生的污泥进入 ABR 池，这是恢复 ABR 池厌氧菌活性和使出水颜色脱除的关键，千万要重视。

7.4　避免硫酸根离子干扰与其去除的方法及 Ba^{2+} 盐的循环利用

高浓度的硫酸根离子存在使厌氧池对 COD 的去除率低，并使处理出水为深茶色，为此再取蛋氨酸废水处理工程各点废水进行分析，以求解决该问题的办法。取样测量分析如下。

取样时间：2010 年 12 月 5 日。取样地点：蛋氨酸废水处理现场，调节池 1、调节池 2、调节池 4、混絮凝池、ABR 池 A、ABR 池 B、好氧池 1、好氧池 2、好氧池 3、好氧池 4 和蛋氨酸生产车间的六单元（a6240）。分析测量时间：2010 年 12 月 6 日～8 日。各采样点的颜色、pH，SO_4^{2-}、COD 分析测量结果见表 7-7、表 7-8。

表 7-7　蛋氨酸废水的颜色和 pH

项目	调节池 1	调节池 2	调节池 4	混絮凝池	ABR 池 A	ABR 池 B
颜色	浅茶色	棕黑色	棕红色	棕红色	浅棕色	浅黄色
pH	3.5	9.5	9.2	10	6.8	7
项目	好氧池 1	好氧池 2	好氧池 3	好氧池 4	a6240	
颜色	灰黄色	茶黄色	浅茶黄色	浅茶黄色	乳白色	
pH	5.4	5.5	5.5	5.5	5.4	

表 7-8　蛋氨酸废水的 COD 和 SO_4^{2-} 浓度　　　　单位：mg/L

项目	调节池 1	调节池 2	调节池 4	厌氧池	好氧池	a6240
COD	2700	6134	1956	1650	693	22502
SO_4^{2-}	1650	9341	4940	2880	4115	52300

经查：2009 年 8 月 28 日业主提供设计的水质水量资料中 U6（蛋氨酸干燥）单元的真空循环水中 Na_2SO_4 为 13000mg/L，COD 约 1000mg/L，一、二级蛋氨酸结晶冷凝液 Na_2SO_4 为 2000mg/L，COD 约 20000mg/L。

从表 7-8 可见 U6 六单元排出的废水中 SO_4^{2-} 已大大超过设计指标，必须采用有效的脱硫措施，降低 U6 六单元排出废水中的 SO_4^{2-} 浓度，才能改变 ABR 池硫酸盐还原菌与甲烷菌竞争基质（碳源）的状况，使甲烷菌的活性恢复，甲烷菌在 ABR 池占优势。甲烷菌分解大量的有机物为 CO_2 和 H_2O，出水 COD 随之下降，即 ABR 池对 COD 的去除率得到提高。否则必须向 ABR 池投加碳源，保持 COD/SO_4^{2-}>10，以确保 ABR 池对 COD 有 30%～40%的去除率。但投加碳源，必然增加运行成本。从处理效果和经济性两方面考虑，最好在六车间的排放口增加 Ba^{2+} 脱 SO_4^{2-} 的设备，脱除大部分 SO_4^{2-} 后的废水经调节池再进行后续处理。

钡盐脱硫酸根离子产生的沉淀，按沉淀：无烟煤＝100：（25～27）的配比，在 1000～1200℃下灼烧还原 1～2h，得硫化钡固体溶于水再投入脱硫装置循环使用。反应式如下：

$$BaSO_4 + 4C \longrightarrow BaS + 4CO$$

BaS 溶于水分解成 Ba(OH)$_2$ 和 Ba(HS)$_2$，反应式如下：

$$2BaS + 2H_2O \longrightarrow Ba(OH)_2 + Ba(HS)_2$$

如不制取 BaS 循环使用，则可将含钡污泥送当地化工公司作制取硫化钡的原料使用。该脱除大部分硫酸根离子的措施可在蛋氨酸废水处理工程中采用。

7.5　蛋氨酸废水间歇预处理试验研究

为寻找蛋氨酸废水连续预处理投加 Fe^{2+} 和 H_2O_2 的起始值，先取蛋氨酸废水进行间歇预处理的试验。取样时间：2010 年 10 月 27 日。试验时间：2010 年 10 月 29 日～11 月 12 日。从蛋氨酸废水站采集中、低浓度水样各 4 桶，用于 Fenton 试剂氧化投加 Fe^{2+} 和 H_2O_2 量的试验研究，既为蛋氨酸废水站现场各浓度范围废水所需的 Fenton 试剂氧化药剂量提供用量依据；又为蛋氨酸废水采用 Fenton 试剂连续预处理的工艺试验研究寻找 Fe^{2+} 和 H_2O_2 的起始投加量。

7.5.1　蛋氨酸废水 Fenton 试剂间歇预处理

7.5.1.1　蛋氨酸低浓度废水 Fenton 试剂间歇预处理

蛋氨酸中、低浓度废水水质状况见表 7-9（另外一组测定值）。取调节池 1# 10.27 的废水（COD＝932mg/L）用 Fenton 试剂间歇预处理，30% 双氧水投加量为 5mL/(L 废水) 与 10mL/(L 废水)，改变硫酸亚铁的投加量，测处理出水 COD 并计算脱除率，其结果见表 7-10 及图 7-1。

表 7-9　蛋氨酸中、低浓度废水水质状况

编号	pH	颜色	COD/(mg/L)	SO_4^{2-}/(mg/L)
调节池 1# 10.26	3.5～4.0	浅黄色	947	670
调节池 1# 10.27	3.5～4.0	浅黄色	932	670
调节池 2# 10.26	5.5～6.0	棕色	6925	5140
调节池 2# 10.27	5.5～6.0	棕色	7665	5140
调节池 4	7.5	黄色	1113	2300
厌氧池	7	黄黑色	1628	1700
好氧池	6.0～6.5	黄色	274	1830

注：调节池 4 和好氧池未检测出 S^{2-}，厌氧池 S^{2-} 浓度为 119mg/L。

表 7-10　改变 Fe^{2+} 和 H_2O_2 量间歇预处理蛋氨酸低浓度废水的 COD 和其脱除率

编号	废水量/mL	反应 pH	20%硫酸亚铁溶液/mL	30%双氧水/mL	反应时间/h	COD /(mg/L)	COD 脱除率/%
1	100	3	0.25	0.5	8	811.5	12.9
2	100	3	0.5	0.5	8	805	13.6
3	100	3	1	0.5	8	646.3	30.7
4	100	3	1.5	0.5	8	428.2	54.1
5	100	3	2	0.5	8	342.3	63.3
6	100	3	2.5	0.5	8	187	79.9
7	100	3	3	0.5	8	203.5	78.2
8	100	3	1	1	8	573.6	38.5

续表

编号	废水量/mL	反应 pH	20％硫酸亚铁溶液/mL	30％双氧水/mL	反应时间/h	COD /(mg/L)	脱除率/%
9	100	3	1.5	1	8	192	79.4
10	100	3	2	1	8	173.8	81.4
11	100	3	2.5	1	8	96.5	89.6
12	100	3	3	1	8	190.2	79.6
13	100	3	4	1	8	223	76.1

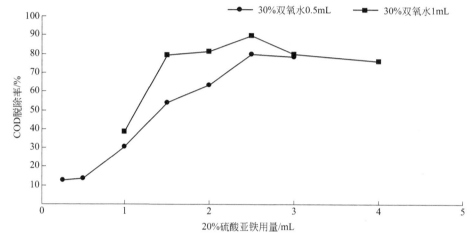

图 7-1   改变 20％硫酸亚铁用量间歇处理蛋氨酸低浓度废水的 COD 脱除率（Ⅰ）

从表 7-10 及图 7-1 可见，COD 为 932mg/L 的低浓度废水采用 Fenton 试剂间歇预处理效果良好。在双氧水投加量为 5mL/（L 废水）条件下，随着 20％硫酸亚铁溶液投加量的增加，废水中 COD 的脱除率逐渐升高，当硫酸亚铁投加量为 25mL/（L 废水）时，COD 脱除率最高，达 79.9％。在双氧水投加量为 10mL/（L 废水）时，随着硫酸亚铁投加量的增加，废水中 COD 的脱除率先升高后降低，当硫酸亚铁投加量为 25mL/（L 废水）时，COD 脱除率最高，达到 89.6％。综合考虑处理效果和运行成本，可采用 20％硫酸亚铁溶液投加量为 25mL/（L 废水），30％双氧水投加量为 5mL/（L 废水）作为蛋氨酸废水站间歇预处理 COD 1000mg/L 以下的低浓度废水的参考值，亦作为计算连续预处理蛋氨酸低浓度废水的起始参考值。

7.5.1.2   稀释中浓度废水 Fenton 试剂间歇预处理

将调节池 $2^{\sharp}$10.27 的废水样分别稀释约 2 倍和约 3 倍，COD 浓度分别为 3766.6mg/L 和 2481.3mg/L，分别改变硫酸亚铁和双氧水用量间歇预处理，COD 和其脱除率变化见表 7-11 及图 7-2。

表 7-11   稀释中浓度蛋氨酸废水改变 Fe^{2+} 和 H_2O_2 投加量间歇预处理出水的 COD 和脱除率

编号	废水 COD /(mg/L)	废水量/mL	反应 pH	20％硫酸亚铁溶液/mL	30％双氧水/mL	反应时间/h	COD /(mg/L)	脱除率/%
1	2481.3	100	3	0.5	1	10	2142	13.7
2	2481.3	100	3	1	1	10	1692	31.8
3	2481.3	100	3	1.5	1	10	1540	37.9
4	2481.3	100	3	2	1	10	1500	39.5

续表

编号	废水 COD /(mg/L)	废水量 /mL	反应 pH	20%硫酸亚铁溶液/mL	30%双氧水/mL	反应时间 /h	COD	
							/(mg/L)	脱除率/%
5	2481.3	100	3	2.5	1	10	1414	43.0
6	2481.3	100	3	3	1	10	1388	44.1
7	3766.6	100	3	0.5	2	18	3618	3.9
8	3766.6	100	3	1	2	18	3505.5	6.9
9	3766.6	100	3	2	2	18	2626.7	30.3
10	3766.6	100	3	3	2	18	2180.6	42.1
11	3766.6	100	3	4	2	18	2197	41.7
12	3766.6	100	3	5	2	18	2197	41.7

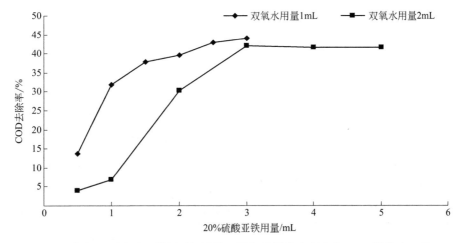

图 7-2　改变 20%硫酸亚铁用量间歇处理蛋氨酸低浓度废水的 COD 脱除率（Ⅱ）

从表 7-11、图 7-2 可见，当稀释的中浓度废水 COD 为 2481.3mg/L 时，在双氧水投加量为 10mL/（L 废水）的条件下，随着硫酸亚铁投加量的增加，废水 COD 的脱除率随之上升，当硫酸亚铁投加量为 30mL/（L 废水）时，废水中 COD 的脱除率最大，达到 44.1%。当稀释的中浓度废水 COD 为 3766.6mg/L 时，在双氧水投加量为 20mL/（L 废水）的条件下，废水中 COD 的脱除率随着硫酸亚铁投加量的增加先上升后保持平稳，当硫酸亚铁投加量为 30mL/（L 废水）时，废水中 COD 的脱除率最大，达到 42.1%。综合考虑处理效果和成本，可采用 20%硫酸亚铁溶液投加量为 20mL/（L 废水），30%双氧水投加量为 10mL/（L 废水），作为蛋氨酸废水站间歇预处理 COD 浓度 1000～2500mg/L 的低浓度蛋氨酸废水的参考值；采用 20%硫酸亚铁溶液投加量为 30mL/（L 废水），30%双氧水投加量为 20mL/（L 废水）作为间歇预处理 COD 浓度 2500～4000mg/L 的低浓度废水的参考值。该两组参考值亦作为计算连续预处理蛋氨酸废水低浓度至中浓度之间的废水浓度段（COD 1000～4000mg/L）的 Fe^{2+} 和 H_2O_2 投加量的起始参考值。

7.5.2　蛋氨酸中浓度废水 Fenton 试剂间歇预处理

7.5.2.1　pH 对 Fenton 试剂间歇预处理的影响

取调节池 2#10.27 的废水（COD 为 7665mg/L），用 Fenton 试剂间歇预处理，20%硫酸亚铁溶液的投加量为 35mL/（L 废水），30%双氧水投加量为 40mL/（L 废水），改变

pH＝1.5、2.0、3.0、4.0、5.0、6.0，检测出水中的 COD 和其脱除率的变化情况，其结果见表 7-12。

从表 7-12 可见，随着 pH 的上升，废水中的 COD 脱除率先升高后降低，在 pH＝3.0 时，废水中的 COD 脱除率达到最大，为 30.2％，可选取 pH＝3.0 为 Fenton 试剂间歇预处理的最佳 pH 进行中浓度蛋氨酸废水处理的试验。

表 7-12   蛋氨酸中浓度废水 Fenton 试剂间歇预处理出水中的 COD 和脱除率

编号	废水量/mL	反应 pH	20％硫酸亚铁溶液/mL	30％双氧水/mL	反应时间/h	COD /(mg/L)	脱除率/％
1	100	1.5	3.5	4	18	5732	25.2
2	100	2.0	3.5	4	18	5765.5	24.8
3	100	3.0	3.5	4	18	5352	30.2
4	100	4.0	3.5	4	18	5914.2	22.8
5	100	5.0	3.5	4	18	6344	17.2
6	100	6.0	3.5	4	18	6311	17.7

7.5.2.2   硫酸亚铁和双氧水投加量对 Fenton 试剂间歇预处理的影响

取调节池 2$^{\#}$10.27 的废水（COD 为 7665mg/L）进行 Fenton 试剂间歇预处理的试验，30％双氧水投加量为 20mL/(L 废水)、30mL/(L 废水)、35mL/(L 废水)、40mL/(L 废水) 时，改变硫酸亚铁的投加量，出水 COD 和其脱除率的变化情况见表 7-13 及图 7-3。

表 7-13   蛋氨酸中浓度废水 Fenton 试剂间歇预处理 Fe^{2+} 和 H_2O_2 变化时出水的 COD 和脱除率

编号	废水量/mL	反应 pH	20％硫酸亚铁溶液/mL	30％双氧水/mL	反应时间/h	COD /(mg/L)	脱除率/％
1	100	3	0.75	2	24	7237.6	5.6
2	100	3	1.5	2	24	7171	6.4
3	100	3	3	2	24	6872	10.3
4	100	3	4.5	2	24	6152	19.7
5	100	3	6	2	24	5511.2	28.1
6	100	3	7.5	2	24	5385.5	29.7
7	100	3	1.5	3	60	6441	16.0
8	100	3	3	3	60	6145	19.8
9	100	3	4.5	3	60	5055	34.1
10	100	3	6	3	60	4890	36.2
11	100	3	7.5	3	60	3898.7	49.1
12	100	3	9	3	60	4873.4	36.4
13	100	3	2	3.5	24	5584	27.1
14	100	3	2.5	3.5	24	6079	20.7
15	100	3	3	3.5	24	4989	34.9
16	100	3	3.5	3.5	24	4824	37.1
17	100	3	4	3.5	24	4345	43.3
18	100	3	5	3.5	24	4262	44.4
19	100	3	1	4	24	6971.4	9.0
20	100	3	2	4	24	6110.6	20.3
21	100	3	3	4	24	5351	30.2
22	100	3	4	4	24	4372	43.0
23	100	3	5	4	24	4334.4	43.5
24	100	3	6	4	24	4135.6	46.0

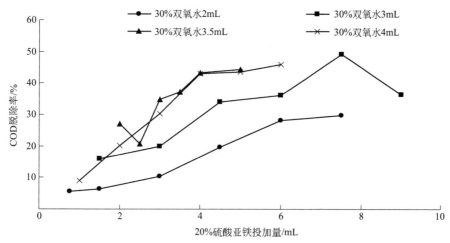

图 7-3　蛋氨酸中浓度废水 Fenton 试剂间歇预处理改变硫酸亚铁和双氧水投加量时出水 COD 的脱除率

由表 7-13、图 7-3、图 7-4 可见，在双氧水投加量为 20mL/（L 废水）、35mL/（L 废水）、40mL/（L 废水）的条件下，随着硫酸亚铁投加量的增加，废水中 COD 的脱除率逐渐升高，但是当双氧水投加量为 30mL/（L 废水）时，废水中 COD 的脱除率随着硫酸亚铁投加量的增加先升高后降低，当硫酸亚铁投加量为 75mL/（L 废水）时，COD 脱除率最大，达 49.1%。

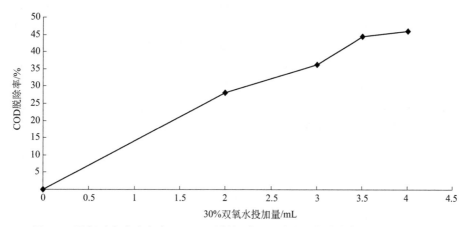

图 7-4　蛋氨酸中浓度废水 Fenton 试剂间歇处理改变双氧水投加量 COD 脱除率

7.5.2.3　分次投加硫酸亚铁和双氧水对 Fenton 试剂间歇预处理的影响

分次投加 Fe^{2+} 和 H_2O_2，间歇预处理蛋氨酸中浓度废水（COD 为 7665mg/L），检测出水中的 COD 和其脱除率变化情况，其结果见表 7-14。

表 7-14 中，双氧水的投加量变化范围为：40mL/（L 废水）、50mL/（L 废水）、60mL/（L 废水）、70mL/（L 废水）、80mL/（L 废水）、90mL/（L 废水），硫酸亚铁的投加量变化范围为：50mL/（L 废水）、50mL/（L 废水）、60mL/（L 废水）、60mL/（L 废水）、70mL/（L 废水）、70mL/（L 废水）。1 号样 COD 脱除率为 30.2%，与表 7-13 中对应的 1次投加反应（COD 脱除率为 43.5%）相比，分次投加效果较差。从表 7-13 可见，随着 Fe^{2+} 和 H_2O_2 投加量的增加，废水中的 COD 脱除率逐渐升高，但运行成本增加。综合上

述试验结果，可选取 20％硫酸亚铁溶液投加量为 40mL/(L 废水)，双氧水投加量为 35mL/(L 废水)，作为对蛋氨酸中浓度废水间歇预处理的参考值，也可作为连续预处理的计算起始参考值。

表 7-14　分次投加 Fe^{2+} 和 H_2O_2 间歇预处理蛋氨酸中浓度废水的 COD 及其脱除率

投加次数	编号	1	2	3	4	5	6
	废水量/mL	100	100	100	100	100	100
	反应 pH	3	3	3	3	3	3
第1次	20％硫酸亚铁溶液/mL	3	3	3	3	3	3
	30％双氧水/mL	2	3	2	3	3	3
	反应时间/h	0.5	0.5	0.5	0.5	0.5	0.5
第2次	20％硫酸亚铁溶液/mL	2	2	2	2	2	2
	30％双氧水/mL	2	2	2	2	3	3
	反应时间/h	0.5	0.5	0.5	0.5	0.5	0.5
第3次	20％硫酸亚铁溶液/mL	0	0	1	1	2	2
	30％双氧水/mL	0	0	2	2	2	3
	反应时间/h	24	24	24	24	24	24
	COD/(mg/L)	5351	5013	3663	3308.5	3393	2836
	COD 脱除率/％	30.2	34.6	52.2	56.8	55.7	63.0

7.5.2.4　反应时间对 Fenton 试剂间歇预处理的影响

用调节池 $2^\#$10.27 的废水（重新测得 COD 为 7709mg/L）进行 Fenton 试剂间歇预处理的试验，取原水 500mL，用 H_2SO_4 调节 pH＝3.0，30％双氧水投加量为 35mL/(L 废水)，20％硫酸亚铁溶液投加量为 40mL/(L 废水)，在反应时间为 0.5h、1h、2h、4h、6h、8h、10h、12h、14h、16h、18h、20h、22h、24h、27h 时，分别取样测定出水的 COD，观测 COD 脱除率随时间的变化趋势，其结果见表 7-15 和图 7-5。

表 7-15　蛋氨酸中浓度废水用 Fenton 试剂间歇预处理出水的 COD 和脱除率随时间的变化

反应时间/h	废水 COD/(mg/L)	处理出水 COD/(mg/L)	COD 脱除率/％
0.5	7709	5003	35.1
1	7709	4989	35.3
2	7709	5351	30.6
4	7709	4972	35.5
6	7709	5351	30.6
8	7709	4997	35.2
10	7709	5149	33.2
12	7709	4786	37.9
14	7709	4933	36.0
16	7709	4794	37.8
18	7709	4819	37.5
20	7709	4786	37.9
22	7709	4743	38.5
24	7709	4380	43.2
27	7709	4456	42.2

从图 7-15 可见，废水中 COD 的脱除率在 10h 内有波动，可能是由于废水中的大分子物质不断被氧化成小分子，然后小分子又不断被完全氧化，造成其 COD 脱除率的上下波动，反应 12h 后，COD 脱除率达 37.9％；反应 24h 时 COD 脱除率最高，达 43.2％。同样考虑反应时间与 COD 脱除率，可选取 12h 作为蛋氨酸中浓度废水用 Fenton 试剂间歇预

处理的反应时间。

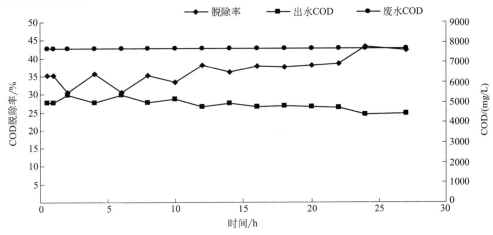

图 7-5　蛋氨酸中浓度废水用 Fenton 试剂间歇预处理出水 COD 和脱除率随时间的变化

7.5.3　小结

蛋氨酸低、中浓度废水 Fenton 试剂间歇预处理的条件总结在表 7-16 中。

表 7-16　蛋氨酸低、中浓度废水 Fenton 试剂间歇预处理条件

COD/(mg/L)	pH	20%FeSO₄·7H₂O/mL	30%H₂O₂/mL	反应时间/h	COD 去除率最大值/%
1000 以下	3	15	5	8	54.1
1000~2500	3	20	10	10	44.1
2500~4000	3	30	20	18	42.1
4000~7700	3	40	35	24	43.3

如表 7-16 所示，Fenton 试剂间歇预处理蛋氨酸低、中浓度废水的条件：pH＝3，
20% $FeSO_4 \cdot 7H_2O$ 和 30% H_2O_2 投加量可作为 Fenton 试剂连续预处理蛋氨酸低、中浓
度废水的计算设计起始参考值。

7.6　蛋氨酸废水连续预处理试验研究

从蛋氨酸废水间歇预处理的试验研究得出：Fenton 试剂处理包括 pH 调节、氧化、
中和、混凝和固液分离 4 个步骤。在氧化过程中，由 H_2O_2 和 Fe^{2+} 反应生成的 HO·氧
化蛋氨酸废水中的有机物。

$$H_2O_2 + Fe^{2+} \longrightarrow Fe^{3+} + OH^- + HO \cdot \tag{7-1}$$

Fe^{2+} 和 H_2O_2 也会同时消耗 HO·，Fe^{2+} 或 H_2O_2 过量会引起 HO·的利用率降低。
因而，存在一个 H_2O_2 和 Fe^{2+} 的最佳量，使得式(7-1)产生的 HO·达到最大，以致
Fenton 氧化过程获得最高的 COD 去除率。在反应过程中，如果 pH 过高，Fe^{2+} 将以氧化
物的形式存在，降低其催化作用，导致 Fenton 的氧化效果下降；pH 过低，则抑制 Fe^{3+}
还原成 Fe^{2+}，甚至会形成复杂的铁化合物和 $[H_3O_2]^+$ 使反应速率以及处理效果降低。

用 NaOH 或 $Ca(OH)_2$ 中和时，pH 升高，未反应的 H_2O_2 分解，Fe^{2+} 转化为 Fe^{3+}，
紧接着，Fenton 氧化反应停止，Fe^{3+} 的羟基络合物发生混凝沉淀。

理论上，完全氧化 7000mg/L COD 为 CO_2 和 H_2O，H_2O_2 投加量为 49.58mL/L，但在间歇预处理试验最佳条件下，H_2O_2 的最佳用量可为 35mL/L，这意味着通过氧化作用 COD 去除率仅为 29.5%，但实际上达 43.3%，在反应中，H_2O_2 和 Fe^{2+} 之间有很强的相互增效作用，使大分子聚合物降解为 COD 变化不大的小分子物质而非完全降解为 CO_2，这提高了难降解有机物的可生化性，为蛋氨酸废水的后续生化处理提供了可靠的保证。

从蛋氨酸废水间歇预处理的试验结果可知：反应 pH、H_2O_2 和 Fe^{2+} 的投加量是影响 Fenton 试剂氧化效果的重要因素，依据 7.5 节间歇预处理获得的 Fenton 试剂氧化蛋氨酸废水的最佳条件（pH=3，30% H_2O_2 投加量 35mL/L，20% $FeSO_4 \cdot 7H_2O$ 投加量 40mL/L）设计蛋氨酸废水连续预处理试验。

7.6.1 蛋氨酸废水 Fenton 试剂连续预处理试验方法

用 H_2SO_4 调节蛋氨酸废水 pH=3.0，通过计量泵将废水连续泵入混合反应池，硫酸亚铁溶液和双氧水也分别通过计量泵连续加入混合反应池，通过搅拌机（或搅拌子）搅拌混合反应，连续溢流进入 I 推流式接收池和 II 隔流式接收池。在不同接收池内于不同时间连续取样进行分析，研究不同接收池水样中的 COD、臭气、色度等指标的脱除效果。主要检测指标为 COD。蛋氨酸废水连续预处理系统见图 7-6 及图 7-7，处理出水颜色见图 7-8 和图 7-9。

图 7-6　蛋氨酸废水连续预处理系统（I）

图 7-7　蛋氨酸废水连续预处理系统（II）

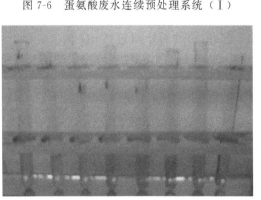

图 7-8　蛋氨酸废水连续预处理出水（I）

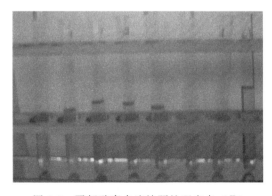

图 7-9　蛋氨酸废水连续预处理出水（II）

7.6.2　蛋氨酸低浓度废水 Fenton 试剂连续预处理

通过间歇试验得出 Fenton 试剂氧化蛋氨酸低浓度废水的最佳反应条件为：反应 pH=3.0，20％硫酸亚铁溶液投加量为 25mL/(L 废水)，30％双氧水投加量为 5mL/(L 废水)，反应时间为 8h。在此条件的基础上进行蛋氨酸低浓度废水连续预处理试验。蛋氨酸低浓度废水连续预处理试验设计参数见表 7-17。预处理出水 COD 与脱除率随时间的变化见表 7-18。

表 7-17　蛋氨酸低浓度废水连续预处理试验设计参数

废水流量/(mL/min)	反应 pH	20％硫酸亚铁溶液/(mL/min)	30％双氧水/(mL/min)
40	3.0	1	0.2

表 7-18　蛋氨酸低浓度废水 Fenton 试剂连续预处理出水 COD 与脱除率随时间的变化

反应时间/h	颜色	气味	COD	
			/(mg/L)	脱除率/%
0	浅棕黄色	带刺激性臭味	932	0
0.75	基本无色	略带刺激性臭味	344	63.1
1.5	无色	基本无臭味	223	76.1
3.0	无色	无臭味	243	73.9
8	无色	无臭味	211	77.4

从表 7-18 可见，废水中的 COD 脱除率在 1.5h 后基本达到稳定，此时 COD 最高去除率达 76.1％，且无色无臭味。同低浓度废水间歇试验相比，间歇试验反应时间为 8h，COD 脱除率为 79.9％，两者 COD 脱除率相差不大，但是连续预处理试验反应时间缩短。蛋氨酸低浓度废水可选此连续预处理工艺。

7.6.3　蛋氨酸中浓度废水 Fenton 试剂连续预处理

7.6.3.1　蛋氨酸中浓度废水 Fenton 试剂连续平推流预处理试验（Ⅰ）

通过间歇预处理试验研究得出：Fenton 试剂氧化蛋氨酸中浓度废水的最佳反应条件为 pH=3.0，20％硫酸亚铁投加量为 40mL/(L 废水)，30％双氧水投加量为 35mL/(L 废水)，反应时间为 12h（趋于稳定）。将此参数作为进行蛋氨酸中浓度废水连续预处理试验设计的起始参数（表 7-19）。预处理出水的 COD 和脱除率随时间的变化见表 7-20 及图 7-10。

表 7-19　蛋氨酸中浓度废水连续预处理试验设计参数

废水 COD/(mg/L)	流量/(mL/min)	反应 pH	20％硫酸亚铁/(mL/min)	30％双氧水/(mL/min)
7709	40	3	1.6	1.4

表 7-20　蛋氨酸中浓度废水 Fenton 试剂连续平推流预处理出水 COD 与脱除率随时间的变化（Ⅰ）

反应时间/h	颜色	气味	COD	
			/(mg/L)	脱除率/%
0	棕黄色	臭味很浓	7709	0
0.5	黄色	臭味大	5520	28.4
1	黄色	臭味较大	4861	36.9

续表

反应时间/h	颜色	气味	COD	
			/(mg/L)	脱除率/%
2	黄色	臭味小	4946	35.8
3.25	浅黄色	基本无臭	4794	37.8
4.5	浅黄色	无臭味	4946	35.8
5.75	浅黄色	无臭味	4821	37.5
7	浅黄色	无臭味	4767	38.2
20	浅黄色	无臭味	4524	41.3

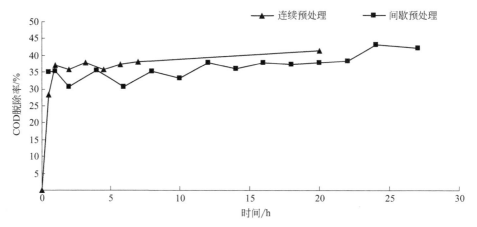

图 7-10 蛋氨酸中浓度废水 Fenton 试剂间歇和连续平推流预处理 COD 脱除率随时间变化

从表 7-20 和图 7-10 可见，随时间的增加，连续平推流预处理出水的颜色逐渐变浅，臭味逐渐消失，废水中 COD 的脱除率呈上升趋势，在反应 3.25h 后处理出水为浅黄色，无臭味，COD 脱除率达 37.8%。同间歇预处理相比，间歇预处理反应时间须 12h，COD 脱除率为 37.9%，两者 COD 脱除率相近，但连续预处理反应时间大大缩短。

7.6.3.2 蛋氨酸中浓度废水 Fenton 试剂连续平推流预处理试验（Ⅱ、Ⅲ、Ⅳ）

2010 年 12 月 5 日，取蛋氨酸中浓度废水 3 桶，棕黄色，pH＝9，COD 分别为 6814mg/L、6750mg/L、7709mg/L，采用 Fenton 试剂连续平推流预处理，处理参数同表 7-20，处理结果见表 7-21、表 7-22 及图 7-11。

表 7-21 蛋氨酸中浓度废水 Fenton 试剂连续平推流预处理出水 COD 与脱除率随时间的变化（Ⅱ）

反应时间/h	颜色	气味	COD	
			/(mg/L)	脱除率/%
0	棕黄色	臭味浓	6814	0
0.5	棕黄色	臭味大	5020	26.3
1	棕黄色	臭味较大	4120	39.5
2	黄色	臭味小	3661	46.3
3	浅黄色	基本无臭	3470	49.1
4	浅黄色	无臭味	3239	52.5
5	浅黄色	无臭味	3420	49.8
6	浅黄色	无臭味	3415	49.9
20	浅黄色	无臭味	3520	48.3

表 7-22　蛋氨酸中浓度废水 Fenton 试剂连续平推流预处理出水 COD 与脱除率随时间的变化（Ⅲ）

反应时间/h	颜色	气味	COD	
			/(mg/L)	脱除率/%
0	棕黄色	臭味浓	6750	0
1	棕黄色	臭味大	4489	33.5
2	黄色	臭味较大	3964	41.3
3	浅黄色	基本无臭	3820	43.4
4	浅黄色	无臭味	3884	42.5
5	浅黄色	无臭味	3760	44.3
6	浅黄色	无臭味	4011	40.6
20	浅黄色	无臭味	3956	41.4

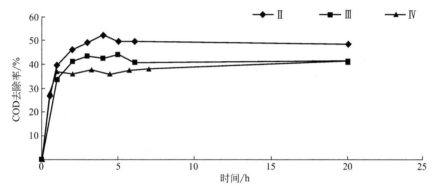

图 7-11　蛋氨酸中浓度废水 Fenton 试剂连续平推流预处理出水 COD 脱除率随时间的变化（Ⅳ同Ⅰ）

从表 7-21、表 7-22 和图 7-11 可见，随时间的增加，废水的颜色由棕黄色逐渐变浅，臭味逐渐消失，废水中 COD 的脱除率呈急速上升后平缓波动的趋势，在反应 3～4h 后脱除率达最高，处理出水为浅黄色，无臭味，COD 脱除率在 40% 左右。同蛋氨酸中浓度废水 Fenton 试剂间歇预处理试验相比，间歇试验反应达到基本稳定的时间须 24h，两试验 COD 脱除率相近，但 Fenton 试剂连续平推流预处理反应时间缩短。

7.6.3.3　蛋氨酸中浓度废水 Fenton 试剂连续平推流分级收集预处理出水 COD 与脱除率随时间的变化

间歇、全混流和平推流反应器（池）的优点（＋）和缺点（－）的比较见表 7-23。

表 7-23　间歇、全混流和平推流反应器（池）的优点（＋）和缺点（－）的比较

项目	间歇反应器(池)	全混流反应器(池)	平推流反应器(池)
给定转化率时反应器尺寸	＋	－	＋
简单性和制作费	＋	＋	－
连续操作	－	＋	＋
大处理量	－	＋	＋
清洗	＋	＋	－
在线分析	－	＋	＋
反应效果	＋	－	－

从表 7-23 可见，平推流反应器（池）在反应器（池）的尺寸、连续操作、大处理量、在线分析等几个方面优点突出。在简单性和制作费及清洗方面不如全混流反应器（池），在反应效果方面不如间歇反应器（池）。

在 7.6.3.1、7.6.3.2 小节所述的试验 I、II、III、IV 中，平推流流出液依次溢流到 1 至 6 级接收器，在低流速时，流体是以层流的形式（抛物线形）流过每级接收器，而进入管路中的高速湍流会引起轴向的返混，由此测得出水 COD 值上下波动，且初期 COD 不随反应时间的延长而显著降低，这说明这种返混是存在的。为观察和避免这种返混，将平推流流出液改用分级收集，分别测不同时间各级 COD 的变化。

蛋氨酸中浓度废水 Fenton 试剂连续平推流预处理分级收集的设计参数见表 7-24。

表 7-24　蛋氨酸中浓度废水 Fenton 试剂连续平推流预处理分级收集设计参数

蛋氨酸废水						30%H$_2$O$_2$ 投加量		20%FeSO$_4$·7H$_2$O 投加量	
取样时间	COD/(mg/L)	颜色	pH	流量计转速/(r/min)	流量/(mL/min)	流量计转速/(r/min)	流量/(mL/min)	流量计转速/(r/min)	流量/(mL/min)
2010.12.5	6622	棕黑	4	144	120	84	4.2	123	4.8

按表 7-24 蛋氨酸中浓度废水 Fenton 试剂连续平推流预处理分级收集设计参数进行试验，处理出水中的 COD 和脱除率随时间的变化见表 7-25 及图 7-12。

表 7-25　蛋氨酸中浓度废水 Fenton 试剂连续平推流预处理分级出水 COD 与脱除率随时间的变化

采样点	反应时间/h	颜色	气味	COD/(mg/L)	COD 脱除率/%
1	0	棕黑色	臭味很浓	6622	0
1	2.5	棕黑色	臭味较大	3629	45.2
1	3.5	棕黑色	无臭味	3521	46.8
1	6.5	浅黄色	无臭味	3392	48.8
1	21.5	微黄色	无臭味	2752	58.4
1	30.5	微黄色	无臭味	2752	58.4
2	0	棕黑色	臭味很浓	6740	0
2	2	棕黑色	臭味较大	3788	43.8
2	3	棕黑色	臭味小	3625	46.2
2	6	浅黄色	无臭味	3488	48.2
2	21	微黄色	无臭味	2880	57.3
2	30	微黄色	无臭味	2880	57.3
3	0	棕黑色	臭味很浓	6750	0
3	1.5	棕黑色	臭味较大	4266	36.8
3	2.5	棕黑色	臭味小	3946	41.5
3	5.5	浅黄色	无臭味	3552	47.4
3	20.5	微黄色	无臭味	3040	55.0
3	29.5	微黄色	无臭味	2944	56.4
4	0	棕黑色	臭味很浓	6750	0
4	1	棕黑色	臭味较大	4266	36.8
4	2	棕黑色	臭味小	3857	42.9
4	5	浅黄色	无臭味	3680	45.5
4	20	微黄色	无臭味	3360	50.2
4	29	微黄色	无臭味	2944	56.4

从表 7-25 和图 7-12 可见，采用连续预处理分级收集方式处理废水随时间的增加，废水的颜色逐渐变浅，臭味逐渐消失，废水中 COD 的脱除率呈上升趋势，在反应 3.5h 后处理出水无臭味，COD 脱除率平均达 46.8% 左右。同预处理不分级收集方式反应 3h 出水平均 COD 脱除率相比（表 7-20、表 7-21、表 7-22），COD 脱除率提高，反应 20h 分级

收集出水 COD 平均脱除率比不分级收集出水 COD 平均脱除率更高。这说明分级收集可避免进入管路中的湍流引起的轴向返混，稳定提高 COD 的脱除率。对蛋氨酸中浓度废水用 Fenton 试剂连续平推流预处理溢流的出水宜采用分级收集，再先后去混凝和后续生化处理。

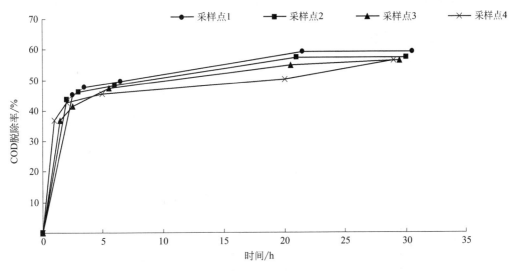

图 7-12　蛋氨酸废水连续预处理分级收集 COD 脱除率随时间变化

7.7　响应面法优化 Fenton 试剂处理蛋氨酸废水研究

7.7.1　概述

响应面法（response surface methodology，RSM）是一种综合实验设计和数学建模的优化方法，通过在具有代表性的局部各点进行实验，回归拟合全局范围内因素与结果间的函数关系。由于响应面法具有实验次数少、精密度高、预测性能好等优点，目前已经在众多领域得到广泛应用，例如：①RSM 在生物化工方面的应用；②在废水处理活性炭制备方面的优化；③材料加工领域的硬质合金刀具制备过程的优化等。本节采用该方法对 Fenton 氧化蛋氨酸中浓度生产废水（COD 7049mg/L）主要影响因素（初始 pH、H_2O_2 用量和 $FeSO_4 \cdot 7H_2O$ 用量）进行优化，通过建立响应面模型，可以找到最佳的初始 pH、最佳的 H_2O_2 用量和 $FeSO_4 \cdot 7H_2O$ 用量，从而使蛋氨酸生产废水的 COD 去除率达到最大，而药剂消耗量最少，运行成本降低。

7.7.2　响应面法实验的设计

按照博克斯思（Box-Behnken）方法（响应面曲线中的一种）设计了三因素三水平共17 个实验点的实验方案。实验因素水平和取值见表 7-26。考虑变量有：初始 pH、H_2O_2 用量和 $FeSO_4 \cdot 7H_2O$ 用量，蛋氨酸废水的 COD 去除率为响应值。用多项式回归分析对实验数据进行拟合，可得到二次多项式，它是一个描述响应变量（因变量）与自变量（操作条件）关系的经验模型。

表 7-26 响应面实验的因素水平和取值

因子	单位	变量	因素取值
初始 pH		A	2、3、4
$FeSO_4 \cdot 7H_2O$ 用量	$kg/(m^3$ 废水$)$	B	4、6、8
H_2O_2 用量	$L/(m^3$ 废水$)$	C	15、30、45

7.7.3 响应面法模型的建立

Fenton 试剂氧化蛋氨酸生产废水的 COD 去除率主要取决于初始 pH、$FeSO_4 \cdot 7H_2O$ 用量和 H_2O_2 用量 3 个因素，分别记为变量 A、B、C。以 COD 去除率作为响应值，记为变量 Y。本实验设计了三因素三水平共 17 个实验点的实验方案。其结果见表 7-27。二次曲面模型的方差分析及回归系数显著性检验表如表 7-28 所示。

表 7-27 实验方案与结果

实验顺序	序号	pH(A)	$FeSO_4 \cdot 7H_2O(B)$ /$[kg/(m^3$ 废水$)]$	$H_2O_2(C)$ /$[L/(m^3$ 废水$)]$	COD 去除率(Y) /%
16	1	3	6	30	40
3	2	2	8	30	32.3
11	3	3	4	45	38.3
7	4	2	6	45	32.3
9	5	3	4	15	29.8
15	6	3	6	30	30.7
14	7	3	6	30	40.9
13	8	3	6	30	39.5
2	9	4	4	30	31.2
17	10	3	6	30	34.4
12	11	3	8	45	54.3
5	12	2	6	15	23.3
6	13	4	6	15	16.8
10	14	3	8	15	33.8
8	15	4	6	45	33.6
1	16	2	4	30	29.5
4	17	4	8	30	40

表 7-28 二次曲面模型的方差分析及回归系数显著性检验表

方差来源	平方和	自由度	均方	F 值	P 值(Prob>F)
模型(model)	939.4962	9	104.3885	6.432105	0.0113
A-pH	2.205	1	2.205	0.135865	0.7233
B-硫酸亚铁	124.82	1	124.82	7.691035	0.0276
C-双氧水	375.38	1	375.38	23.12979	0.0019
AB	9	1	9	0.554553	0.4807
AC	15.21	1	15.21	0.937195	0.3653
BC	36	1	36	2.218212	0.1800
A^2	283.1158	1	283.1158	17.44475	0.0042
B^2	79.67368	1	79.67368	4.909254	0.0623
C^2	24.25263	1	24.25263	1.494375	0.2611
误差	113.605	7	16.22929		
拟合不足	36.745	3	12.24833	0.637436	0.6294
纯误差	76.86	4	19.215		
总和	1053.101	16			

回归系数显著性检验的 F 值和 P 值：F 值用于描述每一个变量之间的交互显著性，也表示变量之间的交互关系；P 值（Prob＞F）表示事件发生可能性大于 F 的概率，从表 7-28 可以观察到在线性相关系数中 $FeSO_4 \cdot 7H_2O$ 用量和 H_2O_2 用量的相关性是非常显著的。

由表 7-28 可得，拟合的二次回归方程式为：

$$Y = 37.1 + 0.525A + 3.95B + 6.85C + 1.5AB + 1.95AC + 3BC - 8.2A^2 + 4.35B^2 - 2.4C^2$$

由 F 检验可知回归是显著的，而且拟合不显著，所以可以判断此二次模型合适地近似于真实的曲面。由表 7-28 得知，方程因变量与全体自变量之间线性关系明显。回归方程的一次项、二次项的均方差和系数都较小，而交互项系数较大，表明响应面分析所选 3 个因素（初始 pH、$FeSO_4 \cdot 7H_2O$ 用量和 H_2O_2 用量）之间的交互效应较大。

7.7.4　试验参数的优化

为了更直观地说明初始 pH、$FeSO_4 \cdot 7H_2O$ 用量和 H_2O_2 用量对 Fenton 试剂氧化蛋氨酸生产废水的影响以及表征响应曲面函数的性状，做出以两两自变量为坐标的 3D 图及等高线，如图 7-13 至图 7-15 所示。

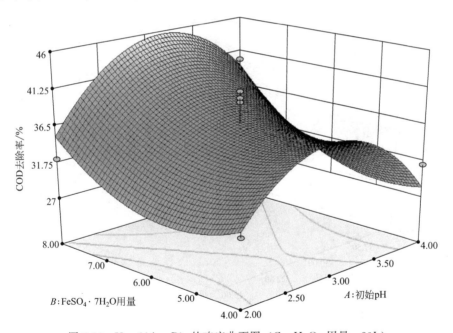

图 7-13　$Y = f(A, B)$ 的响应曲面图（C：H_2O_2 用量＝30L）

这些图除了能够描述每个因素的影响程度外，还能很好地揭示因素之间的交互影响。响应面的等高线图能直观地表现出两因素之间交互作用的大小，等高线的形状反映出交互效应的强弱，圆形表示两因素交互作用不显著（图 7-13、图 7-14），椭圆形表示两因素交互作用显著（图 7-15）。Fe^{2+} 用量和 H_2O_2 用量之间有很强的交互增效作用。初始 pH、Fe^{2+} 用量和 H_2O_2 用量三个因素之间不是简单的单调函数关系，它们彼此之间存在一个最佳数值而使 COD 去除率达到最高。

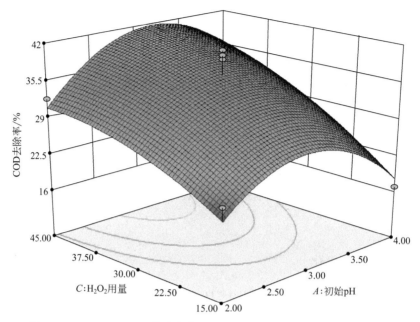

图 7-14　$Y=f(A，C)$ 的响应曲面图（B：$FeSO_4 \cdot 7H_2O$ 用量 $=6kg$)

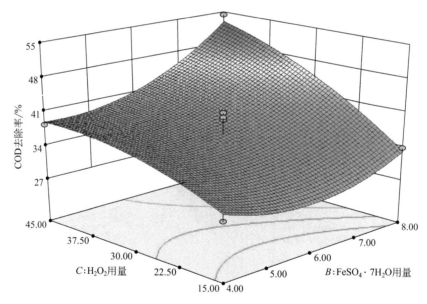

图 7-15　$Y=f(B，C)$ 的响应曲面图（A：初始 $pH=3$)

对于模型的最优化求解可用 Monte-Carlo 优化方法，Y（COD 去除率）的最大估计值为 53.33%，A（初始 pH）的最佳值为 3.24，B（$FeSO_4 \cdot 7H_2O$ 用量）的最佳值 8kg，C（H_2O_2 用量）的最佳值为 45L。

7.7.5　模型的验证

为了考察二次回归方程式的实用性和准确性，将批次的实验数据与相应的方程预测值进行比较，结果示于表 7-29，实验和模型的预测值的相对误差在 0.65%～6.4%，这说明该模型对实验结果有良好的预测效果，合适有效，具有一定的指导意义。

表 7-29　实验验证结果

实验序号	pH	FeSO$_4$·7H$_2$O/kg	H$_2$O$_2$/L	COD 去除率/%		相对误差/%
				实际值	预测值	
1	2	4	30	29.5	30.275	0.775
2	4	4	30	31.2	28.325	2.875
3	2	8	30	32.3	35.175	2.875
4	4	8	30	40	39.225	0.775
5	2	6	15	23.3	21.075	2.225
6	4	6	15	16.8	18.225	1.425
7	2	6	45	32.3	30.875	1.425
8	4	6	45	33.6	35.825	2.225
9	3	4	15	29.8	31.25	1.45
10	3	8	15	33.8	33.15	0.65
11	3	4	45	38.3	38.95	0.65
12	3	8	45	54.3	52.85	1.45
13	3	6	30	39.5	37.1	2.4
14	3	6	30	40.9	37.1	3.8
15	3	6	30	30.7	37.1	6.4
16	3	6	30	40	37.1	2.9
17	3	6	30	34.4	37.1	2.7

7.7.6　结论

利用响应面法研究了 Fenton 氧化蛋氨酸生产废水的 COD 去除率与初始 pH、FeSO$_4$·7H$_2$O 用量和 H$_2$O$_2$ 用量之间的关系，由实验数据得到了一个二次响应曲面模型。该模型显示 COD 去除率最高为 53.33% 时，存在一个最佳的 FeSO$_4$·7H$_2$O 用量 8kg，最佳 H$_2$O$_2$ 用量 45L，最佳初始 pH3.24。通过对响应面方程方差分析，该模型接近真实曲面，具有较高的交互相关性，与实验结果吻合程度较高。最后对模型预测值进行实验验证得出，实验值与预测值的相对误差在 0.65%～6.4% 范围内，具有一定的实际应用价值。

7.8　Fenton 试剂氧化降解蛋氨酸废水的动力学

7.8.1　Fenton 试剂氧化降解蛋氨酸废水的表观动力学

从用 Fenton 试剂间歇和连续预处理蛋氨酸低、中浓度废水的试验结果以及响应面法优化 Fenton 试剂处理蛋氨酸生产废水的结果可知：在 pH 为 3 的条件下，初始 COD、H$_2$O$_2$ 和 FeSO$_4$·7H$_2$O 用量是影响蛋氨酸废水有机物降解（COD 去除）的关键因素。据此按一般化学动力学方程建立 Fenton 试剂氧化降解蛋氨酸废水的表观动力学方程：

$$V=-\frac{\mathrm{d[COD]}}{\mathrm{d}t}=k[\mathrm{Fe}^{2+}]^a[\mathrm{H_2O_2}]^b[\mathrm{COD}]^c$$

式中，V 为反应速率；k 为总的反应速率常数，L/(g·min)；$[\mathrm{Fe}^{2+}]$、$[\mathrm{H_2O_2}]$ 和 $[\mathrm{COD}]$ 分别为亚铁离子、过氧化氢和初始 COD 的浓度；a、b、c 分别为其分反应的级数。

反应的初始速率为 $t=0$ 时刻的速率：

$$V = -\frac{d[COD]}{dt} = k[Fe^{2+}]_0^a[H_2O_2]_0^b[COD]_0^c$$

将上式两边同时取常用对数，得：

$$-\lg\left(\frac{d[COD]}{dt}\right) = \lg k + a\lg[Fe^{2+}]_0 + b\lg[H_2O_2]_0 + c\lg[COD]_0$$

以相同初始浓度 $[H_2O_2]_0$ 的 H_2O_2 以及相同初始浓度 $[Fe^{2+}]_0$ 的 Fe^{2+} 氧化一组不同初始浓度 $[COD]_0$ 的 COD，记录 COD 浓度随时间的变化曲线，求出各曲线以 t 为自变量，以 $[COD]$ 为因变量的方程，然后求出 $t=0$ 时刻该方程对 t 的导数，即不同 $[COD]$ 时的 $-\left(\frac{d[COD]}{dt}\right)$ 值。同时取常用对数即得到 $-\lg\left(\frac{d[COD]}{dt}\right)$ 与 $\lg[COD]_0$ 的一组相关数据。

由于 H_2O_2 和 Fe^{2+} 用量固定，$\lg k + a\lg[Fe^{2+}]_0 + b\lg[H_2O_2]_0$ 为常数，因此 $-\lg\left(\frac{d[COD]}{dt}\right)$ 与 $\lg[COD]_0$ 为一元线性关系，以 $\lg[COD]_0$ 为横坐标、$-\lg\left(\frac{d[COD]}{dt}\right)$ 为纵坐标作图，即可得到一条直线，该直线的斜率为 c，纵坐标的截距为 $\lg k + a\lg[Fe^{2+}]_0 + b\lg[H_2O_2]_0$，计算得到 k 值。从而得到 Fenton 试剂氧化降解蛋氨酸废水的表观动力学方程。

7.8.2　蛋氨酸废水初始 COD 浓度对 Fenton 氧化降解效率的影响

不同时间取蛋氨酸调节池 2 废水，COD 分别为 7709mg/L、6925mg/L、6814mg/L、6750mg/L，用 H_2SO_4 调 pH=3，按废水流量 40mL/min，20% $FeSO_4 \cdot 7H_2O$ 流量 1.6mL/min，30% H_2O_2 流量 1.4mL/min，进行连续氧化预处理，不同时间取样测 COD 随时间的变化，结果见表 7-30 及图 7-16。

表 7-30　蛋氨酸调节池 2 废水 Fenton 试剂氧化连续预处理不同时间 COD（mg/L）的变化

序号	反应时间 t/h　0	0.5	1	2	3
1	7709	5520	4861	4767	4524
2	6925	5055	4266	3857	3521
3	6814	5020	4120	3661	3470
4	6750	4928	4489	3964	3820

运用 Excel 软件对图 7-16 中的 4 条曲线分别进行多项式拟合，图 7-16 中 4 条曲线的方程从上至下依次为：

$$P_1 = 12.644 - 6.776t + 2.096t^2 - 0.265t^3 + 0.010t^4$$

$$P_2 = 10.971 - 5.598t + 1.816t^2 - 0.281t^3 + 0.016t^4$$

$$P_3 = 10.235 - 4.549t + 1.308t^2 - 0.192t^3 + 0.012t^4$$

$$P_4 = 13.360 - 4.001t + 4.984t^2 - 1.052t^3 + 0.081t^4$$

$t=0$ 时刻的方程导数分别为：

$$\left(\frac{dP_1}{dt}\right)\bigg|_{t=0} = -6.776 \qquad\qquad \left(\frac{dP_2}{dt}\right)\bigg|_{t=0} = -5.598$$

$$\left(\frac{dP_3}{dt}\right)\bigg|_{t=0}=-4.549 \qquad\qquad \left(\frac{dP_4}{dt}\right)\bigg|_{t=0}=-4.001$$

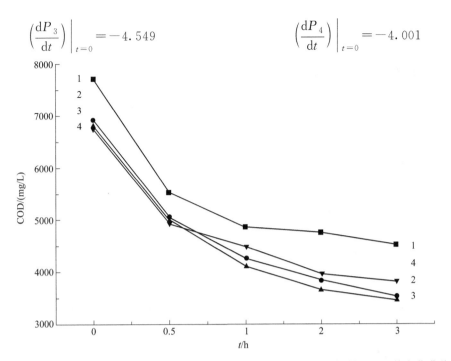

图 7-16　蛋氨酸调节池 2 废水 Fenton 试剂氧化连续预处理 COD 随时间（t）的变化曲线

以 $\lg[COD]_0$ 为横坐标，$-\lg\left(\dfrac{dP}{dt}\right)$ 为纵坐标作图（图 7-17）。

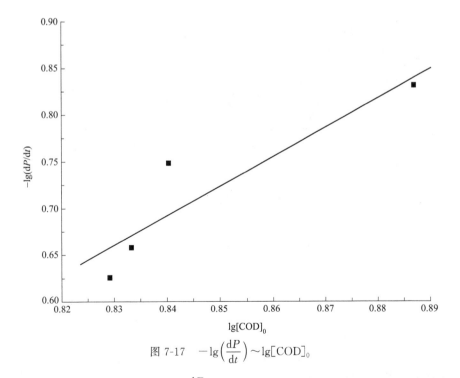

图 7-17　$-\lg\left(\dfrac{dP}{dt}\right)\sim\lg[COD]_0$

该曲线的线性回归方程为：$-\lg\left(\dfrac{dP}{dt}\right)=3.16177\lg[COD]_0-1.96391$

这表明该反应中 $[COD]$ 的反应级数 $c=3.16177$，并且：

$$\lg k + a\lg[Fe^{2+}]_0 + b\lg[H_2O_2]_0 = -1.96391$$

7.8.3　不同初始 Fe^{2+} 浓度反应的分析

蛋氨酸调节池 2 废水（COD＝7049mg/L，pH＝9），用浓硫酸调 pH＝3 后，分取 4 个 500mL 样品，改变 20% $FeSO_4 \cdot 7H_2O$ 投加量分别为 14mL（1.12g/L）、17mL（1.36g/L）、20mL（1.60g/L）、23mL（1.84g/L）。固定 30% H_2O_2 投加量：20mL/L。搅拌反应，在不同的反应时间取样测 COD 随时间的变化，见表 7-31 及图 7-18。

表 7-31　改变 Fe^{2+} 浓度、固定 H_2O_2 量条件下蛋氨酸调节池
废水 Fenton 试剂氧化不同时间 COD（mg/L）的变化

序号	Fe^{2+}/(g/L)	H_2O_2/(mL/L)	反应时间 t/h				
			0	0.5	1.0	2.0	4.0
1	1.12	20	7049	6220	5785	5618	4314
2	1.36	20	7049	4848	4481	4113	3645
3	1.60	20	7049	5317	4514	4246	4046
4	1.84	20	7049	4980	3678	3611	3311

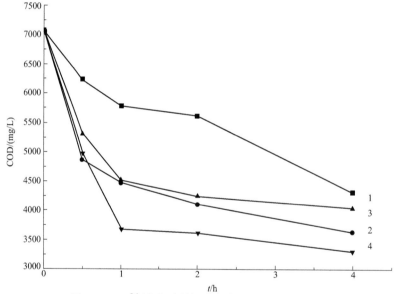

图 7-18　Fe^{2+} 浓度对蛋氨酸废水 COD 降解的影响
1—1.12g/L；2—1.36g/L；3—1.60g/L；4—1.84g/L

运用 Excel 软件对图 7-18 中的 4 条曲线分别进行多项式拟合，图 7-18 中 4 条曲线的方程从上至下依次为：

$$P_1 = 7.049 - 3.127t + 1.010t^2 - 0.142t^3 - 0.005t^4$$
$$P_2 = 7.049 - 3.506t + 7.684t^2 - 3.160t^3 + 0.414t^4$$
$$P_3 = 7.049 - 3.696t + 2.796t^2 - 0.697t^3 + 0.061t^4$$
$$P_4 = 7.049 - 3.723t + 0.917t^2 + 0.577t^3 - 0.142t^4$$

$t=0$ 时刻方程的导数分别为：

$$\left(\frac{dP_1}{dt}\right)\bigg|_{t=0} = -3.127 \qquad\qquad \left(\frac{dP_2}{dt}\right)\bigg|_{t=0} = -3.506$$

$$\left(\frac{\mathrm{d}P_3}{\mathrm{d}t}\right)\bigg|_{t=0} = -3.696 \qquad\qquad \left(\frac{\mathrm{d}P_4}{\mathrm{d}t}\right)\bigg|_{t=0} = -3.723$$

以 $\lg[Fe^{2+}]_0$ 为横坐标，$-\lg\left(\dfrac{\mathrm{d}P}{\mathrm{d}t}\right)$ 为纵坐标作图，如图 7-19 所示。

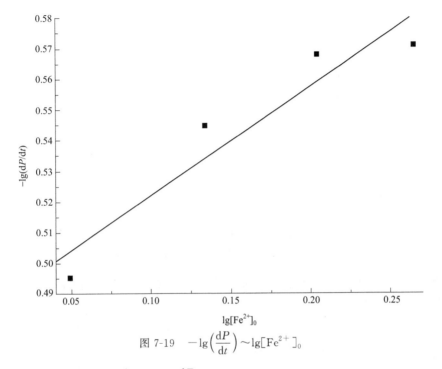

图 7-19　$-\lg\left(\dfrac{\mathrm{d}P}{\mathrm{d}t}\right)\sim\lg[Fe^{2+}]_0$

该曲线的线性回归方程为：$-\lg\left(\dfrac{\mathrm{d}P}{\mathrm{d}t}\right) = 0.35757\lg[Fe^{2+}]_0 + 0.48638$

这表明该反应中 Fe^{2+} 的反应级数 $a = 0.35757$，并且：

$$\lg k + c\lg[COD]_0 + b\lg[H_2O_2]_0 = 0.48638$$

7.8.4　不同初始 H_2O_2 浓度反应的分析

取蛋氨酸调节池 2 废水（COD＝8427mg/L，pH＝9），用浓 H_2SO_4 调 pH＝3 后，分取 4 个 500mL 样品，每个样品固定加 20% $FeSO_4 \cdot 7H_2O$ 20mL（1.60g/L），分别加入 30% H_2O_2：14mL（28mL/L）、17mL（34mL/L）、20mL（40mL/L）、23mL（46mL/L），搅拌反应，在不同的反应时间取样测 COD 随时间的变化，见表 7-32 及图 7-20。

表 7-32　固定 Fe^{2+} 浓度、改变 H_2O_2 用量条件下蛋氨酸调节池
2 废水 Fenton 试剂氧化不同时间 COD（mg/L）的变化

序号	Fe^{2+}/(g/L)	30% H_2O_2/(mL/L)	反应时间 t/h				
			0	0.5	1	2	4
1	1.6	28	8427	5450	5183	5049	4781
2	1.6	34	8427	5250	4414	4180	3946
3	1.6	40	8427	4715	4246	3812	3511
4	1.6	46	8427	4480	3544	3511	3277

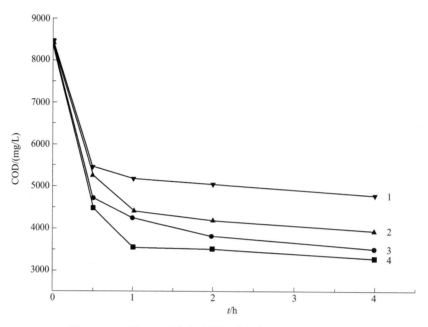

图 7-20　30%H_2O_2 浓度对蛋氨酸废水 COD 降解的影响

1—28mL/L；2—34mL/L；3—40mL/L；4—46mL/L

　　运用 Excel 软件对图 7-20 中的 4 条曲线分别进行多项式拟合，图 7-20 中 4 条曲线的方程从上至下依次为：

$$P_1 = 8.427 - 10.026t + 8.874t^2 - 3.261t^3 + 0.340t^4$$

$$P_2 = 8.427 - 10.577t + 11.473t^2 + 4.765t^3 + 0.625t^4$$

$$P_3 = 8.427 - 12.614t + 11.404t^2 - 4.183t^3 - 0.5105t^4$$

$$P_4 = 8.427 - 12.956t + 13.729t^2 - 5.705t^3 + 0.752t^4$$

$t = 0$ 时刻方程的导数分别为：

$$\left(\frac{dP_1}{dt}\right)\bigg|_{t=0} = -10.026 \qquad \left(\frac{dP_2}{dt}\right)\bigg|_{t=0} = -10.577$$

$$\left(\frac{dP_3}{dt}\right)\bigg|_{t=0} = -12.614 \qquad \left(\frac{dP_4}{dt}\right)\bigg|_{t=0} = -12.956$$

　　以 $\lg[H_2O_2]_0$ 为横坐标，$-\lg\left(\dfrac{dP}{dt}\right)$ 为纵坐标作图，得图 7-21，该曲线的线性回归方程为：$-\lg\left(\dfrac{dP}{dt}\right) = 0.57092\lg[H_2O_2] + 0.16858$

　　这表明在该反应中 H_2O_2 的反应级数 $b = 0.57092$，并且：

$$\lg k + c\lg[COD]_0 + a\lg[Fe^{2+}]_0 = 0.16858$$

7.8.5　表观动力学方程参数

　　将在 7.8.2 节、7.8.3 节、7.8.4 节中经过运算获得的三式相加得到：

$$3\lg k + 2c\lg[COD]_0 + 2a\lg[Fe^{2+}]_0 + 2b\lg[H_2O_2]_0 = -1.30895$$

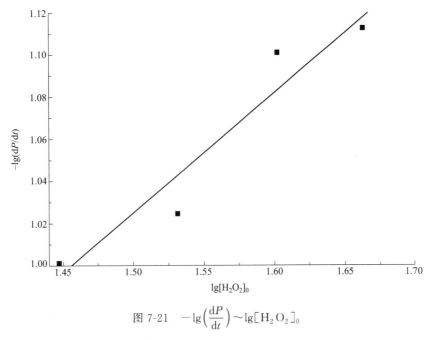

图 7-21　$-\lg\left(\dfrac{\mathrm{d}P}{\mathrm{d}t}\right)\sim\lg[\mathrm{H_2O_2}]_0$

将 $[\mathrm{COD}]_0$、$[\mathrm{Fe^{2+}}]_0$、$[\mathrm{H_2O_2}]_0$ 和 a、b、c 值代入，经计算得：$k=4.9\times10^{-10}$。把计算的各值代入，得 Fenton 试剂氧化蛋氨酸废水的表观动力学方程：

$$V=-\frac{\mathrm{d}[\mathrm{COD}]}{\mathrm{d}t}=k[\mathrm{Fe^{2+}}]^a[\mathrm{H_2O_2}]^b[\mathrm{COD}]^c$$
$$=4.9\times10^{-10}[\mathrm{Fe^{2+}}]^{0.36}[\mathrm{H_2O_2}]^{0.57}[\mathrm{COD}]^{3.16}$$

7.8.6　活化能（E_a）的计算

不同温度下 COD 去除率见表 7-33。

表 7-33　不同温度下 COD 去除率

温度		去除率/%			
t/℃	T	1h	2h	3h	4h
0	273	31.4	35.9	41.4	48.8
10	283	35.3	38	42.2	51.1
20	293	36.8	41.5	47.3	55.1
30	303	39.5	46.3	49.1	57.3

对 $1/T\sim\ln k$ 作图，得图 7-22，直线斜率为 $-E_a/R$，因此 $E_a=0.026\mathrm{J/mol}$。

由 $\ln k_0=-\dfrac{E_a}{R}\cdot\dfrac{1}{T}+a\ln[\mathrm{Fe^{2+}}]_0+b\ln[\mathrm{H_2O_2}]+\ln A$，得 $A=0.027\mathrm{L/(mol\cdot min)}$。

7.8.7　Fenton 试剂氧化降解蛋氨酸废水的表观动力学方程

$$V=-\frac{\mathrm{d}[\mathrm{COD}]}{\mathrm{d}t}=k[\mathrm{Fe^{2+}}]^a[\mathrm{H_2O_2}]^b[\mathrm{COD}]^c$$

$$= k[COD]^c = k[Fe^{2+}]_0^a[H_2O_2]_0^b[COD]_0^c$$

$$= A\exp\left(\frac{E_a}{RT}\right)[Fe^{2+}]_0^a[H_2O_2]_0^b[COD]_0^c$$

式中，k 为总的反应速率常数，L/(g·min)；A 为指前参量，L/(mol·min)；E_a 为反应活化能，J/mol；R 为普适常数，$R=8.314$J/(mol·K)；T 为温度，K；a、b、c 分别为 Fe^{2+}、H_2O_2、COD 的分反应级数。

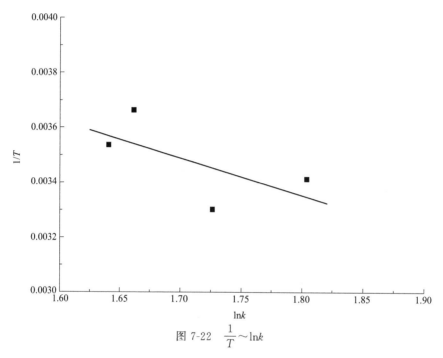

图 7-22 $\dfrac{1}{T} \sim \ln k$

将所有计算代入，得 Fenton 试剂氧化降解蛋氨酸废水的表观动力学方程：

$$V = 0.027\exp\left(\frac{0.00135}{T}\right)[Fe^{2+}]^{0.36}[H_2O_2]^{0.57}[COD]^{3.16}$$

此动力学模型是根据拟合反应初始阶段的试验数据而建立的，符合反应初始阶段的降解情况，动力学方程中，H_2O_2 的反应级数（0.57）高于 Fe^{2+} 的分级数（0.36），这说明氧化降解过程中，H_2O_2 浓度的影响比 Fe^{2+} 大，因为 Fe^{2+} 氧化后可再生还原。反应的活化能为非活化分子转变为活化分子所需吸收的能量，反应发生的难易程度，E_a 愈小，反应进行得愈快。

7.9 间歇与连续预处理比较

间歇反应器（池）（batch reactor）为反应空间均匀的定积体系，在这个体系中，反应零时刻浓度参数是指定的，与投料的实际浓度一致。如蛋氨酸废水预处理工段高浓度废水的氧化反应池和中浓度废水的预处理池中的反应，要求体系既是快速均匀搅拌的（采用调频搅拌器），同时在反应开始后，废水、Fe^{2+} 和 H_2O_2 在空间上是均匀分布的，反应溶液的组成和反应温度在整个反应池中任意位置都是一致的，所以组分 Fe^{2+}（或 H_2O_2）的物质的量只是时间的函数。

连续反应器（池）（continuous reactor）是指反应物（废水、Fe^{2+} 和 H_2O_2）连续地进入反应器（池），反应后的生成物（被氧化降解的废水）从出口不断流出，连续反应器（池）的操作是连续的，使用的反应设备（或构筑物）的容积小，且只需很少的劳动力和维护就能进行很好的废水处理的目标控制；但连续处理比间歇处理更难以启动和停止。为寻找连续处理的运行参数，可通过间歇处理来寻找反应速率和动力学方程，然后再用连续处理的试验来验证所设计的反应模型的反应速率和计算的动力学方程参数是否与实验吻合，如差距大，则必须重新修正。

7.9.1　间歇与连续预处理的利弊

间歇与连续预处理的利弊见表 7-34。

表 7-34　间歇与连续预处理的利弊

处理方式	间歇预处理		连续预处理	
处理利弊分析	① 反应器（池）容积大	⑦ 出水 COD 浓度波动大	① 反应器（池）容积小	⑦ 出水 COD 去除率比间歇法高 5%～12%
	② 启动和停止容易	⑧ 出水颜色差	② 启动和停止难	⑧ 出水颜色比间歇法好
	③ 操作繁琐	⑨ 运行成本比连续法高	③ 操作管理方便	⑨ 运行成本比间歇法低
	④ 需要劳动力多	⑩ 投资比连续法高	④ 需要劳动力少	⑩ 投资比间歇法低
	⑤ 存在返混现象	⑪ 出水不达要求的风险小	⑤ 可避免返混现象	⑪ 出水不达要求的风险大
	⑥ 不受进水有机物浓度的限制	⑫ 自控要求低	⑥ 要求进水质量稳定	⑫ 自控要求高

7.9.2　间歇与连续预处理蛋氨酸工程的构筑物和设备与投资的差别

蛋氨酸工程间歇与连续预处理的构筑物和设备与投资的差别见表 7-35。由表 7-35 可见，连续预处理比间歇预处理的构筑物和设备少，连续预处理的投资比间歇预处理少 111万元。

表 7-35　蛋氨酸工程间歇与连续预处理的构筑物和设备与投资的差别

项目名称	间歇预处理				连续预处理			
	规格 /m³	数量	合计 /m³	估价 /万元	规格 /m³	数量	合计 /m³	估价 /万元
预处理1、2、3、4	40+10+8+100	8 座	158	11.1	10+2+2+16	4 座	30	2.1
搅拌机	轴长 1.6m，桨叶直径 0.6m	4 套		80	轴长 1.0m，桨叶直径 0.4m	2 套		10
	轴长 3.8m，桨叶直径 1.2m	4 套			轴长 1.4m，桨叶直径 0.3m	2 套		
H、F、O 加药装置	10	8 套		80	10	4 套		40
控制系统	手动			2	手动+自控			10
合计		8 座/16 套	158	173.1		4 座/8 套	30	62.1

7.9.3　连续与间歇预处理对蛋氨酸废水 COD 去除率的比较

连续与间歇预处理 2010 年 12 月 5 日蛋氨酸调节池 2 中浓度废水的结果见表 7-36。

从表 7-36 可见，Fenton 试剂连续预处理蛋氨酸中浓度废水平均 COD 去除率为50.0%，间歇预处理平均 COD 去除率为 35.3%，连续法对 COD 的去除率比间歇高14.7%。连续预处理在反应 3h 后，臭味已基本消除（微臭）；间歇须在反应 6h 后，臭味才可基本消除。

表 7-36　Fenton 试剂连续与间歇预处理蛋氨酸中浓度废水的结果

反应时间/h	连续预处理						间歇预处理			
	颜色	气味	第一批 COD/(mg/L)	第二批 COD/(mg/L)	第三批 COD/(mg/L)	平均 COD 去除率/%	颜色	气味	COD/(mg/L)	去除率/%
0	棕黑	臭味浓	6750	6750	6750	0	棕黑	臭味浓	7709	0
1	棕黑	臭味大	4266	4265	3857	61.2	棕黑	臭味浓	4989	35.3
2	棕黄	臭味小	3857	3629	3625	54.9	棕黑	臭味大	5351	30.6
3	浅黄	微臭	3625	3521	3488	52.5	棕黄	臭味大	4972	35.5
5	浅黄	无臭味	3392	3486	3392	50.7	棕黄	有臭味	5350	30.6
6	淡黄	无臭味	3177	3165	3081	46.5	棕黄	无臭味	4997	35.2
20	微黄	无臭味	2752	2880	2875	42.0	浅黄	无臭味	4786	37.9
30	微黄	无臭味	2750	2876	2872	42.0	浅黄	无臭味	4456	42.2
平均 COD 去除率/%	50.0						35.3			

7.10　蛋氨酸生产产生的废水分析

蛋氨酸是一种重要的氨基酸，主要作饲料添加剂。美、德、法、日采用丙烯氧化制丙烯醛的原料路线。国内某厂采用甘油脱水制丙烯醛的原料路线。最大量 $1920m^3/d$，废水中含丙烯醛、丙烯酸、甲硫醇、甲硫醚、甲醇、H_2S、甲硫基代丙醛、氰化钠、NH_3-N、海因、氢氧化钠、碳酸钠、硫酸、硫酸钠、蛋氨酸及其烯醛聚合物等，成分极其复杂，其中：① 丙烯酸为无色液体，有刺激性气味，酸性强，有严重腐蚀性，沸点 141℃（101.3kPa），能溶于水、乙醇和乙醚，易聚合。② 丙烯醛为无色透明易燃易挥发不稳定液体，具有强烈刺激性，其蒸气有强烈催泪性，暴露于光和空气中或在强碱强酸存在下易聚合，沸点 52.5～53.5℃。③ 甲硫醇低温下为无色液体，具有令人不愉快的臭味，沸点6.2℃，微溶于水，能与空气形成爆炸物。④ 甲硫醚为无色透明易挥发液体，易燃、易爆、高毒、有难闻气味，溶于乙醇、乙醚，不溶于水，沸点 37.5℃，自燃点 206.1℃，闪点－17.8℃，在空气中可燃范围 2.2%～19.7%。⑤ 甲硫基乙基乙内酰脲（海因）：无色针状结晶，溶于乙醇，微溶于水、乙醚，沸点 230℃。⑥ 蛋氨酸，白色片状或粉末状结晶，有特殊含硫化合物气味及甜味，沸点 280～281℃，溶于水、稀酸、稀碱，微溶于乙醇，不溶于苯和乙醚，等电点为 5.74。

7.10.1　硫化氢与二硫化碳

硫化氢（H_2S），无色有臭鸡蛋样恶臭味的酸性气体，沸点－60.3℃，爆炸界限4.3%～40.0%（体积）；溶于水、乙醇、甘油、二硫化碳；在氨和 NaOH 中溶解度大，在氧气中燃烧生成 SO_2 和水，室温下稳定。

二硫化碳纯品为无色、几乎无臭的液体，沸点 46.225℃（101.3kPa），爆炸界限1%～50%（体积），对酸稳定，常温下与浓硫酸、浓硝酸不作用，对碱不稳定，与 KOH生成硫代硫酸钾和碳酸钾，在空气中分解，带黄色、有臭味，日光分解为 $(CS)_n+nS$，

低温下与水生成 $CS_2 \cdot H_2O$ 晶体，微溶于水，与多种有机溶剂混溶，溶解树脂等。须用铁、铜容器储存，用水封。

该单元产生的废水中有 H_2S 和 CS_2 等污染物。

7.10.2　丙烯醛

在 310～470℃、常压下将丙烯在钼酸铋及磷钼酸铋系催化剂下与空气直接氧化，去除副产物丙烯酸后，再蒸馏得丙烯醛。

$$CH_2=CHCH_3+O_2 \longrightarrow CH_2=CHCHO+CH_2=CHCOOH+H_2O$$
$$\xrightarrow{\text{蒸馏}} \text{丙烯醛}$$

废水中除丙烯醛外，还存在丙烯酸及微量催化剂。

7.10.3　甲硫醇

甲硫醇常温下为无色气体，低温下为无色液体，具有令人不愉快的臭味，沸点 6.2℃，微溶于水，20℃时为 2.3%，易溶于醇、醚、石油醚等，能与空气形成爆炸性混合物，爆炸极限为 3.9%～21.8%。由甲醇与硫化氢气相合成，以活性氧化铝为主催化剂，反应温度 280～450℃，反应压力 0.74～0.25MPa。

$$4CH_3OH+3H_2S \longrightarrow 2CH_3SH+4H_2O+CH_3SCH_3$$
$$CH_3SCH_3+H_2S \longrightarrow 2CH_3SH$$

副产物甲硫醚再与过量的硫化氢反应转化为甲硫醇。在废水中有微量甲醇、甲硫醚和硫化氢。

该单元废水中有甲硫醇、硫化氢和甲硫醚等污染物。

7.10.4　甲硫基代丙醛

3-甲硫基丙醛，又名甲硫基代丙醛 [$CH_3SCH_2CH_2CHO$，3-(Methylthio)propional dehydel] 是合成蛋氨酸的重要中间体，由丙烯醛与甲硫醇在催化剂乙酸铜和甲酸的作用下加成而得，其反应式为：

$$CH_2=CHCHO+CH_3SH \xrightarrow[\text{HCOOH}]{\text{乙酸铜}} CH_3SCH_2CH_2CHO$$
$$\text{(3-甲硫基丙醛)}$$

工艺过程为：将丙烯醛、甲硫醇加入反应罐中，搅拌加入甲酸、乙酸铜，加热至 30～40℃，通入冷却酸洗脱水的甲硫醇至反应液，相对密度达到 1.060～1.065，即得 3-甲硫基丙醛。

此反应及设备清洗产生的废水中有微量丙烯醛、甲硫醇、甲酸、乙酸铜和 3-甲硫基丙醛等污染物。

7.10.5　海因

[5-2-(甲硫基)乙基]海因，化学名为：甲硫基乙基乙内酰脲，无色针状结晶。溶于乙

醇，微溶于水、乙醚。沸点230℃。由3-甲硫基丙醛与氰化钠、二氧化碳和氨反应合成，反应式为：

$$CH_3SCH_2CH_2CHO+NaCN+1.5CO_2+NH_3 \longrightarrow \quad +0.5H_2O+0.5Na_2CO_3$$

其反应和冲洗设备产生的废水中有 CN^-、$NH_3\text{-}N$、Na_2CO_3 和微量 3-甲硫基丙醛与海因等污染物。

7.10.5.1　海因水解

海因水解生成蛋氨酸钠、碳酸钠，并有 NH_3 和 CO_2 放出。

$$CH_3SCH_2CH_2CH(NH)_2COCO+2NaOH+0.5H_2O \longrightarrow$$
（海因）
$$CH_3SCH_2CH_2CHNH_2COONa+0.5Na_2CO_3+NH_3+0.5CO_2$$
（蛋氨酸钠）

其反应和设备冲洗水中含 NH_3、碳酸钠、$NaOH$ 和微量海因及蛋氨酸钠。

7.10.5.2　蛋氨酸钠的中和

用浓硫酸中和蛋氨酸钠，结晶干燥得蛋氨酸产品。其反应式为：

$$CH_3SCH_2CH_2CHNH_2COONa+Na_2CO_3+1.5H_2SO_4 \longrightarrow$$
$$CH_3SCH_2CH_2CHNH_2COOH+1.5NaSO_4+CO_2+H_2O$$
（蛋氨酸）

其真空循环水、一二级蛋氨酸结晶冷凝液和硫酸钠蒸发产生的废水中含大量的硫酸钠、微量的蛋氨酸和蛋氨酸钠等污染物。

7.10.6　蛋氨酸生产废水整体处理工艺

根据业主提出的水质水量和对上述蛋氨酸生产各单元废水中污染物成分及其含量的分析，以及国内外对蛋氨酸生产废水处理的工程实践经验与本团队对蛋氨酸生产废水处理的研究，本团队提出用"预处理＋生化处理"的工艺处理业主的蛋氨酸生产废水。

根据蛋氨酸生产的 7 个单元和每个单元产生废水的组分差别，将 7 个生产单元的生产废水分为 3 股，分别进行预处理，再合并加 PAC、PAM 进行混絮凝沉淀处理，混絮凝上清液采用 ABR＋好氧的生物法进行进一步生化处理。第一股废水为硫化氢废水（1#废水），第二股废水为丙烯醛、甲硫醇及甲硫基代丙醛废水（2#废水），第三股废水为海因合成水解废水、蛋氨酸干燥废水、硫酸钠蒸发废水（3#废水）。

7.11　蛋氨酸生产废水预处理

本团队模拟研究了蛋氨酸生产各工段产生的各种废水，对高、中、低浓度各种污染物的预处理方法，各种恶臭物质的去除方法，预处理和生化处理的相关性，以及各种处理工艺流程等进行了大量的反复的翔实的试验研究，在各项试验的基础上提出了最佳的蛋氨酸生产废水处理方案。

依据国内外蛋氨酸生产废水处理成功的经验和失败的教训，仅用焚烧法处理，投资成本很高，并且不彻底。其高浓度废水 COD 达百万毫克每升，硫化物达 18 万毫克每升，不能进行生化。当今处理方法中只有生化处理投资成本最低，由于蛋氨酸生产废水可生化性差，且具有恶臭味，为了将蛋氨酸废水进行生化处理，必须进行预处理以提高可生化性，并迅速将恶臭污染物降解，以免恶臭弥漫造成对环境的污染，这是本工艺试验的关键。其蛋氨酸生产废水处理工艺流程试验研究详见后文。

注：无废水样品，试验过程中采用由蛋氨酸生产过程中的原料、中间产物、催化剂、产品等自行配制的废水。

7.11.1 硫化氢废水的预处理

硫化氢废水中含大量硫化氢和微量二硫化碳。二硫化碳（CS_2）为无色或微黄色挥发性透明液体，微溶于水，有剧毒，用于密封硫化氢。取用硫化氢时会将微量二硫化碳带入废水中。硫化氢（H_2S）是有臭鸡蛋样恶臭味的酸性有毒气体，溶于水，须经预处理去除后，才能进行后续生化处理，否则高浓度的有毒污染物将使生化工段的菌中毒、菌胶团分散，使生化处理不能进行。

硫化氢的去除方法有：气浮吹脱、铁屑法、沉淀法等，这些方法各有利弊。本团队依据污染物的物理性质，根据流程简单、不妨碍后续生化处理，同时药剂使用方便、反应迅速的原则，考虑到气浮吹脱所需设备装置多，且不能排放硫化氢气体到大气中；铁屑法所需的铁屑价格更高，且表面积较小，固液接触面有限，反应速度更慢；故试验中采用沉淀法。经过沉淀去除试验研究后，确定 FE（硫酸亚铁）沉淀去除硫化氢的预处理方法。

单元废水制备：采用硫化氢气罐通过泄压阀向 200mL 蒸馏水中通入硫化氢气体，并添加 0.2mL 二硫化碳来自行制备硫化氢废水。由于业主没有提供硫化氢废水中硫化物的浓度，通过泄压阀向水中通入的硫化氢气体量以及硫化氢在水中的传质速度、溶解速度的不确定性，按照饱和硫化氢水溶液完全去除硫化氢所需要的沉淀剂量来确定添加的 FE 沉淀剂。

① 取 100mL 硫化氢酸性废水，添加 NaOH 将 pH 调至中性，再加入 3g FE 固体（饱和硫化氢水溶液中硫化氢完全去除需要 2.74g FE 固体）进行沉淀去除硫化氢，反应过程中 pH 下降至酸性，再次添加 NaOH 将 pH 调节至中性。添加 PAC、PAM 进行絮凝沉淀（比单独采用 PAM 进行絮凝的效果更好）。

硫化氢废水的硫化物浓度为 2.438g/L，处理出水的硫化物浓度为 2.09mg/L，硫化物去除率为 99.9%。添加 N（氢氧化钙）可以在调节 pH 的同时去除硫酸根离子，但渣量较大。

② 取 80mL 硫化氢酸性废水，添加 4 滴 50% 的 NaOH 溶液将 pH 调至中性，再加入 2.4g FE 固体进行沉淀去除硫化氢，反应过程中 pH 下降至酸性，再添加 1.5g N 将 pH 调节至中性。添加 5 滴 PAC、5 滴 PAM 进行絮凝沉淀。

硫化氢废水的硫化物浓度为 2.517g/L，处理出水的硫化物浓度为 4.76mg/L，硫化物去除率为 99.8%。添加 NaOH 能减少渣量。硫化氢废水处理效果见图 7-23，由图 7-23 可见，下层黑色沉淀为硫化物沉淀，上清液无色澄清。

③ 取 80mL 硫化氢酸性废水，添加 4 滴 50% 的 NaOH 溶液将 pH 调至中性，再加入 2.4g FE 固体进行沉淀去除硫化氢，反应过程中 pH 下降至酸性，再添加 1.0g N 和 17 滴 50% 的 NaOH 溶液将 pH 调节至中性。添加 5 滴 PAC、5 滴 PAM 进行絮凝沉淀。

图 7-23 硫化氢废水处理效果

硫化氢废水的硫化物浓度为 2.517g/L，处理出水的硫化物浓度为 5.85mg/L，硫化物去除率为 99.8%。添加 NaOH 代替部分 N 能减少渣量，但过多增加 NaOH 添加量、减少 N 添加量对处理效果有一定影响，处理出水略带浅黄色，且成本更高。

实际处理运行中，根据废水中硫化氢的实际含量，可以在保证处理效果的前提下，降低 FE 的用量。

7.11.2 丙烯醛和甲硫醇及甲硫基代丙醛废水的预处理

2# 废水中含有大量的丙烯醛、丙烯酸、丙烯、甲醇、甲硫醚、甲硫醇、甲硫基代丙醛、硫化氢和微量的催化剂等具有恶臭气味的剧毒物质。丙烯醛是刺激性强的极毒液体，丙烯酸是有刺激性气味、中等毒性和较强腐蚀性的无色液体，甲硫醇是有令人不愉快的臭味、有毒的无色液体，甲硫醚是有难闻气味、高毒、无色易挥发液体，甲硫基代丙醛是有恶臭气味的高毒液体，甲醇是有毒易挥发液体，丙烯是有刺激性的气体，催化剂中甲酸具有强烈的刺激性气味，一水乙酸铜是有毒蓝绿色粉末性结晶固体。废水必须进行氧化预处理将恶臭去除后，才能进行后续生化处理，防止生化工段的菌中毒，并避免臭气弥漫污染周围环境。

试验中采用生产原料、中间产物、催化剂、成品自行配制 2# 废水，由于业主提供的中间产物不齐全，试验中以甲硫醚代替甲硫醇、以丙烯醛和丙烯酸代替丙烯进行废水的配制。

鉴于该种废水中的恶臭物质多为易挥发性液体，可以采用气浮吹脱的方法，将有恶臭气味的液体吹脱出来后进行氧化分解；也可以将反应器加盖密闭后，在反应器内直接投加氧化剂进行氧化分解。对这些污染物氧化分解的方法有：臭氧氧化法、高锰酸钾或重铬酸钾氧化法、Fenton 试剂氧化法、次氯酸钠氧化法等。本团队依据这些污染物的理化性质，考虑到加入氧化剂处理后不妨碍后续生化处理，同时这些氧化剂价廉易得，使用方便，不产生二次污染，先后采用以下几种方法进行预处理。

7.11.2.1　NC（次氯酸钠）氧化法

① 按照表 7-37 配制 2# 废水，该种废水 pH 为 4，呈蓝绿色，COD 浓度为 19049mg/L。

表 7-37　高浓度 2# 废水配制组分　　　　　　　　　　　　　单位：mL

污染物名称	水	丙烯醛	丙烯酸	甲醇	甲硫醚	甲硫基代丙醛	H₂S 溶液	乙酸铜	甲酸
2# 废水组分	100	0.4	0.24	0.09	0.3	0.22	0.3	0.332g	0.06

取 50mL 废水水样，加入 10mL 6%～8% 的 NC，反应开始时，混合液呈浅绿色乳胶状，经过 2.5d 反应完全后，有浅绿色沉淀生成，上清液呈橙黄色，有甲硫醚气味，pH 为 12～13，COD 浓度为 9891mg/L。

② 按照表 7-38 配制 2# 废水，该种废水 pH 为 4，呈蓝绿色，COD 浓度为 12260mg/L。

表 7-38　中浓度 2# 废水配制组分　　　　　　　　　　　　　单位：mL

污染物名称	水	丙烯醛	丙烯酸	甲醇	甲硫醚	甲硫基代丙醛	H₂S 溶液	乙酸铜	甲酸
2# 废水组分	100	0.3	0.18	0.07	0.23	0.18	0.3	0.2g	0.04

取 50mL 废水水样，加入 10mL 6%～8% 的 NC，反应开始时，混合液呈浅绿色乳胶状，经过 21h 反应完全后，有浅绿色沉淀生成，上清液呈橙黄色，有甲硫醚气味，pH 为 12～13，COD 浓度为 5998mg/L。

7.11.2.2　F 氧化法

① 按照表 7-37 配制 2# 废水，该种废水 pH 为 4，呈蓝绿色，COD 浓度为 19049mg/L。

取 50mL 废水水样，加入 0.35g FE（硫酸亚铁）固体和 1.5mL F（双氧水），经过 2.5d 反应完全后，加入 N 调节 pH 至中性，再加入 PAM 絮凝沉淀，沉淀为褐色，上清液略带橙黄色，COD 浓度为 9307mg/L。

② 按照表 7-38 配制 2# 废水，该种废水 pH 为 4，呈蓝绿色，COD 浓度为 12260mg/L。

取 50mL 废水水样，加入 0.35g FE 固体和 1.5mL F，经过 21h 反应完全后，加入 N 调节 pH 至中性，再加入 PAM 絮凝沉淀，沉淀为褐色，上清液略带橙黄色，稍有气味，COD 浓度为 5017mg/L。

7.11.2.3　气浮吹脱 + 氧化剂吸收法

（1）洗气瓶一级吸收

按照表 7-37 中污染物组分配制 2# 废水 250mL，其 COD 浓度为 19424mg/L。将废水置于洗气瓶中，用空气泵进行曝气吹脱，用盛有 50mL 6%～8%NC 的洗气瓶对尾气进行吸收，氧化后排放尾气。洗气瓶一级吸收曝气吹脱吸收装置见图 7-24(a)。

曝气吹脱开始后，随反应时间的增加，NC 液体逐渐变成橙黄色，但经 NC 吸收后排放的尾气中仍有刺激性和玉米味。经过一天的曝气吹脱后，废水中 COD 浓度降为 6799mg/L。

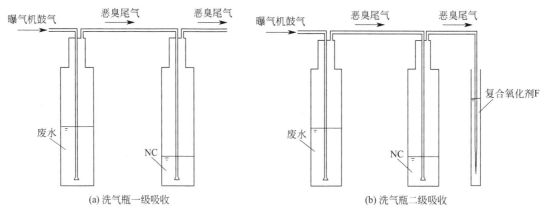

(a) 洗气瓶一级吸收　　　　　　　　(b) 洗气瓶二级吸收

图 7-24　曝气吹脱吸收装置

经过一级吸收后仍有恶臭气味，可能是由于吹脱出来的气体未被完全吸收氧化分解，所以考虑增加一级吸收装置，并采用在直接投加氧化药剂试验中氧化效果更好的氧化剂 F 进行氧化。

（2）洗气瓶二级吸收

按照表 7-38 配制 2# 废水 200mL，其 COD 浓度为 12293mg/L。将废水置于洗气瓶中，用空气泵进行曝气吹脱，用盛有 50mL NC 液体的洗气瓶作为一级吸收装置，盛有 25mL F 的比色管作为二级吸收装置。洗气瓶二级吸收曝气吹脱吸收装置见图 7-24（b）。尾气经两级吸收后，仍有丙烯醛的刺激性气味和甲硫醚的玉米气味。经过 1d 曝气吹脱，恶臭气味基本去除。

经上述处理后废水中添加 0.46mL 甲硫醚和 0.6mL 丙烯醛，继续进行曝气吹脱，用盛有 50mL NC 液体的洗气瓶作为一级吸收装置，盛有 50mL 复合氧化剂（35mL F 和 0.1g FE 用蒸馏水稀释至 50mL）的比色管作为二级吸收装置。经两级吸收后的尾气仍有甲硫醚气味。2# 废水吹脱后效果和 NC 吸收液性状见图 7-25。

尾气经二级吸收，且每级吸收装置采用了过量的氧化剂，仍有气味，可能是由于采用洗气瓶进行吸收，曝气速度过快，而吸收装置中液面较低，汽水接触面小，传质效果差，造成恶臭气体难以被氧化完全。需采用液面较高，汽水接触面较大的尾气吸收装置。

（3）新型尾气二级吸收

按照表 7-37 配制 2# 废水 200mL。一级吸收装置中用装有 300mL 3.3%NC 洗气瓶吸收，二级吸收装置仍采用盛有 50mL 复合氧化剂（10mL F 和 0.1g FE 固体稀释至 50mL）的比色管吸收。其尾气吸收氧化装置见图 7-26。

运行 10min 后，尾气经过两级吸收后气味较淡。经过 4～5h 的曝气吹脱，废水残余 COD 浓度为 11623mg/L。

（4）新型尾气一级吸收

按照表 7-38 配制 2# 废水，其 COD 浓度为 12877mg/L。新型尾气吸收氧化装置见图 7-26。吸收装置中用 10%NC 100mL 稀释至 300mL，液体深度约 40cm。运行开始后，尾气气味较淡。经过 7h 曝气吹脱后，废水残余 COD 浓度为 11589mg/L。采用新型尾气吸收装置后，虽然尾气恶臭气味得到去除，可是废水中 COD 浓度下降幅度很小，大量恶臭物质并未被吹脱。究其原因，可能是新型装置液面较深，导致压力过大，废水中的恶臭物质在此压力难以被吹脱。因此，应提高曝气量以克服水压力。

增加曝气量后，经过 23h 的曝气吹脱，废水残余 COD 浓度为 7586mg/L。

图 7-25　2# 废水吹脱后效果和 NC 吸收液性状
（右瓶为吸收液）

图 7-26　新型尾气吸收氧化装置
（右瓶为吸气瓶）

7.11.3　海因合成水解和蛋氨酸干燥及硫酸钠蒸发废水的预处理

3# 废水中含有氰化钠、甲硫基代丙醛、海因、蛋氨酸钠、蛋氨酸、硫酸钠等高浓度污染物，业主提供资料表明 COD 浓度高达 20000mg/L，须进行氧化预处理降低 COD 浓度后，方能进入后续生化处理流程。

试验中采用生产原料、中间产物、催化剂、成品自行配制 3# 废水，由于业主提供的中间产物不齐全，试验中以蛋氨酸代替蛋氨酸钠，用实验室中配制好的氰化钾溶液代替氰化钠进行废水的自行配制。

对这些高浓度污染物氧化分解的方法有：臭氧氧化法、高锰酸钾或重铬酸钾氧化法、Fenton 试剂氧化法、次氯酸钙氧化法等。本团队依据这些污染物的理化性质，考虑到加入氧化剂处理后不妨碍后续生化处理，同时这些氧化剂价廉易得，使用方便，不产生二次污染，先后采用以下 4 种氧化剂进行预处理。

7.11.3.1　次氯酸钙氧化法

根据 ClO^- 可以作为氧化剂，Ca^{2+} 可以作为 SO_4^{2-} 的沉淀剂，在该方法中采用 $Ca(ClO)_2$ 作为氧化剂和脱硫剂。

（1）中浓度试验

按照表 7-39 配制 1L 中浓度 3# 废水，废水呈中性，COD 浓度为 7151mg/L。

表 7-39　中浓度 3# 废水配制组分　　　　　　　　　　　　单位：mL

物质名称	水	氰化钾溶液	甲硫基代丙醛	海因	蛋氨酸	Na₂SO₄
3# 废水组分	1000	2	1.1	3.78g	7.49g	13g

注：氰化钾溶液浓度为 0.8014mg/L。

$Ca(ClO)_2$ 氧化法：试验发现随着 $Ca(ClO)_2$ 添加量的增加和反应时间的增加，COD 去除效率提高。取 100mL 废水，在次氯酸钙添加量为 1.5g，反应时间为 2h 时，COD 浓度下降到 4655mg/L。

（2）高浓度试验

按照表 7-40 配制 1L 高浓度 3# 废水，废水呈中性，COD 浓度为 20949mg/L。

表 7-40　高浓度 3# 废水配制组分　　　　　　　　　　　单位：mL

物质名称	水	氰化钾溶液	甲硫基代丙醛	海因	蛋氨酸	Na_2SO_4
3# 废水组分	1000	4	3.3	11.34g	15.51g	13g

注：氰化钾溶液浓度为 0.8014mg/L。

试验发现，随着次氯酸钙添加量的增加和反应时间的增加，出水黄色逐渐变浅，COD 去除效率提高。取 100mL 废水，在次氯酸钙添加量为 3g 时，COD 浓度仅能下降到 19933mg/L。试验结果表明，采用次氯酸钙作为氧化剂，氧化分解有机物的能力不够强，且作为脱硫剂，产生的废渣量较大。

7.11.3.2　NC 氧化法

本氧化法采用 NC 作为氧化剂，氧化分解高浓度有机污染物。由于处理出水呈碱性，不宜再添加碱性的 N 作为脱硫剂，故采用 $CaCl_2$ 作为脱硫剂，去除大量的 SO_4^{2-}。

按照表 7-40 配制 1L 高浓度 3# 废水，废水呈中性，COD 浓度为 20949mg/L。

废水 COD 处理效果和 NC 投加量的关系如表 7-41 所示。

表 7-41　NC 投加量与废水 COD 处理效果

NC 投加量	10mL	20mL	30mL
3# 废水 COD 残余浓度	17064mg/L	15612mg/L	11292mg/L

① 取 100mL 废水水样，加入 10mL NC，经过 4.5h 的氧化分解，COD 残余浓度为 17064mg/L。

② 取 100mL 废水水样，加入 20mL NC，经过 17h 的氧化分解，COD 残余浓度为 15612mg/L。

③ 取 100mL 废水水样，加入 30mL NC，经过 21h 的氧化分解，COD 残余浓度为 11292mg/L。

加入 3g $CaCl_2$ 进行脱硫反应后，再加 PAM 进行絮凝沉淀，脱硫后出水的 SO_4^{2-} 浓度为 15.4g/L。

7.11.3.3　F 氧化法

本氧化法采用复合氧化剂 F 作为氧化剂，氧化分解高浓度有机污染物，并使用 N 作为脱硫剂，去除大量的 SO_4^{2-}。

按照表 7-40 配制 1L 高浓度 3# 废水，废水呈中性，COD 浓度为 20949mg/L。

废水 COD 处理效果和 F 投加量的关系如表 7-42 所示。

表 7-42　F 投加量与废水 COD 处理效果

F 投加量	1mL	3mL	4mL	5mL
3# 废水 COD 残余浓度	18415mg/L	14862mg/L	12143mg/L	7256mg/L

① 取 100mL 废水，滴加硫酸调节 pH 至 3~4，再投加 1g FE 和 1mL F，经 1d 氧化分解反应后，投加 N 调节 pH 至中性，并沉淀去除 SO_4^{2-}，最后滴加 PAM 进行絮凝沉淀后，处理出水的 COD 残余浓度为 18415mg/L。

② 取 100mL 废水，滴加硫酸调节 pH 至 3～4，再投加 0.75g FE 和 3mL F，经 4h 氧化分解反应后，投加 N 调节 pH 至中性，并沉淀去除 SO_4^{2-}，最后滴加 PAM 进行絮凝沉淀后，处理出水的 COD 残余浓度为 14862mg/L。

③ 取 100mL 废水，滴加硫酸调节 pH 至 3～4，再投加 0.75g FE 和 4mL F，经 17h 氧化分解反应后，投加 N 调节 pH 至中性，并沉淀去除 SO_4^{2-}，最后滴加 PAM 进行絮凝沉淀后，处理出水的 COD 残余浓度为 12143mg/L。

④ 取 100mL 废水，滴加硫酸调节 pH 至 3～4，再投加 0.75g FE 和 5mL F，经 21h 氧化分解反应后，投加 N 调节 pH 至中性，并沉淀去除 SO_4^{2-}，最后滴加 PAM 进行絮凝沉淀后，处理出水的 COD 残余浓度为 7256mg/L，SO_4^{2-} 浓度为 2.5g/L。

7.11.3.4　K 氧化法

本氧化法采用 K 作为氧化剂，氧化分解高浓度有机污染物，并使用 N 作为脱硫剂，去除大量的 SO_4^{2-}。按照表 7-40 配制 1L 高浓度 3# 废水，废水呈中性，COD 浓度为 20949mg/L。废水 COD 处理效果和 K 投加量的关系如表 7-43 所示。

表 7-43　K 投加量与废水 COD 处理效果

K 投加量	0.25g	3g
3# 废水 COD 残余浓度	14445mg/L	8890mg/L

① 取 100mL 废水，滴加硫酸调节 pH 至 3～4，再投加 0.25g K 固体，经 4h 氧化分解反应后，投加 N 调节 pH 至中性，并沉淀去除 SO_4^{2-}，最后滴加 PAM 进行絮凝沉淀后，处理出水的 COD 残余浓度为 14445mg/L。

② 取 100mL 废水，滴加硫酸调节 pH 至 3～4，再投加 3g K 固体，经 17h 氧化分解反应后，投加 N 调节 pH 至中性，并沉淀去除 SO_4^{2-}，最后滴加 PAM 进行絮凝沉淀后，处理出水的 COD 残余浓度为 8890mg/L。

7.11.4　结论

7.11.4.1　分组预处理

业主采用甘油脱水制丙烯醛的原料路线来生产蛋氨酸，在其生产过程中产生的废水呈弱酸性（pH=4～5），成分极其复杂、有机污染物含量大，具有恶臭味，处理难度高。为获取处理该废水工艺流程的最佳设计参数，使其处理出水水质满足污水综合排放标准的要求，本工艺试验根据蛋氨酸生产的 7 个单元及每个生产单元的废水组分差别，将这 7 个单元的生产废水分为 3 股，分别预处理后，再合并进行生化处理，达标排放。再依据本工艺试验获得的参数修改、完善或补充蛋氨酸生产废水处理工程初设方案。

7.11.4.2　各组预处理方法

1# 废水预处理方法：加碱调节酸性废水的 pH，加 Fe^{2+} 使之与 H_2S 反应生成 FeS 沉淀去除。

2# 废水预处理方法：反应器进水后迅速密封，加入 Fenton 试剂或 $KMnO_4$ 或 NaClO 或 $NaNO_3$ 进行化学氧化，迅速将恶臭物质分解。经该化学预处理后，废水呈酸性，甲硫

基氧化生成 SO_4^{2-}，与 3# 废水合并加石灰乳或 NaOH 调 pH，加 PAC 或 PAM 混凝沉淀，过滤后进行生物处理。

3# 废水预处理方法：加石灰乳，使之与 SO_4^{2-} 反应生成 $CaSO_4$ 沉淀，并调节 pH，呈碱性；以曝气的方法代替机械搅拌，使 $CaSO_4$ 沉淀。与 2# 废水汇合后，使混合废水呈中性，同时 2# 废水在化学氧化过程中产生的 SO_4^{2-} 与 3# 废水预处理中过量的石灰反应生成 $CaSO_4$ 沉淀去除。

7.11.4.3　各组预处理优化条件

在 1# 废水预处理试验中对 Fe^{2+} 的投加方式、投加比例、反应时间进行优化。在 2# 废水预处理试验中对 Fenton 试剂或 $KMnO_4$ 或 NaClO 或 $NaNO_3$ 的投加方式、投加比例、反应时间进行优化。在 3# 废水预处理试验中对石灰乳的投加方式、投加比例、反应时间进行优化。

7.11.4.4　各组合并进行生化处理水质

各组进行预处理后，恶臭物质、难降解物质、硫化物（S^{2-}、SO_4^{2-}）已经得到去除，但还残留大量的 COD 和 NH_3-N 须进一步处理。后续本试验采用 ABR＋好氧的方法进行生化处理。

7.12　蛋氨酸生产废水预处理后的生化处理

7.12.1　生化处理工艺比较选择

常用的几种污水生化处理的工艺比较见表 7-44。

表 7-44　污水生化处理工艺比较

处理工艺	特点	适用范围
完全混合活性污泥法	承受冲击负荷能力强；全池需氧要求相同，节省动力；曝气池和沉淀池合建，不需要单独设立污泥回流系统。但连续进水出水容易短路；污泥易膨胀	适用处理工业废水、高浓度有机废水
推流式活性污泥法	曝气池废水浓度存在梯度，降解推动力大，效率高。会出现池首曝气不足，池尾曝气过量的现象，增加动力费用	工业废水
阶段曝气活性污泥法	沿池长多点进水，有机负荷分布均匀；供氧量均化；充分利用空气。进水如果不混合均匀，处理效率会下降	适用各种废水
高浓度活性污泥法	负荷率高；曝气时间短	城市废水和各种工业废水
氧化沟	预处理简单，占地小，流态呈推流式，没有二沉池，工艺简化	适用各种废水
SBR	运行管理简单，造价低，耐冲击负荷，出水好，可抑制活性污泥丝状菌膨胀，脱氮除磷	适用各种废水
普通生物滤池	构造简单，操作容易，能承受有毒废水的冲击负荷。夏季滤池周围卫生条件较差	小城镇的废水处理
生物转盘	微生物浓度高；具有硝化和反硝化功能；污泥量少，不需要曝气和污泥回流装置；不产生污泥膨胀等问题。转盘转动传氧速率低	属于二级生物处理方式；不适用于高浓度废水

续表

处理工艺	特点	适用范围
生物接触氧化法	生物活性高,微生物浓度高;污泥产量低,出水好,动力消耗低,挂膜方便;不存在污泥膨胀等问题。生物膜较厚,易堵塞填料,若产生大量后生动物会造成生物膜大块脱落	适用各种废水
厌氧消化池	在一个池内实现厌氧发酵反应和液体与污泥的分离;设搅拌装置利于有机物与厌氧污泥充分接触	城市污水厂污泥的稳定处理;高浓度有机工业废水;悬浮物浓度高的有机废水;难降解的工业废水
厌氧接触法	消化池污泥浓度,有机负荷高;占地面积小,容易启动	高浓度有机废水,污泥等固体废物处理
上流式厌氧污泥床工艺	反应器的有机负荷很高;反应器上部设置的三相分离器,有效地将气、固、液三相进行分离;污泥颗粒化后使反应器抗冲击负荷性大大提高	高浓度有机废水
厌氧折流板反应器(ABR)工艺	将反应器分隔成串联的几个反应室,每个反应室都是一个相对独立的上流式污泥床系统	高浓度有机废水
A/O工艺	废水先进缺氧段,再进入好氧段。好氧池的混合液和二沉池的污泥同时回流到缺氧池形成内回流	除磷效果好
A²/O工艺	废水先进厌氧段,接着进缺氧段,再进入好氧段	脱氮除磷

从表 7-44 可见,本团队立足投资省、运行费低、工艺流程简单、处理效果好、运行管理方便的原则,采用"预处理＋ABR＋好氧"工艺处理业主的该废水是可行的。

7.12.2　厌氧折流板反应器（ABR）工艺研究

厌氧折流板反应器（ABR）是美国斯坦福（Stanford）大学的麦卡蒂（P. L. McCarty）教授及其合作者于 20 世纪 80 年代初在厌氧生物转盘反应器的基础上改进开发出来的一种新型高效厌氧反应器。该反应器因具有结构简单、污泥截留能力强、稳定性高等优点引起了广大研究者的注意,40 多年来,其应用于处理各种高、中、低浓度有机废水的研究及实践已证实了 ABR 运行的可靠性。在废水的生物处理过程中,反应器的水力特性、生物特性及抗冲击负荷的能力是影响反应器处理效果的重要因素,也是衡量反应器性能的重要指标。

7.12.2.1　ABR 的结构特点

ABR 集上流式厌氧污泥床（UASB）和分阶段多相厌氧反应器（SMPA）技术于一体,通过在反应器中加装竖向挡板,将反应器分成几个串联的反应格室,使反应器在整体上为推流式,局部区域内为完全混合式。废水的上下折流及降解过程中的产气作用,使得基质与污泥的接触机会及接触时间增多,提高了反应器的处理效率。同时由于折流板的阻挡和污泥自身的沉降性,污泥沿着反应器水平方向的移动速度很慢,加之各上下向格室的宽度不等,故大量的厌氧活性污泥被留在反应器内不易流失。并且由于竖向挡板的隔离作用,原来生存于同一反应器中的两大菌群分隔在不同反应格室中,这大大提高了厌氧反应器的负荷和处理效率,并使其稳定性和对不良因素的适应性大为增强。

7.12.2.2　水力特性

反应器的流态对底物与生物的接触及反应器容积利用率有重要影响,ABR 中各格室趋于完全混合流态，而随格室数的增加，反应器趋于推流流态。对于反应器的每个格室来说，上升流速对流态的影响通过水流在格室中较长的停留时间而导致的返混及产气引起的泥水混合（扩散混合）作用而实现，因而表现为 HRT 越长，每个格室的完全混合流态越明显。

有学者认为：①ABR 的水力死区较小，远低于厌氧滤池（AF）等其他厌氧生物反应器；②ABR 的离散数 D 在 $0.05\sim0.08\mu L$，流态介于理想完全混合与理想推流之间，接近理想推流；③水力死区随下、上向流室宽度比的减小先缓慢减小，后迅速增大，最佳值为 1：3；④水力死区与折流板底端距底板距离成正比关系，随距离增大而增大，但在 ABR 结构设计时尚需考虑其他因素，如流动阻力，进水中夹带的固体杂物等可能造成的堵塞；⑤随折流板折角的增大水力死区先迅速下降，再缓慢上升，最佳值在 50°附近。

上述表明，ABR 是一种整体上为推流，局部区域内为完全混合的生物反应器，这种良好的水力条件使其与其他类型的厌氧反应器相比，具有更好、更稳定的处理效果。

7.12.2.3　污泥特性

（1）微生物组成

ABR 的独特结构使不同种群的厌氧微生物在不同的格室内生长，并呈现出良好的种群分布。通常在反应器前端的格室中主要以水解和产酸菌为主，在 ABR 的第 1 个格室中以产丁酸菌、甲烷八叠球菌、杆菌、丝状菌为主，而在较后的格室中则以产甲烷菌为主。随着格室的推移，逐渐出现球菌、双球菌、八叠球菌等，在第 4 格室则主要以八叠球菌及多叠球菌为主，随后的格室八叠球菌又逐渐减少。ABR 内主要存在两种乙酸分解菌，即甲烷八叠球菌和甲烷丝状菌，甲烷八叠球菌要比甲烷丝状菌生长得快，前者的世代期为1.5d，后者的世代期为 4d。在乙酸浓度较高时，主要以甲烷八叠球菌为主；在乙酸浓度较低时，则主要以甲烷丝状菌为主。颗粒污泥中的微生物以厌氧球菌和八叠球菌为主，佐以丝状菌、螺旋菌和杆菌。

（2）生物活性

ABR 内的生物活性沿池长逐渐降低。反应器前端的活性成分最高而反应器末端最低。对反应器上部、中部和底部而言，底部的活性最高，约占 85%。第 1 格室的活性较高：因其氢分压较高，嗜氢甲烷菌的活性较好，这样总体上表现为第 1 格甲烷产量较高。而在后面格室和厌氧滤池中乙酸浓度较低，甲烷丝状菌属将成为优势菌种，这种菌与甲烷八叠球菌相比生长较缓慢，而且对低 pH 较敏感，这样就会使产酸菌过量繁殖，从而导致后面格室的活性和甲烷产量降低。

（3）颗粒污泥及其粒径分布

研究发现，在基质浓度较高的前面格室中主要是光滑的甲烷八叠球菌絮体形成的颗粒污泥，颗粒污泥的体积较大，粒径达 5.4mm，密度较小，而且里面充满空腔，因此在高负荷条件下由于产气强度较大，颗粒污泥会浮在反应器上方。在后面格室中甲烷丝状菌的纤维状菌絮体连在一起，体积较小，粒径 1.5mm。主要原因是 ABR 中的折流板阻挡作用，污泥有效地被截留在反应器中，污泥流失减少，同时水流和气流的作用，促进了颗粒污泥的形成和成长。

废水有较高碱度及其他碱金属离子时有利于污泥的颗粒化，各格室中可形成外观由灰白色至灰黑色、粒径 0.5～5mm 不等的棒状及球状颗粒污泥。经过约 50d，反应器内形成大量密实、亮黑色的颗粒污泥，COD 去除率和废水产气率都很高。

对污泥特性的研究表明，在 ABR 中，由于每个格室污泥与废水之间的良好混合接触，使得颗粒污泥的形成比较容易，生长速度较快。同时，ABR 的挡板构造使得在反应器的不同格室内会形成与流入该格室的废水水质相适应的优势微生物种群，并形成良好的沿程分布，避免不同种群间生态幅的过多重复，从而确保了相应的微生物相拥有最适应的生存环境，提高了其活性，最终强化了反应器的处理效果。

7.12.2.4　抗冲击负荷能力

有机冲击负荷对厌氧工艺的影响主要体现在 VFA 增加、去除率下降、甲烷产量提高但含量降低、出水 SS 增多、污泥容积指数（SVI）增加、可酸化菌所占比例增加等方面。

由于 ABR 内的竖向挡板不但将各格室分隔开，而且可以有效地截留生物固体，并在反应器内形成良好的生物分布，因此 ABR 对冲击负荷的适应性很强。ABR 抗冲击负荷能力主要包括抗水力冲击、抗有机冲击和抗毒性物质的冲击。

在恒定的 HRT 下，ABR 即使面对大的冲击负荷也能维持较高的去除率（>90%），其性能是稳定的。这主要是由于 ABR 的分格结构，使得有机冲击负荷主要作用在第 1 格室中，其内的微生物迅速并选择性地生长，主要产生乙酸和丁酸而不是丙酸和甲酸，而乙酸和丁酸能比丙酸更快地被分解，避免了后面格室受低 pH 的影响，因此反应器的性能更加稳定。研究表明，ABR 对大的瞬时冲击有很强的适应能力，可以在冲击停止后 9h 内恢复系统的初始性能。因此，ABR 的特殊结构使其具有很强的抗冲击负荷能力，并且可以获得很高的去除率。

有机负荷的成倍提高没有对反应器的运行效果产生很大的影响（COD 去除率>96%），这说明 ABR 抗有机冲击负荷的能力很强；有机负荷的再次提高导致了反应器的酸化，如果适当的调整碱度，将可以避免这一情况。

有机去除负荷随有机负荷率（OLR）的增加不断上升，表现出 ABR 对冲击负荷的稳定性。经浓度冲击后，系统依次经历假稳定段、产酸与产甲烷被抵制段、产酸恢复段、产甲烷恢复段，整个过程约需 20d。这一结果表明：污泥驯化越好，其活性恢复也就越快。同时研究还发现，毒性物质的冲击对反应器前段影响较大，对后段危害甚小。

对 ABR，不论是水力冲击还是有机冲击，或毒性物质的冲击，其对反应器的影响都主要集中在前段，对后段的危害较小。这使得只有少数微生物暴露在冲击负荷的影响下，有利于整个反应器系统的驯化并能在较短时间恢复到正常的水平。

7.12.2.5　反应器的前景

尽管 ABR 拥有许多优于其他厌氧工艺的特点，但仍然可以通过对其结构及工艺的改进来加强其处理更难降解废水的能力。

总之，通过结构及工艺的改进，将有更多的难降解废水可以利用 ABR 得以处理，这在高浓度有机工业废水和有毒废水的处理中具有良好的研究开发价值和广阔的应用前景。

7.12.2.6　反应器的优缺点

① 优点：类似多个 UASB 可处理多种高浓度有机废水，无污泥膨胀，省混合搅拌装置，节能。

② 缺点：存在短流、反应死区和生物固体流失。这些缺点本团队已从构筑物设计和布水设计予以彻底解决。

7.12.3　生化处理工艺流程

采用"ABR＋好氧工艺"对前述已预处理的废水进行生化处理；或将 $1^{\#}$、$2^{\#}$、$3^{\#}$ 稀释 10 倍后进行生化处理。生化处理工艺流程为：预处理出水 ⟶ ABR 池 ⟶ 缺氧池 ⟶ 好氧池 ⟶ 二沉池 ⟶ 排放。

7.12.4　生化处理结果

厌氧技术处理高浓度、难降解有机工业废水已取得显著效果，如厌氧接触法、厌氧滤池、厌氧流化床、膨胀床、UASB 反应器和本团队拓展的 ABR 反应器等。科泰将厌氧菌通过多种毒性废水驯化、同化使其变异，再经分离培养，经中试后推展到工业生产废水处理中应用，已能降解苯、甲苯、苯酚、十六烷、吡啶、嘧啶、草甘膦、双甘膦、萘、蒽、油类和表面活性剂等。在模拟的业主蛋氨酸生产废水中，实际应用已培养驯化的菌在 30～35℃，pH6.5～7.5，总碱度 3000～5000mg/L，营养物投加量控制为 COD：N：P＝200：5：1。运行近一个月的结果表明：经预处理的三股废水连续进 ABR＋A＋O 生化处理，出水的 COD、NH_3-N、硫化物等指标均达国标的一级排放标准，蛋氨酸生产废水预处理后生化处理一周的结果见表 7-45。

表 7-45　蛋氨酸生产废水预处理后生化处理一周的结果　　　　单位：mg/L

日期 （年．月．日）	进水 COD	厌氧 COD	好氧 COD	二沉池出水				
				COD	总氰	NH_3-N	硫化物	pH
2009.8.3	7672	2380	727	509	ND	1.0	2.0	7.5
2009.8.4	7271	2033	571	301	ND	ND	1.2	7.0
2009.8.5	6401	1776	295	150	ND	ND	1.6	7.2
2009.8.6	6657	1364	267	100	ND	ND	0.8	7.3
2009.8.7	6372	1394	288	107	ND	ND	1.5	7.4

注："ND"表示未检出。

7.13　蛋氨酸生产废水处理过程的臭气处理

7.13.1　恶臭污染危害及排放标准

按《恶臭污染物排放标准》（GB 14554—1993）的规定，恶臭污染物指一切刺激嗅觉器官引起人们不愉快及损坏生活环境的气体物质。恶臭作为一种感觉公害，已成为世界上七大环境公害之一。地球上存在的二百多万种化合物中，1/5 具有气味，约有 10000 种为重要的恶臭物质。迄今，凭人的嗅觉即能感觉到的恶臭物质有四千多种，其中对人体健康危害较大的有硫醇类、氨、硫化氢、二甲基硫、三甲胺、甲醛、苯乙烯、酪酸和酚类等。逸散在空气中的恶臭物质对人类的危害，在七大公害中仅次于噪声而位居第二，因此世界各国对恶臭污染都给予了高度重视。美国的恶臭事件约占大气污染事件的 60%，美国将恶臭归为非标准污染物，海湾地区、旧金山等各州各自判定控制恶臭标准。根据利用仪器分析法测得的数据规定了本地区的排放标准。如明尼苏达等州以官能测定法测得的数据为依据，制定了污染排放标准和不同行政区的恶臭标准。1970～1971 年两次国际会议讨论恶臭的测定与评价问题。1971 年 6 月，日本制定了《恶臭防治法》，依据石油化工、牛皮纸浆、垃圾、食品等行业的恶臭污染物排放情况，规定对氨、甲硫醇、硫化氢、三甲胺、甲硫醚等 12 种恶臭物质进行控制。日本恶臭污染在 1972 年以前十分严重，1972～1982 年，恶臭指控案占全部公害指控案的 23%～25%，1972 年高达 23567 件。

我国规定了对恶臭污染的调查、有关测试和标准：《恶臭污染物排放标准》（GB 14554—1993），《环境空气质量标准》（GB 3095—2012）及其他行业性污染物排放标准。

7.13.2　臭气组分及污染物特点

臭气划分为含硫化合物、含氮化合物、卤素及其衍生物、烃类和含氧化合物五类。其中无机物有硫化氢、氨等，其余大部分为有机物。绝大多数恶臭气体主要是含硫化合物、含氮化合物及含氧化合物，其他种类的物质较少。恶臭气体组分分类见表 7-46。

表 7-46　恶臭气体组分分类

序号	分类	主要成分
1	含硫化合物	硫化铵、二氧化硫、硫醇、硫醚等
2	含氮化合物	胺、酰胺、吲哚等
3	卤素及其衍生物	氯气、卤代烃等
4	烃类	烷烃、烯烃、炔烃、芳香烃等
5	含氧化合物	醇、酚、醛、酮、有机酸等

臭气污染物具有测定困难、评价困难、治理困难 3 个特点。

① 测定困难：臭气污染以心理影响为主要特征，心理影响是通过嗅觉引起的。人的嗅觉非常灵敏，能感知极低的恶臭污染物浓度，恶臭物质的嗅阈值极低（表 7-47），这就使得测定非常困难。目前还没有全面评述恶臭的可检测性、强度、厌恶度及其性质的测定方法。

表 7-47　几种常见恶臭物质的嗅阈值

化合物	嗅阈值($<$,$\times 10^{-6}$,以容积计)	化合物	嗅阈值($<$,$\times 10^{-6}$,以容积计)
硫化氢	0.00047	酚	0.047
甲硫醇	0.0001	正丁酸	0.00019
甲硫醚	0.003	醋酸	0.0042
三甲胺	0.000027	醋酸丁酯	0.027
丁烯硫醇	0.000029	甲醛	0.41

② 评价困难：恶臭的组成成分不是单一的，且污染源多为局部的无组织排放源，污染又多为短时间、突发性的，因而难以捕捉，加之恶臭扩散方式复杂，还没有一种公认的恶臭评价方法。

③ 治理困难：恶臭物质嗅阈值极低，很难能将某一浓度的恶臭气体处理到嗅阈值以下。

7.13.3　臭味的来源

导致令人厌恶臭味的气体统称为臭气。臭味是判断水质优劣的感官性物理指标，主要来源于废水本身、废水处理及污泥处理与处置等几个方面。各类臭味物质的主要来源及气味特点见表 7-48。

表 7-48　臭味物质的主要来源与气味特点

物质名称	主要来源	气味特点
硫化氢	牛皮纸浆、炼油、煤气、制药、农药、合成树脂、合成纤维、橡胶、废水处理厂	臭鸡蛋味
硫醇类	牛皮纸浆、炼油、煤气、制药、农药、合成树脂、合成纤维、橡胶	腐烂卷心菜味
硫醚类	牛皮纸浆、炼油、农药、垃圾处理、生活污水下水道	蒜臭味
氨	氮肥、硝酸、粪便、炼焦、肉类加工、家畜饲养	尿臭、刺激性
胺类	水产加工、畜产加工、皮骨胶、皮革	粪臭味
吲哚类	粪便处理、生活污水处理、炼焦、肉类腐烂、屠宰牲畜	刺激性
硝基化合物	染料、炸药	刺激性
烃类	炼油、炼焦、石油加工、电石、化肥、内燃机排气、油漆、溶剂、油墨、印刷	刺激性
醛类	炼油、石油加工、医药、内燃机排放、垃圾处理、铸造	刺激性
脂肪酸类	石油加工、油脂加工、皮革制造、肥皂、合成洗涤剂、酿造、制药、香料、食物腐烂、粪便处理	刺激性
醇类	石油加工、油脂加工、皮革制造、肥皂、合成材料、照相软片	刺激性
酚类	溶剂、涂料、油脂加工、石油加工、合成材料、照相软片	刺激性
酯类	合成纤维、合成树脂、涂料、黏合剂	香水臭、刺激性
有机卤化物	合成树脂、合成橡胶、溶剂、灭火材料、制冷剂	刺激性

（1）废水的臭味

废水本身一般具有一种特殊的略令人不快的气味，主要来源于废水中含有的不同种类的产生臭味的物质。废水中的有机物在缺氧条件下腐化分解，所含的硫酸盐会在厌氧微生物的作用下被还原成硫化氢，产生臭鸡蛋的臭味。

废水处理厂中的臭味还来源于清掏化粪池污泥和简易厕所粪便等。

（2）废水处理单元产生的臭味

在废水的物理处理中，调节池、格栅及所产生的屑渣，沉砂池及所产生的沉砂，隔油池所产生的浮油，初次沉淀池中所产生的初沉污泥及浮渣等等，均会产生臭味。如果这些装置的设计、操作和维护不当，臭味问题会更严重。在二次沉淀池中，如果生物处理工艺设计与运行不合理，则会产生臭味；在脱氮的废水处理厂中，出水堰等造成藻类的累积从而周期性地产生臭味，超出 4h 不排泥可能造成污泥腐化分解产生臭味。

在废水生物处理中，生物滤池和生物转盘会由于氧转移效率不足或因水力负荷率或有机负荷率提高而产生臭味。生物滤池还会由于废水在滤料表面分布不均匀形成过厚膜层、底部排水不畅造成通氧能力降低等而产生臭味。如曝气池在搅拌不充分或者曝气装置堵塞的极端情况下，因有机物的沉积或形成浮渣泡沫层而产生臭味。厌氧塘是产生气味的主要来源。

（3）污泥处理与处置单元产生的臭味

在废水处理过程中，各处理单元会产生沉渣或污泥等副产物，不及时清理，会产生臭味。

污泥处理与处置系统通常产生的臭味较大，其中以未有加盖的污泥贮存池和污泥浓缩池所产生的臭味尤为强烈，引起废水处理厂附近居民抱怨。污泥脱水处理产生臭味的强度取决于待脱水污泥的类型与特性、脱水方式和污泥预处理中所投加的化学物质。在厌氧消化和好氧消化等污泥的稳定处理工艺中，超负荷运转的好氧消化池会产生臭味。在污泥的石灰稳定与消毒工艺中，由于会释放出大量的氨气，因而产生强烈的臭味。在污泥的充气堆肥处理中，翻堆会产生强烈的臭味。在污泥的焚烧、污泥干化床和废气燃烧过程中，也会产生臭味。

7.13.4　臭味的危害

臭味是水质感官性的物理指标，令人厌恶的臭味可能会导致人们食欲不振、呼吸不畅、恶心呕吐和精神错乱等。在极端的情况下，臭味可能会直接或间接地影响到人类关系和人类发育等。

恶臭对人体的危害主要表现在 6 个方面。

（1）危害呼吸系统

臭味对呼吸产生反射性抑制甚至憋气，妨碍正常呼吸功能。

（2）危害循环系统

随呼吸变化，会出现脉搏和血压变化，如氨会使血压出现先下降后上升、脉搏先减慢后加快现象；硫化氢还能阻碍氧的输送，造成体内缺氧。

（3）危害神经系统

长期受到恶臭物质刺激，会使嗅觉疲劳甚至丧失，继而导致大脑皮层兴奋和抑制过程的调节功能失调。

（4）危害消化系统

恶臭会导致厌食、恶心，甚至呕吐，进而发展成为消化功能减退。

（5）危害内分泌系统

恶臭会使人的内分泌系统功能紊乱，影响机体代谢活动。

（6）影响精神状态

恶臭会使人烦躁不安、思想不集中、忧郁、失眠、工作效率降低、判断力和记忆力下降，影响大脑的思维活动。

基于以上所述臭味的危害，人们应充分重视废水处理领域中臭气的处理和臭味控制。

7.13.5　废水中引致臭味的化合物检测及恶臭评价标准

7.13.5.1　废水中引致臭味的化合物及其检测

对人们造成心理压力的恶臭化合物的检测是通过人们的嗅觉系统，但其中所包含的机理尚不十分清楚。一般认为，分子所具有的气味总体上与分子本身相关。未处理废水中所含有的令人厌恶的臭味特征描述及与此臭味相关的化合物种类列于表 7-49 中。生活污水中可能会含有或形成所有这些化合物，具体取决于当地条件。

表 7-49　未处理废水中的臭味特征描述及其与之相关的化合物

序号	臭味化合物	分子式	臭味
1	胺	CH_3NH_2	鱼腥味
2	氨	NH_3	氨气味
3	二胺	$NH_2(CH_2)_4NH_2$，$NH_2(CH_2)_5NH_2$	烂肉味
4	硫化氢	H_2S	臭鸡蛋味
5	硫醇（如甲基硫醇和乙基硫醇）	CH_3SH，CH_3CH_2SH	烂菜味
6	硫醇（如丁基硫醇）	$(CH_3)_3CSH$，$CH_3(CH_2)_3SH$	臭鼬味
7	有机硫化物	$(CH_3)_2S$，$(C_6H_5)_2S$	腐菜味
8	甲基吲哚	C_9H_9N	粪便物质味

蛋氨酸生产中除含有上述化合物外，还含有其他的化合物。未处理的废水中引起恶臭

的化合物的臭味检测及其可嗅到的阈值见表 7-50。

表 7-50　未处理废水中引起臭味化合物的检测限和阈值

序号	臭味化合物	分子式	臭味阈值($\times 10^{-5}$,以容积计)	
			检测限	嗅觉限
1	氨	NH_3	17	37
2	氯	Cl_2	0.080	0.314
3	二甲基硫	$(CH_3)_2S$	0.001	0.001
4	二苯基硫	$(C_6H_5)_2S$	0.0001	0.0021
5	乙基硫醇	CH_3CH_2SH	0.0003	0.001
6	硫化氢	H_2S	<0.00021	0.00047
7	吲哚	C_8H_7N	0.0001	—
8	甲基胺	CH_3NH_2	4.7	
9	甲基硫醇	CH_3SH	0.0005	0.001
10	甲基吲哚	C_9H_9N	0.001	0.019

臭味可用检测度、特征、强度和享受程度描述,而法规条例只采用检测度,指用无臭空气将臭味气体稀释到它的最低臭味浓度检测阈值(MDTOC)时的稀释倍数。

臭味通常可以进行感官检测和仪器检测。在感官检测中,通常是将一组人置于用无臭空气稀释的臭气中,记录用无臭空气将臭味气体稀释到它的最低臭味浓度检测阈值(MDTOC)时的稀释倍数。感官检测通常会带来一系列误差,其中主要是由于人的逐渐适应性、臭味的协同性、人的主观性和样品采集检测过程中的变性。为了避免该误差,可以采用臭味计现场就地检测。

废水的臭味阈值一般通过用无臭味水稀释样品的方式检测,用阈值臭味数(TON)来表示,其值代表的是当水样刚好稀释到能感觉到臭味存在时的最大稀释倍数。

$$TON=(A+B)/A$$

式中,A 为废水样品的体积,mL,建议采用 200mL;B 为无臭味水的体积,mL。

臭味检测通常采用的仪器有动态三角嗅觉仪(dynamicforced triangle olfactometer)、丁醇旋转仪(butanol rotator)和臭味计(odor meter)。臭味计被证实是现场较为实用的臭味检测仪器。在臭味的化学分析中,三段四路质谱仪(tree stage four channel mass spetrometer)比较实用,可以检测出来的臭味化合物有氨、氨基酸和挥发性有机化合物(VOCs)等。此外,便携式 H_2S 测定仪可直接用于读取 H_2S 的浓度,其检测限可在 1×10^{-9} 左右。

7.13.5.2　恶臭评价标准

(1)恶臭强度分组

我国将恶臭强度分为 6 级,分级情况如表 7-51 所示。

表 7-51　我国制定的恶臭强度分类法

恶臭强度级别	嗅觉对臭气的反应	污染等级
0	未闻到任何气味,无任何反应	无污染
1	勉强闻到有气味,不易辨认臭气性质(检知阈值),感到无所谓	微污染
2	能闻到有较弱的气味,能辨认气味性质(认知阈值)	轻污染
3	很容易闻到气味,有所不快,但不反感(明显检知)	污染
4	有很强的气味,很反感,想离开(强臭)	明显污染
5	有极强的气味,无法忍受,立即离开(巨臭)	严重污染

将恶臭强度控制在不超过 3.5 级，一般情况下，以 2.5 级作为生活环境条件下允许的最大强度，具体限制值按地区不同而分别规定。

（2）恶臭强度与恶臭物质浓度的关系

通常臭气对人产生的生理影响与其浓度成正比，而臭气强度（给人的感觉量）与臭气物质浓度（对人的刺激量）的对数成正比。根据修正的韦伯-费希纳（Weber-Fechner）公式，单一组分臭气强度和臭气物质浓度的对数成正比关系。

$$I = k \cdot \lg C + \alpha$$

式中　I——臭气强度，级，见表 7-51；

　　　C——臭气物质浓度，1×10^{-6}；

　k，α——系数，对不同的物质，其值不同，见表 7-52。

表 7-52　Weber-Fechner 公式中主要臭味物质系数

臭味物质	k	α	检知阈值（$\times 10^{-6}$，体积比）
硫化氢	0.95	4.14	0.00050
甲硫醇	1.25	5.99	0.00010
二甲基硫	0.78	4.06	0.00012
氨	1.67	2.38	0.15
三甲胺	0.90	4.56	0.00011
乙醛	1.01	3.85	0.0015
丁酮	1.85	0.15	2.9
丙烯酸甲酯	1.30	4.30	0.0029
甲基丙烯酸甲酯	2.05	2.68	0.00015
酚	1.42	3.74	0.002
甲苯	1.40	1.05	0.92
苯乙烯	1.42	3.10	0.033

（3）臭气浓度与仪器分析浓度的关系

臭气浓度（臭气指数）是应用较为广泛的恶臭评价指标。我国《恶臭污染排放标准》（GB 14554—1993）中规定了排放口及厂界的臭气浓度标准。臭气浓度一般采用三点比较式臭袋法测定，其实质是样品稀释到嗅觉阈浓度（检知阈）的稀释倍数，因此，臭气浓度与仪器分析浓度的关系式为：

臭气浓度＝仪器分析浓度/嗅觉阈浓度

由于化合物的嗅觉阈资料要比浓度与恶臭强度关系的资料多，因此，将仪器分析浓度结果换算成臭气浓度的覆盖面要大得多，但仍然无法解决复合恶臭的计算问题。

日本的《恶臭防治法》中列出了 8 种恶臭污染物的浓度与强度的关系，如表 7-53 所示。

表 7-53　恶臭污染物质量浓度与臭气强度对应关系

臭气强度/级	污染物质量浓度/(mg/m³)							
	硫化氢	氨	甲硫醇	甲硫醚	二甲硫醚	三甲胺	乙醇	苯乙烯
1.0	0.0008	0.0758	0.0002	0.0003	0.0013	0.0003	0.0039	0.1393
2.0	0.0091	0.455	0.0015	0.0055	0.0126	0.0026	0.0196	0.9286
2.5	0.0304	0.758	0.0043	0.0277	0.0420	0.0132	0.0982	1.8572
3.0	0.0911	1.516	0.0086	0.1107	0.1259	0.0527	0.1964	3.7144
3.5	0.3036	3.79	0.0214	0.5536	0.4196	0.1844	0.982	9.286
4.0	1.0626	7.58	0.0643	2.2144	1.2588	0.5268	1.964	18.572
5.0	12.144	30.32	0.4286	5.536	12.588	7.902	19.64	92.86

7.13.5.3 我国恶臭污染物排放标准与废水处理厂臭气污染状况

恶臭污染物厂界标准值见表 7-54。

表 7-54 恶臭污染物厂界标准值

项目	一级标准	二级标准	
		A 类	B 类
氨/(mg/m³)	1.0	1.5	2.0
三甲胺/(mg/m³)	0.05	0.08	0.15
硫化氢/(mg/m³)	0.03	0.06	0.10
甲硫醇/(mg/m³)	0.004	0.007	0.010
甲硫醚/(mg/m³)	0.03	0.07	0.15
二甲二硫/(mg/m³)	0.03	0.06	0.13
二硫化碳/(mg/m³)	2.0	3.0	5.0
苯乙烯/(mg/m³)	3.0	5.0	7.0
臭气浓度	10	20	30

我国颁布的《恶臭污染物排放标准》(GB 14554—1993)对典型恶臭污染物作出了限制，表 7-54 列出了该标准中对恶臭污染物作出的厂界标准值。注：①表中臭气浓度为无量纲的指标；②1994 年 6 月 1 日起立项的新、扩、改建设项目及其建成后投产的企业执行二级、三级标准中相应的标准值。

根据该标准，某污水处理厂对自身生产过程所产生的臭气进行了检测，结果如表 7-55 所示。

表 7-55 某污水处理厂臭气污染状况

臭气源	硫化氢/(mg/m³)	氨/(mg/m³)	甲硫醇/(mg/m³)	臭气浓度
普通曝气池	0.222	0.479	0.084	570
贮泥池	30.95	0.312	0.347	6500
脱水机房	52.72	0.475	0.495	2000
初沉池	0.45	4.7		
下风向 50m 处	0.30	4.1		
下风向 100m 处	0.07	3.5		
下风向 150m 处	0.05	2.6		

从表 7-55 可以看出：废水处理厂恶臭发生源主要是曝气池、贮泥池和污泥脱水机房等处；废水处理厂臭气中的主要成分是硫化氢、氨和甲硫醇，其实测值超出了标准中的浓度限值，应该加以控制；臭气浓度随扩散距离的增大而衰减，硫化氢气体 100m 外其影响明显减弱，据此分析距恶臭源 300m 外应基本无影响；不同的废水处理工艺产生的臭气强度有所不同，污泥龄较长生物处理工艺（如氧化沟）所产生的臭气浓度低于污泥龄短的处理工艺（如曝气池）。

7.13.6 废水处理设施中逸散的挥发性有机化合物（VOCs）

废水处理设施是一个包括多个废水、污泥和投药处理单元的处理系统。废水在处理过程中散发的臭气主要来自有机物的厌氧消化，主要的致臭物质有甲硫醇、甲硫醚、硫化氢（H_2S）、氨（NH_3）、挥发性有机物（VOCs）等，但由于它们的阈值都很低，不仅对环境造成很大的影响，更会危害人们的健康。由于废水处理厂废水的 pH 都维持在 8.0 以下，NH_3 挥发量小，因此控制致臭物质硫化物和 VOCs 对于人们的健康和安全以及废水处理设施的腐蚀控制等具有重要的意义。

在废水的收集和处理系统中，VOCs 的逸散方式主要包括挥发和吹脱两个方面。挥发是指 VOCs 从废水的表面逸散出来。吹脱是指当空气暂时挟带于废水中或者有意向废水处理设施里鼓气时所引起的 VOCs 向空气中传递扩散。

在废水的收集与处理系统中，VOCs 逸散的主要地点和方式列于表 7-56 中，VOCs 逸散的程度具体取决于废水所处环境。废水与污泥处理系统中 VOCs 的逸散特点如上。

表 7-56　废水收集与处理系统中 VOCs 逸散的主要地点和方式

VOCs 逸散地点	VOCs 逸散方式
废水收集与提升系统	
废水排放口	废水中微量 VOCs 逸散
废水管道	VOCs 以挥发逸散,发生紊流处逸散量增加
废水管道附属构筑物	管道连接处因紊流 VOCs 以挥发方式逸散; 检查井等处因跌水 VOCs 以挥发和吹脱方式逸散
泵站	吸水井中 VOCs 以挥发和吹脱方式逸散
废水与污泥处理系统	
格栅	由于紊流 VOCs 以挥发方式逸散
沉砂池	平流沉砂池因紊流 VOCs 以挥发方式逸散; 曝气沉砂池因曝气使 VOCs 以挥发和吹脱逸散
调节池	表面挥发,若有紊流将增强挥发作用;若设置扩散曝气管,VOCs 以吹脱方式逸散
初沉池	表面 VOCs 以挥发方式逸散,进水渠和出水堰等处 VOCs 以挥发和吹脱方式逸散
活性污泥曝气池	扩散曝气使 VOCs 以吹脱方式逸散,表面曝气使 VOCs 主要以挥发方式逸散
污泥处理系统	污泥消化气体未经过完全燃烧的沼气导致 VOCs 逸散

7.13.6.1　预处理系统

从车间废水排出口到调节池中，再到预处理系统中，是可能含有高浓度的硫化物和 VOCs，其是废水处理系统中臭气的主要源强之一。由于构造，预处理系统中如粗格栅、细格栅和巴式计量堰会导致紊流产生而吹脱出硫化物和 VOCs。因此减少紊流的产生可以降低恶臭的散发。对蛋氨酸系统而言，这些系统必须密闭。

除砂系统通常也是较高臭气浓度的源强之一。曝气沉砂池使用空气扩散器来分离大颗粒物质和较轻的有机物。由于剧烈曝气，沉砂池散发出大量臭气。因此可将回流活性污泥循环到进水口控制进水中硫化物的浓度，其原理是回流污泥中的微生物将硫化物转化成无臭味的硫系物。再曝气会提高硫化物的去除率。该法适用于没有初沉池的废水厂。

7.13.6.2　一级处理

在处理水进入一级沉淀之前很多硫化物和 VOCs 已被吹脱。如果初沉池处于厌氧状态，会产生硫化物。夏天温度高硫化物产生得多。当初沉池污泥长时间存放进行浓缩时，硫化物产生得更多。

初沉池产生的臭气有 90% 来自溢流堰。堰到出水渠水面的落差越大，散发的臭气越多。通过提高出水渠的水面高度减少两者之间的落差可减少臭气物质的散发，在出水口处安装挡流扳也可以使落差减小。

7.13.6.3　二级处理

二级处理系统比一级处理系统产生的臭气强度小。但超负荷或运行不正常时，产生的臭味相当严重。如一级系统的出水中硫化物含量高，则滴滤池会成为散发 H_2S 的源强。当滴滤池超负荷或缺少通风而使系统处于厌氧时就会产生硫化物。

对于传统活性污泥系统，曝气导致了 VOCs 吹脱到大气中。只要氧气供应充足使活性污泥系统处于好氧状态，曝气池就不会产生浓度大的臭气。曝气过程释放 VCCs 是不可避免的，但是通过控制运行条件可以减少散发量。在混合液回流的池前端减少曝气量可使挥发性物质在释放之前被生物吸附。

7.13.6.4　三级处理

深度处理不是臭气和 VOCs 的主要源强。当滤池使用出水进行反冲洗，投加氯以净化并控制藻类时，会产生微量的臭气。在滤池上加盖可阻挡阳光、控制藻类，而且会减少反冲洗的频率。

7.13.6.5　消毒

使用氯进行废水消毒会产生三卤甲烷。如果废水厂内必须去除 VOCs 时，可以考虑采用紫外线消毒。

7.13.6.6　污泥浓缩

污泥浓缩系统是臭气散发的主要源强，重力浓缩池是散发臭气最严重的单元之一。重力浓缩停留时间长且厌氧会导致硫化物产生。当生物污泥与初沉池污泥一起浓缩时，缺氧条件下饥饿的微生物群和大量的营养物质混合导致高浓度的恶臭物质产生。如果条件允许，最好单独浓缩初沉池污泥和生物污泥。如果没有足够的池子，则添加化学药剂，使硫化物一形成就被处理掉。

溶气气浮浓缩池通常用来浓缩活性污泥。采用高度曝气使固体漂浮，二级处理系统产生的污泥中含有的硫化物和 VOCs 都在浓缩池中被吹脱出来。

7.13.6.7　污泥脱水

用于污泥脱水的压滤机和离心机产生扰动，从而导致臭气散发，带式和重力式压滤机最易于散发恶臭，因为压缩污泥的物理过程使臭气和 VOCs 散发出来。

7.13.6.8　污泥稳定

大型废水处理厂污泥稳定方法是厌氧消化。厌氧消化池产生的 H_2S 浓度范围在 $(1000 \sim 3000) \times 10^{-6}$（以体积计）之间。

当好氧消化池超负荷或缺氧时，也会成为一个散发臭气的源强。

堆肥系统会产热、生成各种还原态的硫化合物和氨，这些物质都有强烈的臭味。含水量高的污泥也产生臭气。长期贮泥池也是恶臭的源强之一。投加石灰可以杀死蛔苗，消除恶臭产生。

7.13.7　臭气的收集与处理

在废水处理厂内,对初次沉淀池、污泥贮存池、污泥浓缩池等构筑物进行加盖,对污泥脱水间等建筑物进行封闭,均可有效防止臭味扩散。用于加盖或封闭的材料有玻璃纤维、铝材或苯乙烯泡沫。然后将其内的臭气收集,引入臭气处理系统,经过有效处理后排入大气。用于臭气处理的工艺主要有湿式洗涤、吸附、臭氧接触氧化、燃烧、土壤/肥料过滤、生物洗涤和利用废水处理厂内生物处理设施与废水同时处理等。

7.13.7.1　湿式洗涤

臭气与吸收塔内的溶液接触,通过臭气凝结、臭气颗粒去除、臭气被吸收液吸收、臭气与具有氧化性吸收液反应或臭气的乳化等一种或多种作用使致臭物质转移到吸收液中,从而使臭气得到去除。

在实际工程中,湿式洗涤塔通常有立式逆向流等形式,可以设计成单级或多级串联的处理系统。逆向流洗涤塔通常有填料塔和喷雾塔两种形式(图 7-27)。

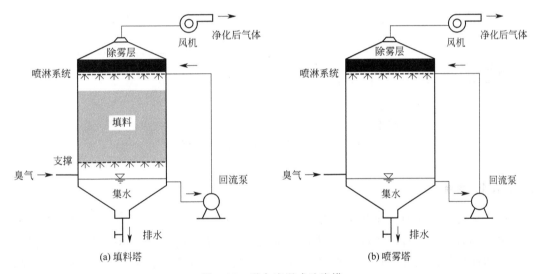

图 7-27　逆向流湿式洗涤塔

对于水溶性的臭气化合物,如 H_2S、NH_3 和有机酸等,可以采用水作为洗涤液,并添加氧化剂,如 Cl_2(NaClO 或 ClO_2)、$KMnO_4$、H_2O_2 或 O_3 等。添加 NaClO 洗涤液的洗涤塔对臭气中 H_2S、NH_3、SO_2 和硫醇的去除率分别为 98%、98%、95%和 90%。

7.13.7.2　吸附

活性炭是一种理想的高效吸附剂,表面具有非极性结构,它将优先吸附废水中的有机或无机致臭化合物,很快达到吸附饱和状态,从而增加运行费用。可以将活性炭用 NaOH 或 KOH 等碱液浸泡后再使用。除了活性炭外,活性氧化铝和混合有氧化铁的木屑也可以作为臭味气体的吸附剂。

7.13.7.3　臭氧接触氧化

当废气中含有 H_2S、氨或甲硫醇时，将会与臭氧分别发生如下的反应：

$$H_2S + O_3 \longrightarrow S + H_2O + O_2$$
$$R_3N + O_3 \longrightarrow R_3NO + O_2$$
$$CH_3SH + O_3 \longrightarrow CH_3SO_3H$$

用于臭氧接触氧化的工艺流程如图 7-28 所示，主要由臭氧发生器、风机和接触池等组成。通常情况下用于有效去除臭味物质的臭氧投加量为 $(3\sim4)\times10^{-6}$（以体积计），但对于污泥贮存池和污泥脱水间排出的臭气，臭氧的投加量可能会达到 10×10^{-6}（以体积计）或更高些。一般来讲，1×10^{-6}（以体积计）的臭氧能氧化 10×10^{-6}（以体积计）的 H_2S。

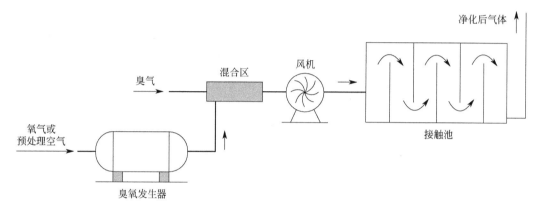

图 7-28　臭气臭氧接触氧化工艺流程

7.13.7.4　燃烧

燃烧是臭气处理的一种有效方式。在高温燃烧过程中，臭气中的碳氢化合物被氧化成 CO_2 和 H_2O，含氮和含硫的化合物则被分别氧化成氮氧化物和硫。燃烧可以分为直接火焰燃烧和催化氧化燃烧两种。在直接火焰燃烧工艺中，臭气与空气混合后燃烧能升温到 $480\sim815$℃，在炉膛内停留 $0.25\sim0.6$s 通常就可有效地去除臭味。如果臭气达不到燃烧水平，可以在气流中加入适量的燃料。在催化氧化燃烧工艺中，催化剂（通常为铂或钯，也可以为镍、铜、铬或锰）的存在使得致臭化合物的燃烧氧化在较低的温度条件下进行，从而节省了能耗。

7.13.7.5　土壤/肥料过滤

在废水处理厂内，土壤/肥料过滤床已经成功地应用于所产生的废气处理中，如既可以作为臭味控制的基本设施，也可以对其他臭气处理系统处理后的气体进行深度处理。

7.13.7.6　生物洗涤

生物洗涤技术将湿式洗涤的填料塔和土壤/肥料过滤床技术结合在一起，其内是具有微生物活性和足够营养的洗涤液，采用与湿式洗涤类似的逆向流操作，而其中的填料介质为生物膜的生长和臭味物质由气相向液相转移提供了场所。

生物洗涤塔内主要微生物群落是自养型或异养型,前者可有效去除 H_2S/NH_3,后者可去除有机化合物。最为常用的是设计成两段串联运行系统(图 7-29)。

生物洗涤塔的空床接触时间一般为 $10\sim15s$,几乎适合于各种臭味控制。生物洗涤塔内的洗涤液必须含有一定量的营养物质和微量元素,以利于微生物处于最佳的生长状态。

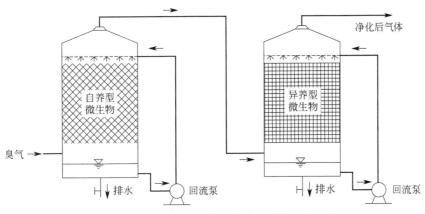

图 7-29　臭气的两段生物洗涤处理系统工艺流程

7.13.8　臭味的防治对策

臭味的防治对策主要有臭味的源头防治、臭味的化学药剂防治、臭味的改性与屏蔽等几个方面。

7.13.8.1　臭味的源头防治

对于格栅和其他预处理设施,应每日清洗,以便清除那些易于腐烂致臭的有机物。应定期冲刷沉砂池和格栅输送系统,以便清除所有的固体物质。

应当经常清洗刮渣机和抽脂收集井等设施。

对生物滤池,滤料应当经常保持润湿,并且不能发生堵塞。配水系统的喷水管嘴应当始终处于清洁状态。应当防止滤池的排水系统积水。对于活性污泥曝气池应当始终保持处于完全混合状态,还应该经常对空气管道和曝气装置等进行检查。对于二次沉淀池,可在出水堰处设置动力驱动毛刷防止藻类繁殖累积,再则是保持排泥的正常频率。

应当保证污泥的传输系统(螺旋泵和管道)尽可能清洁。溅溢的污泥应当立即清除并冲刷处理。

应当制定更为严格的废水排放条例,并严格实施。

7.13.8.2　臭味的化学药剂防治

向废水、污泥或污泥处理产生的污泥液中直接投加某种化学药剂也可以防止臭味的逸散。通常采用的化学药剂主要有过氧化氢(H_2O_2)、高锰酸钾($KMnO_4$)和氯(Cl_2),此外还有硫酸亚铁($FeSO_4$)和硝酸钠($NaNO_3$)。

(1)过氧化氢

向废水中投加一定量的 H_2O_2,不仅可以将 H_2S 氧化成无味的单体 S 或更高价态的

SO_4^{2-}，还可以增加水中的溶解氧，防止臭味产生。反应方程式如下：

$$H_2S+H_2O_2 \longrightarrow S+2H_2O \quad (pH<8.5)$$
$$S^{2-}+4H_2O_2 \longrightarrow SO_4^{2-}+4H_2O \quad (pH>8.5)$$
$$2H_2O_2 \longrightarrow O_2\uparrow+2H_2O$$

（2）高锰酸钾

高锰酸钾可以与多种产生臭味的气体发生化学反应，其中包括脂肪族，芳香族，含氮、含硫等有机化合物和 H_2S 等无机化合物。反应方程式如下：

$$3H_2SO_4+5H_2S+2KMnO_4 \longrightarrow 2MnSO_4+K_2SO_4+5S\downarrow+8H_2O \quad （酸性条件）$$
$$3H_2S+8KMnO_4 \longrightarrow 3K_2SO_4+2H_2O+2KOH+8MnO_2\downarrow \quad （碱性条件）$$

通常 $KMnO_4$ 与 H_2S 的质量比为(2.5∶1)～(6.0∶1)。将 $KMnO_4$ 投加于污泥泵的吸泥端后，可有效去除污泥脱水过程中产生的臭味，当 $KMnO_4$ 投加到污泥中的量为 0.01% 时，H_2S 的去除率在 95% 左右。

（3）氯

Cl_2 可以有效地用于臭味的控制。反应方程式如下：

$$HS^-+4Cl_2+4H_2O \longrightarrow SO_4^{2-}+9H^++8Cl^-$$

（4）硫酸亚铁

向废水中投加 $FeSO_4$ 后，废水中的 H_2S 将生成 FeS 的沉淀物，因而可以有效控制臭味的产生。Fe^{2+} 进入好氧池转化成 Fe^{3+}，进一步与水中的 PO_4^{3-} 发生沉淀反应，因而具有协同去除废水中的磷酸盐的功效。反应方程式如下：

$$H_2S+FeSO_4 \longrightarrow FeS\downarrow+H_2SO_4$$
$$Fe^{3+}+PO_4^{3-} \longrightarrow FePO_4\downarrow$$

（5）硝酸钠

硝酸钠用于臭味控制，主要是由于水中的细菌在优先利用分子状态的 O_2 作为电子受体后，随后会利用水中的硝酸盐。当水中的溶解氧耗尽时，在废水中投加足够量硝酸钠后就不会有 H_2S 产生，因而也就防止了臭味的产生。

7.13.8.3　臭味的改性与屏蔽

在废水处理厂内，采用不同方式引入使臭气改性或屏蔽的物质，可以在不同程度上掩饰臭味、降低臭味的强度或者使其变得不那么令人厌恶。

例如以一定比例混合的甲基硫醇/桉油精（Euc，lypt01）、甲基吲哚/香豆素（coumarin），均可以达到使混合后的产物变成没味或几乎没味的效果。

可以用作屏蔽剂的物质通常有香草醛（vanillin）、丁子香酚（eugenol）和苯乙醇（phenyl ethyl alcohol）。

7.13.9　含恶臭蛋氨酸生产废水处理研究

7.13.9.1　某蛋氨酸厂生产废水处理的经验教训

蛋氨酸是强化饲料，弥补氨基酸平衡的饲料添加剂；在医药方面，是复合氨基酸的主要成分之一，具有抗脂肪肝作用，可用作保肝剂，市场对它的需求量很大。1991 年以前我国用发酵法生产蛋氨酸，规模小，产品仅供医药使用；有的厂家采用甘油脱水制丙烯醛的原料路线，规模也小，且工艺落后。饲料用蛋氨酸全靠进口。1989 年 10 月，某厂引进法国罗纳-布朗克公司蛋氨酸生产技术，年产 1 万吨饲料级 DL-蛋氨酸，实际产量仅达 3000t/a。该技术采用丙烯醛和甲硫醇为原料在催化剂存在下缩合生成甲硫基代丙醛，加氰化钠和碳酸氢铵混合，在高温高压下反应闭环得甲硫乙基乙内酰脲（简称海因），不须分离和提纯，与 28%NaOH 溶液加热至 180℃，水解生成蛋氨酸钠，再用硫酸中和得到成品蛋氨酸，该法又叫海因合成法。每吨蛋氨酸产品耗丙烯醛 480kg、甲硫醇 400kg、氰化钠 420kg。废液主要来自甲硫基代丙醛的蒸馏提纯塔，塔顶轻组分残液中含恶臭化合物，如甲硫醇、甲硫醚、硫化氢、丙烯醛。塔底重组分中除含少量上述硫化合物外，还含有甲硫基丙醛和副产物及大量的硫酸钠。每吨蛋氨酸成品产生 50kg 轻组分、25kg 重组分。该厂这两类废液日产生量为 1000kg，采用 2 台从日本购买的焚烧炉焚烧。因高负荷焚烧排出的烟气中含有超出《恶臭污染物排放标准》（GB 14554—1993）和人嗅觉阈值几百倍至上万倍的甲硫醇以及未被燃尽的废液中的其他组分，造成了厂区及周边环境的严重恶臭污染。若增加焚烧炉每台至少需要约 5.3 亿元，这样大的资金该厂无法筹集。废气和废水对环境的严重污染是造成该蛋氨酸厂关停的主要原因之一。

7.13.9.2　生物脱臭存在的问题

含硫恶臭物质具有较强的臭味，主要是硫基（=S）、巯基（—SH）、硫氰基（—SCN）等发臭基团作用的结果。生物脱臭是靠微生物分解含硫的发臭基团，保障生物处理单元之内微生物的生存和高代谢活性是分解含硫恶臭物质的关键。分解硫化物会产生硫酸，pH 下降，若环境 pH 比细菌最佳生长 pH 低 1，则细菌成活率将成倍降低。分解硫化氢细菌生长的最佳 pH 是 2~3（酸性）；分解甲硫醇和甲硫醚细菌的最佳 pH 是 6.7~7.5（中性）。因而，在处理硫化氢时宜用酸性菌；处理后者宜用中性细菌。

一般情况下，细菌是不能适应特高浓度的硫酸盐和恶臭化合物的，必须对其预处理达到符合微生物生长要求的硫化物浓度，才能进行正常生化处理。

7.13.9.3　本生化系统针对恶臭气体的去除

生化进水与出水的谱峰相比，谱峰峰值变化大，进水中一些谱峰消失。同时产生了个别的谱峰，其保留时间长，代表化合物极性大或沸点较高。研究表明：废水中主要成分甲硫基丙醛所发生的变化为生物转化。ABR 池出水中含有的甲硫基丙醇、甲硫基丙酸、甲硫基乙醇、甲硫基丙烷等均为甲硫基丙醛的生物转化产物。

甲硫基丙醛经生物转化后改变了原来的气味。其转化产物的挥发性低，对水的臭味影响小，出水的臭味基本消失。相关硫化物的沸点及嗅觉阈值见表 7-57。

表 7-57　相关硫化物的沸点及嗅觉阈值

硫化物	甲硫醇	甲硫醚	二甲二硫	甲硫基乙醇	甲硫基丙醇	甲硫基丙醛
沸点/℃	6.2	37.5	110	169	195	165
嗅觉阈值	0.0001	0.0001	—	—	—	—

脱臭过程主要是预处理阶段完成的，少许含臭硫化物是在水解、酸化阶段脱出的，主要是发酵细菌直接作用于底物分解，脱去底物上的硫基（=S）和巯基（—SH）等发臭基团，以及与硫基相连的烷基，改变烷基性质，从而改变了原有分子的气味及挥发性，使出水臭味大大减轻或臭味的性质发生了变化。

　　废水中甲硫醇、甲硫醚、二甲二硫化合物的变化主要是由于生化水解反应的作用，最终硫从原来的分子上脱出，或使硫化氢变为硫酸。甲硫基丙醛的分解首先发生还原反应，在还原酶的作用下，先生成甲硫基丙醇，甲硫基丙醇脱水生成甲硫基丙烯，在还原酶的作用下，生成甲硫基丙烷；再在水解酶的作用生成甲硫基乙醇。第二种是氧化反应，甲硫基丙醛在氧化酶的作用下，生成甲硫基丙酸。第三种为脱甲硫基的相关反应，最终产物也为丙酸。丙酸易被微生物分解为 CO_2 和 H_2O。可见甲硫基丙醛的去除是多种生化反应的结果。该新生化合物的沸点高，挥发性小，不具有甲硫基丙醛的臭味；因而 ABR 处理出水无臭味。这三种反应是生物脱臭机理的简要解释。

　　好氧处理出水无臭味，其含硫化合物的谱峰全部消失；二沉池出水也无臭味、无硫化物谱峰，出水达排放标准。这说明废水中甲硫酸、甲硫醚、二甲二硫和甲硫基丙醛等恶臭化合物已被 100% 去除，本试验工艺是成功的，其处理工艺流程可用于蛋氨酸实际生产废水处理。

7.14　结论

　　本团队研究比较了蛋氨酸生产废水国内外的处理方法：铁碳微电解法、Fenton 试剂氧化法、次氯酸钠氧化法、臭氧氧化法、催化氧化法、电解法、蒸发法、离子交换法、反渗透法、高温高压湿式催化氧化法、高温水解燃烧法和生物法。依据本团队多年治理该类似难降解工业废水的工程实践经验，以及本团队已分离筛选获得的成功应用的高效降解氰菌种，同时着重考虑总投资省和运行成本低及稳定达标等因素，及其用于处理类似生产废水成功运行多年以来的工程实践经验和不断改善发展得到的重要设计参数，本团队确定采用"预处理＋生化法"处理业主该生产废水。即先将该废水的恶臭难闻组分吹出焚烧处理；其余组分进行加药曝气氧化以及沉淀过滤的预处理（又称前处理），再进后续投加高效降氰菌的生化处理使处理出水稳定达到《污水综合排放标准》（GB 8978—1996）的一级排放标准。

7.14.1　预处理结论

　　对蛋氨酸生产废水进行预处理的目的是为了更好地进行之后的生化处理，根据前述试验结果及实践经验可知，当废水经过预处理 COD 降到 7000mg/L 以下，没有其他抑制微生物生长的污染物后，经投加高效菌可使蛋氨酸生产废水处理出水达到 GB 8978—1996 的三级或一级标准。

　　本试验以 COD 为主要检测指标，据此，快速、成功地找出了使废水降到允许值的途径。

　　对蛋氨酸生产废水采用分组预处理，预处理试验结论如下。

　　① 采用 FE 对硫化氢废水进行预处理，反应迅速，硫化氢去除率较高，能达到 99%，处理每吨饱和硫化氢废水的 FE 成本为 19.18 元。采用 NaOH 代替部分 N 调节 pH，能减少渣量，但用 NaOH 比用 N 的成本高。

　　② 丙烯醛、甲硫醇、甲硫基代丙醛废水的 COD 浓度为 12260mg/L，在密封的反应器内，投加复合氧化剂 F 能够去除丙烯醛、甲硫醇、甲硫基代丙醛废水的恶臭气味，COD 浓度降为 5017mg/L，处理每吨废水的氧化剂成本为 36.40 元；投加 NC 作为氧化

剂，COD 浓度降为 5998mg/L，反应完成后仍残余甲硫醚气味，处理每吨废水的氧化剂成本为 190.00 元。采用气浮吹脱＋氧化剂吸收的方法处理恶臭物质，尾气中恶臭气体的去除效果取决于气液接触面积以及曝气量大小。气液接触面积越大，恶臭气体被吸收氧化分解的效果越好；通过增加液体深度来增加气液接触面积时，压力越大需要的曝气量越大，才能保证恶臭气体能够被顺利吹脱。采用洗气瓶吸收尾气，废水中恶臭物质能够被吹脱至基本无味，但反应过程中吸收装置的尾气中仍有恶臭气味。采用新型吸收装置，尾气基本无恶臭，但是废水中仍有恶臭物质未被吹脱，有丙烯醛气味，COD 残余浓度仍有7304mg/L。

③ 对高浓度的海因合成水解、蛋氨酸干燥、硫酸钠蒸发废水，COD 浓度为20949mg/L，投加氧化剂（NC 或复合氧化剂 F 或 K）氧化分解高浓度有机污染物。采用复合氧化剂 F 作为氧化剂，当 1 吨废水投加 50L F 时，COD 浓度能下降到 7256mg/L，氧化剂成本为 57.75 元。采用 NC 作为氧化剂，当 1 吨废水投加 300L NC 时，COD 浓度能下降到 11292mg/L，氧化剂成本为 285.00 元。采用 K 作为氧化剂，当 1 吨废水投加30kg K 时，COD 浓度能下降到 8890mg/L，氧化剂成本为 540.00 元。

④ 三股废水比例为 2∶5.4∶14，经氧化预处理，将恶臭物质去除，高浓度废水浓度下降后，合并进行絮凝沉淀后，能够达到生化反应能够接受的 COD 浓度范围，可进入生化处理流程，继续后续反应处理。

7.14.2　生化处理结论

生化处理采用投加高效菌的"ABR＋好氧工艺"。其原理是高效菌运用细菌的代谢来高效转化有害物质为无害物质，降低废水的好氧性，其微生物与废水接触时不但摄取某些污染物作养料，而且吸附和网罗一些其他污染物使其降解。从试验结果可见，经过厌氧＋好氧生化处理，废水的出水指标能达到《污水综合排放标准》（GB 8978—1996）一级标准。

通过试验研究，FE 去除硫化氢的反应快、效果好，推荐采用；复合氧化剂 F 处理2#、3# 废水的综合效果较好，建议采用复合氧化剂 F 进行氧化分解预处理。预处理出水进"ABR＋好氧工艺"处理达标排放。

7.15　蛋氨酸生产废水处理工程

7.15.1　工程概况

业主采用氧化丙烯制丙烯醛的原料路线。业主计算每小时排放蛋氨酸生产废水 32.2m³ 和生活废水 23m³，合计每日排放废水 1324.8m³，该废水处理难度大，国外主要采用焚烧法处理。国内有人采用絮凝-生化-絮凝工艺处理，难以达标。本团队依据承担国内外类似废水处理工程的经验，拟采用综合法处理该废水，①丙烯醛和甲硫醇及甲硫基代丙醛生产废水采用焚烧法处理，②海因制备和其水解及蛋氨酸生产废水采用预处理＋生化处理，③生活污水直接用生化处理。处理后出水水质达到 GB 8978—1996《污水综合排放标准》的一级排放标准。废渣（污泥）达 GB 5086（现为 GB 34330）和 GB 5086（现为 HJ 557）鉴别标准，经鉴别方法 GB/T 15555 判定不具危险性，并不被列入《国家危险废物名录》［环发（1998）089号文］（现为 2021 年版）。

7.15.2 设计处理水量水质

7.15.2.1 设计依据的废水水量水质

业主提供的蛋氨酸装置废水水质水量数据，见表7-58。从表7-58可见，生产单元1主要产生 CS_2 和 H_2S 废水，最大量为 $2m^3/h$。单元2主要产生丙烯醛废水，含丙烯醛 $0.1\%\sim0.2\%$，COD为10000mg/L，对苯二酚约200mg/L，pH＝6～7，以及含有浅黄色醛类聚合物。丙烯酸吸收精馏塔废水最大量为 $2.5m^3/h$；设备冲洗水最大量 $1.5m^3/h$。单元3主要产生甲醇、甲硫醇和硫化氢，塔底废水和冲洗水最大量 $0.7m^3/h$。单元4主要产生甲硫基代丙醛冲洗水，含丙烯醛和甲硫醇，最大量 $0.7m^3/h$。单元5产生海因合成与水解冲洗水，含少量 CN^-、NH_3-N，最大量 $0.7m^3/h$。单元6产生蛋氨酸真空循环水和一、二级蛋氨酸结晶冷凝液废水，含硫酸钠0～3000mg/L，有机物0～20000mg/L，浅黄色，pH＝5.6～7，COD＜20000mg/L。废水最大量 $2.5+4.8=7.3m^3/h$。单元7为硫酸钠蒸发废水，有机物为0～150mg/L，浅黄色，COD为200～250mg/L，pH为6，最大量 $6m^3/h$。

表 7-58 蛋氨酸装置废水水质水量数据

单元号	污水名称	废水量/(m³/h) 正常	废水量/(m³/h) 最大	废水组成	污水指标	设备名称	排放方式
U1	CS_2 废水	2	2	CS_2、H_2S、水			间歇
U2	丙烯酸吸收精馏塔废水	2	2.5	醛类聚合物、丙烯醛、丙烯酸、对苯二酚约200mg/L、水	外观浅黄，COD＝10000mg/L，pH＝6～7	精馏塔	连续
	设备冲洗水	1.5	1.5	水、乙酸、丙烯酸、丙烯醛			间歇
U3	D3330塔底废水及冲洗水	0.5	0.7	甲醇微量、甲硫醇微量、硫化氢微量、其余为水	外观无色	来自硫化氢汽提塔	连续
U4	冲洗水	0.5	0.7	有机物微量、其余为水	外观无色		间歇
U5	冲洗水	0.5	0.7	有机物微量、其余为水	外观无色		间歇
U6	真空循环水	1.7	2.5	硫酸钠约3000mg/L、有机物0～1000mg/L、水	外观浅黄色，COD约1000mg/L，pH约为7	来自真空循环水	连续
	一、二级蛋氨酸结晶冷凝液	3.5	4.8	硫酸钠0～2000mg/L、有机物0～20000mg/L、水	外观浅黄色，COD约20000mg/L，pH为5.6～7	来自蛋氨酸冷凝换热器	连续
U7	硫酸钠蒸发冷凝液	3	6	硫酸钠0～500mg/L、有机物0～150mg/L、水	外观浅黄色，COD 200～250mg/L，pH约为6	硫酸钠液环缓冲罐	连续
厂区	生活污水	6.7	7.5		外观无色，COD 500mg/L，pH约为7		间歇
原料罐区	罐区污水	1	1.2				间歇

注：U1—硫化氢；U2—丙烯醛；U3—甲硫醇合成；U4—甲硫基代丙醛；U5—海因合成与水解；U6—蛋氨酸干燥；U7—硫酸钠蒸发。

7.15.2.2 进出水水质

设计进出水水质见表7-59。

表 7-59　设计进出水水质　　　　　　　　　　　　　　　　单位：mg/L

单元号	废水名称	污染物	COD	NH₃-N	硫化物	pH
1	CS₂ 废水	CS₂、H₂S			≤60	
2	丙烯酸吸收 精馏塔废水	丙烯醛 0.1%～0.2%、对苯二酚 200、丙烯酸	10000			6～7
3	甲硫醇合成塔底 和冲洗废水	甲醇：微量 甲硫醇：微量			≤50	
4	甲硫基代丙醛废水	有机物：微量			≤10	
5	海因合成与水解废水	有机物：微量			500	≤5
6	蛋氨酸干燥废水	硫酸钠 0～3000	1000	50	≤3	7
		有机物 0～20000	20000			5.6～7
7	硫酸钠蒸发废水	有机物 150				6
8	生活污水		500	45		6～9
9	处理出水	有机物不得检出	≤100	≤15	≤1.0	6～9

单元 1 至 7，最大废水产生量为 21.4m³/h，按 30m³/h 设计，每日为 720m³，前处理，间歇运行；生化处理按 1200m³/d 设计，连续运行。

7.15.3　蛋氨酸生产废水处理工艺流程

7.15.3.1　处理工艺流程

设计蛋氨酸生产废水处理工艺流程见图 7-30。

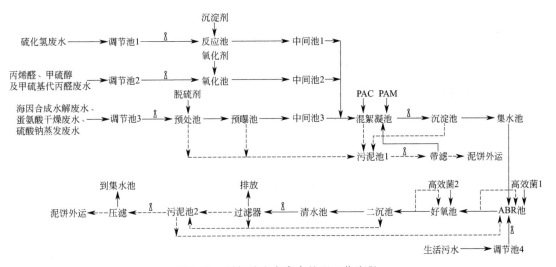

图 7-30　蛋氨酸生产废水处理工艺流程

硫化氢废水进调节池 1，泵入反应池，与 FE 反应，并投加 N 调节 pH 之后去中间池 1，与其他废水在混絮凝池汇合后进行絮凝沉淀，经沉淀池后去集水池，进生化处理。丙烯醛、甲硫醇及甲硫基代丙醛废水进调节池 2，泵入氧化池，与氧化剂（NC 或 F）反应，并投加 N 调节 pH 后去中间池 2，与其他废水在混絮凝池汇合后进行絮凝沉淀，经沉淀池后去集水池，进生化处理。海因合成水解废水、蛋氨酸干燥废水和硫酸钠蒸发废水进调节池 3，泵入预处池、预曝池，与氧化剂（NC 或 F 或 K）反应，并投加 N 调节 pH、脱硫之后进中间池 3，与其他废水在混絮凝池汇合后进行絮凝沉淀，再经沉淀池后，去集水池进生化处理。预处池、预曝池和沉淀池污泥进污泥池 1，经带滤后，泥饼外运，脱水回混絮凝池。生活污水进调节池 4，泵入 ABR 池后续处理。预曝处理采用间歇处理方式。

废水生化处理系统：将集水池水泵入 ABR 池，经好氧池、二沉池处理，进清水池后经过滤器过滤排放。生化处理部分采用流量计计量连续进水。

事故废水处理：事故废水进事故池，再分次进入预处池处理后，进后续生化处理系统处理。

污泥处理系统：预处池、预曝池和沉淀池产生的污泥进污泥池 1，再加氧化剂彻底破氰，再经带滤脱水后不属于危险废物，可作建材使用或送垃圾场填埋。二沉池的生化污泥进污泥池 2，经压滤后，泥饼外运做肥料或送垃圾场填埋。

7.15.3.2 预期处理效果

前处理和生化处理的预期效果见表 7-60。

表 7-60   各段预期处理效果

项目	废水/(mg/L)	预曝氧化沉淀池 1 出水		厌氧池		二沉池出水	
		/mg/L	去除率/%	/mg/L	去除率/%	/mg/L	GB 8978—1996
COD	1000～20000	1500	62.5	800	46.7	≤100	达标
BOD	200～500	200	60	100	50	≤20	达标
SO_4^{2-}	500～2000	1500	25	350	77	≤250	达标
硫化物	5～60	2	97	1	50	≤1.0	达标
NH_3-N	10～500	50	90	20	60	≤15	达标
pH	5.6～12	8～9		8～9		6～9	达标

7.15.3.3 平面布置图

设计蛋氨酸生产废水处理平面布置见图 7-31。

7.15.4 主要构筑物及设备

7.15.4.1 主要构筑物

主要构筑物见表 7-61。分析室、化验室、操作室为原有。

表 7-61   主要构筑物

序号	构筑物名称	规格/(m³/m²)	单位	数量	合计/(m³/m²)	结构
1	调节池 1、2、3、4	340＋72＋540＋60	座	4	1012	钢筋砼,防腐
2	预处池 1、2、3、4	40×2＋24×2＋24×2＋360×2	座	4	896	钢筋砼,防腐
3	加药池	10	座	8	80	钢筋砼,防腐
4	沉淀池 1	350	座	1	350	钢筋砼,防渗
5	中间池 1、2	670×2＋1340	座	2	2680	钢筋砼,防腐
6	混絮凝池	50×3	座	1	150	钢筋砼,防腐
7	初沉池	350×2	座	1	700	钢筋砼,防渗
8	ABR 池	1200×3	座	1	3600	钢筋砼,防渗
9	缺氧池	1200×3	座	1	3600	钢筋砼,防渗
10	好氧池	2400×3	座	1	7200	钢筋砼,防渗
11	二沉池	350×2	座	1	700	钢筋砼,防渗
12	污泥池 1、2、3	60＋80＋100	座	3	240	钢筋砼,防渗
13	清水池	60	座	1	60	钢筋砼,防渗
14	设备基础	60	批	1	60	钢筋砼
15	风机房	120	间	1	120	砖混

续表

序号	构筑物名称	规格/(m³/m²)	单位	数量	合计/(m³/m²)	结构
16	污泥脱水机房	120	间	1	120	砖混
17	电控房	40	间	1	40	砖混
18	药品库	60	间	1	60	砖混

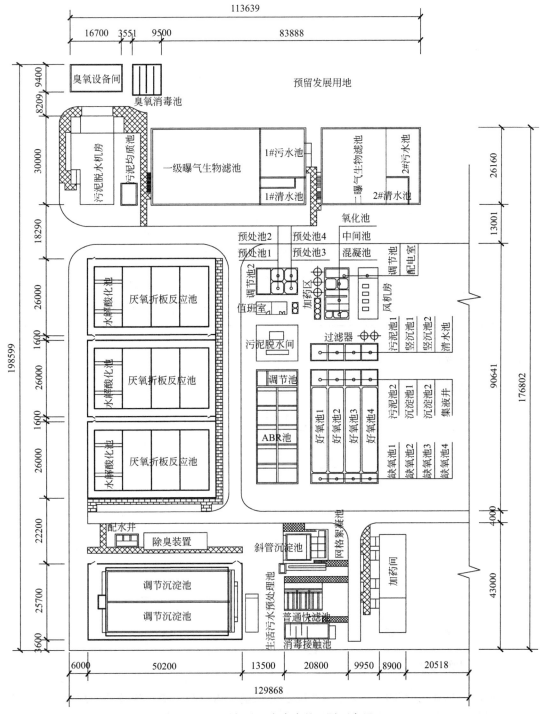

图 7-31　蛋氨酸生产废水处理平面布置

7.15.4.2　主要设备

主要设备见表 7-62。

表 7-62　主要设备

序号	设备名称	型号规格	单位	数量	备注
1	提升泵	$10m^3/h,10m,1.5kW$	台	4	
		$40m^3/h,13m,3kW$	台	2	
		$100m^3/h,20m,11kW$	台	4	
		$150m^3/h,20m,15kW$	台	2	
2	混合液回流泵	$150m^3/h,20m,15kW$	台	2	
3	污泥回流泵	$50m^3/h,12m,3kW$	台	6	
4	污泥泵	$10m^3/h,16m,4kW$	台	6	
5	压滤机	过滤面积 $60m^2$	台	1	
		过滤面积 $100m^2$	台	1	
		过滤面积 $120m^2$	台	1	
6	风机	FSR200,$40m^3/min$,68.8kPa,75kW	台	3	2 用 1 备
7	预处理搅拌机	轴长:1600mm;桨叶:600mm	台	4	
		轴长:3800mm;桨叶:1200mm	台	4	
8	加药装置	含溶药搅拌机和计量泵	套	15	
9	过滤器	KF2	台	2	
10	电磁流量计	$50\sim200m^3/h$	台	8	
11	电控柜	1200mm×700mm×2000mm	个	9	
12	管阀	DN500、DN200、DN150、DN100、DN50 等	批	1	
13	抽风机	$15000m^3/min$	台	1	

7.15.4.3　主要材料

主要材料见表 7-63。

表 7-63　主要材料

序号	材料名称	单位	数量
1	降氰(腈)菌	t	1
2	脱硫菌	t	1
3	嗜盐菌	t	1
4	反硝化菌	t	1
5	硝化菌	t	1
6	甲烷菌	t	1
7	降 COD 菌	t	1
合计		t	7

7.15.5　技术经济分析

7.15.5.1　技术分析

本团队依据业主提供的蛋氨酸生产废水的水量水质资料,参考连续预处理蛋氨酸生产废水获得的设计参数,设计采用"预处理＋ABR＋A＋O 工艺"处理该废水,其技术先进，操作管理简便，运行稳定可靠，出水达 GB 8978—1996 的一级标准，其投资和运行成本大大低于单一的焚烧法。

7.15.5.2　占地

占地约 $6000 m^2$。

7.15.5.3　运行成本

① 电费：每度电 0.6 元计，则每立方米废水电费为 $0.6 \times 508.5 \times 24 \div 3211 = 2.28$ $元/m^3$。

② 人工费：每日 6 人操作管理，1000 元/(人·月)，$6 \times 1000 \div 30 \div 3211 = 0.06$ $元/m^3$。

③ 药剂费：a. 中浓度废水的药剂费约 6.75～12 元/(m^3 废水)；b. 高浓度废水的药剂费约 28～44 元/(m^3 废水)；c. 低浓度废水处理费约 1.5～2.5 元/(m^3 废水)；d. 总平均药剂费约 13.36 元/(m^3 废水)；运行成本＝电费＋人工费＋药剂费＝15.7 元/(m^3 废水) 上下。

7.15.5.4　工程工期

设计施工安装期共 5 个月。

7.15.5.5　环境效益

废水经处理后，免交超标排污费，有较好环境和经济效益。

7.15.5.6　劳动安全及保护

电气设备采用接零保护，防止触电事故。水池、便道设栏杆，保障通行安全。

7.15.5.7　结论

本技术可行，方法先进，管理方便，环境经济效益好，可以采用。

7.16　工程现场图

蛋氨酸生产废水处理工程现场见图 7-32 至图 7-35。从图 7-32～图 7-35 可见，本工程案例现场整体布局规划有序，安全保护措施到位，系统先进成熟，运行稳定可靠。本团队首创本蛋氨酸生产废水处理技术，突破了蛋氨酸生产废水处理技术的壁垒，提供了蛋氨酸生产废水处理的理论依据，为我国蛋氨酸的正常生产奠定了基础，树立了蛋氨酸生产废水处理的工程样板。工程经验收达设计指标投运。本系统操作管理简便，高效低能，投资运行费用低，有较好的社会环境和经济效益。本技术已在国内宁夏等地扩产推广应用。

图 7-32　预处理单元

图 7-33　加药区

图 7-34　过滤器

图 7-35　好氧池

第8章

工业园区重金属废水处理技术研究与工程案例

摘要：业主接纳多家电镀和化学镀重金属废水，日处理 15000m³ 废水。废水中含镍、铜、锌、铬等重金属，COD、NH_3-N、TP 等较高，原采用石灰水＋$FeCl_3$＋NaOH＋PAM＋A^2O＋深处理，运行费高，且出水不达标；后改用 Na_2S 处理，处理出水也不达标。业主委托本团队设计改造处理工程，本团队设计改造的处理工艺流程为"废水——→Fenton＋石灰乳——→H_2SO_4＋NaClO——→$FeCl_3$＋石灰乳——→Fenton＋石灰乳——→排放"，处理出水的铜、镍、COD、NH_3-N、TP 和 pH 等指标均达 GB 8978—1996 的一级排放标准。

含重金属离子的工业废水主要来源于机械加工、矿山开采加工、钢铁生产加工、有色金属冶炼和部分化工企业。这些行业每年排放大量的有毒有害重金属和非金属氰、砷、氟、酚、二氧化硫、二氧化氮、一氧化碳、臭氧、PM2.5、PM10 等污染物。

有毒有害金属［如六价铬（Cr^{6+}）、镉（Cd）、铅（Pb）、镍（Ni）、铜（Cu）、锌（Zn）、银（Ag）、金（Au）、汞（Hg）］和非金属［砷（As）、氰（CN）、氟（F）、酚（C_6H_5OH）、二氧化硫（SO_2）、二氧化氮（NO_2）、一氧化碳（CO）、臭氧（O_3）、PM2.5、PM10 等］对生态环境、土壤、水源、动植物和人体健康的危害与其处理方法深受各国重视。本章仅研究电镀、化学镀废水的来源、性质和处理技术与工程。

电镀（electroplating）是借电化学作用，在金属制件（阴极）表面上沉积一薄层金属或合金的方法。其包括镀前处理（去油、去锈）、镀上金属层和镀后处理（钝化、去氢）等过程，用于防止腐蚀、修复磨损部分，增加耐用性、反光性、导电性和钎焊性等。常用电镀有镀铜、镀镍、镀铬、镀锌、镀锡及镀合金等。以金属制件为阴极，所镀金属为阳极，分别浸入含有镀层的电镀液中，通直流电，进行电镀。也有石墨、不锈钢作阳极，用塑料、半导体、陶瓷等形成导电层电镀。电镀工艺的优点是：可沉积的金属、合金品种多，成熟，价格低、操作易控。

化学镀（chemical plating），亦称无电镀（electroless plating），是一种不用外来电流，借助溶液内的还原剂，使溶液中的金属离子被还原成金属状态，沉积在制件的表面上或深凹部分上的方法。其用于复杂小零件的镀覆，以提高抗蚀性、耐用性、反光性和美观性。如化学镀镍，不用外来电流，借氧化还原作用在金属制件的表面沉积一层，提高抗蚀性、耐磨性，增加光泽、美观，不再抛光。将制件浸入以硫酸镍、次磷酸二氢钠、乙酸钠和硼酸配成的混合液内，在一定的酸度和温度下发生变化，镍离子被次磷酸二氢钠还原为镍而沉积于制件表面，形成细致光亮的镍镀层。钢铁制件可直接镀镍。锡、铜制件，则先接触铝，再镀镍。化学镀银要借助甲醛或糖类与硝酸二氨合银的氧化还原作用，并先用碳酸钠（石灰水）除油。化学镀工艺的优点是：镀层均匀，适合对复杂形状、腔件、深孔、盲孔、管件等施镀；通过敏化、活化前处理，可在非金属表面施镀；设备简单，不需要电源；靠基材的自催化活性起镀，其结合力优于电镀。我国 1992 年颁布化学镀标准 GB/T 13913—1992 后，许多电镀厂增加了化学镀品种。化学镀镍主要污染物如下。①主盐：化学镀镍的主盐是镍盐，如硫酸镍（$NiSO_4 \cdot 6H_2O$）等的硫酸根离子。②还原剂：如次磷酸钠（$NaH_2PO_2 \cdot H_2O$）的次磷酸根离子，硼氢化钠，烷基胺硼及肼。③络合剂：如乙二醇酸、柠檬酸、琥珀酸、乳酸、氨基酸、EDTA 等。④稳定剂：如硫脲、丙二酸、氟离子等。⑤加速剂：如羟基乙酸、丁二酸、F^- 等。⑥缓冲剂：如氯化铵、氢氧化铵等。⑦其他组分还有表面活性剂：如十二烷基苯磺酸钠等。由此可见，化学电镀废水的污染物多，成分复杂，必须彻底去除重金属镍、铜等，破坏络合物，分解有机物，才能使处理出水达排放标准。

8.1　电镀废水的来源

电镀生产中产生的废水成分非常复杂，除含氰（CN^-）和酸碱外，重金属是电镀业潜在危害性极大的污染物，这些物质严重危害环境和人类身体健康。电镀废水的主要来源如下。

① 镀件清洗水（主要的废水来源）。该废水中除含重金属离子外，还含有少量的有机物，其含量较低，但水量较大。

② 镀液过滤冲洗水和废镀液。这部分废水量不大，但污染物含量高，污染大。

③ 工艺操作和设备、工艺流程中等"跑、冒、滴、漏"排放的废液。

④ 冲洗设备、地坪等产生的废水。

电镀污水的治理在国内外普遍受到重视，已研制出多种治理技术，通过将有毒治理为无毒、有害转化为无害、回收贵重金属、水循环使用等措施消除和减少污染物的排放量。随着电镀工业的快速发展和环保要求的日益提高，电镀污水治理已开始进入清洁生产工艺、总量控制和循环经济整合阶段，资源回收利用和闭路循环是发展的主流。

8.2　电镀废水的性质和危害

电镀和化学镀工厂排出的废水和废液中含有大量金属离子（铬、镉、镍、铜），含氰，含酸，含碱和有机添加剂。金属离子以阳离子、酸根阴离子和复杂的络合离子形式存在。

电镀废水中的污染物种类多，水质成分不易控制，重金属离子废水、酸碱废水及含油脂类废水常常是同时含有多种污染物。其中有毒有害的物质有镉、铅、铬、镍、锡、锌、酸、碱、悬浮物、石油类物质、含氮化合物、表面活性剂、磷酸盐及氰化物等。

电镀废水未经处理排放，会污染饮用水和工业用水，对生态环境产生危害；酸碱废水会破坏水中微生物的生存环境，影响正常水源的酸碱度；含氰废水毒性很大，微量就能致人死亡；重金属离子属于致癌、致畸或致突变的剧毒物质，如果大量含有重金属离子的电镀、化学镀废水不经处理直接排放，会通过食物链在人体内富集而导致严重的健康问题，其中铬、锡和铜可导致肺癌；Cr^{6+} 的毒性较锡次之，但若人体大量摄入能够引起急性中毒，长期摄入也能引起慢性中毒；镍和铅在人体内有蓄积作用，长期摄入会引起慢性中毒。锡、铬、铅及镉四种物质均为国家一类有害物质，铜、锌毒性相对较小，是国家二类有害物质。

8.3 电镀和化学镀废水的处理方法

电镀、化学镀废水的处理一直受到政府的高度重视，且在不断地对其处理办法进行探究。早在二十世纪五六十年代，就已经开始着手研究如何治理电镀废水，到目前为止，已经有了很多年的研究历史，其主要的发展历史可以分为 3 个阶段：第一阶段是二十世纪六十年代到七十年代，电镀污染开始受到人类的关注，这一阶段来说，治理技术相对比较单一，主要治理方法是化学沉淀法，主要针对的是氰和铬元素；第二阶段是二十世纪七十年代到八十年代初期，经过十多年的发展研究，已经研究出了新的治理技术，相对上一阶段的技术已经有了很大的进步，其主要采用的是离子交换法、电渗析法、蒸发浓缩法、活性炭吸附法等；第三阶段是二十世纪八十年代后期，电镀行业就不再采用单一的治理技术，开始广泛地使用多元化的组合技术治理，进一步降低了成本，提高了处理效率。发展至今，电镀废水治理技术已经多种多样，逐渐成熟，主要方式有化学法、离子交换法、膜分离法、电渗析法、扩散渗析法、液膜法、超滤法、电解法、生物法、催化氧化法等。

8.3.1 化学法

化学法是依靠氧化还原反应或中和沉淀反应将有毒有害的物质分解为无毒无害的物质，或者直接将重金属经沉淀或气浮从废水中除去。

8.3.1.1 沉淀法

① 中和沉淀法。在含重金属的废水中加入碱进行中和反应，使重金属生成不溶于水的氢氧化物沉淀形式加以分离。中和沉淀法操作简单，常用。

② 硫化物沉淀法。加入硫化物使废水中重金属离子生成硫化物沉淀而被除去。与中和沉淀法相比，硫化物沉淀法的优点是：重金属硫化物溶解度比其氢氧化物的溶解度更低，反应 pH 在 7～9 之间，处理后的废水一般不用中和。但硫化物沉淀法的缺点是：硫化物沉淀颗粒小，易形成胶体，硫化物沉淀在水中残留，遇酸水解或生成气体，沉淀不完全，造成二次污染。

③ 螯合沉淀法。通过高分子重金属捕集沉淀剂（DTCR）在常温下与废水中 Hg^{2+}、Cd^{2+}、Cu^{2+}、Pb^{2+}、Mn^{2+}、Ni^{2+}、Zn^{2+} 及 Cr^{3+} 等重金属离子迅速反应，生成不溶水的螯合盐，再加入少量有机或（和）无机絮凝剂，形成絮状沉淀，从而达到捕集去除重金属的目的。DTCR 系列药剂处理电镀废水的特点是可同时去除多种重金属离子，对重金属离子以络合盐形式存在的情况，也能发挥良好的去除效果，去除胶质重金属不受共存盐类的影响。回收 DTCR 螯合盐的金属镍、铜等用高温焚烧的方法。

8.3.1.2　氧化法

氧化法通过投加氧化剂，将电镀废水中有毒物质氧化为无毒或低毒物质，主要用于处理废水中的 CN^-、Fe^{2+}、Mn^{2+} 低价态离子和造成色度、味、臭的各种有机物以及致病微生物。如处理含氰废水时，常用次氯酸盐在碱性条件下氧化其中的氰离子，使之分解成低毒的氰酸盐，然后再进一步降解为无毒的二氧化碳和氮。

8.3.1.3　化学还原法

化学还原法在电镀废水治理中最典型的是对含铬废水的治理。其方法是在废水中加入还原剂 $FeSO_4$、$NaHSO_3$、Na_2SO_3、SO_2 或铁粉等，使 Cr^{6+} 还原成 Cr^{3+}，然后再加入 $NaOH$ 或石灰乳沉淀分离。该法优点是设备简单、投资少、处理量大，但沉渣污泥造成二次污染。

8.3.1.4　中和法

通过酸碱中和反应，调节电镀废水的酸碱度，使其呈中性或接近中性或适宜下步处理的酸碱度范围，中和法主要用来处理电镀厂的酸洗废水。

8.3.1.5　气浮法

气浮法作为处理电镀废水的技术是近几年发展起来的一项新工艺。其基本原理是用高压水泵将水加压到几个大气压注入溶罐中，使气、水混合成溶气水，溶气水通过溶气释放器进入水池中，由于突然减压，溶解在水中的空气形成大量微气泡，与电镀废水初步处理产生的凝聚状物黏附在一起，使其相对密度小于水而浮到水面上成为浮渣排除，从而使废水得到净化。气浮法要求操作系统自控度高。

8.3.2　生物法

生物法是一种处理电镀废水的新技术。一些微生物代谢产物能使废水中的重金属离子改变价态，同时微生物菌群本身还有较强的生物絮凝、静电吸附作用，能够吸附金属离子，使重金属经固液分离后进入菌泥饼，从而使得废水达标排放或回用。

8.3.2.1　生物吸附法

凡具有从溶液中分离金属能力的物体或生物体制备的衍生物称为生物吸附剂。生物吸附剂主要是菌体、藻类及一些提取物。微生物对重金属的吸附机理取决于许多物理、化学因素，如光、温度、pH、重金属含量及化学形态、其他离子的存在、螯合剂的存在和吸附剂的预处理等。生物吸附技术治理重金属污染具有一定的优势，在低含量条件下，生物吸附剂可以选择性地吸附其中的重金属，受水溶液中钙、镁离子干扰的影响较小。该方法处理效率高，无二次污染，可有效地回收一些贵重金属。但是生物成长环境不容易控制，生物往往会因水质的变化而大量中毒死亡。

8.3.2.2　生物絮凝法

生物絮凝法是利用微生物或微生物产生的代谢物进行絮凝沉淀的一种除污方法。微生物絮凝剂是由微生物自身产生的、具有高效絮凝作用的天然高分子物质，它的主要成分是糖蛋白、黏多糖、纤维素、蛋白质和核酸等。它具有较高电荷或较强的亲水性或疏水性，能与颗粒通过离子键、氢键和范德华力同时吸附多个胶体颗粒，在颗粒间产生架桥现象，形成一种网状三维结构而沉淀下来。对重金属有絮凝作用的微生物絮凝剂约有十几个品种，生物絮凝剂中的氨基和羟基可与 Cu^{2+}、Hg^{2+}、Ag^+、Au^{2+} 等重金属离子形成稳定的螯合物而沉淀下来。该方法处理废水具有安全、方便、无毒，不产生二次污染，絮凝范围广，絮凝活性高、生长快，絮凝作用条件粗放，大多不受离子强度、pH 及温度的影响，易于实现工业化等特点。

8.3.2.3　生物化学法

生物化学法是通过微生物与金属离子之间发生直接的化学反应，将可溶性离子转化为不溶性化合物而去除。其优点是：选择性强、吸附容量大、不使用化学药剂。污泥中金属含量高，二次污染明显减少，而且污泥中重金属易回收，回收率高。功能菌和废水中金属离子的反应条件控制严格。

8.3.2.4　生物纳米材料法

本科研团队将优选的特异功能菌创制成生物纳米材料，处理含铬、铜、锌、镉等重金属废水，处理效率高，反应速度快，投资省，运行费低，无二次污染，金属可回收，水可回用。

8.3.3　物化法

物化法是利用离子交换或膜分离或吸附剂等去除电镀废水所含的杂质，其在工业上应用广泛，通常与其他方法配合使用。

8.3.3.1　离子交换法

离子交换法是利用离子交换剂分离废水中有害物质的方法。最常用的交换剂是离子交换树脂，树脂饱和后可用酸碱再生后反复使用。离子交换是靠交换剂自身所带的能自由移动的离子与被处理溶液中的离子交换来实现的。多数情况下，离子是先被吸附，再被交换，具有吸附、交换双重作用。对于含铬等重金属离子的废水，可用阴离子交换树脂去除 Cr^{6+}，用阳离子交换树脂去除 Cr^{3+}，铁、铜等离子。离子交换法一般用于处理低有害物质含量废水，具有回收利用、化害为利、循环用水等优点，但它的技术要求较高，树脂再生产生的酸碱废水需再处理，一次性投资大。

8.3.3.2　膜分离法

膜分离是指用半透膜作为障碍层，借助于膜的选择渗透作用，在能量、含量或化学位差的作用下对混合物中的不同组分进行分离。利用膜分离技术，可从电镀废水中回收重金属和水资源，减轻或杜绝它对环境的污染，实现电镀的清洁生产。对附加值较高的金、银、镍、铜等电镀废水用膜分离技术可实现闭路循环，并产生良好的经济效益。对于综合电镀废水，经过简单的物理化学法处理后，采用膜分离技术可回用大部分水，回收率可达60%~80%，减少污水总排放量，削减排放到水体中的污染物。

8.3.3.3　蒸发浓缩法

蒸发浓缩法是对电镀废水进行蒸发，使重金属废水得以浓缩，并加以回收利用的一种处理方法，一般适用于处理含铬、铜、银、镍等重金属的电镀废水。一般将其作为其他方法的辅助处理手段。它具有能耗大、成本高、运转费用高等缺点。

8.3.3.4　活性炭吸附法

活性炭吸附法是处理电镀废水的一种经济有效的方法，主要用于含铬、含氰废水。它的特点是处理调节温和，操作安全，深度净化的处理水可以回用。但该方法存在活性炭再生复杂和再生液不能直接回镀槽利用的问题，吸附容量小，不适于有害物含量高的废水。

8.3.4　电化学法

8.3.4.1　电解法

电解法是利用电解作用处理或回收重金属，一般应用于贵金属含量较高或单一的电镀废水。电解法处理 Cr^{6+}，是用铁作电极，铁阳极不断溶解产生的亚铁离子能在酸性条件下将 Cr^{6+} 还原成 Cr^{3+}，由于在电解过程中要消耗氢离子，水中余留的氢氧根离子使溶液从酸性变为碱性，并生成铬和铁的氢氧化物沉淀以去除铬。电解法能够同时除去多种金属离子，具有净化效果好、泥渣量少、占地面积小等优点，但是消耗电能和钢材较多，已较少采用。

8.3.4.2　原电池法

以颗粒炭、煤渣或其他导电惰性物质为阴极，铁屑为阳极，废水中导电电解质起导电作用构成原电池，通过原电池反应来达到处理废水的目的。近年来，铁碳微电解技术在电镀废水的处理中受到污泥量大的限制。

8.3.4.3　电渗析法

电渗析技术是膜分离技术的一种。它是将阴、阳离子交换膜交替地排列于正负电极之间，并用特制的隔板将其隔开，在电场作用下，以电位差为推动力，利用离子交换膜的选择透过性，把电解质从溶液中分离出来，从而实现电镀废水的浓缩、淡化、精制和提纯。

8.3.4.4　电凝聚气浮法

采用可溶性阳极（Fe、Al 等）材料，生成 Fe^{2+}、Fe^{3+}、Al^{3+} 等大量阳离子，通过絮凝生成 $Fe(OH)_2$、$Fe(OH)_3$、$Al(OH)_3$ 等沉淀物，以去除水中的污染物。同时，阴极

上产生大量的 H_2 微气泡，阳极上产生大量的 O_2 微气泡，以这些气泡作为气浮载体，与絮凝污物一起上浮。大量絮体在丰富的微气泡携带下迅速上浮，达到净化水质的目的。

电镀废水的常规处理技术已经比较成熟，现代生物纳米材料处理电镀废水是一项非常有发展前途的废水处理技术，且能回收重金属不产生二次污染，将在电镀废水处理中占据重要的地位。

8.4　Fenton 试剂处理电镀和化学镀重金属废水的试验研究

8.4.1　废水成分的分析

业主接纳多家的电镀、化学镀、脉冲镀、印镀、电铸、磷化、氧化、着色、退镀等废水合计 15000m^3/d。原采用石灰水＋$FeCl_3$＋NaOH＋PAM＋A^2/O＋深处理，2009 年设计建成投运，处理出水的 Ni、Cu、COD、NH_3-N 等不达 GB 8978—1996 的排放标准。业主领导对该废水的处理非常重视，多方寻求有关环保企业和专家解决该废水的处理难题。

本团队于 2011 年 9 月接受业主委托对废水成分进行分析，该多种电镀废水成分复杂。如化学镀镍有硫酸镍、氯化镍、次磷酸钠、醋酸钠、柠檬酸钠、羟基乙酸钠、苹果酸、琥珀酸、乳酸、丙酸、醋酸铅、硫脲、碘酸钾、氧化钼、醋酸、酒石酸、氟化钠等化学试剂；有硼氢化钠、氨基硼烷、肼等还原剂。化学镀铜有酒石酸、EDTA、次磷酸、二甲胺、四丁基氢硼化胺、肼和二甲胺硼烷等等。这些化学药品除镍、铜外，绝大部分进入废水中。集成线路电镀的显影剂、脱膜剂、棕化剂、有机溶剂和常规电镀的光亮剂、助剂等也排入，另有含难降解间硝基苯磺酸钠的退镀镍、铬和铜的退镀液也有排入。这些化学物质极大地增加了该废水处理的难度。

8.4.2　Fenton 试验处理小试试验

本团队 2011 年 9 月底起取该废水进行了应用基础研究，见图 8-1 至图 8-6，小试试验研究结果见表 8-1、表 8-2。2011 年 12 月进行了现场每小时处理 100～300m^3 废水的中试试验研究。

8.4.2.1　Fenton 反应最佳条件的选择

（1）酸度对镍、铜去除效果的影响

酸度对镍、铜去除效果影响的研究结果见图 8-1、图 8-2。由图 8-1 可见，pH＝2 时，Fenton 破络合剂后的除镍效果最好，反应 0.5h 后絮凝沉淀，可将镍降至 0.266mg/L，但进一步延长反应时间对提高镍的去除效果并不显著，反应 8h 仅可降至 0.126mg/L；pH＝8 或 10 时，Fenton 破络合剂后的除镍效果也较好，反应 0.5h 后絮凝沉淀，镍可降至 0.3mg/L 左右，这与反应 pH 为 2 时的镍去除能力相当；pH＝12 时，Fenton 破络合剂后的镍去除速率稍低，反应 1h 才可将镍降至 0.3mg/L 左右；而 pH 为 4 或 6 时的镍去除能力就更差，需反应 6～8h 才可将镍分别去除至 0.3mg/L 左右。通常 Fenton 反应控制 pH 在 2～4 左右，因为升高 pH 会造成 Fe^{2+} 以氢氧化物沉淀形式存在而失去催化能力，使破坏络合物的效力下降进而影响镍的去除效果，故 pH＝2 时可以取得较好的镍去除效果。而在 pH 为 8～12 也可以取得相对较好的镍去除效果，主要是因为废水中含有复杂的络合剂体系，使得 Fenton 试剂在中、碱性条件下使用成为可能。

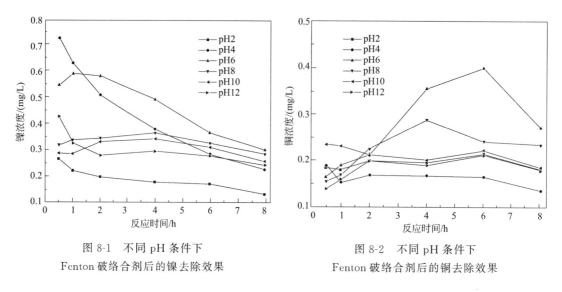

图 8-1　不同 pH 条件下
Fenton 破络合剂后的镍去除效果

图 8-2　不同 pH 条件下
Fenton 破络合剂后的铜去除效果

相对于镍而言，铜较容易去除。由图 8-2 可见，在不同 pH 条件下，与 Fenton 破络合剂反应 0.5h 后絮凝沉淀，均可将铜去除至 0.3mg/L 以下。当 pH 为 2、4、10、12 时，反应 0.5h 后即可取得理想的去除效果，之后在 8h 内也不会大幅反弹；但当 pH 为 6、8 时，反应 1h 后，处理后水样中铜含量出现反弹，这可能是因为络合剂未能完全矿化，生成的小分子有机物又重新聚合成新的络合剂，使一部分铜离子又以络合态形式存在而难以沉淀去除，造成反弹现象发生。

上述可见，pH 为 2、10 是 Fenton 破络合剂后除镍、铜的较为理想的控制条件。但若以 pH=2 作为 Fenton 破络合剂的反应条件，需要进行正反双向调节 pH，成本较高，操作繁琐，且由于 H_2O_2 分解较慢，易于造成污泥上浮，根据该数据结果分析推测，若以 pH=11 作为 Fenton 破络合剂的反应条件，仅需单向调节 pH，且较快的 H_2O_2 分解速度也极大程度地降低了污泥上浮的风险，故本实验选择以 pH=11 作为 Fenton 破络合剂的控制条件，进一步寻求合理的药剂投加量。

（2）Fe^{2+} 投加量对镍、铜去除效果的影响

分别取 1000mL 废水样，依次加入一定量的 $FeSO_4 \cdot 7H_2O$、H_2O_2 后，用试剂 C 调节 pH 至 10，充分反应 0.5h 后，进一步调节 pH 至 11.5，加 PAM 絮凝沉淀，取上清液测定镍、铜含量。小试试验研究结果见图 8-3、图 8-4。

图 8-3、图 8-4 分别为固定 H_2O_2 投加量 0.5mL 不变，变化 $FeSO_4 \cdot 7H_2O$ 投加量时镍、铜的去除情况。由图 8-3 和图 8-4 可见，镍、铜去除效果均随 $FeSO_4 \cdot 7H_2O$ 投加量的增加而略有提高，但效果不显著。一方面，因为随着反应生成的 Fe^{3+} 量的提高而一定程度地增加了其与镍、铜的配位竞争能力，从而略微提高了镍、铜的去除效果；另一方面，由于废水中络合剂对 Fe^{2+} 的络合能力有限，在此 pH 条件下，即使大量增加 $FeSO_4 \cdot 7H_2O$ 投加量，过多的 Fe^{2+} 也只能以沉淀形式析出，从而不能有效提高催化 H_2O_2 产生 ·OH 的量，进而对镍、铜去除效果影响更大的破络合剂程度也不能得到有效提高，故镍、铜去除效果提高不明显。

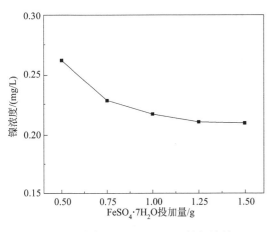

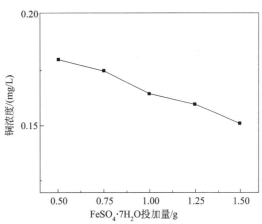

图 8-3　变化 $FeSO_4 \cdot 7H_2O$ 投加量的
Fenton 破络合剂后的镍去除效果

图 8-4　变化 $FeSO_4 \cdot 7H_2O$ 投加量的
Fenton 破络合剂后的铜去除效果

（3）H_2O_2 投加量对镍、铜去除效果的影响

H_2O_2 投加量对镍、铜去除效果影响的研究结果见图 8-5、图 8-6。

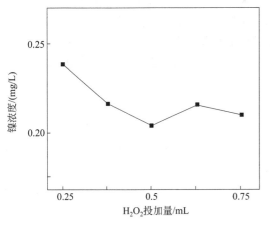

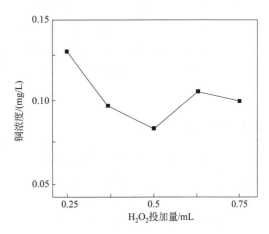

图 8-5　变化 H_2O_2 投加量的 Fenton
破络合剂后的镍去除效果

图 8-6　变化 H_2O_2 投加量的 Fenton
破络合剂后的铜去除效果

图 8-5、图 8-6 为固定 $FeSO_4 \cdot 7H_2O$ 投加量，变化 H_2O_2 投加量时镍、铜的去除情况。由图 8-5 和图 8-6 可见，镍、铜去除效果均随 H_2O_2 投加量的增加而略有提高，加到 0.5mL 时镍、铜去除率均达到最大。

8.4.2.2　小试试验 1

硫酸亚铁除磷需要较大曝气量，且使废水中氨氮反弹和增加，因此试验使用 $FeCl_3$ 对总磷的去除效果和对氨氮的影响。从大量试验可知，在加入 30％ $FeCl_3$ 溶液 1mL/（L 废水）时，其总磷去除效果较好，且氨氮不反弹也不会增加。试验步骤如下：取业主调节池水，测 pH 为 9.54，调 pH 为 5.4，首先加入 0.7‰ H_2O_2，曝气反应 30min 后测 pH 为 3.3，调 pH 至 11.1，曝气反应 15min 后测 pH 为 10.2，调 pH 到 11 后加 PAM 沉淀。取上清液，调 pH 至 8.88，加入 2‰ NaClO，搅拌均匀后静置反应 4h，后测 pH 为 5.95，再加入 30% FeCl$_3$ 溶液 1‰，曝气反应 1h 后测 pH 为 2.93，调 pH 至 5.17 后加 PAM 沉淀。取上清液加入 0.5‰ FeSO$_4$ 和 0.2‰ H$_2$O$_2$，曝气反应 30min 后测 pH 为 3.24，调 pH 至 11.1，曝气反应 15min 后加 PAM 沉淀。调节池水试验结果见表 8-1。

表 8-1   调节池水试验结果   单位：mg/L

项目	Cu	Ni	NH$_3$-N	TP
原水	1.371	0.809	22.1	10.7
1	0.633	0.582	24.3	5.58
2	0.61	0.583	1.25	5.56
3	0.505	0.577	3.69	0.251
4	0.117	0.324	3.18	0.223

从调节池水试验结果可知，原水经 4 步处理后，其铜、氨氮浓度均能达到《污水综合排放标准》（GB 8978—1996）的一级排放标准。从第一步 Fenton 反应和第四步 Fenton 反应可知，其对铜、镍、总磷均有较好去除效果，FeCl$_3$ 能将总磷降低到 0.5mg/L 以下，加入 2‰ NaClO 能将废水中氨氮降低到 5mg/L 以下。从试验结果可知，分 4 步去除废水中的铜、镍、氨氮、总磷及有机物，有着较好的效果。

2012 年 10 月之前的所有试验数据显示，废水中铜、氨氮、总磷、有机物等污染物经 Fenton 反应、NaClO 除氨氮、FeCl$_3$ 除磷后，均能达到《电镀污染物排放标准》（GB 21900—2008）中的标准限值，镍达不到《电镀污染物排放标准》（GB 21900—2008）中镍低于 0.1mg/L 的标准限值，在此之后，主要试验如何将废水中镍降低到 0.1mg/L 以下。

8.4.2.3   小试试验 2

原水先加入 4‰ 次氯酸钠曝气反应 30min，调 pH 到 11 以上再曝气反应 15min 后沉淀，取上清液加 FeCl$_3$ 除磷，最后再进行 Fenton 反应，试验结果显示，氨氮能够达标，总磷经第二步去除也达不到 1mg/L 以下，最后 Fenton 反应完成后总磷才能达标，废水中镍去除达到 0.3mg/L 以下，其试验结果见表 8-2。

表 8-2   小试试验 2 结果   单位：mg/L

项目	Cu	Ni	NH$_3$-N	TP
原水	8.485	5.128	26.1	21.6
1	0.457	0.858	9.14	9.74
2	0.067	0.737	4.38	1.71
3	0	0.276	7.16	0.558

经大量的试验论证，最后还是确定采用两级 Fenton 法处理废水，即首先加入 1‰ FeSO$_4$ 和 0.5‰ H$_2$O$_2$ 曝气反应 30min 后调 pH 至 11.5 以上再曝气反应 15min 后加 PAM 沉淀；取上清液加入 2‰ NaClO，曝气反应 30min 或者是静置反应 6h 以上后加入 1‰ FeCl$_3$ 去除总磷，加入 FeCl$_3$ 后曝气 10min 或静置反应 1h，后调 pH 至 5.0～6.0 沉淀；取上清液加入 1‰ FeSO$_4$ 和 0.5‰ H$_2$O$_2$ 曝气反应 30min 后调 pH 至 11.5 以上，曝气反应 15min 后加 PAM 沉淀，最后上清液调 pH 至 6～9。两级 Fenton 法可将铜、氨氮、总磷、COD 四个指标去除至达到《电镀污染物排放标准》（GB 21900—2008）的

标准限值。

8.4.2.4　多批次小试试验验证

11 月下旬，用两级 Fenton 法处理废水，重复试验 22 次，试验结果显示，铜能达到 0.085mg/L 以下，氨氮能达到 5mg/L 以下，总磷达到 0.5mg/L 以下，COD 能达到 60mg/L 以下，丁二酮肟分光光度法检测镍，其处理后的浓度能达到 0.04mg/L 以下。

8.4.3　结论

经过前述小试结果分析优化，我们最终选定最佳小试处理条件及步骤：①用 Fenton 试剂两次处理，可使 Ni、Cu 均达标；处理条件为投加 20% $FeSO_4 \cdot 7H_2O$ 0.5mL/(m^3 废水)，30% H_2O_2 1L/(m^3 废水)，搅拌或曝气 15min，用石灰乳调 pH 为 10.5～11.5，加 5‰ PAM 两滴，搅拌，过滤；②过滤出水再用 Fenton 试剂处理一次，再过滤，出水 Ni、Cu 达标；③将②的出水加 2‰ NaClO 0.5L/(m^3 废水)，搅拌，过滤，出水 NH_3-N 达标（5mg/L）。

依据以上最佳小试处理条件及步骤，并经过一个多月的工程现场中试试验，确定了该工程废水处理工艺，其工艺如下。①原水加入 1‰ $FeSO_4$ 和 0.5‰ H_2O_2，曝气反应 30min 后调 pH 至 11.5，再曝气反应 15min 后加 PAM 沉淀。②第一步处理后的上清液调 pH 至 8～9，加入 2‰ NaClO 曝气反应 30min 或者是静置反应 6h 以上。③经第二步处理后，直接加入 1‰ $FeCl_3$ 后曝气反应 30min 或静置反应 1h，后调 pH 至 5～6 沉淀。④第三步上清液加入 1‰ $FeSO_4$ 和 0.5‰ H_2O_2，曝气反应 30min 后调 pH 至 11.5，再曝气反应 15min 后加 PAM 沉淀，最后上清液调 pH 至 6～9。原废水经试验工艺流程处理后，其中铜、氨氮、总磷及 COD 和镍（经丁二酮坞分光光度法检测）五个指标均能达到《电镀污染物排放标准》（GB 21900—2008）中标准限值要求。

试验工艺流程将与原构筑物结合，一级 Fenton 反应在工程上的一反应池进行，一反应后的水进入一沉池沉淀；一沉池沉淀后的水在出水口调 pH 至 8～9，在原厌氧池进水口加入 NaClO，水经原厌氧池和原缺氧池后，在原好氧池进水口加入 1‰ $FeCl_3$，在原好氧池出口调 pH 至 5.0～6.0，水进入二沉池沉淀；二沉池出水进入三级反应池，三级反应加 Fenton 反应后调 pH 至 11.5 进入三沉池沉淀处理，三沉池出水调 pH 至 6.0～9.0 后排放。

8.5　电镀废水处理改造工艺流程

8.5.1　设计处理水量水质

8.5.1.1　设计处理水量

依据业主提供的资料和要求，设计处理电镀废水量 12000m^3/d，每天运行 24h，500m^3/h，分两组。

8.5.1.2　设计处理进出水水质

设计处理进出水水质见表 8-3。

表 8-3　设计处理进出水水质　　　　　　　　　　　单位：mg/L

项目	COD	氨氮	总氮	总磷	总铜	总镍	总铬	总锌	总氰化物	pH
进水	120~260	15~30	38~140	17~29	6~15	5~9	2.5~3	≤5	0.5~0.7	3~7
GB 8978—1996	100	15	—	—	0.5	1.0	1.5	2.0	0.5	6~9
原设计出水	≤80	≤5	≤15	≤0.5	≤0.5	≤1.0	≤1.5	≤2.0	≤0.5	6~9
GB 21900—2008	80	15	20	1.0	0.5	0.5	1.0	1.5	0.3	6~9
本设计出水	≤50	≤5	≤8	≤0.5	≤0.3	≤0.1	0.5	≤0.5	≤0.2	6~9

说明：①设计处理进水范围值：依据 2011 年 7~8 月业主污水处理的水质检测报告；②设计处理出水水质：达 GB 8978—1996《污水综合排放标准》和 GB 21900—2008《电镀污染物排放标准》。

8.5.2　提标升级改造工艺流程

2011 年 3 月 14 日国务院批准的"十二五"规划中，将氨氮列为约束性控制指标。氨氮消耗溶解氧使水体发黑、发臭，非离子氨的毒性比铵盐大几十倍，亚硝酸盐氮与蛋白质结合生成亚硝酸铵，具有致癌和致畸作用。按《城镇污水处理厂污染物排放标准》（GB 18918—2002），检查早期建设的污水处理厂的排放水，大部分氨氮超标。这些老厂因曝气池容积小或沉淀池容积小或风机小，或污水中可利用的碳源低（不足 10%），或处理系统无法优化等引起氨氮超标。要保障氨氮达标，必须对这些厂进行提标升级的改造。

业主污水中可利用的碳源低；对微生物毒害大的较高浓度的镍去除效果差；且存在水解酸化池与缺氧池和好氧池活性污泥池的匹配差问题，因而需要对原工程进行提标升级的改造。

原废水处理提标升级改造工艺流程见图 8-7。

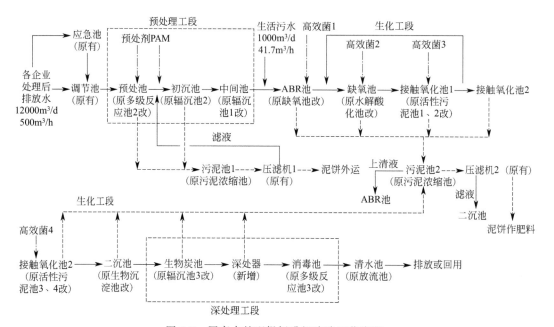

图 8-7　原废水处理提标升级改造工艺流程

各企业预处理后的排放水自流入调节池、泵入预处池，自动或手动投加预处剂，去除镍、铜、锌、铬等金属离子，经初沉池固液分离，重金属离子达 GB 8978—1996 一级排放标准的水溢流入中间池，计量进入后续生化处理。

中间池水经电磁流量计计量泵入 ABR 池处理，加生活污水后也进 ABR 池处理，若碳源缺乏，可取最近的城市污水厂的剩余污泥或食品厂废水，或制糖厂废水补充。缺氧池出水溢流进接触氧化池 1、2 处理后经二沉池固液分离，接着经生物炭池进一步去除氨氮、总氮、总磷和 COD，最后经深处器处理和紫外线消毒后达标排放或回用。

预处理产生的污泥外运回收镍、铜等金属；生化处理产生的污泥外运作肥料使用。

本提标升级工程待采用。

8.5.3　化学法处理的改造工艺流程

改造工艺流程（预处理＋曝气处理＋化学处理的工艺流程）见图 8-8。

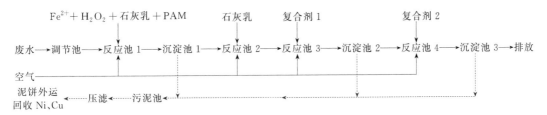

图 8-8　业主废水化学法处理改造工艺流程

改造工艺流程说明如下。

① 反应池 1（原多级反应池 2）：投加 Fe^{2+}＋H_2O_2＋石灰乳＋PAM，除 Ni、Cu。现投药装置不改变。

② 沉淀池 1（原辐流沉淀池 1）：固液分离。原设施不改变。

③ 反应池 2（原水解酸化池＋缺氧池）：安装曝气管，并增加排泥管，投加石灰乳调 pH。增加抽污泥泵 2 台。

④ 反应池 3（原活性污泥池）：投加复合剂 1 除 COD。增加加药泵 2 台、贮药槽 1 个。

⑤ 沉淀池 2（原辐流沉淀池 2）：固液分离。原设施不改变。

⑥ 反应池 4（原多级反应池 3）：投加复合剂 2，进一步除 COD。现投药装置不改变。

⑦ 沉淀池 3（原辐流沉淀池 3）：固液分离。原设施不改变。

8.5.4　工艺流程各段预期处理效果

化学法处理工艺流程各段预期处理效果见表 8-4。

表 8-4　化学法处理工艺流程各段预期处理效果　　单位：mg/L

项目	COD	总镍	总铜	总锌	六价铬	总铬	氨氮	总氮	总磷	总氰化物	pH
调节池	260	9	15	5	0.5	3	30	140	29	0.7	3～7
初沉池	260	0.5	0.5	1.5	ND	1.0	30	140	20	0.5	8～9
二沉池	80	0.3	0.3	1.0	ND	0.5	12	15	0.5	0.3	7～8
排放槽	50	0.1	0.3	1.0	ND	0.5	5	8	0.4	ND	7～8
GB 21900—2008	80	0.5	0.5	1.5	0.2	1.0	15	20	1.0	0.3	6～9
GB 8978—1996	100	1.0	0.5	2.0	0.5	1.5	15	—	—	0.5	6～9

注："ND"表示不得检出。

从表 8-4 可见，经改造后，化学法处理出水水质的 COD、总镍、总铜、总锌、总铬、氨氮、总氮、总磷、六价铬、氰化物和 pH 指标可达 GB 8978—1996《污水综合排放标准》和 GB 21900—2008《电镀污染物排放标准》。

8.5.5　各池体工艺设计

各池体工艺设计参数见表 8-5。

表 8-5　各池体工艺设计参数

序号	名称	池体规格/m	实际有效容积/m³	停留时间/h	备注
1	格栅提升井	11.5×2.5×3	86.25	0.167	
2	集水池 1	11.5×6×6	310.5	8	
3	集水池 2	31×4×6	600	6	
4	多级反应池 1	10×2×5	75	0.75	
5	辐流沉淀池 1	φ13×4.69	350	3.5	
6	pH 调整槽 1	3×2×5	16.7	0.167	
7	调节池	31×15.5×6(二组)	2500	4	
8	多级反应池 2	13.5×3.8×5(二组)	469	0.75	
9	辐流沉淀池 2	φ23×5.89(二组)	2188	3.5	
10	pH 调整槽 2	3.8×3.5×5(二组)	105	0.167	
11	水解酸化池	14×12.5×6(二组)	2001	3	
12	缺氧池	23×12.5×6(二组)	3201.6	4.8	
13	活性污泥池	32×22×6.5(二组)	8671	13	
14	生物沉淀池	φ26×6.89(二组)	2334.5	3.5	
15	多级反应池 3	14×4×5(二组)	500.25	0.75	
16	辐流沉淀池 3	φ23×5.89(二组)	2001	3	
17	pH 调整槽 3	8×4.5×3.5	108	0.133	
18	流量计槽	8×2×2	32	0.048	
19	集污泥池	8×7×4(三组)	/	/	
20	污泥浓缩池	8×6×7.5(四组)	/	/	
21	全自动厢式压滤机	6.743×1.79×1.725	/	/	
22	加药设施	4×2.5×2.5(二组)	/	/	
23	应急池	/	5000	8	

8.6　综合电镀废水扩试处理方案

8.6.1　综合电镀废水连续处理扩试方案

① 多级反应池 2 第 1 格：a. 废水流量 3m³/min。b. 加 20% $FeSO_4 \cdot 7H_2O$：按 2.5L/(m³ 废水) 计，2.5L/m³×3m³/min＝7.5L/min。c. 加 27.5% H_2O_2：按 0.5L/(m³ 废水) 计，0.5L/m³×3m³/min＝1.5L/min。d. 加 10% 石灰乳调 pH 为 10：按 2.8L/(m³ 废水) 计，2.8L/m³×3m³/min＝8.4L/min。

② 多级反应池 2 第 2 格：不加药。曝气赶气泡，避免沉淀上浮。

③ 多级反应池 2 第 3 格：加 10% 石灰乳调 pH 为 11.5，按 2.2L/(m³ 废水) 计，2.2L/m³×3m³/min＝6.6L/min。

④ 多级反应池 2 第 4 格：加 3‰ PAM（阴离子 PAM，分子量 1000 万）絮凝，按 0.5L/(m³ 废水) 计，0.5L/m³×3m³/min＝1.5L/min。曝气量减少，避免打碎矾花。

⑤ 检测多级反应池 2 第 1 格和第 4 格出水中的 Ni、Cu；同时检测进水中的 Ni、Cu，做好记录。

⑥ 注意事项：a. 防止进入第 1 格的废水倒流入 H_2O_2 桶发生爆炸；b. 每组条件试验期间要保障 Fe^{2+}、H_2O_2、石灰乳和 PAM 的流量稳定；c. 观察曝气搅拌对各池的影响，时时调整到最佳状态；d. 仔细操作，保障安全；e. 做好记录，选择出最佳的运行条件。

8.6.2　扩试运行结果

8.6.2.1　扩试前后水质情况

2011 年 7 月 1 日至 8 月 15 日调节池水质见表 8-6。

表 8-6　2011 年 7 月 1 日至 8 月 15 日调节池水质　　单位：mg/L

项目	COD	NH₃-N	TN	TP	TCu	TNi	TCr	TCN⁻
调节池	135～397	15～30	40.3～77.9	7.71～26.8	5.0～12.5	4.56～29.2	5.42	0.313
出水	—	—	—	—	0.2～2.0	0.04～2.9	—	—

注："—" 表示未检出。

2011 年 12 月扩试运行结果见表 8-7。

表 8-7　2011 年 12 月扩试运行结果　　单位：mg/L

项目	调节池进水		排放口出水	
指标	Ni	Cu	Ni	Cu
数值	3～10	4～12	0.1～0.5	0.1～0.25

从表 8-7 可见，扩试连续日处理 100～300m³ 废水，进水 Ni 3～10mg/L，出水 Ni＜1mg/L；进水 Cu 4～12mg/L，出水 Cu＜0.3mg/L；达设计 GB 8978—1996 排放指标。

8.6.2.2　进出口 Ni、Cu 的动态变化

2011 年 12 月运行的调节池和排放口的 Ni、Cu 动态变化趋势见图 8-9。

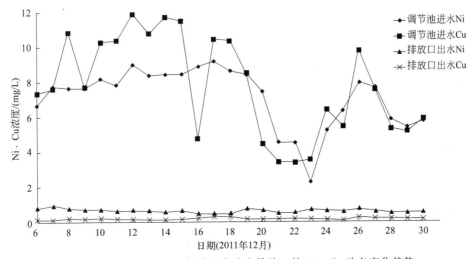

图 8-9　2011 年 12 月运行的调节池和排放口的 Ni、Cu 动态变化趋势

从图 8-9 可见，出水中 Ni、Cu 达设计指标。

8.6.2.3　进出口 COD 的动态变化

2011 年 12 月运行的调节池和排放口的 COD 动态变化见图 8-10。

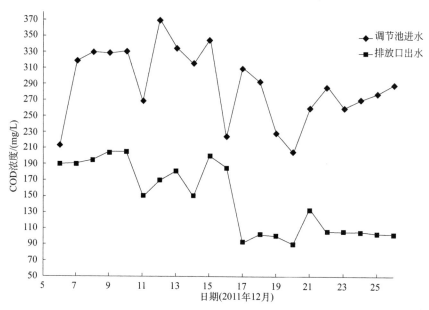

图 8-10　2011 年 12 月运行的调节池和排放口的 COD 动态变化趋势

8.7　改造工程调运操作规程

8.7.1　改造工程调运操作规程（试用）

8.7.1.1　改造工艺流程

改造工艺流程 [1]、[2] 见图 8-11。

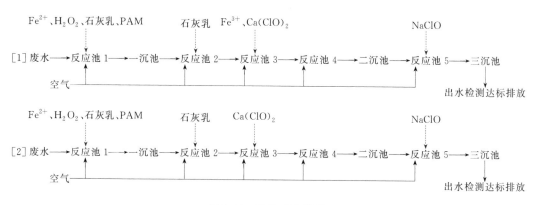

图 8-11　改造工艺流程

说明：反应池 1 为原多级反应池 2，一沉池为原辐流沉淀池 2，反应池 2 为原水解酸化池，反应池 3 为原缺氧池，反应池 4 为原活性污泥池，二沉池为原生物沉淀池，反应池

5 为原多级反应池 3，三沉池为原辐流沉淀池 3。

8.7.1.2　药剂费

运行加药的药剂费计算如下：

工艺 [1]：约 2.90 元/（m^3 废水）。

工艺 [2]：约 2.86 元/（m^3 废水）。

8.7.1.3　调试运行操作规程

（1）除镍、铜

①向反应池 1 泵入废水，计量 250m^3/h，在废水进口处由计量泵加入 20% $FeSO_4 \cdot 7H_2O$（830～1250L/h），曝气混合；接着由计量泵加入 30% H_2O_2（320～500L/h），曝气反应 15min。②向反应池 1 的第 2 格，计量泵入 10% 石灰乳（5000～7500L/h），依据 pH 监测仪控制 pH=11 来控制石灰乳加入量。③向反应池 1 的第 4 格泵入 5‰ 的 PAM（30～60L/h），观察矾花颗粒大，絮凝快速即可。④反应池 1 出水自流入一沉池固液分离。测一沉池出水的 Ni、Cu、TP、NH_3-N 和 COD。依据检测结果，调整运行参数和加药量，下同。

（2）除氨氮

一沉池上清液自流入反应池 2（原水解酸化池），在反应池 2 内加适量 10% 石灰乳，控制 pH=11，曝气吹脱氨。反应池 2 出水自流入反应池 3（原缺氧池）。测反应池 2 出水的 NH_3-N，调整风量。

（3）除磷

在反应池 3 的进口处，由计量泵加 10% $FeCl_3$（125～250L/h）和 10% $Ca(ClO)_2$（125～250L/h）（工艺 [1]），或加 10% $Ca(ClO)_2$（125～250L/h）（工艺 [2]），继续曝气反应除磷。测反应池 3 出口的总磷，调整 $FeCl_3$ 和 $Ca(ClO)_2$ 投加量。

（4）降 COD

反应池 3 出水自流入反应池 4（原活性污泥池），可在反应池 4 进口加有效氯为 5% 的 NaClO，曝气降 COD，再自流入二沉池（原生物沉淀池）固液分离，监测二沉池出水的 Ni、Cu、COD、NH_3-N、TP。若达标，自流排放；若不达标，如出现 Ni 反弹，则停止在反应池 4 进口加 NaClO，改在反应池 5 加 NaClO。

8.7.1.4　相关规程

① 当废水中污染物浓度高时用上限药量；污染物浓度低时，则改为投加下限药量。下限药量约为上限药量的三分之二。

② 可在反应池 1、2、3、4 的出口检测 Ni、Cu、COD、NH_3-N、TP，依据检测值改变投加药量、调节曝气量和停留时间等运行参数；使处理在优化的参数下运行，以保障出水达标和降低运行成本。

③ 每日必须保障加药罐（或槽）有足够的药量以保障废水连续处理的用药量，不得中途停止加药或间断加药。

④ 必须随时保障风机、计量加药泵、提升泵的良好运转。必须保障药源来量充足

够用。

⑤ 必须随时监测，记录运行效果，并及时向领导汇报。

⑥ 对外厂（或公司）直接运来的废水样（如线路板废水等）必须做详细登记，防止因直接接纳废水（其污染物浓度高），引起水质的巨大变化，造成出水不达标。

⑦ 每班必须做好运行记录和交接班记录，交接方签字认可后方可离去。

8.7.1.5 其他

本调试运行操作规程经试用修正后为正式的调试运行操作规程。

8.7.2 修改的调运处理操作程序

8.7.2.1 一级反应（废水——→反应池 1——→一沉池——→)

加药顺序：第 1 格，加 20% Fe^{2+}，$5L/m^3$（固体 1‰），曝气混合 3min；第 2 格，加 30% H_2O_2，$0.5L/m^3$，曝气反应 30min；第 3 格，加 8% 石灰乳 4~5L/m³，调节 pH 为 11.8，曝气反应 10min；第 4 格，加 3‰PAM，$0.5L/m^3$，曝气反应 2min 后自流进入一沉池，固液分离。

8.7.2.2 二级反应 [一沉池上清液——→反应池 2 (原水解池+ 活性污泥池)——→]

加药顺序：在一沉池出水口处加 10% H_2SO_4 $0.4~0.5L/m^3$，调节来自一沉池的上清液 pH 为 8.5，加 NaClO（有效氯 10%）$2L/m^3$，微曝气混合反应，进反应池 2。

8.7.2.3 三级反应

在原活性污泥池二分之一处加 30% $FeCl_3$ $1L/m^3$，微曝气混合反应；在原活性污泥出口处加 8% 石灰乳 1.5~2.0L/m³ 调 pH=5~6，自流管道混合，进入二沉池，固液分离。

8.7.2.4 四级反应（二沉池上清液——→反应池 3——→三沉池——→排放）

加药顺序：第 1 格，20% Fe^{2+}，$3L/m^3$（固体 0.6‰），曝气混合 3min；加 30% H_2O_2，$0.3L/m^3$（0.3‰），曝气反应 30min；第 3 格，加 8% 石灰乳 2~3L/m³ 调控 pH=11.5，曝气反应 30min；第 4 格，3‰PAM，$0.5L/m^3$，曝气反应 2min 后，自流进入三沉池，固液分离，上清液在三沉池尾端的缓冲区加 10% H_2SO_4 调控 pH=9，排放。

8.7.3 调运处理试验报告（共 9 批）

试验时间：2012 年 11 月 20 日至 26 日。

试验地点：业主办公楼 101、105 室。

试验方法：按《业主废水处理程序》试验。

试验污水样：采取业主调节池污水。

试验人员：业主和业主化验室人员及本团队技术人员。

试验的 9 批结果表明，处理出水的铜在 0.001~0.092mg/L 波动，镍在 0.179~

0.325mg/L 波动（经标准方法 2 校正为 0.04～0.2mg/L），氨氮在 0.648～8.02mg/L 波动，总磷在 0.201～0.536mg/L 波动。可见处理出水中的铜、镍、氨氮和总磷均达 GB 8978—1996 和 GB 21900—2008 排放标准。

8.7.4　污水处理厂巡查要点

8.7.4.1　业主污水处理厂巡查要点

① 查看运行 pH

a. 一反应（东西）的 pH 调到 11.8。b. 二反应（东西）的 pH 调到 8～8.5 后加 NaClO。c. 三反应（东西）的出口 pH 调到 6.0～6.5。d. 四反应出口（东西）的 pH 调到 11.5（暂定）。

② 加药

a. 一反应：$FeSO_4 \cdot 7H_2O$ 1‰（流量计数显）＋H_2O_2 0.5‰（流量计数显）＋石灰乳调 pH 为 11.8（流量计数显）＋PAM 0.5‰。b. 二反应：进口 H_2SO_4 调 pH 为 8.0～8.5（pH 表数显）＋NaClO 2‰（流量计数显）。c. 三反应：$FeCl_3$ 1‰（流量计数显）＋出口石灰乳调 pH 为 6.0～6.5＋PAM 0.5‰。d. 四反应：$FeSO_4 \cdot 7H_2O$ 0.6‰（流量计数显）＋H_2O_2 0.3‰（流量计数显）＋石灰乳调 pH 为 11.5（暂定）（pH 表数显）＋PAM 0.5‰。e. 排放口：H_2SO_4 调 pH 6～9（暂定）（pH 表数显）。

③ 曝气

a. 一反应 4 格均曝气、观察表面气泡和颜色变化情况。b. 二反应第 1 格曝气、观察表面气泡和颜色变化情况。c. 三反应第 1 格曝气、观察表面气泡和颜色变化情况。d. 四反应 4 格均曝气、观察表面气泡和颜色变化情况。

④ 污水流量：观察测量污水的电磁流量计，污水流量 240～250m³/h。

⑤ 听风机运转声音是否正常，曝气管和蝶阀是否损坏。

⑥ 观察各加药管、污水管和阀门是否损坏。

⑦ 观察污泥脱水是否达到要求（70%含水率）。

⑧ 其他相关问题。

⑨ 每班及时做好记录向领导报告。

8.7.4.2　根据巡查重点小试及建议

① 步骤 1：原污水加 1‰ $FeSO_4 \cdot 7H_2O$，曝气 3min，加 0.5‰ H_2O_2，曝气 30min，用石灰乳调 pH 为 11.8，加 0.5‰ PAM，测上清液中氨氮、总磷、镍等后，取上清液接着进行下一步处理。

② 步骤 2：取步骤 1 的上清液调 pH 为 3～10，加 2‰ NaClO，反应 30min，测上清液中氨氮。取上清液接着下一步处理。

③ 步骤 3：取步骤 2 中 pH 为 6～7 和 9～10（氨氮达标）的反应液，调 pH 为 5～10，分别加 1‰的 $FeCl_3$，反应 30min，测上清液中总磷，取上清液接着下一步处理。

④ 步骤 4：取步骤 3 中 pH 为 5～7（总磷达标）的反应液，加 0.75‰ $FeSO_4 \cdot 7H_2O$ 和 0.35‰ H_2O_2，反应后，测上清液中的氨氮、总磷、镍和 COD。

根据以上 4 个步骤处理污水的随机抽查结果见表 8-8。

表 8-8　随机抽查的污水处理结果　　　　　　　　　　　　　单位：mg/L

项目	COD	氨氮	总磷	镍
原污水	210.1	11.51	10.0	4.867
出水(pH＝9)	105.1	7.62	0.31	0.188
出水(pH＝11)	105.1	7.13	0.28	0.100

小结：①加 NaClO 除氨氮时，pH 在 6～7 和 9～10 的时候均可达标（8mg/L），因此加 NaClO 前，可以不调 pH，即在一沉池出口进行二反应前可不用硫酸调 pH 到 7.5；②加 $FeCl_3$ 去除总磷时，调 pH＝5～6 最好，即在三反应的出口用石灰乳调控 pH 为 5～6（5.5±0.5）；③四反应的 pH 用石乳调 pH 为 11，可保障出口的镍、氨氮、总磷和 COD 达标，若 pH<9，镍可能超标；④用氯离子校正表观 COD(105.1mg/L) 后的真实 COD 为 56.8mg/L。

根据试验结果及业主污水处理厂运行过程中的巡查情况，本团队建议如下。

① pH 是影响化学沉淀法处理结果的关键因素。业主应加强管理一、二、三、四反应的 pH 的调控：一反应 pH 调控为 11.5；二反应 pH 受一反应 pH 的影响，若一反应的 pH 在一沉池中已降到 9～10，可以不加酸调 pH；三反应的 pH 调控为 5.5；四反应的 pH 调控为 9～11，最好为 11。

② COD 的测定最好按 HJ/T 70—2001 或 HJ/T 132—2003《高氯废水化学需氧量 (COD) 的测定》法校正。

③ 现行工艺的二反应和三反应可改在现二反应池内（即原污水解酸化池和缺氧池内）完成，这样可空出原活性污泥池（8500m³）作现放流池出水的深度处理，以提升排放水的水质。预计修复原活性污泥池的曝气管进行曝气处理，可实现该改造处理的目标。

8.7.4.3　污水处理厂巡查问题处理

① 用两个"水力循环澄清池"更换现使用的东西两个一反应池（Fenton 反应池）问题：经计算每个水力循环澄清池的有效容积 550m³，按每小时处理 250m³ 污水计，则污水在该池内的 Fenton 反应可达 2h，正好达到 Fenton 处理反应的基本要求，比现有一反应池仅停留 0.5h 的时间延长了 1.5h，有利于 Fenton 试剂的充分利用，可提高 COD 的去除率。

但现有水力循环澄清池是贵厂取河水净化为污水厂用水用的，若改作 Fenton 反应池，需作如下的改造：a. 拆除喷嘴和喉管，改为加硫酸亚铁和双氧水的加药管，并用计量泵按需要量投加硫酸亚铁和双氧水，保障 Fenton 试剂与污水的充分混合反应；b. 改接第一反应室的下口与喉管重叠调节部位，以防止污泥堵塞；c. 第二反应室与分离区之间也要打通，总之，水力循环澄清池是澄清用的，现改为 Fenton 反应池就要按 Fenton 混合反应的要求改好才行；d. 原水力循环澄清池的排泥管 DN150 小了一点，建议改为 DN200；e. 此外，石灰乳改在原一反应池的进口处投加。

从改水力循环澄清池的利弊分析，可以将水力循环澄清池改为 Fenton 反应池用。

② 也可把现反应 2 和反应 3 放在"原水解酸化池和缺氧池"，把原活性污泥池（8500m³）用作降低 COD 的反应池。这样改：a. 就必须在反应 3 的出口另加管道接到二沉池；b. 把三沉池的出水另加管道和管道泵接到原活性污泥池；c. 再把活性污泥池的出水接到总排放口排放。这样改要增加管道泵 2 台，管道约 300m。

b 种改法的费用要比 a 种大一些，建议反复分析两者的利弊后选择其一。

③ 总排放口出水若能用重力无阀滤池过滤排放，出水水质（COD 和 Ni 等）会提高。

④ 2013 年 1 月至 2 月，"东、西"两组的一、二、三、四反应的 pH 变化范围统计见表 8-9。

表 8-9　2013 年 1 月 8 日至 2 月 25 日调试运行的 pH 变化范围

项目	1 月 8～23 日	1 月 24～31 日	2 月 1～6 日	2 月 7～25 日
原水 pH 波动范围	5.52～8.84	6.66～8.00	5.5～8.37	6.95～9.03
一反应池东 pH 波动范围	6.47～11.25	9.24～10.83	9.86～11.46	9.4～10.88
二反应池东 pH 波动范围	5.88～8.83	6.27～8.79	6.96～9.13	6.53～9.83
三反应池东 pH 波动范围	5.48～8.09	4.31～9.17	4.01～7.06	4.91～8.66
四反应池东 pH 波动范围	6.28～11.05	6.14～8.65	5.56～8.40	6.38～8.59
一反应池西 pH 波动范围	9.45～11.49	9.17～11.14	9.13～11.57	9.81～11.66
二反应池西 pH 波动范围	6.43～8.5	6.37～8.69	6.70～7.84	6.28～7.38
三反应池西 pH 波动范围	5.02～7.57	4.79～8.78	4.53～7.24	4.24～8.02
四反应池西 pH 波动范围	6.79～11.61	6.27～8.76	7.46～8.95	6.53～9.06

从运行数据分析，一反应的 pH 宜在 11.5±0.3，二反应的 pH 宜在 9.5±0.5，三反应的 pH 宜在 5.5±0.5，四反应的 pH 宜在 9.0 以上。从表 8-9 列 4 批 pH 的范围可见，除一反应的 pH 调整较好外，其余二、三、四反应的 pH 调整较差。要严格调整好需要的 pH：一反应 pH 调到 11.5±0.3；二反应 pH 9.5±0.5，即在加次氯酸钠前，不再加硫酸调 pH；三反应 pH 调到 5.5±0.5；四反应 pH 调到 9.0。

8.8　工程现场图

业主重金属污水处理改造工程现场见图 8-12 和图 8-13。本系统操作管理简便，高效低能，投资运行费用低，一期污水处理厂平稳运行，若 pH 控制不好，则出水中镍可能超标。该案例为工业园区重金属废水企业提供了借鉴的经验。本科研团队研究了电镀和化学镀污泥（危废），可回收铜、镍或可提取氢电和锂电的原材料。

图 8-12　二反应池

图 8-13　三反应池

第 9 章

草甘膦母液处理和其废渣资源化技术研究与工程案例

摘要：业主采用甘氨酸法合成草甘膦（PMG）的工艺过程中，产生大量的废水，按 5.2t/(t PMG) 计，日排 3800m^3。废水中含大量的氯化钠、盐酸（pH≤1）、难降解的亚氨基二乙酸盐、氯乙酸、三乙醇胺、增甘膦、羟甲基膦酸、亚磷酸钠、甲醛、甘氨酸等污染物，处理难度很大。本团队在科技部科技人员服务企业行动项目 NO. SQ2009GJF0001707 的支持下，详细进行了如下研究：①分离筛选了降解草甘膦废水和嗜盐的高效菌 9 株；②ABR＋MBR 工艺；③ABR＋O＋深处理工艺；④母液中 PMG、三乙胺和氯化钠回收条件；⑤筛选降解 PMG 废水的菌株；⑥石灰＋Fenton＋FeCl$_3$ 的预处理条件；⑦检测 PMG 废水和母液的组分；⑧设计、建设甘氨酸法生产草甘膦的废水的处理工程，处理出水达标或回用；⑨设计、建设膜技术日处理 400 吨草甘膦母液工程，母液中草甘膦收率达 98.5％，回收的氯化钠达氯碱工业盐水标准；⑩验收处理结果：COD、NH$_3$-N、TP 和 pH 均达到《污水综合排放标准》（GB 8978—1996）相关限值。

9.1 草甘膦生产及其产生废水背景分析

草甘膦（N-亚甲基膦甘氨酸，glyphosate，简称 PMG）是一种有机膦类广谱内吸传导灭生性芽后除草剂，由美国孟山都（Monsanto）公司于 1971 年创制成功，具有高效、低毒、低残留、广谱性、与环境相容性好等优越性能，尤其是基因公司开发出抗草甘膦转基因作物后，草甘膦使用量急剧上升，成为广泛的除草剂。

9.1.1 亚氨基二乙酸法 (IDA)合成草甘膦

草甘膦的生产技术有很多专利报道，其生产方式之多也是在农药当中少见的。草甘膦生产工艺主要分为亚氨基二乙酸（iminodiacetic acid，IDA）法和甘氨酸法（又称亚磷酸二烷基酯法）。国外以孟山都、先正达公司为代表，主要采用亚氨基二乙酸（IDA）法经双甘膦再合成草甘膦，草甘膦生产的主流路线是氢氰酸-亚氨基二乙酸法，以生产丙烯腈的副产品氢氰酸尾气为基本原料，经过催化合成、水解、酸化、氧化等反应而成，其优点是：①草甘膦生产装置作为丙烯腈生产的三废处理装置，具有较好的环保效益；②适于连续化和大生产，生产率提高，以 IDA 计总收率 85％，经济优势明显；③用空气作氧化剂，技术先进，生产成本低。孟山都在全球的 6 套生产装置全部采用 IDA 路线，年产量 20 万吨以上。

草甘膦生产工艺优化方面，到现在，已有众多的研究围绕 IDA 路线展开，如 US5312973、US5023369 分别公开了以亚氨基二乙酸（IDA）为起始原料制备双甘膦及由双甘膦氧化制备草甘膦的方法；ZL93120707、ZL96195765 也分别公开了由亚氨基二乙酸碱金属盐制备双甘膦及从双甘膦经双氧水氧化制备草甘膦的方法。而对于亚磷酸二烷基酯路线则研究较少，申请号为 85102988 的发明专利公开了一种以亚磷酸二烷基酯为原料的草甘膦制备工艺；申请号为 00125933 的发明专利公开了一种对亚磷酸二烷基酯工艺的改进，不采用多聚甲醛而是利用自身的副产物甲缩醛来合成草甘膦。

9.1.2　甘氨酸法合成草甘膦

我国的草甘膦生产于 20 世纪 80 年代起步，1986 年以甘氨酸法合成草甘膦的工艺在国内实现工业化。甘氨酸法合成草甘膦的工艺路线见下：

$$H_2NCH_2COOH + (CH_2O)_n \xrightarrow{Et_3N} (HOCH_2)_2NCH_2COOH$$

$$(HOCH_2)_2NCH_2COOH + (CH_3O)_2POH \longrightarrow (CH_3O)_2P(O){-}CH_2\overset{\overset{\displaystyle HOCH_2}{|}}{N}CH_2COOH \cdot Et_3N$$

$$(CH_3O)_2P(O)CH_2\overset{\overset{\displaystyle HOCH_2}{|}}{N}CH_2COOH \cdot Et_3N \xrightarrow{HCl, H_2O}$$

$$(HO)_2P(O)CH_2NHCH_2COOH + CH_3Cl + CH_3OCH_2OCH_3$$

（1）多聚甲醛解聚成甲醛，再生成半缩醛

多聚甲醛在甲醇体系下，以三乙胺（Et_3N）为催化剂，在一定温度下解聚生成甲醛，甲醛与甲醇生成不稳定的半缩醛。

$$(CH_2O)_n \xrightarrow{Et_3N} HOCH_2OCH_3$$

（2）不稳定的半缩醛在三乙胺存在体系下与甘氨酸加成生成中间体

$$H_2NCH_2COOH + HOCH_2OCH_3 \xrightarrow{Et_3N} CH_3OCH_2N\underset{\overset{\displaystyle }{}}{\big\langle}\!\!\!\!{\underset{O}{\overset{}{C=O}}}$$

（3）缩合反应

中间体与亚磷酸二甲酯缩合反应生成缩合中间体：

$$CH_3OCH_2N{\big\langle}\!\!\!{\underset{O}{\overset{O}{C}}} + (CH_3O)_2POH \longrightarrow (CH_3O)_2P(O){-}CH_2\overset{\overset{\displaystyle HOCH_2}{|}}{N}CH_2COOH \cdot Et_3N$$

（4）水解反应

缩合中间体在盐酸存在下，在 30～120℃条件下水解得到草甘膦、氯甲烷和甲缩醛。

$$(CH_3O)_2P(O){-}CH_2\overset{\overset{\displaystyle HOCH_2}{|}}{N}CH_2COOH \cdot Et_3N \xrightarrow{HCl, H_2O}$$

$$CH_3Cl + CH_3OCH_2OCH_3 + (HO)_2P(O)CH_2NHCH_2COOH（草甘膦）$$

9.1.3　我国草甘膦生产的发展

我国现有草甘膦生产厂家生产能力在 72 万吨左右，出口到 90 多个国家和地区，已成为全球第一大生产国和出口国。目前我国草甘膦主要有两种生产工艺：氯乙酸-甘氨酸法和二乙醇胺-IDA 法，氯乙酸-甘氨酸法占据主流地位（产量占 70% 以上）。甘氨酸路线又可分为亚磷酸二甲酯和亚磷酸三甲酯工艺，该路线以多聚甲醛为原料。目前，我国草甘膦生产中甘氨酸法占 70%，占据主导地位，工艺路线是甘氨酸——→亚磷酸二甲酯——→草甘膦路线（甘氨酸/亚磷酸二甲酯工艺）；其次为二乙醇胺——→IDA——→草甘膦路线，占另外的 30% 左右。由于甘氨酸法稳定性较好，收率较高，且可以得到固体草甘膦，发展十分迅速，目前大多数企业仍采用该工艺合成草甘膦。草甘膦单元操作生产的水解、脱醇、中和、三乙胺回收、草甘膦干燥及包装、甲醇精馏的工艺过程均已实现连续化，并已取得很好的经济效益。

我国在二十世纪九十年代初期建立了氢氰酸生产 IDA 生产装置，IDA 路线生产草甘膦的工艺在我国所占比率从小到大，产量不断上升。合成 IDA 的氢氰酸不是来源于丙烯腈副产，而是由天然气和氨合成，经提浓后能满足 IDA 合成需要，因天然气成本低廉，使 IDA 的价格降低，致使草甘膦生产企业易接受，与孟山都公司相比生产成本差距较小。因此，IDA 工艺的优势得到发挥。对于 IDA 工艺路线生产草甘膦的企业要走的路缩短。某化工有限公司以天然气为原料，经"天然气——→HCN——→羟基乙腈——→亚氨基二乙腈（IDAN）"路线合成了 IDAN，再将 IDAN 与三氯化磷作用，合成双甘膦，最后经双氧水氧化合成草甘膦。该路线投产的厂家逐渐增多。

9.1.4　业主公司草甘膦废水处理现状

业主解决了甘氨酸法合成草甘膦中加成、缩合反应要达到无水的问题，降低了反应产物水分，减少了亚磷酸二甲酯消耗，降低了成本（见发明专利公布号 CN101993455A）。建成了 20 万 t/a 全卤离子膜制碱，喷射流法合成 7 万 t/a 亚磷酸二甲酯，研制了 30.63 万 t/a 变压吸附回收氯甲烷装置，建成了 12 万 t/a 甘氨酸-亚磷酸二甲酯制草甘膦生产线，建成了 400t/d 膜处理母液装置，回收的氯化钠用于氯碱生产。已成为草甘膦生产第二大公司，产品销南美、澳大利亚和东南亚等。

9.1.5　草甘膦生产受废水处理制约

我国草甘膦行业经过几十年的发展，取得了长足的进步，但与国际先进水平相比仍有不小的差距。随着国家对环保治理力度的加大，企业的环保压力越来越大，发展循环经济将被更多的企业所接受，企业对环保的投入将不断加大，必须在草甘膦生产中"三废"治理关键技术得到重大突破和推广应用，草甘膦行业才能逐步做到零排放，真正实现从污染行业向环境友好行业的转变，从生产大国向生产强国的转变，增强产品的国际竞争力，促进农业、农药产业及环境可持续发展。

在甘氨酸法生产草甘膦的工艺过程中，产生大量的废水（5.2t/t 草甘膦），其中含有接近饱和的 NaCl，1%～4% 的草甘膦及少量三乙胺等胺类杂质。农药草甘膦的生产废水属于有毒有害的工业废水，排放量大，污染面广，废水中含有一些难以生物降解的亚氨基二乙酸盐、氯乙酸、三乙醇胺、增甘膦、甲基草甘膦、氨甲基膦酸、羟甲基膦酸、氯化钠、亚磷酸钠、磷酸钠、甲醛和甘氨酸等，COD 浓度高，可生化性差，同时还含有 $CaCl_2$（20％左右）和 HCl，pH≤1。由于技术上的问题，很多生产草甘膦的农药厂家长期以来将废水直接排放，既污染环境又浪费了废水中的有用成分，无法实现资源的回收和利用；或者在工业上主要采用蒸发浓缩法处理废水，回收其中的盐和草甘膦，此法能耗很高，且产生大量废盐，产生二次污染。

迄今为止，甘氨酸路线生产 PMG 中废水排放量大、处理成本高的问题在业主公司已获得较好解决，氯化钠的循环利用瓶颈也较好解决，母液中草甘膦的回收利用在进一步开拓。

9.2　本团队对草甘膦生产废水处理的研究

9.2.1　草甘膦生产废水处理方法的研究

国内外科研人员对草甘膦废水的治理与资源化做了大量的研究工作，处理方法主要包括：次氯酸钠氧化处理、吸附法、光催化氧化技术、厌氧处理、微电解预处理、膜分离技术和投加高效专性微生物菌剂的治理等。由于草甘膦对酸、碱都很稳定，简便的酸解、碱解处理对其无效，活性炭及常用的合成吸附剂（如 H-103）对其只有弱的吸附能力，廉价的金属离子（如 Ca^{2+}、Mg^{2+}、Fe^{2+}、Fe^{3+}）及聚铁、聚铝等在处理草甘膦废水时虽能形成絮凝沉淀物，但沉淀颗粒极细小，且有一定的黏性，分离极困难。草甘膦对厌氧菌有较强的抑制作用，且废水 COD 很高，不宜直接进行厌氧好氧生化处理，因此，探索出一种既能有效降解草甘膦，又不影响后续生化处理的预处理方法，是处理该废水的关键。

本团队于 2007～2011 年从草甘膦污染的土壤和草甘膦废水处理工程的污泥中分离筛选出 5 株高效降解草甘膦及其副产物的细菌和真菌用于草甘膦生产废水的处理，对草甘膦和副产物的降解率达 99.9％，获得了很满意的结果，该复合菌已在 IDAN、DHP、DMM 生产废水中成功应用，其工程投运正常，处理出水中 COD 等达标，已通环保部门监测，达标验收。

9.2.2　业主草甘膦废水处理工艺

甘氨酸法是生产草甘膦的传统方法，其产量占烷基酯法的 90％以上。该工艺因回收溶剂和催化剂，耗碱量大，耗能也大，同时增加大量含草甘膦的废水和氯甲烷废气。业主公司研发了喷射流连续合成亚磷酸二甲酯技术；全卤离子膜制烧碱技术；变压吸收回收氯甲烷尾气、膜法回收母液中氯化钠技术，建成了甘氨酸法生产草甘膦 12 万 t/a 最大的装置。采用"纳膜脱盐-Fenton 氧化-微电解-ABR-UASB-CAST"工艺处理草甘膦生产废水，较好地解决了废水处理的难题。该工艺处理基本上能满足年产 7 万吨草甘膦生产废水处理的要求。有四方面的优点：①ABR 与 UASB 及 CAST 系统有分级降解的作用；②接触氧化法和 CAST 是 UASB 反应器的补充处理；③有较好的脱磷设施；④母液中的草甘膦得到回收。

本团队详细地研究了：①ABR＋MBR 工艺；②ABR＋O＋深处理工艺；③母液中草甘膦、三乙胺和氯化钠的回收条件；④降解草甘膦废水菌种的筛选、驯化和投运。通过小试和中试获得了优化的工程设计参数，用于草甘膦废水处理工程，投运获得满意的结果。

9.3 降解草甘膦废水菌种的分离筛选与应用

受高浓度草甘膦污染的土壤中，存在着较多的能耐受与降解草甘膦的菌株，从中分离筛选高效降解草甘膦的菌株，用于草甘膦生产废水的治理或将其抗草甘膦基因转入植物，都具有重要的实用价值。

9.3.1 分离筛选组合的复合菌

2007～2011 年，本团队从被草甘膦重污染的土壤中，草甘膦生产废水治理工程的污泥中和其排水沟淤泥中富集、分离、筛选、驯化获得降解草甘膦及其生产废水的菌 21 株，从中选出高效降解菌 5 株。经生理生化和遗传特征鉴定这 5 株菌为：白腐菌（*White rot fungus*）、米根霉（*Rhizopus oryzae* sp.）、人苍白杆菌（*Ochrobactrum anthropi* sp.）、粪产碱杆菌（*Alcaligenes faecalis* sp.）和节杆菌（*Arthrobacter* sp.）。将这 5 株菌按一定比例组合成复合菌（简称复合菌），用于草甘膦生产废水处理，获得了满意的结果（表 9-1 及表 9-2）。

表 9-1　复合菌对草甘膦母液中有机磷组分的降解

组分	甘氨酸	增甘膦	草甘膦	甲基草甘膦
母液稀释 3 倍/(g/L)	10.0	12.3	5.5	3.7
36h 降解率/%	77.7	45.9	40.4	38.2
72h 降解率/%	99.9	96.1	98.5	95.4

从表 9-1 可见，复合菌对甘氨酸、草甘膦、增甘膦和甲基草甘膦均有较好的降解率，随着复合菌生长时间增长，菌体生物量和降解率明显增加，到 72h 时，复合菌生长代谢趋于稳定，降解率达 95% 以上。

表 9-2　投加复合菌对草甘膦生产废水的处理结果　　　　　　　　　单位：mg/L

指标	COD	BOD	SS	TP	NH$_3$-N
进水	1200～1300	360～400	120～135	23～40	20～24
出水	45～50	18～20	25～27	0.3～0.5	5～6
国标	100	20	70	1.0	15

注：国标指《污水综合排放标准》（GB 8978—1996）一级和《城镇污水处理厂污染物排放标准》（GB 18918—2002）一级 A。

从表 9-2 可见，经预处理后的草甘膦废水再经投加复合菌处理后，COD、BOD、SS 和 NH$_3$-N 可达《污水综合排放标准》（GB 8978—1996）一级排放标准，总磷可达《城镇污水处理厂污染物排放标准》（GB 18918—2002）一级 A 排放标准。

本团队的研究表明：

① 复合菌通过共同代谢完成草甘膦及其副产物与原料的降解。其降解实质是酶促催化反应，参与催化的酶主要有：加氧酶、脱氢酶、过氧化物酶和裂解酶。这些酶有的存在胞内，有的在胞外。如水解酶可作用于 P—O 键、P—S 键；脱氢酶可作用于 P—N 键。在 pH=7.0、30℃时，酶活性最高。初步观察，该复合菌可产生氧化、还原、脱羧、脱氨基、脱烷基、脱氯、脱氢、酯化、水解、脱水、缩合、氨化、酰化和环开裂等酶促反应，能用于多种有机膦农药废水的处理。

② 环境因子对该复合菌的处理效果有较大影响。如 pH、温度、含水量、溶解氧、盐度、有机物浓度、黏度及气候等。其中：pH 影响最大，不仅影响降解酶的活性，还影响草甘膦和其副产物的化学降解，在 pH＝7.0～7.5 时降解最快，在 pH＜6、pH＞8 时，降解较差或不降解。最适的环境条件为：pH＝6.8～7.5，温度 28～35℃。

③ 草甘膦及其副产物的化学结构决定了其溶解性、分子排列、空间结构、化学官能团、分子键的吸引和排斥等特征，并因此影响其能否被复合菌降解。草甘膦的羟基和羧基决定了其易被复合菌吸附后再降解。研究表明，有机物的化学结构决定了它被微生物降解的速度，如其聚合物比单体难降解。

④ 草甘膦为复合菌生长的唯一碳源、氮源、磷源。但其作为氮源稍缺，所以为保障复合菌的旺盛生长，需适当补充氮源。

⑤ 研究发现用单一的菌株降解草甘膦时会产生有毒代谢产物，这种代谢产物对单一菌株的生长有抑制作用，需要其他的微生物群落来消除。复合菌正好能从物理、化学和生物遗体三个方面消除单一菌株的有毒代谢产物，促进各菌株的复壮，该复合菌在草甘膦废水处理工程中投用，能确保处理工程的长期稳定运行。

据《国际微生物学会联盟通讯》（IUMS News）专家估计，全球有 50 万～60 万种微生物，而今被研究和记载的还不到 5％，在如此丰富的微生物资源库中，因自然环境理化条件的差异，还有很多可降解草甘膦及副产物的微生物将被人们发现和认识，被分离筛选出来用于草甘膦废水治理，前景喜人。

9.3.2　嗜盐菌对高盐草甘膦废水的处理

含盐浓度低的废水，尽量采用重复利用的方法处理；含盐浓度高的废水，主要采取回收处理。常用的处理方法有蒸发浓缩法、冷分离法、电渗析法、离子萃取法或离子吸附法和生物法，近期研发的有纳滤膜分离法。

9.3.2.1　蒸发浓缩法

（1）真空蒸发法

真空蒸发法适用于高浓度含盐（含盐 10％以上）废水的处理。在蒸发器内，以蒸汽为热源，在真空条件下使水分蒸发，盐水浓缩并析出，并经采盐器取出，再经分离机分离后得到盐。蒸发器可选用外热式、列管式、标准式、旋液式等，可采用单效或多效蒸发、闪蒸等工艺流程。一般用于废水含杂质较少的场合，但能耗高。

（2）喷雾蒸发法

将废液通过雾化器作用，喷洒成极细的雾状液滴，然后与热空气、过热水蒸气、惰性气体或经旋风除尘器净化的烟道气均匀混合，进行换热和传质，使水分蒸发。其特点是速度快，一般只要几秒至几十秒；产品分散性和溶解性好，纯度高；操作简便，适于连续化生产。

本法主要流程为：锅炉烟气经净化后，进入喷雾蒸发塔，同时喷入含盐废水。气液二相在塔的上部接触，料液水分迅速蒸发，大量吸收空气的热量，使热风温度降低。待流到塔底，盐已成粉末。排气进入旋风分离器，再经过袋式过滤器，回收其中的盐粒，然后经烟囱排放。空塔速度 0.2～0.5m/s。这种采用烟气为热源的方法最为经济，但受到地域限制。

（3）沸腾造粒法

在液化床中加入废水，从液化床下部通入热风，在一定的热风速度下，使湿物料处于激烈的流态化状态，粒子相互分离，并在沸腾运动中蒸发水分，迅速干燥。产品由底部卸出，晶种由上部螺旋加料返回沸腾床，废水经净化后排放。本法处理量大，易调节，但存在盐的堵塞问题。

9.3.2.2　冷分离法

冷分离法主要用于芒硝废水处理。利用硝酸盐低温下溶解度很低的特性，将废水温度降至 4℃以下，使之结晶析出。

本法须考虑废水的纯度，因杂质能影响相平衡，而且在有冷源的条件下，才经济合算。

9.3.2.3　电渗析法

盐离子在外加电场作用下，有向电极移动的倾向。电场中放置阴离子渗透膜和阳离子渗透膜，则在阴离子膜排斥阳离子、阳离子膜排斥阴离子作用下，达到浓缩的目的。

本法已应用于海水淡化方面，亦可用于废水盐水处理。回收离子化合物浓度可达10％至 40％，正常能量消耗范围是 20～100 千瓦时/磅回收当量，能耗也较高。

9.3.2.4　离子萃取法

离子萃取法为化工成熟技术。最新的发展是使用含有特定高分子萃取剂的溶剂，已应用于磷酸盐的去除、氯化物的去除等。本法需注意萃取剂的循环使用，解决废萃取剂的处理问题。

9.3.2.5　离子吸附法

常用吸附剂为离子交换树脂，多用于水的进一步"精制"过程。

9.3.2.6　纳滤膜分离法

利用纳滤膜能透过氯离子，截留其他离子和有机物的原理，将大量的氯化钠分离出来，剩下的其余废水成分再用生物法等处理。

9.3.2.7　生物法

草甘膦生产过程产生的母液含高盐（NaCl 达 18％）、高有机物及高磷，用蒸馏法、萃取法和电渗析法等方法处理，投资大，运行成本高。直接用生物法处理，高盐抑制微生物生长，且磷去除困难。

本团队从高盐环境（盐湖、死海、盐碱地、海盐晒场、盐井、盐腌品污泥沟、皮革盐脱脂污泥沟等）分离筛选驯化获得了 4 株嗜盐菌：厌氧盐菌（*Haloanaerobium* sp.）、嗜盐杆菌（*Halobacterium* sp.）、嗜盐球菌（*Halococcus* sp.）、嗜盐碱杆菌（*Natronobacterium* sp.）。这些嗜盐菌在胞内积累了与细胞外粒子浓度相当的阳离子或有机物，使胞内外等渗而不使胞内脱水，从而具有对高盐浓度适应性的生理机能。嗜盐菌细胞内 K^+ 的浓度会达到或超过胞外 Na^+ 的浓度 100 倍以上，而胞内 Na^+ 的浓度是胞外 Na^+ 浓度的 1/4，为稳定这种离子浓度，细胞既可以排斥环境中高浓度 Na^+ 的进入，又可吸入 K^+，以稳定胞内核糖体的结构和活性。嗜盐菌中的许多酶必须在高盐浓度下才有活性。嗜盐菌细胞膜具有的紫膜具有独特的光合作用。嗜盐的这些特性及具有的排盐功能可用于含盐废水的处理之中。

本团队获得的这些嗜盐耐盐微生物已在草甘膦、双甘膦、IDAN、DHP 和 DMM 等高盐化工废水处理工程中成功应用。嗜耐盐浓度（以 NaCl 计）已达 2.0%～2.8%（即 20000～28000mg/L），除 Cl^- 外的其他指标为：COD 25000～38000mg/L，NH_3-N 1800～3300mg/L，总氰 780～870mg/L，BOD 200～500mg/L，pH5～6，经投加复合菌和嗜盐菌的前述工艺处理后，出水的 COD、BOD、NH_3-N、总磷、总氰、pH、SS 等均达 GB 8978—1996 的一级排放标准。

本团队开拓和推广的投加高效菌的预处理＋ABR＋MBR 处理法具有催化、氧化、还原、吸附、降解、絮凝共沉淀等优点，能适应废水中多类污染物和 Cl^- 浓度的变化，有较大的抗冲击负荷能力，能确保出水中污染物稳定达标。

9.4　草甘膦母液和废水处理工艺流程及实验研究

9.4.1　草甘膦母液和废水处理工艺流程

甘氨酸法生产草甘膦的原料有：甘氨酸、多聚甲醛、亚磷酸二甲酯、甲酸和三乙胺，在一定酸度、温度、压力下反应，通过缩合、水解、结晶、过滤得到 95% 草甘膦产品，甘氨酸回收率达 75.5%，甘氨酸法生产草甘膦的母液组分见表 9-3。

表 9-3　草甘膦母液组分　　　　　　　　　　单位:%

名称	甘氨酸	增甘膦	草甘膦	氯化钠	亚磷根	甲基草甘膦
稀母液	1～3	2～4	0.7～1.5	12～18	2～4	0.5～1
浓母液	6～8	8～10	3～5	3～6.5	6～8	3～5
膜处理浓母液	<1.0	10～12	3～5	<10	<1.0	3～5

从表 9-3 可见，草甘膦生产的母液中有近饱和的无机盐和高浓度的有机磷化合物，对生物的毒性大，不能直接用生物法处理。

甘氨酸法生产草甘膦的废水水质见表 9-4。

表 9-4　草甘膦生产废水水质　　　　　　　　单位：mg/L

项目	COD	TP	Cl^-	NH_3-N	pH
废水	30000～31000	650～850	14000～15000	20～45	<0.5

从表 9-4 可见，甘氨酸法生产草甘膦废水的 Cl^- 高达 15000mg/L，COD 高达 31000mg/L，很难用常规的生物法处理，必须经过预处理，使其水质达到生物处理进水水质的要求，才能进行后续的生物处理达标排放。

本团队用液碱调母液 pH=11～13，回收其中的草甘膦和氯化钠。用"Fenton 氧化＋ABR＋MRR＋深处理工艺"处理草甘膦废水，处理出水达标回用。实现母液和废水处理的资源化。

母液和废水处理工艺流程见图 9-1、图 9-2 和图 9-3。

图 9-1   母液处理工艺流程

图 9-2   废水处理工艺流程

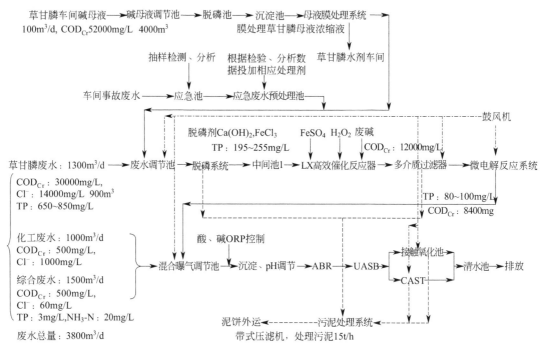

图 9-3   草甘膦废水处理工艺流程

草甘膦废水（900m³/d，COD 30000mg/L；Cl⁻ 14000mg/L；TP 650～850mg/L）经脱磷、Fenton 氧化、微电解处理后进曝气调节池。化工废水（1000m³/d；COD 500mg/L；Cl⁻ 1000mg/L）和综合废水（1500m³/d；COD 500mg/L；Cl⁻ 60mg/L；TP 3mg/L；NH₃-N 20mg/L）也进曝气调节池经曝气均质，后经过沉淀并调节 pH，依次进 ABR、UASB 池生物处理，UASB 出水分流进 CAST 和接触氧化池处理，其出水进清水池，检测达标后排放。

9.4.2   草甘膦母液和废水处理的实验研究

9.4.2.1   业主草甘膦母液和废水预处理

业主草甘膦母液和废水预处理 COD 随时间的变化见表 9-5。从表 9-5 可见，母液经 5 小时的预处理，COD 从 51712mg/L 降到了 6779mg/L，可进入后续生化处理。废水经 5 小时的预处理，COD 从 31178mg/L 降到 5566mg/L，可进入后续生化处理。

表 9-5　业主草甘膦母液和废水预处理 COD 随时间的变化

母液		废水	
处理时间/h	COD/(mg/L)	处理时间/h	COD/(mg/L)
0	51712	0	31178
1	39944	1	23943
2	27583	2	11790
3	13451	3	90011
4	8572	4	7788
5	6779	5	5566

9.4.2.2　业主草甘膦母液和废水的生物处理

业主草甘膦母液和废水生物处理 COD 随时间的变化见表 9-6。

表 9-6　业主草甘膦母液和废水生物处理 COD 随时间的变化

ABR		UASB		CAST		二沉池		MBR＋二沉池	
处理时间/h	COD/(mg/L)	处理时间/h	COD/(mg/L)	处理时间/h	COD/(mg/L)	处理时间/h	COD/(mg/L)	处理时间/h	COD/(mg/L)
0	6374	0	3800	0	1365	0	110	0	1987
10	4799	4	2975	6	655	4	74	12	50
20	3800	6	1365	12	110				
24	1987								

从表 9-6 可见，经预处理后的废水进入 ABR 池处理 20h 后，COD 从 6374mg/L 降到 3800mg/L；ABR 池出水进 UASB 池处理 6h 后，COD 从 3800mg/L 降到 1365mg/L；UASB 出水进 CAST 处理 12h 后，COD 从 1365mg/L 降到 110mg/L；CAST 出水进二沉池沉淀后，出水 COD 从 110mg/L 降到 74mg/L。

用 MBR 替换 UASB＋CAST 处理，MBR 处理 12h 后，COD 从 1987mg/L 降到 50mg/L。采用 MBR 替代 UASB＋CAST 处理出水水质优于后者，但投资费用因膜价格贵而偏高。草甘膦母液蒸发液的 COD、TP、氨氮、色度等污染物浓度高，盐分重，属难降解废水，处理难度大，其母液用膜技术处理回收草甘膦和氯化钠后，再进行后续生化处理。废水经本综合生物法处理后，出水的酸度、COD、TP、NH_3-N、甲醛、色度和草甘膦等污染指标可达到 GB 8978—1996 一级排放标准。

污泥产生量：预处理 10kg/(m³ 废水)，生化处理 10kg/(m³ 废水)。污泥含水率 98%。预处理每天产生 1‰含水 70% 的污泥，生物处理每天产生万分之一的含水 70% 的污泥，经检测，预处理和生物处理污泥为无毒污泥，可填埋处理或作肥料使用。

本工程运行结果见表 9-7。从表 9-7 可见，本工程处理出水的 pH、COD、TP、NH_3-N 均达 GB 8978—1996 一级排放标准。TP 达 GB 18918—2002 一级 A 排放标准。

表 9-7　业主草甘膦生产废水处理工程运行结果　　　　单位：mg/L

项目	pH	COD	TP	NH_3-N
进水	0.5～12.5	500～30000	3～850	<20
出水	7.0	73.0	0.5	0.02

9.5 草甘膦生产的母液的膜技术处理

9.5.1 膜技术处理草甘膦母液的研究概况

甘氨酸法生产每吨草甘膦约产生 5.2 吨的母液和废水，含 1.0% 左右的草甘膦、10% 左右的氯化钠以及其他杂质，由于含有较多的有机磷和甲醛等有机杂质，常规方法分离提纯困难，无法直接实现母液中草甘膦的回收利用，同时大量的有机物直接进入土壤和水体环境，带来了潜在的环境风险。

解决草甘膦生产过程中现有提纯、浓缩工艺中存在的能耗大、资源浪费等弊端，开创高效、清洁的分离浓缩工艺，以提升企业生产技术水平、节约能耗、实现资源回用，降低生产成本、提高产品质量，是草甘膦生产企业亟待解决的问题之一。

9.5.2 膜分离技术回收草甘膦母液中草甘膦和氯化钠的研究

膜分离技术是新发展起来的一门新兴技术，是利用膜对混合物中各组分的选择透过性能来分离、提纯和浓缩目的产物的新型分离技术。在 2009 年之前膜技术在草甘膦母液废水方面的应用主要是浓缩，而从回收利用技术研究方面开展研究，之前还鲜有报道和工业化设置。其技术难点：一是草甘膦母液组分复杂，其中既含有氯化钠、亚磷酸钠、磷酸钠等无机盐，也含有甲基草甘膦、亚硝基草甘膦、增甘膦、氨甲基膦酸、羟甲基膦酸、甲醛等有机杂质，需要分离提纯的杂质种类很多；二是草甘膦母液废水中杂质分子量较为接近，为膜的选型带来了较大的难度：既能保证好的截留效果，又能保证大的膜通量的膜产品鲜见。

9.5.3 膜分离技术处理草甘膦母液的试验研究

9.5.3.1 膜分离原理图

膜分离原理见图 9-4；草甘膦母液纳滤膜（NF）与反渗透（RO）处理示意流程见图 9-5。

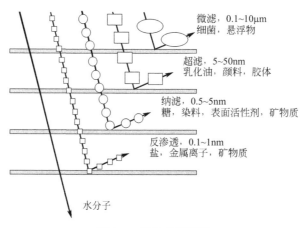

图 9-4　膜分离原理图

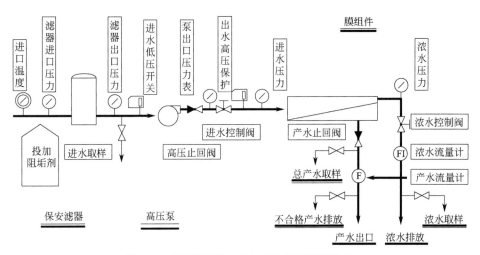

图 9-5 草甘膦母液 NF 与 RO 处理示意流程

9.5.3.2 草甘膦生产的母液回收 PMG 和氯化钠的示意工艺流程

草甘膦母液回收 PMG 和氯化钠的示意工艺流程见图 9-6 及图 9-7。

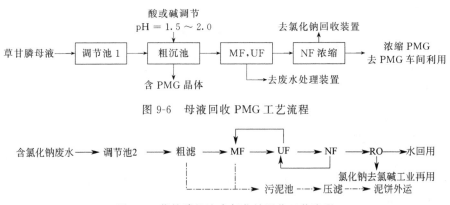

图 9-6 母液回收 PMG 工艺流程

图 9-7 草甘膦母液中氯化钠回收工艺流程

草甘膦母液先经调节池，用酸或碱调节 pH 至 1.5~2.0 进粗沉池澄清，将残余草甘膦晶体提取出来，然后通过 MF（微滤）及 UF（超滤）膜脱盐系统脱盐，得到含草甘膦的脱盐液和含盐的浓缩液；脱盐液再经膜浓缩系统浓缩 6 倍以上，得到浓度 5% 以上的草甘膦浓缩液，去 PMG 车间利用。含盐浓水经微滤、超滤、纳滤和反渗透处理，浓缩氯化钠溶液回氯碱车间循环使用，水回车间使用。

本技术用业主的甘氨酸法生产草甘膦产生的母液进行了试验研究，从母液中回收的草甘膦浓度达 6%；回收氯化钠品质：氯化钠达 (305±5)g/L，有机磷<4mg/L，无机氮<4mg/L，有机氮<4mg/L，该氯化钠的质量达氯碱工业利用的质量要求。

9.6 草甘膦母液预处理工程

业主用甘氨酸法生产草甘膦产生的母液中含草甘膦、三乙胺和氯化钠等物质，业主要求将氯化钠回收送氯碱工业利用。该草甘膦母液成分复杂，含大量的有机物、有机磷、有机氮、氯化钠和未反应的亚磷酸、磷酸等。磷、氮和有机物干扰氯化钠的回收利用，必须将它们去除，纯化后的氯化钠才能被氯碱工业利用。本团队对草甘膦母液中磷的去除和氯化钠的回收做了大量的试验研究，研究出了本套工艺对业主草甘膦母液进行预处理。

9.6.1　业主草甘膦母液预处理小试结果

依据业主现场实际情况，本团队取业主草甘膦母液，进行了大量小试试验，最终得出最优小试数据，见表9-8及表9-9。

表 9-8　草甘膦母液预处理结果　　　　　　　　　　单位：mg/L

序号	草甘膦母液处理步骤	TP
1	草甘膦母液	pH＝12.89,TP＝9260.6
2	第一步:盐酸调 pH＝5.37,＋2%N,＋1%CL,＋C 调 pH 10.0,曝气;盐酸调 pH＝5.5,过滤测 TP	4619.7
3	第二步:＋1%N,＋1%F,＋C 调 pH＝5.5 过滤测 TP	2588.0
4	第三步:＋1%A,＋2%H,＋C 调 pH＝5.5 过滤测 TP	609.2
5	第四步:＋0.5%A,＋1%H,＋C 调 pH＝5.5 过滤测 TP	64.8
6	第五步:＋0.5%A,＋0.5%H,＋C 调 pH＝5.5 过滤测 TP	14.4

表 9-9　Fenton 法处理母液实验结果　　　　　　　　单位：mg/L

实验步骤	TP(第一步过滤前＋1%F)	TP(直接四步 Fenton)
第一步:盐酸调 pH＝6.0,＋1%CA,＋C 调 pH＝10,曝气,盐酸调 pH＝5.5,＋1%F 过滤测 TP	5267.6	6167.2
第二步:＋1%Fenton 处理,过滤测 TP	3774.6	5529.1
第三步:＋1%Fenton 处理,过滤测 TP	443.7	3028.2
第四步:＋1%Fenton 处理,过滤测 TP	21.1	1366.2
第五步:＋0.5%Fenton 处理,过滤测 TP	5.6	634.0

由表9-8可见：草甘膦母液用盐酸调 pH，经五步处理，TP 可降到15mg/L以下。由表9-9可见：用 Fenton 法处理草甘膦母液中的总磷，在第一步加入1%F后有显著效果，但直接四步 Fenton 处理效果较差。

9.6.2　处理工艺流程

业主生产草甘膦产生的母液中含草甘膦、三乙胺、甘氨酸、增甘膦、甲基草甘膦、氯化钠等污染物，成分极其复杂，氯化物含量达6%～12%，总磷达18000～25000mg/L，总氮达7000～14000mg/L，COD达30000～40000mg/L，国内外研究了多种处理方法。本设计采用物理预处理，用催化剂分解有机磷和有机氮，使之转化为无机磷和无机氮（NH_3、NO_2、NO_3），进而通过吸附絮凝、压滤、分出无机磷去磷肥厂作磷肥生产原料；压滤出水进一步通过膜处理分离出氯化物去氯碱工业作氯碱原料。工艺流程见图9-8。

调节池的一部分可作为反应池1的一部分，草甘膦热母液或冷母液进反应池1（反应罐 V201-V206），用 HCl 调 pH 后，加 N 和 CL 反应，再用 C 调 pH，曝气反应一定时间后经压滤机1压滤，泥饼送磷肥厂作原料，出水进反应池2；反应池2在曝气下用 HCl 调 pH 后，加 N 和 F 反应一段时间后，用 C 调 pH 为5.5，进压滤机2，泥饼送冶炼厂作原

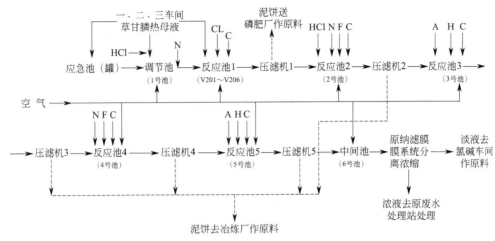

图 9-8　草甘膦母液预处理工艺流程

料，出水进反应池 3；反应池 3 在曝气下加 A 和 H 反应一段时间后，用 C 调 pH 为 5.5，进压滤机 3，泥饼送冶炼厂作原料，出水进反应池 4 在曝气下加 N 和 F 反应一段时间后，用 C 调 pH 为 5.5，进压滤机 4，泥饼送冶炼厂作原料，出水进反应池 5；反应池 5 重复反应池 3 的操作，出水经中间池去原纳滤膜系统进一步分离浓缩处理。

9.6.3　药剂名称代号及处理药剂配方

9.6.3.1　药剂名称和代号

药剂名称和代号见表 9-10。

表 9-10　药剂名称和代号

药剂名称	硫酸亚铁	三氯化铁	石灰	次氯酸钙	氯化钙	次氯酸钠	双氧水	盐酸	氢氧化钠
代号	A	F	C	CA	CL	N	H	HCl	NaOH

9.6.3.2　药剂配制

草甘膦母液的预处理采用手动控制的间歇运行方式。首先在各个加药池按规定配制好所需药液：30% A、30% F、24% C、30%CA（或 CL）、HCl(1+1)、10% N、30% H 等。然后在各反应池进母液时，分别用计量泵或装有流量计的耐腐泵将计算好的药量打入各反应池。操作时注意安全，必要时戴上防毒面具和防腐手套。所有药品用自来水溶解配制，液体类药品先加水后加药配制，其中 A、C、F、CL 当天配制当天使用；N、H 为当天到场当天使用。各类药品配制好后，检查泵、压滤机、风机、流量计等所有设备均处正常待机状态后，合上有关电控柜和电控箱的总电源开关。启动时按有关启动按钮，按下述操作顺序运行处理。

9.6.4　操作规程

9.6.4.1　反应池 1 操作规程

调节池的一部分作为反应池 1 的一部分，反应池 1 有效容积 1122m³，热母液或调节池母液进反应池 1 的实际体积可依据现场情况确定。母液进反应池 1 时，开启风机曝气，投加 HCl（1+1），使母液 pH 为 6.0，接着投加 2% N、1% 的 CL；再投加 24% C 调 pH=10。在曝气下反应 8h 后，再用 HCl 调 pH=5.5，开启进压滤机 2 阀门和压滤机，将反应池 1 出水打入压滤机 1 压滤，压滤出水自流入反应池 2 继续处理；泥饼收集送磷肥厂作原料，反应罐 V201～V206 吹出的氨进吸氨塔用稀硫酸吸收，生成硫酸铵去硫胺车间利用。

9.6.4.2　反应池 2 操作规程

反应池 2 有效容积 830m³，压滤机 1 的出水进入反应池 2，在反应池 2 进口处加 1/2 HCl 再调 pH=5.5，同时开启加 N 阀门，加 2% N 反应 30min，再开启加 F 阀门，加 1.5% F 反应 30min，再开启加 C 阀门，加 24% C 调整 pH 为 5.5 后，反应池 2 出水进压滤机 2 压滤，压滤机 2 出水进反应池 3。泥饼送冶炼厂作原料，反应池 3、4、5 的滤饼处置与此相同。

9.6.4.3　反应池 3 操作规程

反应池 3 有效容积 592m³。压滤机 2 出水自流入反应池 3 时，先开加 A 阀门加 1.5% A 反应 3min，再开加 H 阀门加 1.5% H 反应 2h，再开加 C 阀门加 24% C 调 pH=5.5，反应池 3 出水进压滤机 3 压滤，压滤机 3 出水进反应池 4。

9.6.4.4　反应池 4 操作规程

反应池 4 有效容积 498m³。压滤机 3 出水自流入反应池 4 时，先开加 N 阀，加 0.5% N 反应 30min；再开加 F 阀，加 0.5% F 反应 30min，再加开 C 阀，加 24% C 调 pH=5.5，反应池 4 出水进压滤机 4 压滤，压滤机 4 出水进反应池 5。

9.6.4.5　反应池 5 操作规程

反应池 5 有效容积 368m³。压滤机 4 出水自流入反应池 5 时，先开加 A 阀，加 0.5% A 反应 3min；再开加 H 阀，加 0.5% H 反应 1h，再开加 C 阀，加 24% C 调 pH=5.5，反应池 5 出水进压滤机 5 压滤，压滤机 5 出水进中间池。

9.6.4.6　中间池操作规程

中间池有效容积 486m³。压滤机 5 出水自流入中间池，待打入原纳滤膜系统进一步分离浓缩处理。

9.6.4.7　检测

取母液和压滤机 1～5 的出水，检测总磷、总氮、COD，计算各反应池的处理效果。

9.6.5　反应池投加的药量

9.6.5.1　反应池 1 加药量

反应池 1 有效容积 1122m³，反应池 1 加药量计算值见表 9-11。

表 9-11　反应池 1 加药量计算值

药剂名称	配制浓度	加药量			2000m³/d 母液	母液流量	
	/%	/%	/(L/m³)	/(t/d)	加药量/(t/d)	/(m³/min)	/(m³/d)
CL 或 CA	30	1	33.3	20(固)	20(固)	6	2000
C	24	1.6	66.7	32(固)	32(固)	6	2000

说明：①调试运行中，须根据实际的水质水量进行加药量的调整；②CA 的含量以有效氯≥28.0% 计，CL 含量按 70.0% 计，C 含量按 92.0% 计；③母液量按 2000m³/d 计；④C 的投加量按母液 pH=11.53，用 1+1 HCl 调 pH=6，再用 C 调 pH 到 10.0，24% C 的投加量以 66.7mL C/(1000mL 母液) 计；⑤提升泵的流量为 6m³/min，400m³/h，2 台。

9.6.5.2　反应池 2 加药量

反应池 2 有效容积 830m³，反应池 2 加药量计算值见表 9-12。

表 9-12　反应池 2 加药量计算值

药剂名称	配制浓度	加药量			2000m³/d 母液	母液流量	
	/%	/%	/(L/m³)	/(t/d)	加药量/(t/d)	/(m³/min)	/(m³/d)
HCl	1+1	4	40	80	80(液)	6	2000
N	10	1.0	10	20	20(液)	6	2000
F	30	1.5	50	30	30(固)	6	2000

说明：①调试运行中，须根据实际的水质水量进行加药量的调整；②1+1 HCl 投加量按反应池 1 压滤出水 pH 为 10.0 计，用 HCl 调到 pH 为 5.5，需投加 1+1 HCl 的量以 40mL/1000mL 压滤机 2 出水计；③N 的投加量按 1.0% 计：10% N 10L/(m³ 母液)；④F 的投加量按 1.5% 计：30% F 50L/(m³ 母液)；⑤压滤机 2 出水的流量按 6m³/min 计；⑥1+1 HCl、N、F 的投加量也可按照反应池 2 的有效容积计算。

9.6.5.3　反应池 3 加药量

反应池 3 有效容积 592m³，反应池 3 加药量计算值见表 9-13。

表 9-13　反应池 3 加药量计算值

药剂名称	配制浓度	加药量			2000m³/d 母液	母液流量	
	/%	/%	/(L/m³)	/(t/d)	加药量/(t/d)	/(m³/min)	/(m³/d)
A	30	1.5	50	30(固)	30(固)	6	2000
H	30	1.5	15	30(液)	30(液)	6	2000
C	24	0.2	8.3	4(固)	4(固)	6	2000

说明：①调试运行中，须根据实际的水质水量进行加药量的调整。②A 的含量按 90.0% 计，H 含量按 30.0% 计，C 含量按 92.0% 计。母液流量按 6m³/min、2000m³/d 计。③C 的投加量按反应池 2 压滤机出水的 pH 为 3.7 计，用 C 调 pH 为 5.5。24% C 的投加量以 8.3L/m³ 计。30% A 投加量为 50L/m³ 母液；30% H 投加量为 15L/m³ 母液；

反应池 2 提升泵的流量为：6m³/min，400m³/h。④A、H、C 的投加量也可按照反应池 3 的有效容积计算。

9.6.5.4 反应池 4 加药量

反应池 4 有效容积 498m³，反应池 4 加药量计算值见表 9-14。

表 9-14　反应池 4 加药量计算值

药剂名称	配制浓度/%	加药量			2000m³/d 母液加药量/(t/d)	母液流量	
		/%	/(L/m³)	/(t/d)		/(m³/min)	/(m³/d)
N	10	0.5	5	10(液)	10(液)	6	2000
F	30	0.5	16.7	10(固)	10(固)	6	2000
C	24	0.15	6.2	3(固)	3(固)	6	2000

说明：①调试运行中，须根据实际的水质水量进行加药量的调整。②N 的有效成分按 10% 计，F 含量按 92.0% 计，C 含量按 92.0% 计。母液量按 2000m³/d 计。提升泵的流量为 6m³/min。③C 的投加量按反应池 4 反应完毕的 pH 为 4.0，须投加 24% C 以 6.2mL/m³ 计；10% N 的投加量为：5L/(m³ 母液)；30% F 投加量为：16.7L/(m³ 母液)。④N、F、C 的投加量也可按照反应池 4 的有效容积计算。

9.6.5.5 反应池 5 加药量

反应池 5 有效容积 368m³，反应池 5 加药量计算值见表 9-15。

表 9-15　反应池 5 加药量计算值

药剂名称	配制浓度/%	加药量			2000m³/d 母液加药量/(t/d)	母液流量	
		/%	/(L/m³)	/(t/d)		/(m³/min)	/(m³/d)
A	30	0.5	16.7	1	1	6	2000
H	30	0.5	5	10	10	6	2000

说明：①调试运行中，须根据实际的水质水量进行加药量的调整。②A 的有效成分按 90.0% 计，投加量按 0.5% 计，为 30%A 16.7L/m³ 母液。H 含量按 30.0% 计，投加量按 0.5% 计，为 30%H 5L/(m³ 母液)；母液量按 2000m³/d 计。提升泵的流量为 6m³/min，400m³/h。③A、H 投加量也可按反应池 5 的有效容积计。

9.6.6　主要构筑物和设备

9.6.6.1 主要构筑物

主要构筑物见表 9-16。

表 9-16　主要构筑物

序号	代号	池体名称	单个体积/m³	单位	数量	总体积/m³	结构与材质
1	V201	反应池 1	130	座	2	1594	Q235,玻钢防腐
2	V202		138	座	2		Q235,玻钢防腐
3	V203		126	座	2		Q235,玻钢防腐
4	V204		128	座	2		Q235,玻钢防腐
5	V205		147	座	2		Q235,玻钢防腐
6	V206		128	座	2		Q235,玻钢防腐

续表

序号	代号	池体名称	单个体积/m³	单位	数量	总体积/m³	结构与材质
7	1 号池	调节池	1402.5	座	1	1402.5	钢筋砼,玻钢防腐
8	2 号池	反应池2	1060.5	座	1	1060.5	钢筋砼,玻钢防腐
9	3 号池	反应池3	764.67	座	1	764.67	钢筋砼,玻钢防腐
10	4 号池	反应池4	645.84	座	1	645.84	钢筋砼,玻钢防腐
11	5 号池	反应池5	510.56	座	1	510.56	钢筋砼,玻钢防腐
12	6 号池	中间池	509.66	座	1	509.66	钢筋砼,玻钢防腐
13	A	加药池	20.7	座	2	41.4	砖混,耐酸
14	F		20.7	座	2	41.4	砖混,耐酸
15	C		20.7	座	1	20.7	砖混,耐碱
16	CA		20.7	座	1	20.7	砖混,耐酸
17	N		41.4	座	1	41.4	砖混,耐酸
18	H		20.7	座	1	20.7	砖混,耐酸

9.6.6.2　主要设备

主要设备见表 9-17。

表 9-17　主要设备一览表

序号	设备位号	名称	参数	型号	单位	数量
1	P501	总母液输送泵	不锈钢离心泵,泵体、叶轮材质为 316L,轴 3Cr13;$Q=400\text{m}^3/\text{h}$,$H=32\text{mH}_2\text{O}$,转速 1450r/min,电机 55kW,Y250M-4;防爆等级:d Ⅱ BT4;$\rho=1100\text{kg/Nm}^3$;进口 DN200,出口 DN150,卧式安装,法兰配对。单端面机械密封	HJ200-150-315	台	2
2	P502	反应 1 的进水泵	不锈钢离心泵,泵体、叶轮材质为 316L,轴 3Cr13;$Q=200\text{m}^3/\text{h}$,$H=20\text{mH}_2\text{O}$,转速 1450r/min,配备电机 Y180L-4-22kW,防爆等级:d Ⅱ BT4;$\rho=1100\text{kg/Nm}^3$,单端面机械密封,进口 DN150,出口 DN125,卧式安装,法兰配对	IH150-125-250	台	2
3	P503	大罐到常温氧化池泵	不锈钢离心泵,泵体、叶轮材质为 316L,轴 3Cr13;$Q=200\text{m}^3/\text{h}$,$H=20\text{mH}_2\text{O}$,转速 1450r/min,配备电机 Y180L-4-22kW,防爆等级:d Ⅱ BT4;$\rho=1100\text{kg/Nm}^3$,单端面机械密封。进口 DN150,出口 DN125,卧式安装,法兰配对	IH150-125-250	台	2
4	P504	常温氧化池到板框压滤机泵	过流部分材质为钢衬超高分子量聚乙烯(UHMW-PE),轴 3Cr13;$Q=140\text{m}^3/\text{h}$,$H=40\text{mH}_2\text{O}$,转速 1450r/min,配备电机 45kW,防爆等级:d Ⅱ BT4;$\rho=1100\text{kg/m}^3$(标准状态),进口 DN150,出口 DN125,卧式安装,法兰配对	HJ150MF-150-400	台	6
5	P505	常温氧化池上层清液泵	不锈钢离心泵,泵体、叶轮材质为 316L,轴 3Cr13;$Q=200\text{m}^3/\text{h}$,$H=20\text{mH}_2\text{O}$,转速 1450r/min,配备电机 Y180L-4-22kW,防爆等级:d Ⅱ BT4;$\rho=1100\text{kg/m}^3$(标准状态),单端面机械密封,进口 DN150,出口 DN125,卧式安装,法兰配对	IH150-125-250	台	5
6		板框压滤机	型号:XMZB40-120/1000-00-01,液压电机:2kW		台	6
7		砂浆泵	$Q=15\text{m}^3/\text{h}$,$H=50\text{mH}_2\text{O}$,转速 2900r/min,配备电机 15kW,防爆等级:d Ⅱ BT4;$\rho=1200\text{kg/m}^3$(标准状态),单端面机械密封,进口 DN65,出口 DN50,卧式安装,法兰配对	65UHB-ZK-15-60	套	5
8		罗茨风机	风压:63.7kPa,风量:81.4m³/台,功率 132kW		台	3
9		尾气吸收塔循环泵	$Q=50\text{m}^3/\text{h}$、$H=20\text{mH}_2\text{O}$,YB2-132S1-2-5.5,防爆等级:d Ⅱ BT4;$\rho=1100\text{kg/m}^3$(标准状态),卧式安装。进口 DN80,出口 DN65,法兰配对		台	4

序号	设备位号	名称	参数	型号	单位	数量
10		抽风机	2.2kW		台	2
11		自吸式离心泵	流量 $Q=5\text{m}^3/\text{h}$,扬程 $H=32\text{mH}_2\text{O}$,效率 24%,汽蚀余量 3.5m,进口 DN40,出口 DN50,自吸高度 3m,转速 2900r/min,功率 4kW,整机质量 160kg	40FZB-30L	台	3

9.6.7 草甘膦母液处理运行结果

草甘膦母液处理运行结果统计见表 9-18。

表 9-18 草甘膦母液处理运行结果统计 单位:mg/L

处理时间(年.月.日)	批次	母液量/m³	第一步 TP	第二步 TP	第三步 TP	第四步 TP	第五步 TP
2013.10.12~10.25	六	800	9837.23	5412.51	1718.60	570.35	63.16
2013.10.18~10.27	七	850	5818.13	2692.52	1015.53	776.08	88.92
2013.10.24~10.28	八	850	4885.00	1009.57	780.86	249.95	28.25
2013.10.26~10.29	九	850	4454.55	2755.98	604.00	102.30	30.28
2013.10.28~11.1	十	850	3187.50	602.87	123.12	21.05	10.80
2013.10.30~11.3	十一	850	3867.94	700.48	135.88	13.61	7.1
2013.11.1~11.5	十二	850	3593.30	650.37	58.56	12.15	
2013.11.4	十三	850					

从表 9-18 及表 9-19 可见,处理出水的 TP 已降到 15.0mg/L 以下,TN 为 325.0mg/L,COD 为 1824.0mg/L,NH_3-N 为 98.0mg/L,pH 为 6.5,TN、TP、COD、NH_3-N 和 pH 均达到设计指标。

表 9-19 草甘膦母液处理出水水质分析结果

取样日期	项目	TP/(mg/L)	TN/(mg/L)	COD/(mg/L)	NH_3-N/(mg/L)	pH
2013.11.6	母液	14014.0	2434.4	39402.0	1719.0	11.5
	处理出水	7.1	325.0	1824.0	98.0	6.5
	设计指标	15.0	400.0	2000.0	100.0	5~6

9.6.8 草甘膦母液处理产生的污泥分析

9.6.8.1 草甘膦母液处理产生的污泥中 TP、Ca、Fe 的分析结果

草甘膦母液处理产生的污泥中 TP、Ca、Fe 的分析结果见表 9-20。

表 9-20 草甘膦母液处理产生的污泥中 TP、Ca、Fe 分析结果统计表

处理步骤	TP/(kg/t 灰)	Ca/(kg/t 灰)	Fe/(kg/t 灰)
1	145.1	160.0	0.2
2	141.3	10.8	306.0
3	162.3	5.6	216.0
4	164.5	4.8	116.0
5	30.9	2.2	82.8

从表 9-20 可见:①第一步处理产生的污泥中 TP 为 145.1(kg/t 灰),Ca 为 160.0(kg/t 灰),Fe 为 0.2(kg/t 灰);②第二步产生的污泥中 TP 为 141.3(kg/t 灰),Ca 为 10.8(kg/t 灰),Fe 为 306.0(kg/t 灰);③第三步产生的污泥中 TP 为 162.3(kg/t 灰),Ca 为 5.6(kg/t 灰),Fe 为 216.0 (kg/t 灰);④第四步产生的污泥中 TP 为 164.5(kg/t

灰），Ca 为 4.8（kg/t 灰），Fe 为 116.0（kg/t 灰）；⑤第五步产生的污泥中 TP 为 30.9（kg/t 灰），Ca 为 2.2（kg/t 灰），Fe 为 82.8（kg/t 灰）。

9.6.8.2 草甘膦母液污泥中有机物、无机物和水分分析结果

草甘膦母液污泥中有机物、无机物和水分的分析结果见表 9-21。

表 9-21 草甘膦母液污泥中有机物、无机物和水分分析结果

处理步骤		第 1 步	第 2 步	第 3 步	第 4 步	第 5 步
湿重/t		1.0	1.0	1.0	1.0	1.0
干重/(t/t 湿泥)		0.52	0.41	0.38	0.37	0.38
灰重/(t/t 湿泥)		0.32	0.29	0.28	0.26	0.27
污泥组分	有机物/(kg/t 湿泥)	194.0	124.0	104.0	114.0	118.0
	无机物/(kg/t 湿泥)	325.0	289.0	276.0	259.0	266.0
	水/(kg/t 湿泥)	481.0	587.0	620.0	627.0	616.0

从表 9-21 可见：①第 1 步污泥中有机物、无机物和水分的比例为有机物：无机物：水＝1.9：3.3：4.8；②第 2 步污泥中有机物、无机物和水分的比例为有机物：无机物：水＝1.2：2.9：5.9；③第 3 步污泥中有机物、无机物和水分的比例为有机物：无机物：水＝1：2.8：6.2；④第 4 步污泥中有机物、无机物和水分的比例为有机物：无机物：水＝1.1：2.6：6.3；⑤第 5 步污泥中有机物、无机物和水分的比例为有机物：无机物：水＝1.2：2.7：6.2。

9.7 工程现场图

业主草甘膦母液工程现场见图 9-9 至图 9-10。本工程案例投资运行费用低，系统稳定投用，为业主解决了草甘膦母液处理不达标的燃眉之急，带来了较高经济效益，为当地发展营造了更优发展环境。本团队完成了该项目计划任务书的全部研究内容和达到了考核的技术指标。

图 9-9 氧化车间

图 9-10 反应池 1

第 10 章

线路板生产废水处理技术研究
与工程案例

摘要：业主生产单层多层线路板，排放沉铜镍综合废液（水）、有机溶剂、膨胀废液（COD达10万mg/L），化学镀金含氰废液（水），干膜、湿膜、阻焊、显影及脱膜废水（COD达1.5万mg/L），非络合酸、碱废液（铜为160g/L），酸性蚀刻废铜液（铜为180～200g/L），合计废液（水）800m³/d，委托本团队设计、建设处理工程，处理出水中铜、镍、总氰、COD、SS、pH达GB 8978—1996一级标准。本团队设计"前处理＋生物质（BM）"处理工艺处理该废液（水），处理出水的TCN＜0.5mg/L、TNi＜1.0mg/L、TCu＜0.5mg/L、COD＜100mg/L，pH为6～9，达GB 8978—1996一级标准和DB 44/26—2001二级排放标准。

10.1 线路板废水处理工程

10.1.1 工程概况

业主10日排线路板废水800m³。其中：①络合废液及其废水（沉铜、沉镍及后续清洗水）36.0m³/d；②有机溶剂及其废水（沉铜线中的膨胀及其后续水洗、网房清洗液）15.0m³/d，膨胀废液COD为100000mg/L；③含氰废液及其废水（化学镀金及后续废水）4.8m³/d；④显影及脱膜废水（干膜、湿膜、阻焊、显影及脱膜）20.0m³/d，COD达15000mg/L；⑤非络合酸、碱废液24m³/d，铜为15g/L；⑥综合废水695.2m³/d，铜、镍微量；⑦酸性蚀刻废铜液5.0m³/d，含铜160g/L。废水、废液合计800m³/d，要求经过处理后，出水中铜、镍、总氰、COD、pH、SS达《污水综合排放标准》（GB 8978—1996）一级排放标准和广东省DB 44/26—2001《水污染排放限值》中第二时段第二类污染物最高允许排放浓度的二级排放标准。

本团队取多家线路板废水，进行应用基础小试、中试和扩试处理研究，结果表明：采用综合生物法治理线路板生产废水，经调试投入运行几个月以来，治理出水的各项指标总铜、总镍、总氰、COD、SS、pH等均达GB 8978—1996一级排放标准和广东省DB 44/26—2001二级排放标准。

10.1.2　设计进出水水质

10.1.2.1　进水水量水质

根据业主 2005 年 7 月 14 日提供的水量和水质，日最大处理水量 $800m^3$，每天运行 20 小时，设备最大处理能力 $40m^3/h$，其分流水量、水质见表 10-1。

表 10-1　进水水量及其各离子和污染物浓度

序号	废水名称	排放量/(m^3/d)	主要污染物	浓度	pH	备注
1	络合废液及其废水（沉铜、沉镍）	36.0	Cu^{2+}、Ni^{2+}	待测	11	
2	含氰废液及其废水（化学镀金）	4.8	Au^+、CN^-	待测	10	
3	非络合酸、碱废液	24	Cu^{2+}	15g/L	2.5~3.5，>13	
4	综合废水	695.2	Cu^{2+}、Ni^{2+}	微量	4~7	
5	有机溶剂及其废水	15.0	COD	100000mg/L	>13	
6	显影及脱膜废水（干膜、湿膜、脱膜、阻焊、显影）	20.0	COD	15000mg/L	>13	
7	酸性蚀刻废液	5.0	Cu^{2+}	160g/L	<1	

10.1.2.2　出水水质

设计出水水质达到 GB 8978—1996《污水综合排放标准》的一级排放标准和广东省《水污染物排放限值》DB 44/26—2001 中第二时段第二类污染物最高允许排放浓度的二级排放标准。处理出水水质见表 10-2。

表 10-2　处理出水水质　　　　　单位：mg/L

序号	项目	指标	备注
1	总氰	≤0.5	
2	总镍	≤1.0	
3	总铜	≤0.5	
4	COD	≤100	
5	pH	6~9	

10.1.3　工艺设计

业主线路板废水成分复杂，铜、镍金属离子浓度高，有机物成分不明，COD 特别高，必须分流分质处理。①酸性蚀刻废液可定期外运作回收铜处理；②有机溶剂及废水，显影脱膜废液成分复杂、处理难度大，采用间歇处理；显影及脱膜废水合并处理。

业主线路板废水处理工艺流程见图 10-1。本处理系统包括废液收集、预处理、综合处理、污泥处理、加药和控制系统六部分。

处理工艺说明：①络合废液及其废水自流入调节池 1，泵入反应器 1 经 Na_2S 和 $FeSO_4$ 破络后，自流入反应器 2 与专利菌株生产的生物质（BM）作用，再经混凝、絮凝、沉淀、过滤后排放。②含氰废液及其废水自流入调节池 2，泵入破氰器经 NaClO 破氰后，自流经混凝、絮凝、沉淀、过滤后排放。③非络合酸、碱废液自流入调节池 3，泵入反应器 3 与 Na_2S 和 BM 作用，经初沉池去除高浓度的含铜沉淀物，再经混凝、絮凝、沉淀、过滤后排放。④综合废水自流入调节池 4，泵入反应器 4 与 BM 作用去除微量铜、镍后经混

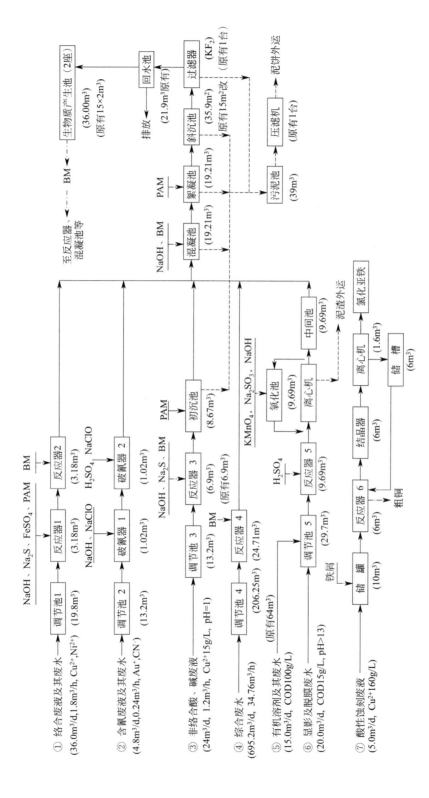

图 10-1 业主线路板废水处理工艺流程

凝、絮凝、沉淀、过滤后排放或经检测达标后直接排放。⑤显影及脱膜废水和有机溶剂及其废水自流入调节池 5，泵入反应器 5，用 H_2SO_4 调节 pH 为 3，经离心，上清液泵入氧化池，加 $KMnO_4$ 氧化、加 Na_2SO_3 还原，加 NaOH 调 pH 为 8，再经离心，上清液自流经混凝、絮凝、沉淀、过滤后排放。⑥酸性蚀刻废液自流入储罐，在储罐中加入铁屑泵入反应器 6 置换出铜，得粗铜；溶液进结晶器，再经离心机离心分离得 $FeCl_2$ 产品，清液回流入反应器 6 再利用。初沉池、混凝池、絮凝池、斜沉池和过滤器等产生的沉淀进入污泥池，经压滤机脱水后，泥饼外运，回收镍、铜，脱水回调节池。

10.1.4　构筑物和设备单元及整体设计

10.1.4.1　构筑物和设备单元设计

(1) 调节池

功能：调节水质水量；结构形式：地下式，钢砼，玻钢防腐；规格：调节池 1 19.8m³，调节池 2 13.2m³，调节池 3 13.2m³，调节池 4 206.25m³，调节池 5 29.7m³。配用设备：磁力驱动自吸泵 10 台；其中调节池 1、2、3、4、5 各 2 台；Y 形过滤器 10 个，底阀 10 个，液位计 5 个；数量：5 座。

(2) 生物质产生池

功能：产生生物质（BM）以去除铜、镍等金属离子；结构形式：半地下式，钢砼，防腐；规格：$3.00 \times 3.00 \times 4.00 = 36.00m^3$；配用设备：电加热管 4 组/座，3kW/组，共 8 组；电热温控仪 1 套/座，共 2 套；磁力驱动自吸泵共 2 台，循环泵 1 台，液位计 2 台，电磁流量计 4 台；数量：2 座。

(3) 反应器

功能：破除络合物，去除铜、镍等金属离子和高浓度有机物；结构形式：地上式，A3，玻钢防腐；规格及数量：反应器 1、2 容积各 3.18m³，反应器 3 容积 6.9m³，反应器 4 容积 24.71m³，反应器 5 和氧化池容积各 9.69m³；配用设备：搅拌机共 7 台，加药装置 7 套，计量泵 7 台，溶药搅拌机 5 台，pH 控制仪 4 套。

(4) 破氰器

功能：破除氰化物；结构形式：地上式，A3，玻钢防腐；规格：破氰器 1、2 容积均为 1.02m³；配用设备：搅拌机 2 台，pH 控制仪 2 台，ORP 控制仪 2 台，加药装置 3 套；数量：2 台。

(5) 初沉池

功能：分离去除沉淀的铜；结构形式：半地下式，钢砼，玻钢防腐；规格：容积 8.67m³；配加 PAM 装置 1 套，搅拌机 1 台；数量：1 座。

(6) 离心机

功能：有机溶剂废水、显影脱膜废水、酸性蚀刻液氧化处理产生的污泥脱水；规格：SGZ 型三足式刮刀下卸料自动离心机，SGZ1250 型，直径 1250mm，工作容积 280L，装料质量 400kg，转速 900r/min，分离因数 567，功率 18.5kW，重 3700kg，外形尺寸 2350×1650×2450(mm)；数量：2 台。

(7) 氧化池

功能：进反应池 5 出水经离心后的水，加 $KMnO_4$ 氧化分解有机物以降低 COD；规格：容积 9.69m³；配用设备：加 $KMnO_4$、Na_2SO_3 和 NaOH 计量泵各 1 台，搅拌机 1

台，加药装置 3 套；数量：1 座。

（8）中间池

功能：经离心分离后出水的过渡池，规格：$9.69m^3$；数量：1 座。

（9）混凝池

功能：补加 BM，并用 NaOH 调节 pH，除去残余的铜、镍等重金属；结构形式：地上式，钢砼，玻钢防腐；规格：$19.21m^3$；配用设备：搅拌机 1 台，pH 控制仪 1 台，加药装置 1 套；数量：1 座。

（10）絮凝池

功能：加 PAM 使固体颗粒絮凝沉淀；结构形式：地上式，钢砼，玻钢防腐；规格：$19.21m^3$；数量：1 座；配用设备：搅拌机 1 台，加药（PAM）装置 1 套。

（11）斜沉池

功能：使固液分离；结构形式：半地上式，钢砼，防腐；规格：$35.9m^2$；配用设备：边长 30mm 斜管 $35m^2$；支架 1 套，进出水配水装置 1 套。提升泵 2 台；数量：1 座。

（12）过滤器

功能：去除废水中的小颗粒悬浮物；结构形式：地上式，A3，防腐；规格：KF_2，配滤料 $3.8m^3$；配用设备：反冲洗泵 1 台；数量：2 台（原有 1 台）。

（13）回水池

功能：处理出水回用于培菌；结构形式：地下式，钢砼，防渗；规格：$21.9m^3$；配用设备：提升泵 1 台；数量：1 座。

（14）污泥池

功能：储存污泥；结构型式：地下式，钢砼，防渗；规格：$39m^3$；配用设备：螺杆泵 2 台；数量：1 座。

（15）压滤机

功能：使污泥脱水成泥饼外运；规格：$X_M^A Y100/1000-U_b^k$ 型自动保压自动拉板压滤机，压力 0.6MPa，过滤面积 $100m^2$，外框尺寸 1000×1000（mm），板厚 60mm，滤板数 59 块。滤室容积 $1.54m^3$，重 5.85t；$N = 3.0kW$，外形尺寸 $6090 \times 1370 \times 1465$（mm）；配用设备：螺杆泵 2 台，$N = 7.5kW$；数量：2 台。

（16）出水计量明渠

功能：计量处理出水的流量；结构形式：半地上式，砖混，嵌白色瓷砖；规格：$1.5 \times 0.4 \times 0.6 = 0.36m^3$；配用设备：电磁流量计 1 台，记录瞬时和累计流量；数量：1 条。

（17）监控、化验、药品库

监控、化验、药品库等建在业主厂房内。

（18）储罐

功能：储存酸性蚀刻液；规格：$10m^3$ 塑料桶；配用设备：液位计 1 套；数量：1 个。

（19）反应器 6

功能：置换蚀刻废液中的铜；结构形式：地上式，A3，防腐；规格：容积 $6m^3$；配用设备：塑钢支架、塑网，耐酸泵 2 台；数量：1 座。

（20）结晶器

功能：使氯化亚铁结晶析出；结构形式：地上式，A3，玻钢防腐；规格：容积 $6m^3$；

配用设备：冷冻装置 1 台；数量：1 座。

（21）储槽

功能：储存氯化亚铁母液回用；规格：容积 $6m^3$；数量：1 座。

10.1.4.2　供配电源设计

供电设计见表 10-3。

表 10-3　设备用电负荷表

设 备		单机容量/kW	安装数量	工作台数	安装容量/kW	工作容量/kW	需要系数	工作负荷/kW
调节池自吸泵		1.1	10	5	11.0	5.5	1.0	5.5
		7.5	2	1	15.0	7.5	1.0	7.5
生物质产生池	自吸泵	1.1	2	1	2.2	1.1	1.0	1.1
	循环泵	5.5	1	1	5.5	5.5	0.6	3.3
	加热管	3.0	8	4	24.0	12.0	0.2	2.4
反应器（含计量泵及搅拌器）		0.75	4	4	3.0	3.0	1.0	3.0
		1.5	3	3	4.5	4.5	1.0	4.5
破氰器搅拌机		0.75	2	2	1.5	1.5	1.0	1.5
氧化池搅拌机		0.75	1	1	0.75	0.75	1.0	0.75
混凝池、絮凝池搅拌机		1.5	2	2	3.0	3.0	1.0	3.0
斜沉池提升泵		3.0	2	2	6.0	3.0	1.0	3.0
离心机		18.5	2	2	37.0	37.0	0.2	7.4
溶药搅拌机		0.5	8	8	4.0	4.0	0.1	0.4
污泥池压滤机		3.0	1	1	3.0	3.0	0.5	1.5
污泥池螺杆泵		7.5	2	1	15.0	7.5	0.5	3.75
合计（不含蚀刻液处理用电）					135.45			48.6

10.1.4.3　整体平面设计

线路板生产废水处理平面布置见图 10-2。

10.1.5　项目进度及预期处理效果

10.1.5.1　项目进度

废水处理工程建设周期为 4 个月，具体实施计划见表 10-4。

表 10-4　建设阶段周期进度表

项目		第一个月			第二个月			第三个月			第四个月		
		10	20	30	10	20	30	10	20	30	10	20	30
合同签订	──												
工艺设计	──												
施工图设计		────		──									
设备制造采购			──		────								
场地平整			──										
土建施工			──		────								
设备安装								────	────				
人员培训									────				
调试									────	────			
验收											────		

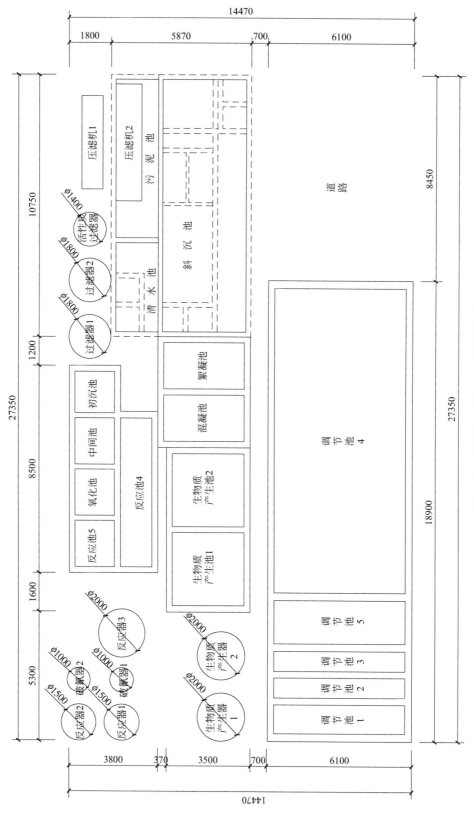

图 10-2 线路板生产废水处理平面布置

10.1.5.2　预期处理效果

各工序预期处理效果见表 10-5。

表 10-5　各工序预期污染物去除率

序号	废水种类	污染物种类	项目	反应 1 级	反应 2 级	混凝池	斜沉池	过滤器
1	络合废水	Cu^{2+}	进　水	≤40mg/L	≤4mg/L	≤0.4mg/L	达标	达标
			出　水	≤4mg/L	≤0.4mg/L	≤0.2mg/L	达标	达标
			去除率	90%	90%	50%		
		Ni^{2+}	进　水	≤20mg/L	≤6mg/L	≤2.4mg/L	达标	达标
			出　水	≤6mg/L	≤2.4mg/L	≤0.5mg/L	达标	达标
			去除率	70%	60%	79%		
2	含氰废水	CN^-	项　目	破氰器 1	破氰器 2	混凝池	斜沉池	过滤器
			进　水	≤30mg/L	≤6mg/L	≤0.3mg/L	达标	达标
			出　水	≤6mg/L	≤0.3mg/L	≤0.3mg/L	达标	达标
			去除率	80%	95%			
3	非络合酸碱废水	Cu^{2+}	项　目	反应器	初沉池	混凝池	斜沉池	过滤器
			进　水	≤15g/L	≤150mg/L	≤1.5mg/L	达标	达标
			出　水	≤150mg/L	≤1.5mg/L	≤0.3mg/L	达标	达标
			去除率	90%	99%	80%		
4	有机溶剂废水及显影脱膜废水	COD	项　目	反应器	氧化池	混凝池	斜沉池	过滤器
			进　水	15g/L	≤1500mg/L	≤700mg/L	≤90mg/L	达标
			出　水	≤1500mg/L	≤700mg/L	≤90mg/L	≤63mg/L	达标
			去除率	90%	53%	87%	30%	

10.1.6　加药系统

10.1.6.1　加药系统设备

加药系统采用自动控制加药量。根据废水污染物浓度自动投加药量，避免过量投加或投加不足。药槽设低液位报警，提醒操作人员补充药剂。

① 硫酸罐：用玻钢制造，外围捣制混凝土防护池壁，有效容积 1.0m³，设低液位报警。

② NaOH 罐：塑料罐体，有效容积 1.0m³，设低液位报警。

③ $KMnO_4$ 桶：塑料罐体，有效容积 0.6m³，设低液位报警。

④ Na_2SO_3 桶：塑料罐体，有效容积 0.6m³，设低液位报警。

⑤ Na_2S 加药罐：塑料罐体，有效容积 0.6m³，配搅拌机 1 台，设低液位报警。

⑥ $FeSO_4$ 加药罐：塑料罐体，有效容积 0.6m³，配搅拌机 1 台，设低液位报警。

10.1.6.2　加药量的计算

（1）破络合物的加药量

铜以络合物的形式存在时，难以被菌（BM）去除，因而必须先进行破络处理，破络反应在碱性条件下进行，用 pH 控制仪投加 NaOH 和 H_2SO_4，因络合废水呈碱性（pH= 9～11），因而投加 NaOH 和 H_2SO_4 的量不大，可忽略。

投加 Na_2S 的量计算如下：

$$Cu^{2+} + S^{2-} \longrightarrow CuS\downarrow$$

$$FeSO_4 + S^{2-} \longrightarrow FeS\downarrow + SO_4^{2-}$$

① Na₂S 投加量

络合废水中设 Cu^{2+} 为 30mg/L，工业级 Na₂S 投加量按 Cu^{2+} 浓度的 10 倍计为 0.3kg/(m^3 废水)，络合废水量 36m^3/d，则 Na₂S 的日消耗量为 0.3×36＝10.8kg，按 10%的浓度配制 Na₂S，则每立方米废水的加药剂量为 3L/(m^3 废水)。

② FeSO₄ 投加量

破络后，过量的 S^{2-} 须用 FeSO₄ 除去，工业级 FeSO₄ 的投加量按 Cu^{2+} 浓度的 16.7 倍计为 0.5kg/(m^3 废水)，络合废水量 36m^3/d，则 FeSO₄ 的日消耗量为 0.5×36＝18kg，按 20%的浓度配制 FeSO₄，则每立方米废水的加药剂量为 2.5L/(m^3 废水)。

③ 聚丙烯酰胺（PAM）投加量

依据本团队的经验，PAM 的投加量为：0.4mg/(L 废水)，即 0.0004kg/(m^3 废水)；络合废水量 1m^3/d，则 PAM 的日消耗量为 0.0004×36＝0.0144kg/d。

络合废水预处理药剂用量见表 10-6。

表 10-6　络合废水预处理药剂用量

药剂名称	配制浓度/%	投加量/[L/(m^3 废水)]	日消耗量/kg
NaOH	10	少量	少量
H₂SO₄	10	少量	少量
Na₂S	10	3	10.8
FeSO₄	20	2.5	18
PAM	0.01	4	0.0144
BM	A:2,B:2	20	720L

(2) 显影脱膜废液和 KMnO₄ 废液及化镀膨胀废液预处理投加药量

该类废水的 COD 高达 100000mg/L，必须先进行预处理，以去除大量的 COD。在 pH＝3 时，该类废水大量有机物析出，COD 去除 90%，再用 KMnO₄ 试剂氧化分解剩下溶液中的有机物，可去除绝大部分的 COD，投加药剂如下。

① H₂SO₄ 投加量。该废液 pH＞13，调节其 pH＝3 时实际消耗 H₂SO₄ 的量为 12.9g/L，即 12.9kg/(m^3 废水)；按 10%的浓度配制时，加 H₂SO₄ 的量为：70L/(m^3 废水)，该废水量为 35m^3/d，则日消耗 H₂SO₄ 的量为：12.9×35＝451.5kg。

② KMnO₄ 投加量。加 H₂SO₄ 调节 pH＝3，去除大量的有机物后，COD 为 1500mg/L 左右，接着加 KMnO₄ 氧化进一步降低 COD，KMnO₄ 的加入量为 3.3kg KMnO₄/(m^3 废水)。则日耗 KMnO₄ 量为 3.3×35＝115.5kg。

③ Na₂SO₃ 投加量。加入的过量 KMnO₄ 必须用 Na₂SO₃ 还原除去，投加 Na₂SO₃ 的平均值为 2%Na₂SO₃ 4.4L/(m^3 废水)。则日耗 Na₂SO₃ 量为：4.4×35×2%＝3.08kg。

④ NaOH 投加量。该废液经 KMnO₄ 试剂氧化后，需将其 pH 调节至 8，投加 20%NaOH 的量约为 1.5L/(m^3 废水)。按 20%的浓度配制，则日消耗量为 1.5×35×20%＝10.5kg。

显影脱膜和 KMnO₄ 废液及化镀膨胀废液预处理用药量见表 10-7。

表 10-7　显影脱膜＋KMnO₄ 废液＋化镀膨胀废液预处理用药量

药剂名称	配制浓度/%	投加量/[L/(m^3 废水)]	日消耗量/kg
H₂SO₄	10	70	451.5
KMnO₄	50	6.6	115.5
Na₂SO₃	2	4.4	3.08

药剂名称	配制浓度/%	投加量/[L/(m³ 废水)]	日消耗量/kg
NaOH	20	1.5	10.5
BM	A:2,B:2	20	700L

10.1.6.3 非络合酸碱废水处理的加药量

非络合酸碱废水中铜的浓度达 15g/L 左右，若仅用 BM 处理，BM 的消耗量大，为此有必要同时加入适量的 NaOH、Na_2S 与 BM 配合除去该高浓度的铜。

（1）NaOH 的投加量

调废水 pH 由 2 至 9，NaOH 投加量为 0.4g/L，即 0.4kg/(m³ 废水)；按 10% 配制，加药量为 3.6L/(m³ 废水)，日消耗量为 $0.4 \times 24 = 9.6$ kg。

（2）Na_2S 的投加量

该类废水中铜为 15g/L，Na_2S 的投加量为 8g/(L 废水)，即 8kg/(m³ 废水)；按 10% 配制，加药量为 80L/(m³ 废水)，日消耗量为 $8 \times 24 = 192$ kg。

（3）BM 的投加量

BM 的投加量为废水量的 1/50，即 BM 投加量为 20L/(m³ 废水)，日消耗量为 $20 \times 24 = 480$ L。

非络合酸碱废水处理用药量见表 10-8。

表 10-8 非络合酸碱废水处理用药量

药剂名称	配制浓度/%	投加量/[L/(m³ 废水)]	日消耗量/kg
NaOH	10	3.6	9.6
Na_2S	10	80	192
BM	A:2,B:2	20	480L

10.1.6.4 含氰废水处理的加药量

含氰废水必须经过破氰处理才能排放，再者，CN^- 混入废水中干扰 BM 对 Cu^{2+} 的去除，因而将含氰废水单独处理，常用次氯酸钠破氰。

次氯酸钠与氰的反应如下：

$$2NaCN + 5NaClO + H_2O \longrightarrow 2CO_2 \uparrow + N_2 \uparrow + 2NaOH + 5NaCl$$

ClO^- 与 CN^- 反应首先生成 CNCl，CNCl 水解成 CNO^- 的速度与废水 pH、温度、有效氯浓度有关，pH 高、温度高、有效氯浓度高，则水解快；酸性条件下，CNCl 易挥发，因而必须严格控制 pH（pH>8.5），在过量氧化剂和近中性条件下，CNO^- 进一步氧化为 CO_2 和 N_2。常规破氰反应分两步进行，用 pH 和 ORP 值（氧化还原电位）来检查、控制反应的进行。一级处理 pH 为 $10 \sim 11$，ORP 为 $300 \sim 350$mV，pH>12 时反应终止；二级处理 pH 为 $8 \sim 9$，ORP 为 $600 \sim 650$mV。当水中余 Cl^- 为 $2 \sim 5$mg/L 时，CN^- 已被破坏完毕，用联邻甲苯胺检查有黄色时表示破氰完毕。用 NaClO 破氰的投药比的理论值如下：局部氧化时，$CN^-:NaClO = 1:2.85$（实际值是 1:4）；完全氧化时，$CN^-:NaClO = 1:7.15$ [实际值是 $1:(5 \sim 8)$]。二级处理投药量是一级处理的 $1.1 \sim 1.22$ 倍。当 CN^- 为 50mg/L，NaClO 的加入量是：$50 \times 5 = 250$mg/L，商品 NaClO 有效氯的含量为 8%，则投加量为 $250 \div 8\% = 3125$mg/(L 废水)，即 3.1L/(m³ 废水)，日消耗的量：$3.1 \times 4.8 = 14.9$L。

碱性氯化法处理氰化物的投加量见表10-9。

表10-9　碱性氯化法处理氰化物的投加量

项目	一级反应达到 CNO⁻(%)		二级反应达到 CO₂+N₂	
	理论值	实际值	理论值	实际值
CN⁻：NaClO	1：2.85	1：4	1：7.15	1：(5~8)
CN⁻：50mg/L	NaClO：3125mg/L		NaClO：3813mg/L	

10.1.6.5　综合废水处理的投药量

综合废水中铜、镍含量小，直接用 BM 处理，不另加其他化学试剂作预处理。BM 投加量为 20×695.2＝13904L/d。

10.1.6.6　系统运行用药量汇总

系统运行用药量汇总见表10-10。

表10-10　系统运行用药量汇总

药剂名称	络合废水 /(kg/d)	显影膨胀废水 /(kg/d)	非络合废水 /(kg/d)	含氰废水 /(L/d)	综合废水 /(kg/d)	合计 /(kg/d)
NaOH	少量	10.5	9.6	4	—	24.1
H_2SO_4	少量	451.5	—	2	—	453.5
Na_2S	10.8	—	192	—	—	202.8
Fe_2SO_4	18	—	—	—	—	18
$KMnO_4$	—	115.5	—	—	—	115.5
Na_2SO_3	—	3.08	—	—	—	3.08
NaClO	—	—	—	14.9	—	14.9
PAM	0.0144	—	—	—	0.2781	0.2925
BM(L)	720	700	480	10584	13904	26388

注：上表中"—"表示不加药。

说明：上述药品消耗量是根据理论和以往实际工程运行数据计算得出的，可能与本工程的实际消耗量有差别，上述数据供参考，今后实际用量以调试运行所得数据为准。

10.1.7　污泥系统

污泥系统包括污泥浓缩池与污泥脱水机两部分。

本工程的初沉器、混凝池、絮凝池、斜沉池、过滤器、离心机均会产生污泥，产生含水 99% 的湿污泥约 800m³/d×5%＝40m³/d，脱水后含水 75% 的干污泥约为 40×0.04＝1.6m³/d。该工程因场地小，污泥池容积 15.6m³，配用螺杆泵 1 台；离心机 1 台用于显影脱膜废液和有机溶剂废液的污泥脱水；100m² 压滤机 1 台用于其他污泥脱水。脱水污泥中因含铜、镍等污染物，必须运至环保局指定的地方回收铜、镍，可避免造成二次污染。或从污泥中提取出铜、镍以实现污泥的资源化，如需要，其资源化方案另行提供。

10.1.8　经济技术分析

10.1.8.1　劳动定员

现场操作人员建议编制 5 人。

10.1.8.2　工程运行费用

（1）电费

装机容量：113.25kW；常开机容量：43.45kW；工业用电以 0.6 元/kW·h 计（优惠价），则处理每立方米废水电费：43.45×20×0.6/695＝0.75 元/（m³ 废水）。

（2）药剂费用

每日营养物和化学药剂费用：综合废水、络合和非络合废水 2.8 元/（m³ 废水）；膨胀废液、显影脱膜废液和含氰废水 10～25 元/（m³ 废液）。

（3）人工工资

人工工资按 900 元/月计，即 0.18 元/（m³ 废水）。

（4）运行成本概算

运行成本：综合废水、络合和非络合废水为 0.75＋2.8＋0.18＝3.73 元/（m³ 废水）；膨胀废液、显影脱膜废液和含氰废水：0.75＋0.18＋（10～25）＝10.93～25.93 元/（m³ 废液）；此运行成本低于德国飞利浦公司线路板废水处理运行成本 3.06 欧元/（m³ 废水），折合人民币 30.6 元/（m³ 废水）。

10.1.8.3　工程效益

废水处理站的兴建将带来显著的社会、经济、环境效益。废水站每年可少向环境排 $1.8×10^5$ t 废水，回用 $8×10^4$ t。若将蚀刻铜废液回收，按回收率 10％计，每年可回收铜 $160kg/m^3×5m^3/d×300d/a×10％＝24000kg/a＝24t/a$，现铜价 6.3 万元/t，则回收铜的价值为 6.3 万元/t×24t＝151.2 万元/年。回收的铜可抵消部分运行费用，提高了环境质量，解决了对周边环境的影响；环境质量的提高也激发职工的劳动积极性，从而促进了企业经济的可持续发展。

10.1.9　线路板废水综合生物法处理运行操作规程

10.1.9.1　运行操作

① 车间废水排放要严格分流，废水混排会极大地加大后续处理难度，增加处理成本。特别是显影脱膜废水、棕化废水、络合废水、非络合酸碱废水、含氰废水不能混入综合废水中，以免高浓度有机物因未被预处理去除其有机物而混入，造成排放水的 COD 不达标。泵调节池废水（W）与 BM 进入反应器反应 30min，W 与 BM 的加入量须按预试的最佳 W/BM 比例泵入。

② 显影脱膜废水自流入调节池 5，泵入预处理池Ⅰ，慢慢加 20％ H_2SO_4 调 pH 为 3.0，产生大量的灰蓝色沉淀，泵入 PE 过滤器过滤，滤液进入氧化池，接着加 $KMnO_4$（1m³ 废水加 3.3kg），搅拌反应 10min，当有紫红色刚出现不退去时，不再加 $KMnO_4$，接着加 1％ Na_2SO_3，使紫红色刚好退去（约 4.5L 2％ Na_2SO_3），搅拌，加 20％NaOH，调 pH＝8，再经 PE 过滤器过滤，滤液进中间池后续处理。测滤液 COD 降到 700mg/L 左右，放入混凝池，待后续处理。若 COD＞700mg/L，须再用 $KMnO_4$＋Na_2SO_3 试剂处理。其处理流程见图 10-3。

③ 棕化废水预处理的方法与显影脱膜废水预处理的方法相同。其处理流程见图 10-4。

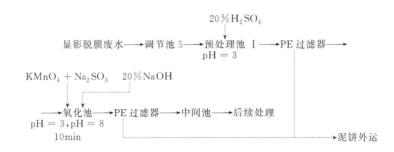

图 10-3　显影脱膜废水处理流程

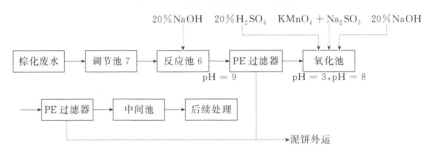

图 10-4　棕化废水预处理流程

棕化废水自流入调节池 7，慢慢加 20%NaOH 调 pH=8，产生大量的棕黑色沉淀。泵入 PE 过滤器过滤去沉淀，滤液进入氧化池，接着加 $KMnO_4$（$1m^3$ 废水加 0.1kg），搅拌反应 10min，当有紫红色刚出现不退去时，不再加 $KMnO_4$，接着加 1% Na_2SO_3，使紫红色刚好退去（约 1L 2% Na_2SO_3），搅拌，加 20%NaOH，调 pH=8，再经 PE 过滤器过滤，滤液进中间池后续处理。测滤液 COD 降到 700mg/L 左右，放入混凝池，待后续处理。

④ 破氰器 2，反应器 2、4，初沉池，中间池的处理出水进入混凝池，加碱控制 pH=8.5~9，再进入絮凝池，加入絮凝剂阴离子聚丙烯酰胺（PMA）配制成 1‰溶液，总加入量为废水量的百万分之二到三。絮凝剂与废水充分搅拌混合，反应后形成较大矾花颗粒絮体，便于后续沉淀分离。

⑤ 经絮凝处理后出水进入斜管沉淀池实现固液分离。

⑥ 斜沉池出水经检测 Cu^{2+} 和 COD 达标，直接排放；若不达标，则由提升泵通过 KF 过滤器过滤，过滤出水经检测 Cu^{2+} 和 COD 达标，直接排放；若不达标，泵过滤器出水经炭塔处理后，达标排放。

⑦ 絮凝池、斜沉池须定期排泥，污泥池污泥由螺杆泵泵至污泥脱水的带式压滤机脱水，泥饼外运处置，脱水回流至调节池 4。

10.1.9.2　注意事项

① 每天开始处理废水前的准备工作：a. 将 BM 循环混合半小时；b. 确保各加药箱充满药剂，如：预处理池的 H_2SO_4（20%）、NaOH（20%）、高锰酸钾（50%）和 Na_2SO_3（2%）、Na_2S（30%）、$FeSO_4$（10%）；絮凝池的聚丙烯酰胺（PMA，1‰）和 NaClO（6%~8%）等。

② 所有水泵开泵前的准备工作：a. 首先要检查管道阀门是否打开，不能导致水泵超负荷运行，防止管道受压过强而破裂；b. 废水提升泵必须先充满水（开引水），然后再开

出水阀门，最后才启动，切勿空转；c. 当水泵提升不了水时，必须检查 Y 形过滤器是否堵塞，底阀是否堵塞。Y 形过滤器，需定期清洗，最好每周清洗一次；d. 有调压阀的水泵，当水泵出水压力加大时，应当调压（调节池提升泵、螺杆泵、加菌泵、过滤器和炭塔的提升泵均有调压阀）；e. 所有计量泵均须按说明和运行操作需要的加药量调节好每小时的加药量。

③ 在废水处理过程中，出现异常情况，如进水水质突然变化，水质指标如 Cu^{2+} 不达标时，应立即暂停进入废水，采取相应措施（如增加菌量等），使处理水质达标后方能继续进废水。

④ 每天的运行（处理的废水量、药剂量和达标情况等）处理结果，都要认真、规范、详细地记录，以便从中总结经验教训，改进操作，降低成本，并为计算处理成本提供可靠的数据。

10.1.10　运行结果

业主线路板生产废水处理工程由本团队设计、建成、投运后，排放出水总排放口的总铜、总镍、总氰、COD、SS、pH 等各项污染物单次值和日均值均低于广东省地方标准《水污染物排放限值》（DB 4426—2001）的第一类污染物最高允许排放浓度限值和第二类污染物第二时段一级标准的最高允许排放浓度限值。排放出水的各项指标 TCu、TNi、TCN^-、COD、SS、pH 等也低于 GB 8978—1996 的一级排放标准。

10.1.11　工程现场图

业主线路板废水处理工程现场见图 10-5 至图 10-6。本工程设备先进，设计总体规划清晰，布局合理，操作管理有条不紊，无二次污染，回收铜和水资源，为同行业该类废水的处理提供了可借鉴依据，为社会环境带来了一定的经济效益。

图 10-5　废水池

图 10-6　反应池

10.2　酸性蚀刻液处理工程

10.2.1　工程概况

业主在线路板生产中每天产生约 1.6t 蚀刻液，该蚀刻液中含 Cu $110\sim150$g/L、含 HCl 约 8mol，含 NaClO、Fe 等污染物。若将其排放，会造成对地下管道的腐蚀，对江、河、湖和地下水造成污染。尤其铜对水生物有较强的毒性，水中含 Cu^{2+} 0.1~0.2mg/L 就会导致鱼死亡。若将其中的铜回收、盐酸利用，不但可避免对环境的污染，而且可变废为宝，获得较好的经济效益。本方案设计回收该蚀刻液中铜和利用其盐酸生产净水剂，无二次污染，有显著的环境经济效益。

10.2.2 工艺流程

酸性蚀刻液处理工艺流程见图 10-7。

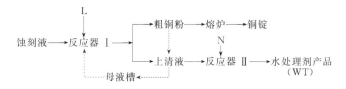

图 10-7 酸性蚀刻液处理工艺流程

① 将蚀刻液泵入反应器Ⅰ，加入药剂 L，搅拌，静置。放出上清液进反应器Ⅱ，加入药剂 N，搅拌、控制 pH，得水处理剂（WT）。②将反应器Ⅰ的粗铜粉取出、洗净、烘干，于熔炉熔融，去渣后，将熔态铜液铸入铸锭、冷却得含 97%~98% Cu 的铜产品。铜锭可压成铜板再利用。WT 水处理剂用于饮用水，除铁、镉、氟和放射性核素等；也用于生活污水、工业污水和水泥的速凝剂及纺织媒染剂；也广泛应用在医药、化妆品、制革等方面。

本工艺流程特点：流程简短，原材料利用率高达 95% 以上，同时获得铜和水处理剂产品，经济价值很高，投资回报率高，操作管理简便，无二次污染。

10.2.3 主要设备和构筑物

主要设备和构筑物见表 10-11。

表 10-11 主要设备和构筑物

序号	名称	规格	单位	数量
1	蚀刻液贮罐	$10m^3$	个	2
2	反应器Ⅰ、Ⅱ	$4m^3$，防腐	座	4
3	固体加药装置	$0.5m^3$	套	2
4	液体加药装置	$0.5m^3$	套	2
5	pH 控制仪		套	2
6	搅拌机	轴长 1.5m，防腐	套	2
7	熔炉	1300℃	座	1
8	提升泵	$3m^3/h$，耐腐	台	2
9	铸槽		个	4
10	盐酸雾吸收回用器		座	1
11	母液槽	$1.0m^3$	个	1
12	沉淀槽	$3m^3$	个	4
13	电控柜和电缆		个	1
14	管阀		批	1
15	设备基础	钢混	m^3	20

10.2.4　经济技术分析

10.2.4.1　投资回收

经检测业主蚀刻液含铜 110g/L，含盐酸 8mol。用本工艺将其中的铜和盐酸回收利用，其产生的经济效益计算如下：

① 按每天产生 1.6t 废蚀刻液，其中铜的回收率以 96％计，则每年回收铜＝110kg/（t 蚀刻液）×1.6t/d×300d/a×96％＝50688kg/a。现市售铜价按 40 元/kg 计，则每年回收铜的价值为：40 元/kg×50688kg/a＝2027520 元/a＝202.752 万元/a。

② 每天产生 1.6t 废蚀刻液，其中盐酸回收利用生产水处理剂 WT，按每吨废蚀刻液能生产 168kg WT 计，则每年生产 WT＝168kg/t×1.6t/d×300d/a＝80640kg/a＝80.64t/a。现市售 WT 价按 6 元/kg 计，则每年利用废蚀刻液中盐酸生产的 WT 的价值为：6 元/kg×80640kg/a＝483840 元/a＝48.384 万元/a。

年投资回收额＝①＋②＝202.752＋48.384＝251.136 万元/a。

10.2.4.2　回收铜和生产 WT 的成本

① 每 t 蚀刻液回收铜使用药剂 L 100kg，L 市价 18 元/kg，则 1 年用 L 价为：18 元/kg×100kg/t×1.6t/d×300d/a＝864000 元/a＝86.4 万元/a。

② 每 t 蚀刻液生产 1t WT 用 N 药 90kg，N 市价 2.4 元/kg，则 1 年用 N 价为：2.4 元/kg×90kg/t×1.6t/d×300d/a＝103680 元/a＝10.368 万元/a。

③ 人工工资：每天 2 人操作管理，工资 1500 元/（人·月），则全年人工工资＝3.6 万元/年。

④ 电费：每天用电约 100kW·h，电费按 0.8 元/kW·h 计，则每年电费＝0.8 元/kW·h×100kW·h×300d＝24000 元/a＝2.4 万元/a。

⑤ 设备折旧废按 20％计，则折旧费为 134.3 万元×20％＝26.86 万元/a。

合计成本＝①＋②＋③＋④＋⑤＝86.4＋10.368＋3.6＋2.4＋26.86＝129.628 万元/a。

10.2.4.3　投资回收期限

由从蚀刻液中回收铜和其生产 WT 的价值额减去其处理成本，年产值＝251.14－129.63＝121.51 万元/a。该工程投资估价为 248.2 万元，而该工程的年回报额为 121.51 万元/年。则投资回收期＝$\frac{248.2}{121.51}$×12＝24.5 个月，即约 2 年可收回投资，以后为净利润。

结论：本工艺技术先进，操作管理简便，投资无风险，回报率高，环境经济效益好，无二次污染。

10.3　显影脱膜废水处理单元

10.3.1　工艺流程

设计业主显影脱膜废水和棕化废水处理工艺见图 10-8。

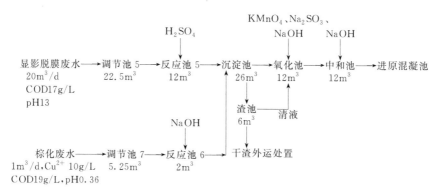

图 10-8 设计业主显影脱膜废水和棕化废水处理工艺

10.3.2 池体规格及配用设备

调节池 5、7 仍用原来的池子。新建反应池 5、6，沉淀池，氧化池和中和池。反应池 5：2.5×2.5×2.0（长×宽×高，m），配搅拌机 1 台，加 H_2SO_4 装置 1 套。反应池 6：1.4×1.4×1.0（长×宽×高，m），配搅拌机 1 台，加 NaOH 装置 1 套。沉淀池：8.0×2.0×1.6（长×宽×高，m），配链条式刮渣机 1 台，水力搅拌泵 1 台，安装水力搅管 1 套。渣池：2.0×1.0×1.8（长×宽×高，m），预埋挂滤带柱，安放丙伦滤带 8 条，装渣。氧化池：2.5×2.5×2.0（长×宽×高，m），配搅拌机 1 台，加 $KMnO_4$、Na_2SO_3、NaOH 装置各 1 套。中和池：2.5×2.5×2.0（长×宽×高，m），配搅拌机 1 台，加 NaOH 装置 1 套。显影脱膜废水处理流程见图 10-9。

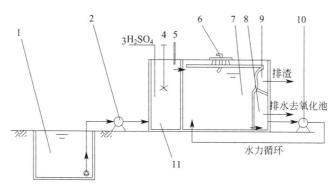

图 10-9 显影脱膜废水处理流程

1—调节池；2—污水泵；3—加 H_2SO_4 泵；4—搅拌机；5—pH 计；

6—刮渣机；7—沉淀池；8—水力循环地；9—渣地；10—循环泵；11—反应池

第 11 章

土菌灵等多种农药生产废水处理技术研究与工程案例

摘要： 业主生产土菌灵等多种农药，日排废水 $600m^3$。废水中污染物种类多，杂环成分复杂，浓度高、盐分重、酸度大，COD 高、NH_3-N 高、难降解、处理难度大。通过对多种农药生产废水进行详尽的分类分析和处理技术对比研究，本团队采用"湿式氧化预处理＋生化处理"工艺流程对农药生产废水进行处理，设计日处理量为 $1500m^3$，出水达标排放。

11.1 湿式氧化（WAO）技术发展与利用

湿式氧化（WAO）工艺最初由美国科学家齐默尔曼（zimmermann）研究提出，用于污泥和造纸黑液处理，20 世纪 70 年代后，该技术发展很快，应用装置数目和规模日益增大，开发了催化剂，使反应条件温和，反应时间缩短。反应温度和压力提高到水的临界点以上，回收系统的能量和物料。该技术很快从第一代（WAO）发展到第二代（CWAO），姜林创新了第三代（UNCWAO），第三代（UNCWAO）的反应温度为 240～250℃，压力为 5～5.5MPa，固定床催化剂填料由 Ti-Ru 复合改为 C-Ru 复合，寿命提高 3 倍，避污堵，价格下降，变危废盐为氯化钠、硫酸钠、氯化铵、硫酸铵等可利用资源。本团队依据废水成分，将这三代技术在农药和医药工程中应用。

11.1.1 湿式氧化法的基本流程

第二代湿式氧化法（CWAO，湿氧）处理系统见图 11-1。

① 催化反应器：高温高压工作，材质必须抗压耐腐；②热交换器：要有较高的传热系数、大的传热面积，耐腐性和保温良好；③空压机：先将空气通热交换器预热和加压；④冷凝水分离器：氧化后的液体经热交换器降温，使 O_2、CO_2、低挥发组分进气相分离，经脱臭后排放。温式氧化主要成分有：烃$\leq 0.02\%$，H_2O 0.02%，N_2 82.8%，O_2 2.0%，Ar 0.9%，CO_2 13.9%。

11.1.2 湿式氧化技术机理

湿式氧化技术主要包括传质和化学反应两个过程，CWAO 反应属于自由基反应，分为链的引发、链的发展与传递、链的终止三个阶段。

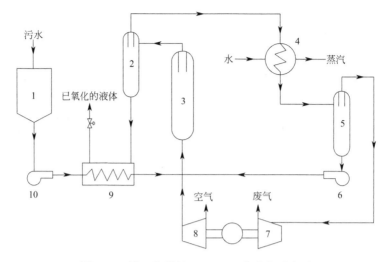

图 11-1　第二代湿氧 CWAO 工艺流程示意图

1—贮存罐；2—气液混合物分离器；3—催化反应器；4—再沸器；5—冷凝水分离器；6—循环泵；
7—透平机；8—空压机；9—热交换器；10—高压泵

11.1.2.1　链的引发

链的引发为反应物分子生成自由基的过程。反应有：

$$RH+O_2 \longrightarrow R\cdot + \cdot HO_2 (RH\ 为有机物)$$
$$2RH+O_2 \longrightarrow 2R\cdot + H_2O_2$$
$$H_2O_2 \longrightarrow 2\cdot OH$$

11.1.2.2　链的发展与传递

链的发展与传递：自由基与分子相互作用，交替进行使自由基数量迅速增加的过程。反应有：

$$RH+\cdot OH \longrightarrow R\cdot + H_2O$$
$$R\cdot + O_2 \longrightarrow ROO\cdot$$
$$ROO\cdot + RH \longrightarrow ROOH+R\cdot$$

11.1.2.3　链的终止

自由基之间相互碰撞生成稳定的分子，则链的增长过程终止。反应有：

$$R\cdot + R\cdot \longrightarrow R-R$$
$$ROO\cdot + R\cdot \longrightarrow ROOR$$

11.1.3　湿式氧化过程的必要条件

湿氧反应过程包括传质和化学反应两个过程，受氧的传质和化学反应动力学控制，包括温度、压力及液相条件。

11.1.3.1　温度

CWAO 过程的关键影响因素是温度，高温，反应快；温度升高可以增加氧气的传质速度，减小液体的黏度。

11.1.3.2　压力

保证氧的分压在一定的范围内，液相中有较高的溶解氧浓度。

11.1.3.3　液相（水）

液相保证有机物和氧能良好混溶。

11.1.4　湿式氧化技术特点

湿氧技术的特点有：①可以有效氧化各类高浓度有机污水，如毒性大、难降解的污水；②处理效率高，在最佳的温度和压力下，对 COD 的去除率可达到 90% 以上；③氧化速度快；④C 被转化为 CO_2，N 被转化为 NH_3、NO_3^-、N_2，卤化物和硫化物被氧化为相应的无机卤化物和硫化物；⑤能耗少，可回收能量和物料；系统的反应热可以用来预热进料，排出的热量可用来产生蒸汽或加热水，反应放出的气体可用来产生机械能或电能。

11.1.5　处理效果的影响因素

11.1.5.1　污水中有机物的结构

有机物氧化与物质的电荷特征和空间结构的关系密切，不同污水的反应活化能和氧化反应过程不同，因此湿式氧化的难易程度各异。

11.1.5.2　温度

温度是决定性因素。①反应温度低，延时反应，反应物的去除率也不会提高；②当温度 $T < 100℃$ 时，氧的溶解度随温升而降低；温度 $T > 150℃$ 时，有机物的溶解度随温升而增大，氧的传质系数随着温升而增大；③温高液体的黏度小，有利于氧的传质和有机物氧化。但温度高，总压大，动耗增大，对反应器要求高。因此，应选择合适的温度。

11.1.5.3　压力

系统压力是保持液相的存在。压力过低，反应热会消耗在水的蒸发，有蒸干的危险。总压不应低于该温度下水的饱和蒸气压。如 230℃，压力以 4.5～6MPa 为宜。

11.1.5.4　污水 pH

污水的 pH 对湿氧的影响：①pH 低，氧化效果好；②pH 对 COD 去除率存在极值点；③pH 高，处理效果好。调节 pH，可加快反应的速度和有机物的降解。但低 pH，腐蚀大，材料费高，且催化剂活性组分溶出和流失。

11.1.5.5　停留时间

①温度高，反应时间短，有机物去除率高；②氧分压高，所需温度低，反应时间短。

根据污染物被氧化的难易及处理的要求，确定最佳反应温度和时间。湿氧停留时间在 0.1～2h 之间。

11.1.5.6 搅拌强度

氧气从气相向液相中传质与搅拌强度有关。搅拌强度大，湍流程度大，氧气在液相停留时间长、传质大。

11.1.6 反应产物

湿氧后，大分子断裂为小分子有机物，进一步氧化为 CO_2 和 H_2O 等最终产物。

11.2 多种农药生产工艺和其废水处理技术分析

11.2.1 土菌灵

11.2.1.1 化学性质

土菌灵又名氯唑灵，是一种用于土壤处理的有机杀菌剂，黄色液体。其在水中的溶解度为 50mg/L(25℃)，可溶于丙酮、四氯化碳。剂型为粉剂。大鼠口服 LD50 为 10～80mg/kg。对鱼毒性强。日本农药注册保留标准规定蔬菜为 0.1mg/kg，薯类为 0.5mg/kg。

土菌灵对病原真菌、细菌、病毒及类菌体都有良好的杀灭效果，尤其对土壤中残留的病原菌，具有良好的触杀作用。

11.2.1.2 生产原料和工艺

土菌灵的生产原料主要有：三氯乙腈、氨、全氯甲硫醇、碱、二氯乙烷、乙醇、盐酸等。土菌灵的合成由三氯乙脒制备、氯代氯唑灵制备和缩合反应这三个反应完成，其生产工艺如下。

(1) 三氯乙脒制备

三氯乙腈与液氨经胺化后得到三氯乙脒：在－15℃以下将反应瓶加压，在此条件下通入定量的液氨并使其保持在液体状态，在此温度下，1h 内滴加完三氯乙腈，保温 1h，反应完全后升温至 60℃赶氨，得到固体中间体三氯乙脒。赶氨工序产生的氨气经冷凝装置回收。

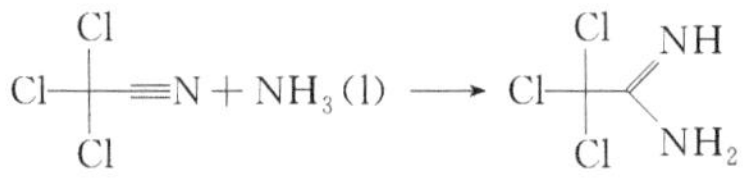

(2) 氯代氯唑灵制备

经胺化过程得到的三氯乙脒和全氯甲硫醇（自产于克菌丹和灭菌丹工序）在碱性条件下反应制得中间体氯代氯唑灵：把经胺化工序得到的三氯乙脒加入二氯乙烷和水的混合溶剂中，降温至 10℃左右，按配比加入定量的 40% NaOH 水溶液，在此温度下滴加全氯甲硫醇，滴加时间为 2h，滴加完后保温 3h。反应结束，静置分层，水相作废水排放。有机相经蒸馏后，二氯乙烷经冷凝装置回收，得到中间体氯代氯唑灵。

主反应：

副反应：

$$NH_3 + Cl^- + H^+ \longrightarrow NH_4Cl$$

（3）缩合反应

用乙醇钠与中间体氯代氯唑灵反应得到最终产品氯唑灵（土菌灵）：把氯代氯唑灵溶解在无水乙醇中，保温至 20℃ 左右滴加 18% 的乙醇钠溶液，滴加 3h 并保温反应 2h，反应结束后用 5% 的盐酸中和至 pH=6~7，过滤不溶于有机相的 NaCl，滤液通过减压蒸馏得到产品氯唑灵（土菌灵）；馏分经脱水、精馏后回收无水乙醇循环使用。

$$HCl + EtONa \longrightarrow EtOH + NaCl$$

产污环节分析：废气主要为冷凝回收液氨、乙醇、二氯乙烷时产生的尾气；废水为萃取釜的水洗废水，母液为高盐废水，排入蒸馏釜解析 NaCl 后，蒸馏产生的水蒸气经冷凝器回收，与其他废水通过车间的污水管道进入污水处理站进行处理；固体废物为与有机相分离的 NaCl、蒸馏釜残（危险废物）和蒸盐时产生的 NaCl。

11.2.1.3　生产废水成分和处理方法

根据其生产工艺分析其废水主要来自最后一步：乙氧基化后的水相及有机相经水洗处理过程。废水中主要污染物有：三氯乙腈、氨、全氯甲硫醇、碱、二氯乙烷、乙醇、盐酸、土菌灵。

其生产废水处理在国内未见报道。

11.2.2　克菌丹

11.2.2.1　化学性质

克菌丹又叫开普顿，化学名称：N-(三氯甲硫基)-环己-4-烯-1,2-二甲酰亚胺、1,2,3,6-四氢-N-(三氯甲硫基)邻苯二酰亚胺；其分子式 $C_9H_8Cl_3NO_2S$，分子量：300.59；熔点：178℃；沸点：314.2℃；折射率：1.636。

克菌丹为广谱性低毒杀菌剂，工业品为黄棕色，略带臭味。在中性或酸性条件下稳定，在高温和碱性条件下易水解，对人畜低毒，对人皮肤有刺激性，对鱼类有毒。常见剂型为 50% 可湿性粉剂、80% 水分散粒剂，国内登记最早的企业为河北冠龙农化有限公司。克菌丹是保护性杀菌剂，兼有一定治疗作用，叶面喷雾或拌种均可，也能用于土壤处理，防治根部病害。

11.2.2.2 生产原料和工艺

克菌丹的生产原料主要有：碱、二硫化碳、四氯化碳、盐酸等。克菌丹的合成由氯化、胺化、缩合这三个反应完成，其主要生产工艺如下。

① 氯化工序：制备全氯甲硫醇（PMM），与灭菌丹氯化工艺相同。

主反应：

$$CS_2 + 5Cl_2 + 4H_2O \longrightarrow ClSCCl_3 + 6HCl + H_2SO_4$$

副反应：

$$CS_2 + 2Cl_2 \longrightarrow CCl_4 + 2S$$

② 胺化工序：合成 1,2,3,6-四氢邻苯二甲酰亚胺（THPI）。1,2,3,6-四氢苯酐与液氨在一定温度下进行脱水，生成 1,2,3,6-四氢邻苯二甲酰亚胺（THPI）。当反应结束把胺化反应生成的 1,2,3,6-四氢邻苯二甲酰亚胺（THPI）降温加水，把物料用真空抽到缩合成盐釜成盐给下步缩合用。胺化工序未反应的氨气送入氨吸收装置吸收，制成 15% 氨水外售。

③ 缩合工序：制备克菌丹。将胺化工序中的 THPI 浆状物打入缩合反应釜中，投入固体 NaOH，开启搅拌器搅拌 20min，冷水浴降至一定温度成盐，保持温度。将此亚胺盐溶液和计量好的 PMM 通过流量计，以亚胺溶液 17.8g/min、PMM0.5～1.0g/min 的速度加入反应釜中，反应过程中始终保持反应液的 pH≥9。反应 30min 后，打开后处理真空系统，将反应过程中浮在液面已反应好的泡沫状物料，通过连接管道连续抽入后处理反应釜中到一定量，转换后处理反应釜继续作业；将已作业完毕的后处理反应釜，开启搅拌，水浴升温至工艺要求温度，在此温度下保持一定时间，取样中控，亚胺含量小于 2.0% 以下为合格，将处理合格的物料放在离心机中离心，离心时加入水，冲洗物料。离心出来的湿滤饼克菌丹，送到干燥机中干燥，得到成品克菌丹。

产污环节分析：废气主要为冷凝回收 CS_2 产生尾气和制副产品盐酸及氨水时产生的尾气；废水中有部分为高浓度含盐废水，高盐废水排入蒸馏釜解析 NaCl 后，蒸馏产生的水蒸气经冷凝器回收返回于生产中，其他废水通过车间的污水管道进入污水处理站进行处理；固体废物为蒸盐时产生的 NaCl，作为副产品出售。

11.2.2.3 生产废水成分和处理方法

根据其生产工艺分析其废水主要来自最后一步：产品合成后离心及产品水洗过程。废水中主要污染物有：1,2,3,6-四氢邻苯二甲酰亚胺、全氯甲硫醇、碱、二硫化碳、四氯化碳、盐酸、克菌丹。

其生产废水处理在国内未见报道。

11.2.3　灭菌丹

11.2.3.1　化学性质

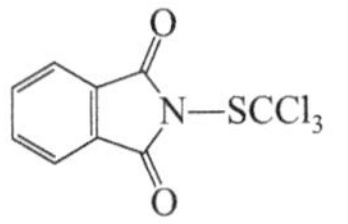

灭菌丹（folpet）别名：法尔顿、福尔培、苯开普顿，化学名称：N-三氯甲硫基酞酰亚胺；其分子式为 $C_9H_4Cl_3NO_2S$，分子量 296.5576；熔点：$177\sim180℃$；水溶性：0.8mg/L（室温）；密度 1.74g/cm^3；外观：白色晶体（纯）；安全性描述：36/37-46-61；危险性符号 20-36-40-43-50；危险品运输编号 UN30779/PG3。

灭菌丹为广谱保护性杀菌剂，商品为淡黄色粉末。对人畜低毒，对人黏膜有刺激性，对鱼有毒，对植物生长发育有刺激作用。常温下遇水缓慢分解，遇碱或高温易分解。常见剂型为 50%可湿性粉剂、80%水分散粒剂。其主要防治粮油作物、蔬菜、果树等的多种病害。

11.2.3.2　生产原料和工艺

生产原料主要有：碱、二硫化碳、盐酸、邻苯亚胺等。灭菌丹的合成由氯化、胺化和缩合三个反应完成，其生产工艺如下。

（1）氯化工序

制备全氯甲硫醇（PMM）：通过滴加高位储罐向反应釜内加入定量的二硫化碳和20.0%盐酸，开启搅拌，冷水降温到 $26\sim28℃$，开始通氯气，同时打开冷凝器回流装置，将冷盐水温度控制在 $-10℃$ 以下，防止二硫化碳挥发掉。开启盐酸气体水吸收循环装置，充分吸收盐酸气体。通氯量到达 $25\sim30h$，取样中控检测全氯甲硫醇，当含量达到 85.0% 以上，通氯达到终点时，停止通氯。静置分层 30min，下层为含量大于 90% 淡黄色油状液体全氯甲硫醇，上层是含 10% 左右盐酸与硫酸混合物，此混合酸经减压蒸馏得到 65% 的硫酸，蒸出的 HCl 气体去尾气吸收制成 31% 的盐酸。

主反应：

$$CS_2+5Cl_2+4H_2O \longrightarrow ClSCCl_3+6HCl+H_2SO_4$$

副反应：

$$CS_2+2Cl_2 \longrightarrow CCl_4+2S$$

（2）胺化工序

邻苯二甲酰亚胺由苯酐与液氨在一定温度下脱水而得。把胺化反应完的邻苯二甲酰亚胺产品转移到缩合成盐釜成盐。胺化工序未反应的氨气送入氨吸收装置吸收，制成 15% 氨水外售。

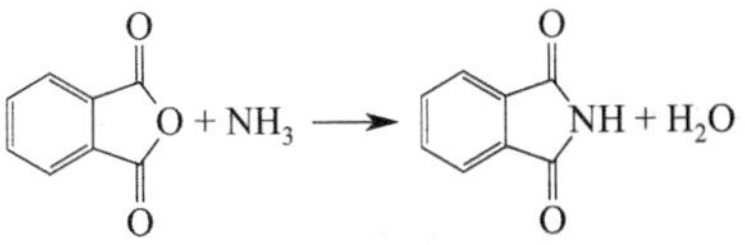

（3）缩合工序

将定量的邻苯二甲酰亚胺溶解于低浓度 NaOH 水溶液中，投入固体 NaOH，开启搅拌器搅拌，保持物料温度在 0～5℃，再将溶解好的邻苯二甲酰亚胺溶液和计量好的 PMM 通过流量计，按每分钟定量的配比加入反应釜中，反应过程中不断监测反应液的 pH，始终保持反应液的 pH≥9。反应 30min 后，打开后处理真空系统，将反应过程中浮在液面已反应好的泡沫状物料，通过连接管道连续抽入后处理反应釜中到一定量，转换后处理反应釜继续作业；将已作业完毕的后处理反应釜，开启搅拌，水浴升温至工艺要求温度，在此温度下保持一定时间，取样中控，邻苯二甲酰亚胺含量小于 4.0% 以下为合格，将处理合格的物料放在离心机中离心，离心时加入水，冲洗物料。离心出来的湿滤饼灭菌丹，送到干燥机中干燥，得到成品灭菌丹。

产污环节分析：废气主要为冷凝回收 CS_2 产生尾气和制副产品盐酸和氨水时产生的尾气；废水中有部分为高浓度含盐废水，高盐废水排入蒸馏釜解析 NaCl 后，蒸馏产生的水蒸气经冷凝器回收返回于生产中，其他废水通过车间的污水管道进入污水处理站进行处理；固体废物为蒸盐时产生的 NaCl，作为副产品出售。

11.2.3.3　生产废水成分和处理方法

根据其生产工艺分析其废水主要来自最后一步：产品合成后离心及产品水洗过程。废水中主要污染物有：邻苯二甲酰亚胺、全氯甲硫醇、碱、二硫化碳、四氯化碳、盐酸、灭菌丹。

其生产废水处理在国内未见学术报道。

11.2.4　氯氰菊酯

11.2.4.1　化学性质

氯氰菊酯（cypermethrin）又称灭百可、安绿宝等，是一种杀虫剂，工业品为黄色至棕色黏稠固体，60℃时为黏稠液体。化学式 $C_{22}H_{19}Cl_2NO_3$；分子量 416.32；闪点：80℃；熔点：60～80℃；相对密度（水 = 1）：1.1；蒸气压：20℃为 2.3×10^7Pa；挥发度：对光稳定，温度＞220℃时质量缓慢损失，在弱酸、中性条件下稳定，遇碱分解，水解半衰期为 1 天。溶解度：难溶于水，在醇、氯代烃类、酮类、环己烷、苯、二甲苯中溶解＞450g/L；油水分配系数：辛醇/水分配系数的对数值 6.3；危险性：加热超过 220℃，该物质分解生成氰化物气体；毒性：对皮肤黏膜有刺激作用，影响精子形成。

11.2.4.2　生产原料和工艺

生产原料主要有：间苯氧基苯甲醛、3-(2,2-二氯乙烯基)-2,2-二甲基环丙烷甲酰氯、氰化钠、环己烷、催化剂、氯化钠、二氯菊酸等。其生产工艺见图 11-2。

11.2.4.3　生产废水成分和处理方法

根据其生产工艺分析其废水主要来自菊酯合成后分层的水相及有机相的水洗过程，废水中主要污染物有：间苯氧基苯甲醛、3-(2,2-二氯乙烯基)-2,2-二甲基环丙烷甲酰氯、氰化钠、环己烷、催化剂、氯氰菊酯、氯化钠、二氯菊酸。

在国内，江苏连云港环境监测中心有对该生产废水进行 Fenton 和聚硅硫酸亚铁反应以去除其 COD，其结果表明 Fenton 反应的最佳 COD 去除率在 43%，聚硅硫酸亚铁反应最佳 COD 去除率在 33%；上海工程成套公司将该废水在温度 220℃，对应压力 3.54MPa，反应时间 1h 预处理后，COD 从 43100mg/L 降至 17300mg/L，去除率为 60%；氰含量从 3640mg/L 降至小于 1mg/L，去除率高达 99.9% 以上；出水 BOD/COD 上升至 0.34，后续废水可进入生化处理达标排放。

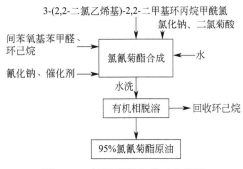

图 11-2　氯氰菊酯生产工艺流程

11.2.5　毒死蜱

11.2.5.1　化学性质

毒死蜱又名氯吡硫磷（chlorpyrifos）、氯蜱硫磷，化学品名：O,O-二乙基-O-（3,5,6-三氯-2-吡啶基）硫代磷酸；分子式 $C_9H_{11}Cl_3NO_3PS$；分子量 350.59；CAS 号：2921-88-2；MDL 号 MFCD00041800；EINECS 号 220-864-4；RTECS 号 TF6300000；密度 1.398（g/mL，25/4℃）；熔点 42.5~43℃；沸点 200℃；闪点：181.1℃；水溶性：微溶于水，溶于大部分有机溶剂。毒死蜱为白色结晶，具有轻微的硫醇味。非内吸性广谱杀虫、杀螨剂，在土地中挥发性较高。

11.2.5.2　生产原料和工艺

生产原料主要有：2,3,5,6-四氯吡啶（CAS 号：2402-79-1）、碱、O,O-二乙基硫代磷酰氯（CAS 号：2524-04-1）、催化剂、氯化钠等。其生产工艺见图 11-3。

11.2.5.3　生产废水成分和处理方法

根据其生产工艺分析其废水主要来自毒死蜱合成后分层的水相及有机相的水洗过程。废水中主要污染物有：2,3,5,6-四氯吡啶、碱、O,O-二乙基硫代磷酰氯、3,5,6-三氯吡啶-2-醇钠、催化剂、毒死蜱、氯化钠。

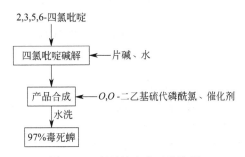

图 11-3　毒死蜱生产工艺流程

浙江某公司采用减压蒸馏-焚烧法和 HSB 特殊菌种、Fenton 法处理该废水取得一定的成功。江苏省环境科学研究院采用电催化氧化可使水中的 3,5,6-三氯吡啶-2-醇钠去除 98.26%，微电解-混凝沉淀可去除 99.58%。

11.2.6 联苯肼酯

11.2.6.1 化学性质

联苯肼酯是联苯肼类杀螨剂,化学名称:3-(4-甲氧基联苯基-3-基)肼基甲酸异丙酯,其纯品为白色固体结晶,分子式:$C_{17}H_{20}N_2O_3$;分子量:300.35;溶解度(20℃):在水中为 2.1mg/L,甲苯中 24.7g/L,乙酸乙酯中 102g/L,甲醇中 44.7g/L,乙腈中 95.6g/L;分配系数(正辛醇/水):Log Pow=3.5。

联苯肼酯是由美国科聚亚公司研发并于 2008 年在我国登记的一种新型选择性叶面喷雾用杀螨剂,主要用于针对果树、棉花、蔬菜和茶叶上的螨虫,与目前其他杀螨剂没有交互抗性。

11.2.6.2 生产原料和工艺

生产原料主要有:3-氨基-4-甲氧基联苯、盐酸、亚硝酸钠、亚硫酸氢钠、氢氧化钠、保险粉、乙酸乙酯、甲苯、氯甲酸异丙酯等。

(1)重氮化反应

将定量的 3-氨基-4-甲氧基联苯投入重氮化釜中,开启搅拌,夹套冰盐水降温至 5℃,将溶解好备入计量罐的亚硝酸钠水溶液滴加入反应釜中,滴加过程中,物料温度不得超过10℃,滴加时间为 0.5h,滴加过程中,准备好的冰块,分批投入反应釜中控制温度,滴加至反应完全;反应完的产品直接导入下步反应的缩合釜。

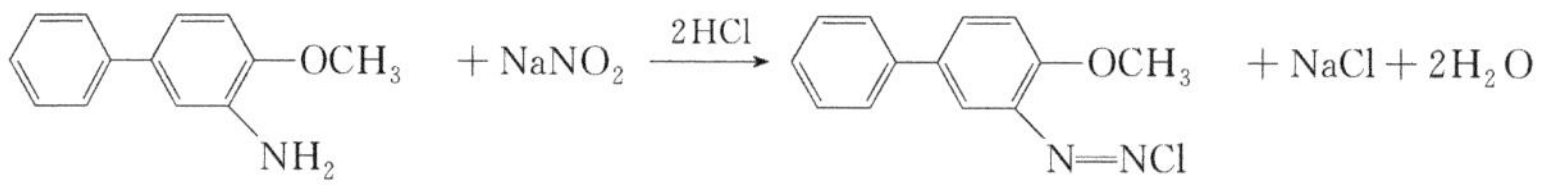

(2)还原反应

加入定量的亚硫酸氢钠和水,保温至 10℃,保温反应 5h 完毕。将合格的物料导入萃取釜,在萃取釜中加入甲苯,搅拌 30min,静置 30min,分去下层废水;将上层物料加水进行水洗,分去下层废水(高盐废水),苯油则导入下步异丙酯化反应釜。

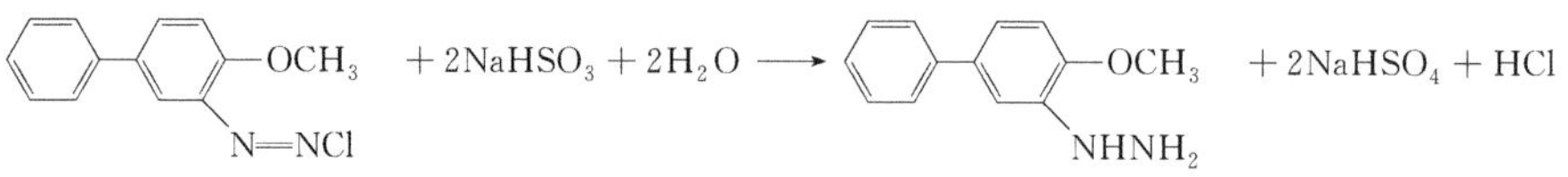

(3)异丙酯化反应

上述物料导入异丙酯化反应釜后,开启搅拌升温至 70℃,并在此温度下滴加氯甲酸异丙酯和液碱,滴加时间为 3~3.5h,滴加完毕后保温 2~3h 至反应完毕。反应结束后,将物料导入水洗、蒸馏釜中,静置。

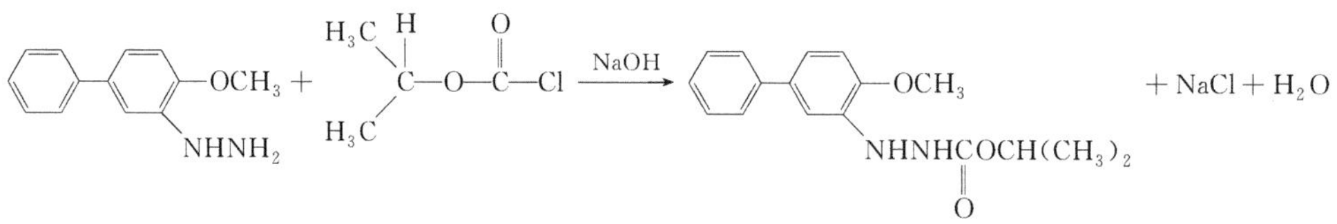

(4)水洗、减压蒸馏

将上一工序产生的物料导入水洗、蒸馏釜,静置 30min,分水(高盐废水),分水后在釜中加入定量的水，搅拌 30min，静置、分水（高盐废水），分水后的苯油开启搅拌，通入夹套蒸汽，缓慢升温至 110℃，开始脱溶，无馏分溶出时，继续升温至 125℃，拉真空 30min 后，排空，将物料中加入 50℃定量的热水，搅拌 20min 导入下步结晶釜，进行结晶。

（5）结晶、过滤

将上批导入结晶釜的物料搅拌降温至 30℃，保持 3h，降温至 20℃保持 2h，待大量晶体析出后，继续降温至 10℃，保持 1h，过滤，得到湿品的联苯肼酯，去下一工序。

（6）干燥

开启干燥机，设定进、出口温度值（进口温度为 110℃，出口温度为 90℃），待进口温度到 110℃，投入湿品联苯肼酯，进行干燥，干燥后的产品为 97%的联苯肼酯晶体，包装。

废气包括：原料氯甲酸异丙酯、甲苯、盐酸在生产过程中的挥发，冷凝回收甲苯时产生的尾气。生产废水为高盐废水，高盐废水排入蒸馏釜析盐后，蒸馏产生的水蒸气经冷凝器回收返回于生产中，其他废水通过车间的污水管道进入污水处理站进行处理。固体废物：蒸馏釜残（危险废物）和蒸盐时产生的 NaCl 和 $NaHSO_4$ 等。

11.2.6.3　生产废水成分和处理方法

根据其生产工艺分析其废水主要来自第四步反应：重氮化还原反应后分层的水相和有机相的水洗过程和最后一步反应产品合成后分层的水相及有机相的水洗过程，废水中主要污染物有：3-氨基-4-甲氧基联苯、盐酸、亚硝酸钠、亚硫酸氢钠、氢氧化钠、保险粉、乙酸乙酯、甲苯、氯甲酸异丙酯、联苯肼酯等。

然而截至目前，对新型农药联苯肼酯的研究还仅局限于田间药效和毒理方面。对联苯肼酯废水处理国内外还鲜有相关报道，湖南农业大学将该废水用光化学降解的方式处理取得了一定进展。

11.2.7　3-甲基-2-硝基苯甲酸

11.2.7.1　化学性质

3-甲基-2-硝基苯甲酸，中文别名：2-硝基-3-甲基苯甲酸，2-硝基间甲基苯甲酸；其分子式：$CH_3C_6H_3(NO_2)CO_2H$；分子量：181.15；外观性状：白色结晶粉末；熔点 219～223℃；水溶性物质。吸入、皮肤接触及吞食有害，刺激眼睛、呼吸系统和皮肤。

11.2.7.2　生产原料和工艺

生产原料主要有：发烟硝酸、间甲基苯甲酸等。其生产工艺见图 11-4。

11.2.7.3　生产废水成分和处理方法

根据其生产工艺分析其废水主要来自产品合成离心后母液经提取副产物后的离心母液，废水中主要污染物有：发烟硝酸、间甲基苯甲酸、3-甲基-2-硝基苯甲酸。

其生产废水处理在国内未见报道。

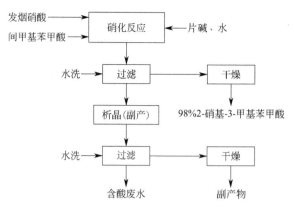

图 11-4 3-甲基-2-硝基苯甲酸生产工艺流程

11.2.8 萎锈灵

11.2.8.1 化学性质

萎锈灵（carboxin）是一种具有内吸作用的杂环类杀菌剂，中文别名 5,6-二氢-2-甲基-N-苯基-1,4-氧硫杂环己烯-3-甲酰胺；分子式 $C_{12}H_{13}NO_2S$；分子量 235.3；密度 1.45g/mL；熔点 91.1～91.7℃；100mL 水中可溶解 10.095g 萎锈灵；低毒，对大鼠急性经口 LD50 为 3820mg/kg。

纯品为白色针状结晶。可溶于甲醇、丙酮、苯等有机溶剂。遇碱性物质容易分解失效。剂型有可湿性粉剂、乳油等。主要用于防治高粱丝黑穗病等禾谷类黑穗病，也可防治小麦锈病、棉草病害、粟白发病等。对人畜低毒。

11.2.8.2 生产原料和工艺

生产原料主要有：乙酰乙酰苯胺、甲苯、磺酰氯、碳酸氢铵、巯基乙醇、盐酸、对甲苯磺酸、乙醇等。其生产工艺见图 11-5。

11.2.8.3 生产废水成分和处理方法

根据其生产工艺分析其废水主要来自第二步反应：氯化物与巯基乙醇反应后分层水相及有机相的水洗过程和第三步反应后有机相的水洗过程，废水中主要污染物有：乙酰乙酰苯胺、甲苯、磺酰氯、碳酸氢铵、巯基乙醇、盐酸、对甲苯磺酸、乙醇、萎锈灵、亚硫酸盐。

其生产废水处理在国内未见报道。

11.2.9 抑芽丹

11.2.9.1 化学性质

抑芽丹又称马拉酰肼或青鲜素，一种丁烯二酰肼类植物生长调节剂、选择性除草剂和暂时性的植物生长抑制剂。纯品为白色结晶。在水中的溶解度为 6g/L(25℃)。其钠、钾、铵盐及有机碱盐类易溶于水。性质稳定。剂型有水剂、原药、乙醇胺盐溶液等。可用来防

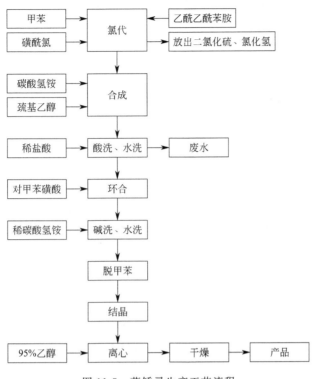

图 11-5　萎锈灵生产工艺流程

止贮藏期的马铃薯、圆葱、大蒜、萝卜等发芽。对人畜低毒。其钠盐对大鼠口服 LD50 为 6950mg/kg。对鱼毒性强。

11.2.9.2　生产原料和工艺

生产原料主要有：硫酸、水合肼、顺丁烯二酸酐等。其生产工艺见图 11-6。

11.2.9.3　生产废水成分和处理方法

根据其生产工艺分析其废水主要来自产品合成后离心液及产品的水洗过程，废水中主要污染物有：硫酸、水合肼、顺丁烯二酸酐、抑芽丹、硫酸肼。

其生产废水处理在国内未见报道。

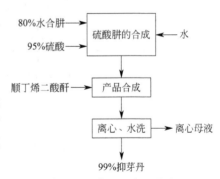

图 11-6　抑芽丹生产工艺流程

11.2.10　啶酰菌胺

11.2.10.1　化学性质

啶酰菌胺，化学名：2-氯-N-(4′-氯二苯-2-基)烟酰胺；分子式：$C_{18}H_{12}Cl_2N_2O$；分子量：343.21；毒性：急性经口＞2000mg/kg；急性经皮＞2000mg/kg，为低毒杀菌剂。

啶酰菌胺是由德国巴斯夫公司开发的新型烟酰胺类杀菌剂，主要用于防治白粉病、灰霉病、各种腐烂病、褐腐病和根腐病等，已于 2004 年在英国、德国和瑞士登记。啶酰菌胺属于线粒体呼吸链中琥珀酸辅酶 Q 还原酶抑制剂，对孢子的萌发有很强的抑制能力，且与其他杀菌剂无交互抗性。

啶酰菌胺是新型烟酰胺类杀菌剂，杀菌谱较广，几乎对所有类型的真菌病害都有活性，对防治白粉病、灰霉病、菌核病和各种腐烂病等非常有效，并且对其他药剂的抗性菌亦有效，主要用于包括油菜、葡萄、果树、蔬菜和大田作物等病害的防治。与多菌灵、速克灵等无交互抗性。

11.2.10.2 生产原料和工艺

生产原料主要有：联苯、乙酸酐、硝酸、三氯化铝、乙酸、盐酸、乙醇、甲苯、乙腈、2-甲氨基吡啶、2-氯烟酸、二氯亚砜、DMF 等，其生产工艺流程见图 11-7。

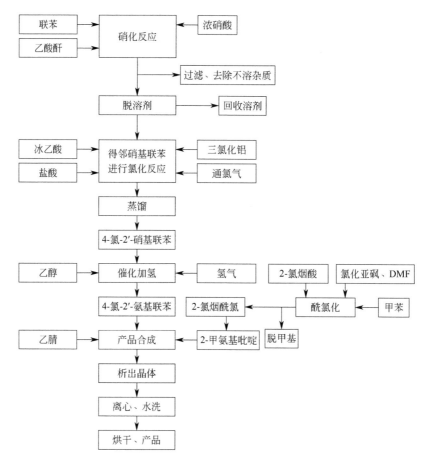

图 11-7 啶酰菌胺生产工艺流程

11.2.10.3 生产废水成分和处理方法

根据其生产工艺分析，废水中主要污染物有：联苯、乙酸酐、硝酸、三氯化铝、乙酸、盐酸、乙醇、甲苯、乙腈、2-甲氨基吡啶、2-氯烟酸、二氯亚砜、DMF、啶酰菌胺等。

其生产废水处理在国内未见报道。

11.2.11　噻呋酰胺

11.2.11.1　化学性质

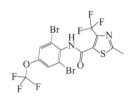

噻氟酰胺（thifluzamide）又叫噻氟菌胺，中文别名：噻呋酰胺，$2',6'$-二溴-2-甲基-$4'$-三氟甲氧基-4-三氟甲基-1,3-噻二唑-5-羟酰苯胺，商品名为：瀚生巧农闲（24%悬浮剂）；CAS 号：130000-40-7；分子量 528.06；分子式：$C_{13}H_6Br_2F_6N_2O_2S$；纯品为白色粉状固体，熔点 178℃；密度 1.930g/cm³，储存条件 0～6℃；20℃时 1L 水中可溶解 1.6mg；分配系数 4.1；pH 为 5～9 时稳定。

噻氟酰胺属于噻唑酰胺类杀菌剂，具有强内吸传导性和长持效性。噻呋酰胺对丝核菌属、柄锈菌属、黑粉菌属、腥黑粉菌属、伏革菌属、核腔菌属等致病真菌均有活性，尤其对担子菌纲真菌引起的病害如纹枯病、立枯病等有特效。

11.2.11.2　生产原料和工艺

生产原料主要有：氯气、三乙胺、碱、乙腈、盐酸、甲苯、氯化亚砜、2,6-二溴-4-三氟甲氧基苯胺、中间体酸、含 F 和 Br 及 S 的有机物等。噻氟酰胺（噻呋酰胺）的合成由酰氯化和噻氟酰胺合成这两个反应步骤完成。

（1）酰氯化

氯代三氟乙酯和乙硫酰胺在无水乙醇溶液中，与氯化亚砜在催化剂作用下回流反应，得到中间体 2-甲基-4-三氟甲基-5-噻唑酰氯。工艺说明：将定量的无水乙醇加入反应瓶中，常温下搅拌加入催化剂，再加入乙硫酰胺和氯代三氟乙酯，在回流温度下滴加备好的氯化亚砜，滴加时间保持在 3h 左右，滴加完后回流反应 6h，取样中控，三氟乙酰乙酸乙酯（氯代氟酯）≤0.5% 为反应完全，有机相进入下步工序。

$$F_3CCOCHClCO_2C_2H_5 + CH_3CNH_2 + SOCl_2 \longrightarrow \underset{H_3C}{\overset{CF_3}{\text{（噻唑环）COCl}}} + 2HCl + C_2H_5OH + SO_2$$

（2）噻氟酰胺（噻呋酰胺）合成

将上步反应得到的中间体 2-甲基-4-三氟甲基-5-噻唑酰氯与 2,6-二溴-4-三氟甲氧基苯胺（溴氟甲氧基苯胺）反应得到最终产品噻氟酰胺（噻呋酰胺）。

工艺说明：将酰氯化工序得到的噻唑酰氯与定量的溴氟甲氧基苯胺投入反应瓶中，在回流状态下反应 7h，取样中控：噻唑酰氯和溴氟甲氧基苯胺均≤0.5% 为反应合格，否则根据中控情况，适当补加噻唑酰氯或溴氟甲氧基苯胺直至反应合格，将反应合格的物料去过滤，滤饼用定量的水淋洗，滤饼干燥，得到的固体即为产品噻氟酰胺（噻呋酰胺）。

$$\underset{H_3C}{\overset{CF_3}{\text{（噻唑环）COCl}}} + H_2N\text{（苯环）}OCF_3 \longrightarrow \underset{H_3C}{\overset{CF_3}{\text{（噻唑环）C(=O)—NH}}}\text{（苯环）}OCF_3 + HCl$$

产污环节分析：废气主要为冷凝回收乙醇产生的尾气，制副产品盐酸和亚硫酸钠时产生的尾气；废水中主要污染物为 COD、胺盐和苯系物，通过车间的污水管道进入污水处理站进行处理。

11.2.11.3　生产废水成分和处理方法

根据其生产工艺分析，废水中主要污染物有：三氟乙酰乙酸乙酯、硫代乙酰胺、三乙胺、碱、乙腈、盐酸、甲苯、氯化亚砜、2,6-二溴-4-三氟甲氧基苯胺、噻呋酰胺、中间体酸、含 F 和 Br 及 S 的有机物等。

其生产废水处理在国内未见报道。

11.3　土菌灵等多种农药生产废水处理工程

11.3.1　工程概况

业主为国家重点农药生产企业，现主要产品有：土菌灵、克菌丹、灭菌丹、噻呋酰胺、氯氰菊酯、毒死蜱、联苯肼酯、3-甲基-2-硝基苯甲酸、萎锈灵、抑芽丹、啶酰菌胺等。其生产过程中产生大量剧毒、难降解的废水。其生产产生废水具体情况见表 11-1，废水量按 $600m^3/d$ 设计。

表 11-1　业主农药生产产生废水情况

序号	农药名称	废水中主要污染物	废水量/(m^3/d)
1	土菌灵,化学名称:5-乙氧基-3-(三氯甲基)-1,2,4-噻二唑	见 11.2.1.3	7.2
2	克菌丹,化学名称:N-(三氯甲硫基)-环己-4-烯-1,2-二甲酰亚胺	见 11.2.2.3	9.4
3	灭菌丹,化学名称:N-三氯甲硫基酞酰亚胺	见 11.2.3.3	8.6
4	氯氰菊酯,(RS)-α-氰基-3-苯氧基苄基(SR)-3-(2,2-二氯乙烯基)-2,2-二甲基环丙烷羧酸酯	见 11.2.4.3	5.5
5	毒死蜱,化学名称:O,O-二乙基-O-(3,5,6-三氯-2-吡啶基)硫代磷酸	见 11.2.5.3	7.3
6	联苯肼酯,化学名称:3-(4-甲氧基联苯基-3-基)肼基甲酸异丙酯	见 11.2.6.3	23.7
7	3-甲基-2-硝基苯甲酸	见 11.2.7.3	11.0
8	萎锈灵,化学名称:5,6-二氢-2-甲基-N-苯基-1,4-氧硫杂环己烯-3-甲酰胺	见 11.2.8.3	13.5
9	抑芽丹,化学名称:1,2-二氢-3,6-哒嗪二酮	见 11.2.9.3	0.8
10	啶酰菌胺,化学名称:2-氯-N-(4′-氯二苯-2-基)烟酰胺	见 11.2.10.3	19.6
11	噻呋酰胺,化学名称:2′,6′-二溴-2-甲基-4′-三氟甲氧基-4-三氟甲基-1,3-噻二唑-5-羟酰苯胺	见 11.2.11.3	16.8
合计(设计按 $600m^3/d$)			123.4

从表 11-1 可见，业主生产多种农药，其生产产生的废水中污染物的种类多，成分很复杂，污染物浓度高，酸度大，盐含量高达 7%，含恶臭物和氟、溴、氰等复杂大分子、杂环等有机物，必须经物化预处理分解大分子、杂环等复杂有机物，才能进行后续生化处理达标排放。业主农药（1～10 号）生产废水预处理和生化处理的工艺流程见图 11-9。农药噻呋酰胺（11 号）生产废水因含氟、溴污染物对 CWAO 设备腐蚀，须单独预处理，其预处理工艺流程见图 11-10。

11.3.2 设计水质水量

设计业主日排放农药废水 600m³，进湿式催化氧化处理（CWAO）的出水预处理调至 1500m³/d，达生化处理进水水质要求后，进生化系统处理达标排放或回用，设计生化处理进出水水质见表 11-2。

表 11-2 设计生化处理进出水水质 单位：mg/L

指标	COD	BOD	氨氮	磷酸盐（以 P 计）	SS	色度（倍）	pH
进水	2000	600	300	10	100	200	6～7
出水	90	20	10	0.5	60	40	6～9
DB44/26—2001	90	20	10	0.5	60	40	6～9

设计处理出水达广东省地方标准《水污染物排放限值》DB44/26—2001 表 4 一级标准。

11.3.3 处理工艺流程

11.3.3.1 业主农药生产废水处理总工艺流程

业主农药生产废水处理总工艺流程见图 11-8。

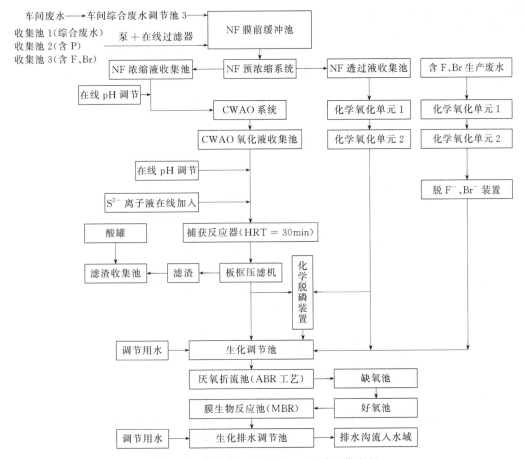

图 11-8 业主农药生产废水处理总工艺流程

11.3.3.2　业主（1～10号）农药生产废水处理工艺流程

业主（1～10号）农药生产废水处理工艺流程见图11-9。

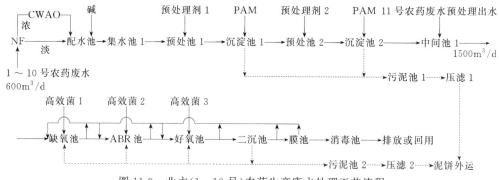

图11-9　业主(1～10号)农药生产废水处理工艺流程

1～10号农药废水首先经纳滤膜（NF）处理，NF排出的淡液经预处理达生化进水水质要求后生化处理；NF排出的浓液进行高温湿式催化氧化处理（CWAO）将大分子和杂环分解，去预处理达生化进水水质后再进生化系统处理，生化系统的缺、厌、好氧池在高效菌1、2、3的作用下降低COD，脱氮、除磷，经二沉池固液分离，二沉池上清液经膜池深度处理，膜池出水最后经消毒池紫外线消毒后，达标排放或回用。二沉池剩余污泥和膜池污泥进污泥池2经压滤2后，泥饼外运，脱水回二沉池再处理。一沉池预处理产生的污泥进污泥池1，经压滤1压滤，泥饼外运，脱水进集水池。

11.3.3.3　业主（11号）农药噻呋酰胺生产废水预处理工艺流程

业主（11号）农药噻呋酰胺生产废水预处理工艺流程见图11-10。

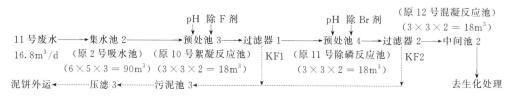

图11-10　业主(11号)农药噻呋酸铵生产废水预处理工艺流程

业主11号农药噻呋酰胺生产废水自流入集水池2，泵入预处池3，在除氟（F）剂的作用下，去除氟，经过滤器1进预处池4，在除溴（Br）剂的作用下去除溴，经过滤器2进中间池2达生化进水水质要求后去生化处理。过滤器1、2的污泥进污泥池3，经压滤3压滤，泥饼外运，脱水回集水池2。

11.3.3.4　高温湿式催化氧化的催化剂回收的工艺流程

CWAO催化剂回收的工艺流程见图11-11。

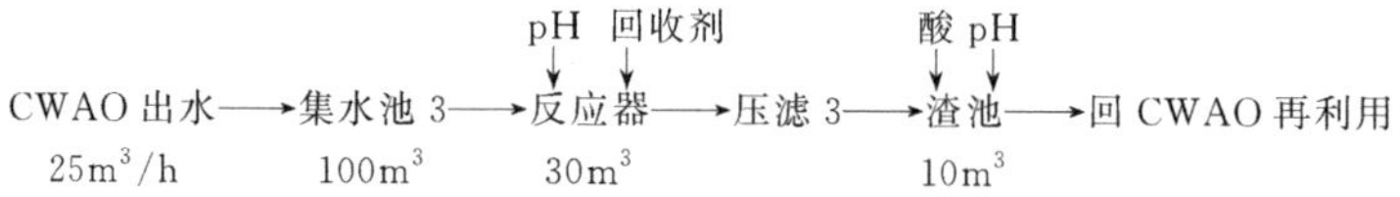

CWAO出水 ——→ 集水池3 ——→ 反应器 ——→ 压滤3 ——→ 渣池 ——→ 回CWAO再利用
25m³/h　　　　100m³　　　　30m³　　　　　　　　10m³

图11-11　CWAO催化剂回收利用工艺流程

CWAO 的出水自流入集水池 3，泵入反应器，在回收剂的作用下，回收催化剂，经压滤后，酸溶去 CWAO 再利用。

11.3.4 主要构筑物

11.3.4.1 生化处理系统主要构筑物

生化处理系统主要构筑物见表 11-3。

表 11-3 生化处理系统主要构筑物

序号	构筑物名称	规格/m	单位	数量	总量/m³	备注
1	缺氧池	20×10×4.45	座	2	1780	钢筋砼,防渗
2	厌氧池	20×10×4.3	座	2	1720	钢筋砼,防渗
3	好氧池	40×10×4.15	座	2	3320	钢筋砼,防渗
4	二沉池	5×6×4.0	座	2	240	钢筋砼,防渗
5	膜池	5×4×3.85	座	2	154	钢筋砼,防渗
6	污泥池 2	1.5×20×2	座	1	60	钢筋砼,防渗
7	消毒池	1.0×20×1.5	座	1	30	钢筋砼,防渗
合计					7304	

11.3.4.2 业主（11号）农药废水预处理主要构筑物

业主（11号）农药废水预处理主要构筑物见表 11-4。

表 11-4 业主（11号）农药废水预处理主要构筑物

序号	构筑物名称	规格/m	单位	数量	总量/m³	备注
1	集水池 2	6×5×3	座	1	90	原吸水池（2号）
2	预处池 3	3×3×2	座	1	18	原絮凝反应池（10号）
3	预处池 4	3×3×2	座	1	18	原除磷反应池（11号）
4	中间池 2	3×3×2	座	1	18	原混凝反应池（12号）
合计					144	（原有池改造）

11.3.4.3 NF 淡液+ CWAO 出水预处理主要构（建）筑物

NF 淡液＋CWAO 出水预处理主要构（建）筑物见表 11-5。

表 11-5 NF 淡液＋CWAO 出水预处理主要构（建）筑物

序号	构筑物名称	规格/m	单位	数量	总量/m³	备注
1	集水池 1	15×5×3	座	1	225	原 3 号调节池
2	预处池 1	15×7×1.2	座	1	126	原 14 号污泥浓缩池
3	沉淀池 1	9×5×4	座	1	180	原 19 号 A 段沉淀池
4	预处池 2	10×5×4	座	1	200	原 17 号 A 段曝气池
5	沉淀池 2	16×6.4×3.4	座	1	348.2	原 21 号 B 段沉淀池
6	中间池 1	9×5×4	座	1	180	原 18 号调配池
7	污泥池 1		座	1		原 23 号过滤池
8	加药池 1	3×3×2.2	座	2	39.6	原 6 号石灰乳化池
9	加药池 2	3×3×2.2	座	2	39.6	原 7 号石灰反化池
10	鼓风机房		座	1		原 16 号鼓风机房
11	脱水机房		座	1		原 15 号脱水机房
合计					1338.4	（原有池改造）

11.3.4.4　CWAO 的催化剂回收系统主要构筑物

CWAO 的催化剂回收系统主要构筑物见表 11-6。

表 11-6　CWAO 的催化剂回收系统主要构筑物

序号	构筑物名称	规格/m³	单位	数量	总量/m³	备注
1	集水池 3	100	座	1	100	钢筋砼,防腐
2	渣池	10	座	2	20	钢筋砼,防腐
合计					120	(新建)

11.3.5　主要设备和材料

11.3.5.1　生化处理系统主要设备和材料

生化处理系统主要设备和材料见表 11-7。

表 11-7　生化处理系统主要设备和材料

序号	位置和设备	设备名称	规格	单位	数量
1	生化池	混液回流泵	40m³/h,15m,2.5kW	台	8
		填料	ϕ14mm	m³	1106
		高效菌	缺氧菌、厌氧菌、好氧菌	t	12
		营养物投加装置		套	2
		风机	31.5m³/h,49kPa,45kW	台	4
2	污泥池 2	污泥回流泵、压滤机	20m³/h,20m,2.5kW,80m²	台	9
3	膜池	超滤膜	膜面积 2500m²,毛细管式膜组件 10 支,内压式,抽吸压力 0.1～0.14MPa,抽吸泵	套	2
4	消毒池	紫外线消毒器		套	2
5	电控柜			台	2
6	电缆、桥架			批	1
7	管、阀			批	1

11.3.5.2　预处理系统主要设备和材料

11 号农药预处理系统主要设备和材料见表 11-8。

表 11-8　11 号农药预处理系统主要设备和材料

序号	位置和设备	设备名称	规格	单位	数量
1	预处池 3、4	pH 计	pH 1～14	台	2
		加药装置		套	4
		过滤器	KF1,ϕ1000×4700	套	2
		提升泵	20m³/h,10m,1.1kW	台	4
		反冲洗泵	20m³/h,15m,1.5kW	台	2
2	中间池 2	提升泵	20m³/h,10m,1.1kW	台	2
3	电控柜			台	2
4	电缆、桥架			批	1
5	管、阀			批	1

11.3.5.3　NF 淡液 + CWAO 出水预处理主要设备和材料

NF 淡液＋CWAO 出水预处理主要设备和材料见表 11-9。

表 11-9　NF 淡液＋CWAO 出水预处理主要设备和材料

序号	设备位置	设备名称	规格	单位	数量	备注
1	集水池 1	提升泵	$65m^3/h, 10m, 5.5kW$	台	2	
2	预处池 1、2	预处理剂投加装置		套	4	
		提升泵	$65m^3/h, 10m, 5.5kW$	台	4	
3	沉淀池 1、2	PAM 投加装置		套	2	
4	中间池 1	提升泵	$65m^3/h, 10m, 5.5kW$	台	2	
5	污泥池 1	污泥泵	$10m^3/h, 15m, 2.5kW$	台	2	
		压滤机	$80m^2$	套	1	
6	电控柜			台	2	
7	电缆、桥架			批	1	
8	管阀			批	1	

11.3.6　技术经济分析

业主农药生产废水先采用纳滤（NF）处理，NF 淡液经预处理进生化处理，NF 浓液进高温湿式催化氧化（CWAO）处理分解难降解大分子、杂环等有机物，再经预处理，使水质达到生化处理进水水质要求后，进生化系统处理。本生化系统采用投加专用高效菌的移动床生物膜反应器（MBBR）或生物膜反应器（MBR）处理工艺，抗冲击负荷强，运行稳定可靠，处理出水达标排放或回用，有较好的经济效益。

11.3.6.1　投资和运行成本

本生化处理工程采用缺氧＋ABR＋好氧＋MBR 工艺，投资省，处理效果好。

运行成本：约 $9\sim25$ 元/（m^3 废水）。

11.3.6.2　环境保护

业主农药生产废水先经 NF 和 CWAO 处理去除绝大部分难降解污染物，再经预处理，提高了该废水的可生化性，保障了后续生化处理的达标排放，有较好社会环境效益。

11.3.6.3　占地

占地约 $1800m^2$。

11.3.6.4　建设周期

施工图设计 20 个工作日，建设周期约 2 个月，调运 3 个月投用。

11.3.6.5　运行管理

4 个人，1 人兼分析。

11.4 工程现场图

业主土菌灵等多种农药生产废水处理工程设计、建成、调试、投运达设计指标。工程现场见图 11-12 和图 11-13。从图 11-12 和图 11-13 可见，本工程设计总体规划清晰，布局合理，操作管理方便，该工程案例为农药废水处理提供了借鉴。

图 11-12　预处理区

图 11-13　生化处理区

第12章

亚氨基二乙腈和双甘膦及草甘膦的高浓高磷固渣煅烧工程技术研究与工程案例

摘要：业主生产亚氨基二乙腈（IDAN）和双甘膦（MSDS）及草甘膦（PMG）的高浓高磷固渣（危废）日渐增多，堆积数万吨未处理，是环境和水源的污染源，业主委托本团队设计、建设该危废处理工程。本团队取该高浓高磷固渣进行了大量的处理试验研究，根据试验获得的参数和固渣煅烧处理原理，计算出设计指标，设计了干化煅烧处理的工艺流程，得出了含磷污泥煅烧处理的原理和达到的指标，配套调试运行的燃油与污泥的匹配调控，阐明了设备单体结构与作用，以及操作安全规程等事项。该工程设备安装完毕，联通试运，验收合格投用，已稳定达标运行，处理完多年堆积的高浓高磷固渣，实现了资源化利用，也为当地经济的可持续发展做出了很大贡献。

12.1 高磷固渣干化煅烧原理和达到的指标

本含磷污泥是 IDAN、MSDS、PMG 生产产生的含高钙、高磷、高有机物等物质的污泥。

本污泥含水率在 10%～35% 之间不等，新送入堆场的含水率较高，堆积数月的含水率较低。形状呈石灰岩块状、黄白色，表面风化后为白色，具有一定的黏性。

本含磷污泥处理方案有：生物处理、化学处理、物化处理。生物处理的时间太长，处理量太小，占地大，工程上不可能实施。化学处理：如用臭氧等强氧化剂处理污泥中的有机物，成本非常高。物化处理：如用超声＋紫外线＋电催化处理只能分解部分有机物；用高温湿式催化氧化处理成本也非常高，且操作严格、对设备要求高。用干化煅烧处理，即先干化除去污泥中的水分，再以一定的过剩空气与干泥在煅烧炉内进行氧化煅烧反应，污泥中的有机磷在高温下被氧化、分解而被破坏，变为有用的无机物同时减量、无害，因而煅烧可同时实现污泥的减量化、无害化和资源化。

12.1.1 干化煅烧原理与特征

干化是在一定的温度下，除去水分和一部分挥发性有机物。煅烧是处理危废的剧烈氧化反应，可燃物有机危废、氧化物（空气：含氧 21%）、燃料（天然气）等成分相互作用，必须控制其成分和进料速率及煅烧温度，才能使有机物彻底破毁，变成无机物，并防控污染物的产生，达到最终的干化煅烧目的。

12.1.2　干化煅烧处理指标、标准及要求

12.1.2.1　减量比

设计污泥干化煅烧后减量比可达到 46.6%～55.92%，平均减量 50.06%。按每日产生 100t 原料计，每日可减量约 50t 污泥，产生 50t 干化不含有机危废的污泥。

12.1.2.2　干化煅烧效率及破坏效率

设计含磷污泥干化效率达到 99%，有机磷的破坏效率达到 99%。

12.1.2.3　烟气排放限制浓度指标

含磷污泥在干化煅烧过程中产生新的污染物，可造成二次污染。新的污染物包括：①烟尘（颗粒物、黑度、总碳量）；②有害气体（SO_2、HCl、CO、NO_x）；③重金属（Pb、Ni）；④有机污染物（二噁英）。设计达《危险废物煅烧污染控制标准》（GB 18484—2020）的相关烟气排放限值，见表 12-1。

表 12-1 所列含磷污泥干化煅烧烟气的 8 项污控指标中，铅的含量极微；干化煅烧控制在 450～600℃，因含磷污泥中不含苯环结构的化合物（二噁英母体），几乎不产生二噁英，因而，可不考虑检测铅和二噁英指标。其余污染物必须达到要求的指标。

表 12-1　危险废物煅烧设施烟气污染物排放浓度限值

序号	项目	单位	数字含义	危标（GB 18484—2020）（≥2500kg/h）
1	颗粒物	mg/m³	日均值	20
2	一氧化碳	mg/m³	日均值	80
3	氮氧化物	mg/m³	日均值	250
4	二氧化硫	mg/m³	日均值	80
5	氟化氢	mg/m³	日均值	2.0
6	氯化氢	mg/m³	日均值	50
7	汞、铊、镉	mg/m³	测定均值	0.05
8	铅、砷、铬	mg/m³	测定均值	0.5
9	锡、锑、铜、锰、镍、钴及其化合物	mg/m³	测定均值	2.0
10	二噁英类	ng TEQ/m³	测定均值	0.5

注：表中污染物限值为基准氧含量排放浓度。

12.1.3　干化煅烧的方式

含磷污泥中的有机物在干化煅烧时由固体状态转化为气态，复杂的膦、腈类化合物与氧进行煅烧，可形成火焰、快速煅烧，或火焰颜色黯淡、几乎看不到火焰。干化煅烧方式是本设计控制煅烧反应的关键因子。

本设计干化煅烧采用漩涡流，干化煅烧气体由炉周方向切线进入，造成炉内干化煅烧气流的漩涡态，扰动大，不短流，气体流经路径和停留时间长，气流中间温度高，周围温度不高；滚筒内设活动抄板，将大颗粒物打碎为小颗粒，增大接触面积，使煅烧完全。含磷污泥干化煅烧工艺见图 12-1。

含磷污泥先经干化段，接着进煅烧段，去除有机物、灰渣，另进行磷资源回收生成磷化工产品；干化和煅烧废气进净化系统净化排放，采取富氧煅烧。

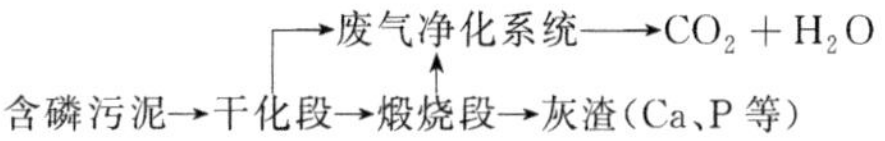

废气净化系统 ——→ $CO_2 + H_2O$
含磷污泥→干化段→煅烧段→灰渣(Ca、P 等)

图 12-1　含磷污泥干化煅烧工艺

12.1.4　干化煅烧控制的参数

干化煅烧控制的 4 大参数是：干化煅烧温度、混合强度、停留时间和过剩空气率。

12.1.4.1　干化煅烧温度

含磷污泥的干化煅烧温度是指其渣中有害组分在高温下氧化、分解直至破坏所需达到的温度。提高温度有利于有机磷的分解和破坏，并可抑制黑烟，但过高温度增加燃油燃气（天然气）耗量，而且增加金属熔融及氧化氮数量，不利于 $Ca(H_2PO_4)_2$ 的生成，引起二次污染物的增加；并腐蚀耐火材料和设备，因而不宜随意改变煅烧温度。适合的温度已由实际含磷污泥处理工艺试验研究确定在 $300 \sim 600℃$，过剩的空气和废气在高温区停留可降低破坏温度。

12.1.4.2　停留时间

含磷污泥在炉内干化煅烧条件下停留的时间直接影响干化煅烧的程度，停留时间是决定炉体容积的关键因素。污泥粒径小，与空气接触面积大，氧化煅烧条件好，停留时间短。适合的停留时间由调试投运确定。

12.1.4.3　混合强度

湿污泥颗粒与干化助燃空气充分接触，充分混合，有利于含磷污泥的完全干化煅烧，减少污染物的形成。为增大含磷污泥与干化助燃空气的接触与混合程度，旋转抄动方式是关键。干化助燃空气将不可燃底灰或未燃碳颗粒抄混，污泥颗粒与空气接触机会增多，污泥干化煅烧更完全。干化助燃空气与燃气的流动和湍流度，决定干化煅烧程度，雷诺数高，湍流度大，干化煅烧效果好。流速由调试确定。流速过大，停留时间短，干化煅烧反应不完全。

12.1.4.4　过剩空气率

试验表明：氧气与含磷污泥无法达到理想程度的混合及反应，为使干化煅烧完全，需供给大于理论计算量的空气。以 50% 的过剩空气为基准，但过剩空气不能准确确定，工程上以 7% 过剩氧气为基准，再根据实际过剩氧气量加以调整。

过剩空气率低，干化煅烧不完全，冒黑烟，有机磷煅烧不彻底；过剩空气率过高，干化煅烧温度降低，排气量大，热损失增加，本设计理论过剩空气率 >1.8，实际过剩空气量由现场调试根据实际情况而定，确保物料达到完全干化煅烧。

12.1.4.5　干化煅烧四个控制参数的互动关系

干化煅烧系统中，上述四个参数是重要的设计和操作参数，这四个参数相互影响，其互动关系如表 12-2 所示。

表 12-2　干化煅烧四个控制参数的互动关系

参数变化	搅拌混合程度	气体停留时间	干化煅烧室筒内温度	干化煅烧筒负荷
干化煅烧温度上升	可减少	可减少	—	会增加
过剩空气率增加	会增加	会减少	会降低	会增加
气体停留时间增加	可减少	—	会降低	会降低

综合前述及分析表 12-2 可知，过剩空气率由进料速率及干化助燃空气供应速率决定；气体停留时间由干化室几何形状、供应干化助燃空气速率及废气产率决定；干化助燃空气量影响燃筒温度和流场混合度；干化煅烧温度影响煅烧的效率。

12.1.5　干化煅烧参数计算

依据含水污泥的处理量、物化特征，通过质能平衡计算，确定所需的干化助燃空气量，干化煅烧烟气产生量和其组成及反应筒温度等参数，供筒体大小尺寸，送风机，煅烧器、耐火材料等附属设备的设计参考。

12.1.6　干化煅烧炉设计

12.1.6.1　概述

设计滚筒干化煅烧筒＋煅烧炉对本含磷污泥干化煅烧，可使其减量化、无害化和资源化。

12.1.6.2　主要技术性能

① 应用范围：用于含磷污泥干化煅烧；

② 基本结构：旋转的干化煅烧筒煅烧；连续转动使含磷污泥实现翻转以强化热氧分解过程；最终煅烧炉进行有机物的完全煅烧去除；

③ 干化煅烧污泥量：100t/d；

④ 干化煅烧室温度：300～600℃；

⑤ 污染物消减率：99%；

⑥ 林格曼黑度：1 级；

⑦ 控制形式：半自动、手动；

⑧ 使用燃料：天然气；

⑨ 燃料耗量：空气 2500～7000Nm³/h；风压 1500～4000Pa；含天然气料耗量：8500 Nm³/h；

⑩ 电耗：<0.8kW；

⑪ 排放：排烟符合国家标准，排灰无菌；

⑫ 噪声：<65dB；

⑬ 减容比：>50%；

⑭ 灰渣：50 t/d。

12.1.6.3　特点

① 干化旋转筒体保温均匀，煅烧温度适中，煅烧彻底；

② 天然气燃料；

③ 通过炉体旋转，干化煅烧后的残渣可自动冷却排出，包装作磷化工原料；

④ 采用的低压风机，工作噪声小；

⑤ 半自动、手动控制，操作简便。

12.2　含磷污泥干化煅烧工艺流程

12.2.1　含磷污泥处理目的

在原 IDAN、MSDS 和 PMG 废水处理过程中产生大量含盐、含磷污泥。其成分非常复杂，属于危险固体废物。本污泥不妥善处理，对周边环境造成严重污染，同时也成为当地环境保护工作中的一个环境安全隐患、重要的危险污染源。

业主领导十分重视企业经济建设与环境保护同步发展，确定采用干化煅烧处理本含磷污泥，彻底消除环境安全隐患，根治本危险污染物。

12.2.2　污泥处理工艺流程

含磷污泥处理工艺流程见图 12-2。本含磷污泥干化煅烧设备附含粉尘、废气处理系统。本工艺技术成熟、安全、可靠；设备简单、处理效果好。整个工程布局合理、占地空间小、外形结构美观、投资省；设备使用寿命长，维护方便，运行效果稳定。

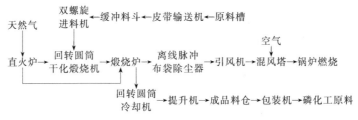

图 12-2　含磷污泥处理工艺流程

12.3　含磷污泥干化煅烧工程的物料和热量平衡

12.3.1　物料名称及组分

含磷污泥名称：含磷污泥，简称磷泥。

磷泥组分：磷酸钙、氯化钙、氧化钙、氢氧化钙等，无机物 43.1%～54.3%，有机物 9.4%～18.4%。水分 10%～35%。

12.3.2　日干化煅烧泥量

日干化煅烧湿磷泥 100t。

12.3.3　干化煅烧要求

干化煅烧出料为灰白色、非熔融的无机盐，若为黑色灰渣、灰粉返回进磷泥料斗再次煅烧，有机磷不得检出。煅烧出料水分≤1%。灰白色灰渣、灰粉去磷工业作原料。尾气经布袋除尘器除尘，通过引风机引入混风塔与空气混合后进入厂区锅炉煅烧。

12.3.4　干化煅烧温度

干化煅烧可调温度300～600℃。

12.3.5　物料平衡和热量平衡计算

干化煅烧旋转转筒机的物料平衡和热量平衡见表12-3。

表 12-3　干化煅烧旋转转筒机的物料平衡和热量平衡

序号	项目	单位	设计计算值
1	干化煅烧旋转转筒机温度	℃	300～600
2	处理湿磷泥量	kg/h	4200
3	天然气发热量	kJ/h	1.86×10^7
4	有机物氧化发热量	kJ/h	3.58×10^6
5	燃气烟气耗热	kJ/h	3.69×10^6
6	湿磷泥料升温耗热	kJ/h	1.89×10^6
7	灰渣消耗热量	kJ/h	1.88×10^5
8	水汽化消耗热	kJ/h	6.58×10^6
9	有机物烟气热量	kJ/h	3.22×10^6
10	炉膛热损失	kJ/h	3.44×10^6
11	其他热损失	kJ/h	1.98×10^6（按柴油计算）
12	折算天然气消耗量	kg/h	534.00
13	实际天然气消耗量	kg/h	400～480
14	有机物烟气量	Nm³/h	27810.00
15	燃料烟气量	Nm³/h	11292.00
16	水蒸气量	Nm³/h	1866.00
17	燃料烟气进口热量	kJ/h	8.32×10^6
18	燃料烟气出口热量	kJ/h	1.56×10^7
19	有机物烟气出口热量	kJ/h	3.84×10^6
20	水蒸气出口热量	kJ/h	2.85×10^6
21	空气过剩率	—	1.20
22	燃气配空气量	Nm³/h	1.10×10^4

12.3.6　自动化控制系统

建议增加由上位机集中监控管理整个干化煅烧过程，由 PLC 控制现场设备。

12.3.6.1　自动检测

检测干化煅烧过程中的状态参数：温度、压力、进泥量、吸收塔液位等。监视运行情况和趋势。

12.3.6.2　顺序控制

按调运操作手册,自动对设备进行控制。开机检测──→运行──→故障处理（报警提示)──→关机等。

12.3.6.3　自动保护

在发生事故时自动保护,防止事故扩大,保护设备不受破坏。当系统出现超压、超温时报警,自动采取安全保护措施,发出警报并自动停止运行。

12.3.6.4　自动控制

自动维持湿磷泥干化煅烧运行,并实时根据工况调整最佳干化煅烧状态。

12.3.6.5　操作模式

操作模式:半自动、手动、自动。

12.3.7　系统装置的安全对策

异常煅烧或突然停电时安全停止装置并报警。回火、熄火时安全停止装置、报警;误动作时停止装置、报警。天然气煅烧异常时装置停止、报警。紧急状态时停止装置,设备终止运行,防止事故发生。设漏电、过流保护装置。

12.3.8　PLC 站点主要控制单元

典型含磷固渣煅烧工艺 PLC 站点主要控制单元见表 12-4。

表 12-4　典型含磷固渣煅烧工艺 PLC 站点主要控制单元

序号	位置	设备名称	介质	测量使用范围	信号名称	备注
1		引风机(变频) 32000m³/h,4000Pa	烟气	75kW	手/自．开/停．正/故． 允许启动	
2		燃气自动煅烧机	天然气	300~600℃	手/自．开/停．正/故	
3	T1	直火炉出口	烟气	300~600℃	4~20mA 连续输出	
4	T2	回转转筒干化器出口	烟气	400℃	4~20mA 连续输出	
5	T3	煅烧炉	烟气	300~600℃	4~20mA 连续输出	
6	T4	布袋除尘器出口	烟气	≤70℃	4~20mA 连续输出	
7	P1	引风机管道	空气	0~5000Pa	4~20mA 连续输出	
8	P2	回转转筒干化器进口压力	空气	−5000~0Pa	4~20mA 连续输出	
9	P3	回转转筒干化器出口压力	烟气	−5000~0Pa	4~20mA 连续输出	
10	P4	煅烧炉	烟气	−5000~0Pa	4~20mA 连续输出	
11	点火装置	含天然气煅烧器	天然气	1.5kW	手/自．开/停．正/故	两套
12	点火装置	含天然气压力检测		开关量	正/低	两套
13	点火装置	火焰监测			正/故	两套

续表

序号	位置	设备名称	介质	测量使用范围	信号名称	备注
14	P6	助燃风压力变送器	空气	0～0.1MPa	4～20mA 连续输出	
15	P7,P8	煅烧器分管道压力	天然气	0～0.1MPa	4～20mA 连续输出	
16	F1	主管道含天然气流量调节	天然气	300～700℃	4～20mA 连续输出	

12.4　IDAN 和 MSDS 及 PMG 的高浓高磷固渣煅烧工程

业主与本团队就业主含磷固渣煅烧项目从设计基础数据、标准规范、工艺流程、设计分工、技术要求、供货范围、质量控制检验试验及业主监造、性能保证及质量保证、图纸资料交付、涂漆包装运输、开箱验货、安装调试试运行及验收、培训与售后服务等方面进行了充分细致的讨论，设计了本项目。

12.4.1　工程概况

12.4.1.1　设计基础数据

① 大气压力　kPa；年平均：96.5；年平均最低：95.4。

② 相对湿度　%；年平均：81；最高：84；最低：80。

③ 大气温度　℃；年平均：17.2；最热月平均气温：30.7；最冷月平均气温：4.4；极端最高温度：38.1；极端最低温度：−4.3。

④ 地震烈度　7 度。

⑤ 年平均雷暴日　42.9 天。

⑥ 海拔高度　353m。

12.4.1.2　公用工程条件

① 循环冷却水　供水温度：32℃；供水压力：0.35MPa(G)；回水温度：40℃；回水压力：0.25MPa(G)；污垢系数：0.0004m^2·K/kcal；氯离子含量：<100mg/L；pH：6～8。

② 电源　交流电源：10000V/50Hz/3 pH；380V/50Hz/3 pH；220V/50Hz/1 pH。

③ 气源　氮气压力：0.5～0.6MPa(G)；温度：40℃；仪表空气：0.5～0.6MPa(G)；温度：常温；露点：−40℃；含油量：无；含颗粒物质：无。

④ 脱盐水　压力 0.4MPa(G)，常温条件下，脱盐水指标见表 12-5。

表 12-5　脱盐水指标

项目	测定结果	单位	项目	测定结果	单位
电导率	<2	μS/cm	TOC	≤1	mg/L
Ca+Mg	<0.1	mg/L	Al	≤0.02	mg/L
SiO$_2$	≤0.1	mg/L	Hg	≤0.05	mg/L
悬浮固体	≤0.5	mg/L	重金属	≤0.05	mg/L
Fe	≤0.05	mg/L	Cl$^-$	≤1	mg/L

⑤ 天然气　压力 0.3～0.6MPa(G)，常温条件下，天然气具体组成成分见表 12-6。

表 12-6　天然气具体组成成分

项目	指标	项目	指标
CO_2	0.07%	C_2H_6	0.2%
N_2	2.06%	C_3H_8	0.01%
CH_4	97.62%	其他	0.04%

12.4.1.3　含磷固渣参数

含磷固渣分析数据见表 12-7。

表 12-7　含磷固渣分析数据

序号	项目	参数	单位	备注
1	处理量	100	t/d	每小时处理 5 吨湿污泥
2	固体密度	1.2~1.3	g/cm³	湿基密度
3	干化煅烧减量	约 45	%	450~480℃
4	含水率	10~15	%	堆积数月后
5	颗粒直径	≤150	mm	

12.4.2　标准规范

12.4.2.1　设计标准

①《中华人民共和国环境保护法》(2015)。

②《工业炉窑大气污染物排放标准》(GB 9078—1996)。

12.4.2.2　仪控、电气标准

①《工业自动化仪表盘、柜、台、箱》(GB/T 7353—1999)。

②《自动化仪表工程施工及质量验收规范》(GB 50093—2013)。

③《仪表系统接地设计规范》(HG/T 20513—2014)。

④《旋转电机　定额和性能》(GB 755—2000，现为 GB/T 755—2019)。

⑤《低压配电设计规范》(GB 50054—2011)。

⑥《通用用电设备配电设计规范》(GB 50055—2011)。

⑦《交流电气装置的接地设计规范》(GB/T 50065—2011)。

12.4.2.3　土建设计标准

①《建筑工程施工质量验收统一标准》(GB 50300—2013)。

②《建筑抗震设计规范》(GB 50011—2010)。

③《建筑结构荷载规范》(GB 50009—2012)。

④《混凝土结构设计规范(2015 年版)》(GB 50010—2010)。

⑤《砌体结构设计规范》(GB 50003—2011)。

⑥《建筑地基基础设计规范》(GB 50007—2011)。

⑦《建筑防雷设计规范》(GB 50057—2010)。

⑧《建筑工程抗震设防分类标准》(GB 50223—2008)。

12.4.2.4 优先原则

在执行上述标准过程中，当不同的标准有不同的要求时，应采用有利于保证质量和使用性能较高要求的标准。当上述标准或文件条款互相有矛盾时，其优先原则：a. 工业品买卖合同；b. 技术协议书/补充协议；c. 标准及规范。

12.4.3 工艺计算选取

12.4.3.1 含磷固渣干化煅烧原理和达到的指标

含磷固渣是 IDAN 和 MSDS 及 PMG 生产产生的含高钙、高磷、少量有机物等物质的固渣。本固渣含水率 $10\% \sim 15\%$，固定密度 $1.2 \sim 1.3 \mathrm{g/cm^3}$，总磷约 $50 \mathrm{mg/g}$，NaCl 6%，颗粒直径 $100 \sim 150 \mathrm{mm}$，TN $< 0.1 \mathrm{mg/g}$。渣块状、黄褐色，表面风化后为白色，有一定的黏性。

（1）干化煅烧原理与特征

干燥是在一定的温度下，除去水分和一部分挥发物；煅烧是处理固体磷渣的剧烈氧化反应。必须控制其成分和进料速率及煅烧温度，才能使有机物彻底破毁变成无机物，并防控污染物的产生，达到最终的干化煅烧目的。

（2）干化煅烧处理指标、标准及要求

① 减量比：设计每日处理 100t，磷渣干化煅烧后减量比达到 $42\% \sim 49\%$，平均减量约 45%。②干化煅烧有机磷去除效率：设计有机磷的破坏去除率达到 99%。③烟气排放限制浓度指标：含磷固渣在干化煅烧过程中产生的污染物有烟尘（颗粒物、黑度、总碳量）；有害气体（CO、NO_x）。设计达《工业炉窑大气污染物排放标准》（GB 9078—1996）二级标准的相关烟气排放限值，见表 12-8。

表 12-8 《工业炉窑大气污染物排放标准》干燥炉二级标准

序号	项目	单位	数字含义	限值
1	烟尘	$\mathrm{mg/m^3}$	测定均值	250
2	烟气黑度	林格曼黑度/级	测定均值	1

注：各标准限值均以标准状态下含 $11\% O_2$ 的干烟气为参考值换算。

12.4.3.2 含磷固渣处理工艺流程

含磷固渣处理工艺流程见图 12-3。本含磷固渣不妥善处理，对周边环境造成严重污染，同时也成为当地环境保护工作中的一个环境安全隐患，重要的污染源。业主领导十分重视企业经济建设与环境保护同步发展，确定采用干化煅烧处理本含磷固渣，彻底消除环境安全隐患，根治本污染物。

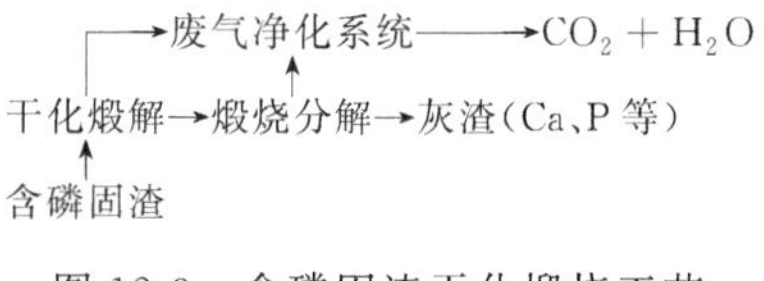

图 12-3 含磷固渣干化煅烧工艺

本含磷固渣干化煅烧设备附含粉尘、尾气除尘系统。本工艺技术成熟、安全、可靠；设备简单、处理效果好。整个工程布局合理、占地空间小、外形结构美观、投资省；设备使用寿命长，维护方便，运行效果稳定。每日处理含磷固渣 100t，减量比约 45%，有机磷不得检出。尾气的粉尘净化系统，粉尘净化率达 99.9%；风量为 $22000 \mathrm{Nm^3/h}$。NO_x 有害气体经业主原烟气处理系统处理排放。

12.4.3.3　本项目干化煅烧的物料平衡

本项目干化煅烧物料平衡见图 12-4。设计每日处理 100t，本磷渣经干化煅烧后减量比达到 42%～49%，平均减量约 45%。

图 12-4　含磷污泥干化煅烧物料平衡

在整个含磷固渣处置过程中，固渣经过高温干化煅烧后最终变为无机含磷一般固渣、飞灰、废气。煅烧过程中绝大部分变为含磷的一般废物可作为含磷原料，含有的废水蒸发掉，其中含有的有机磷经过高温煅烧变为无机磷，有机部分高温氧化为二氧化碳、水蒸气，处理后随气体排出，固渣中的有机物也彻底变为二氧化碳、水蒸气、氮氧化物等气体，处理达标后排放。

以每天处理含水率 15% 的含磷固渣进行计算，其物料平衡见表 12-9。

表 12-9　每天处理含水率 15% 的含磷固渣物料平衡计算

含磷固渣每天处理量/t	处理去向		
	转化项目	转化率/%	产生量/t
100	含无机磷一般固渣	55	55
	以飞灰进入到除尘装置收集	7.99	7.992
	随气体排出飞灰	0.01	0.008
	以水蒸气形式蒸发	15	15
	有机物变为气体形式损失	22	22

12.4.4　工艺详细设计

干化煅烧工艺高程布置见图 12-5，干化煅烧工艺平面布置见图 12-6。

12.4.4.1　工艺描述

① 将待处理物料通过含磷固渣预处理系统，主要包括由叉车送至破碎机，破碎粒径≤50mm 之后通过大倾角皮带输送系统进入到上料系统中。

② 上料系统：大倾角皮带，缓存料斗，进料螺旋输送器进入回转窑进料端。

③ 在回转窑煅烧炉中，采用烟气和物料逆流高温氧化方式，含磷固渣经过干燥、煅烧、干化（热风温度范围 700～800℃可调，控制精度±10℃）3 个过程之后，420～480℃高温磷渣经冷却滚筒冷却≤70℃后，进入出料接收系统。尾气温度约 180～220℃，从炉尾排出去烟气处理系统。煅烧炉按 3～8r/min 连续运转；单台煅烧炉尺寸：ϕ2.4m×36m。

④ 烟气处理系统主要包括双联旋风除尘，再经过离线脉冲除尘等流程至风机。风机出口含尘浓度已达标，由业主自行接入锅炉引风机经过烟囱排放。

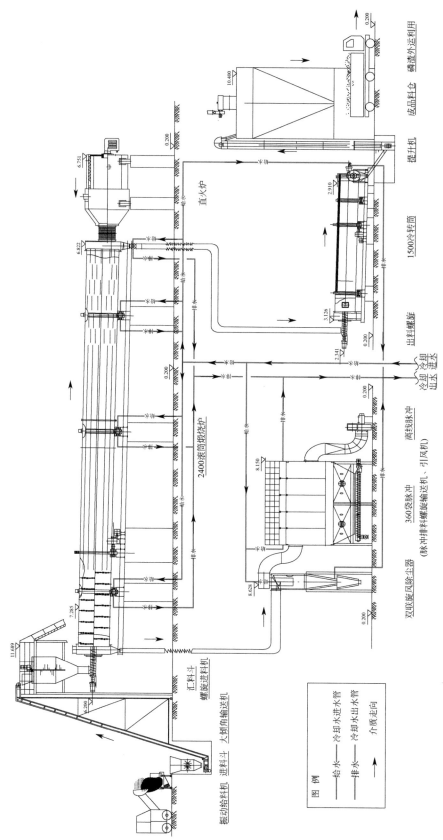

图 12-5　干化煅烧工艺高程布置

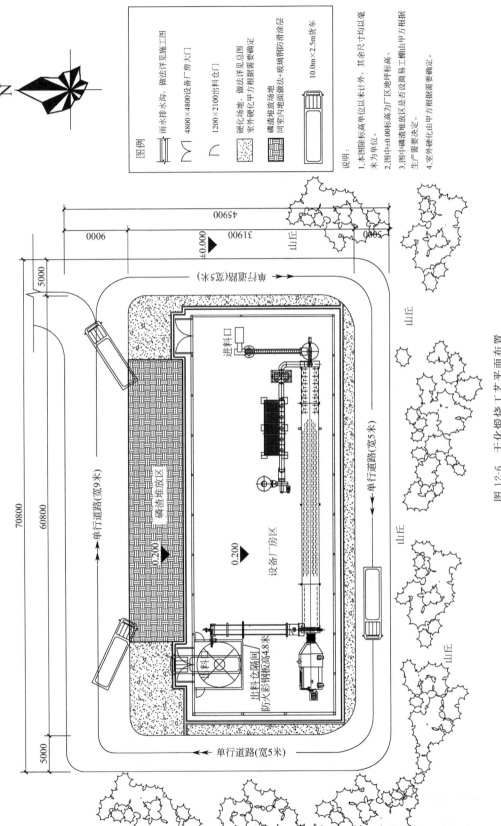

图 12-6　干化煅烧工艺平面布置

12.4.4.2 处理线流程说明

① 含磷固渣通过叉车装载进入预处理系统：由可调节给料量的振动给料机均匀送入破碎机，破碎后的粒径≤50mm，由大倾角皮带机送入缓存料斗。缓存料斗设置上下料位报警器，可及时告知装料工料斗充填状况；同时料斗设置搅拌装置，避免固渣湿物料架拱。料斗下设置双螺旋给料装置，并采用变频调速根据温度及含水率和要求的产量均匀控制进入煅烧炉的固渣量。

② 煅烧炉分成三段，分别是干燥段、煅烧段、干化段。尾气采用逆流形式。物料在逆流过程中，经过预热干燥、高温富氧煅烧和冷却后进入后续灰渣收集设备，实现高温氧化无害化的同时，尽可能回收了其中的热能，提高了能量利用率。

③ 尾气首先通过带水冷夹套的双联旋风除尘器冷却并气固分离后再进入布袋除尘器进行高效除尘，尾气温度降低到约180～220℃后进入业主锅炉烟气处理系统处理排放。

④ 高效除尘后捕集下来的飞灰直接进入除尘器下部灰渣收集装置。

12.4.4.3 工艺计算结果

工艺计算结果见表12-10。

表12-10　工艺计算结果（以详细设计为准）

序号	主要技术参数			备注
	项目	数值	单位	
1	含磷固渣热氧化总处理量	100	t/d	每小时处理5t
2	系统总耗装机容量	155	kW	
3	折合1t磷渣处理运行总天然气量	78～85	Nm^3/(t磷渣)	天然气发热值≥8500kcal/m^3
4	高温氧化后，出口尾气温度	180～220	℃	
5	高温氧化后，磷渣温度	420～480	℃	
6	冷却后出口磷渣温度	≤70	℃	
7	尾气排放量	18900～22000	m^3/h(标准状态)	

备注：尾气中NO_x有害物进入业主锅炉烟气处理系统处理排放。

12.4.4.4 公用工程消耗

公用工程消耗见表12-11。

表12-11　公用工程消耗（以详细设计为准）

序号	项目	规格	计算值	使用频率	用途
1	仪表空气	待定	100Nm³/h	连续	
2	天然气	待定	400Nm³/h	连续	
3	循环冷却水	待定	25t/h	连续	
4	工业水	待定	2t/h	连续	
5	电	待定	155 kW	连续	装机功率

12.4.4.5 主要设备一览表

主要设备一览见表12-12。

表 12-12　主要设备一览表（以详细设计为准）

序号	项目	型号、规格	单位	数量
一	固废进料及预处理系统			
1.1	大倾角皮带	接收、输送能力不低于 8t/h，材质：碳钢 235B，电机：非防爆，功率 3kW，防护等级 IP54	台	1
1.2	缓存料斗	5m³，材质 304，$\delta=6$，带搅拌耙及料位报警器，电机：非防爆，功率 3kW，防护等级 IP54	台	1
1.3	复合破碎机（与粉碎缓冲料斗一体，11kW）	破碎能力 8～10t/h，破碎粒径≤50mm，电机：非防爆，功率 11kW，防护等级 IP54	台	1
1.4	振动给料斗	5m³，材质 304，$\delta=6$，振动电机：非防爆，功率 2.2kW	台	1
1.5	双螺旋输送机	上料能力不低于 5t/h，SS304 材质，变频控制，电机：非防爆，功率 4kW，防护等级 IP54	台	1
二	煅烧炉			
2.1	窑头罩、窑尾罩	含面板、料口、钢结构及附件，焊接整体式进料罩及出料罩，材质：窑尾罩 310S、窑头罩 304；密封装置：密宫式密封以及搭片密封	套	2
2.2	煅烧炉	型号：$\phi2.4m\times36m$，主要包含筒体、大小齿圈、滚圈、托轮、挡轮、抄板、打散链条、整体机架等零部件。自进料端起筒体分为预热段、干燥段、煅烧段。预热段共 6m，干燥段共 14m，煅烧段 16m，用钢板厚度：24mm；材质：煅烧段 310S，预热段及干燥段 304。设备斜度：1～2 度，转速：3～8r/min	套	1
2.3	进口燃烧器	双段火比例调节天然气燃烧器	套	1
2.4	传动装置	配套齿轮传动装置；联轴器：十字滑块联轴器；主减速机：JZQ-750；速比：23.46。齿轮装置：模数 24；齿数 23 及 132，材质：锻 45#	套	1
2.5	托轮	滚动轴承式，托轮材质：锻 45#	套	4
2.6	挡轮	配套带挡轮支撑装置；支撑形式为滚动轴承式，托轮材质为锻 45#	套	1
2.7	滚圈	外径 2900mm，厚度 250mm，宽度 300mm	个	2
2.8	大齿轮装置	大齿轮装置：模数 24；齿数 132，材质：锻 45#	套	1
2.9	电机系统	45kW 变频电机以及控制系统	套	1
2.10	直火炉	炉胆 $\phi2.4m\times3m$，混风室 $\phi2.9m\times1.5m$，混风锥 $\phi2.9m\times1.2m$，材料 $\delta10/Q235$，内衬耐火砖，配防爆门及膨胀节，外包 200mm 保温层，外包装板 $\delta2mm$	套	1
三	出料冷却系统			
3.1	卸灰器	处理量：0～10t/h，电机 1.1kW，材质 304	台	1
3.2	冷却滚筒喂料螺旋	处理量：0～10t/h，电机 3kW，材质 304	台	1
3.3	冷却滚筒	滚筒直径 1500mm，长度 12m，电机 11kW，材质 Q235	台	1
3.4	粉料提升机	DTJ36/23，材质 Q235，电机 3kW	台	1
3.5	成品仓	储存煅烧好的成品物料，材质：碳钢 Q235B，20m³	台	1
3.6	成品仓顶除尘器	进行仓内进料时的除尘，功率 1.1kW/h	台	1
3.7	自动打包机	处理量：0～10t/h	台	1
四	烟气净化系统			
4.1	双旋风除尘器	带水冷夹套，材质 304，厚度 4mm	套	1
4.2	离线布袋除尘系统	采用 PTFE 覆膜材质滤袋，袋笼采用镀锌圆钢、离线清灰、滤袋格 $\phi130mm\times2500mm$，烟气过滤速度 1.2m/min。除尘效率＞99%。过滤面积 360m²	套	1
4.3	除尘卸灰器	螺旋输送机处理量：0～5000kg/h，功率 4kW	台	1
4.4	卸灰器	处理量：0～10t/h，电机 1.1kW，材质 304	台	1

续表

序号	项目	型号、规格	单位	数量
五	排烟系统			
5.1	自力式烟囱（业主负责）	直径1200mm，设计压力：常压。主材：201，高度：30m	台	1
5.2	引风机	配备减震吸收器、消音器、软连接等，非防爆，防护等级IP54，壳体：Q235＋内防腐，叶轮材质：304，风量：22000Nm³/h，风压：5kPa	台	1
六	控制系统	西门子S7系列PLC、上位机选用DELL品牌，操作系统WINDOWS。PLC系统由控制柜、操作台、上位机、现场控制面板等组成。其中除尘、传动、给料和燃烧分区单独控制，最后集成到总PLC系统进行集控，PLC系统I/O留20%余量并为本系统配备应急UPS电源，应急时间按30min考虑满足技术要求内容	套	1
七	仪表及控制阀门	燃烧机配套管阀必须由燃气公司安装配套，配套热电偶，脉冲压力变送器，界内压缩空气管阀，冷却管路管阀和现场观察仪表	套	1
八	电气系统及安装材料	电气设备(现场配电盘、操作柱、灯具等)，按标准设计配套；防腐蚀管接头、穿线盒、挠性管，按标准设计配套；防腐接线箱，按标准设计配套。低压电机启动柜选用MNS抽出式开关柜，所有电机均在现场启动。主要电气设备选择防腐型；电机为非防爆型，防护等级IP54，F级绝缘。防腐灯具等。低压柜、操作箱(含照明、电缆及桥架，不含业主电源点至本团队总配电柜所需电缆及桥架)、接地扁铁、接地针等	套	1
九	工艺相关安装材料/保温等(本团队设计，业主采购并安装)	工艺管道/阀门及安装材料/保温等	套	1
十	钢结构设计(本团队设计，业主采购并安装)	含防腐、防火处理，油漆；三峡、成都扬鑫	套	1
十一	安装	本团队供货设备安装	套	1

12.4.5 本项目设计分工

12.4.5.1 含磷固渣煅烧系统设计分工

本团队应根据业主提供的设计条件和技术要求、界区范围完成含磷固渣煅烧单元内的工程设计。

① 工艺设计：本团队负责界区范围内设备平面布置图、工艺流程图、工艺管线布置图（含工艺管线安装材料清单）。

② 设备设计：本团队负责界区范围内设备设计选型（含非标设备的工程图及施工图、标准设备的采购数据表）及设备本体钢结构、涂漆、绝热设计，物料生产消耗表及设备清单和安装材料清单。

③ 防腐设计：本团队负责界区范围内本体设备外（厂房钢结构和公用管道）防腐设计。

④ 电气设计：本团队负责装置区高低压电气设计，包括低压配电系统、控制系统、照明、防雷接地等。业主负责将电源接至本团队总配电柜。

⑤ 仪表设计：本团队负责装置区内全部仪表系统设计。

⑥ 土建设计：本团队负责土建设计、厂房设计（钢结构方式）及本体设备外的钢结构设计。

12.4.5.2 设计条件

界区外 1 米。

12.4.6 技术要求

12.4.6.1 含磷固渣煅烧技术要求

含磷固渣固体处理量为 100t/d，处理物料具体指标见表 12-13。

表 12-13 处理物料具体指标

序号	项目	参数	单位	备注
1	固体密度	1.2～1.3	g/cm³	湿基密度
2	干化煅烧减量	约 45	%	450～480℃
3	含水率	10～15	%	堆积数月后

（1）烟气排放技术要求

执行《工业炉窑大气污染物排放标准》（GB 9078—1996）中非金属煅烧炉窑二级标准。烟尘：浓度 200mg/Nm³。烟气黑度：林格曼 1 级。

（2）出料技术要求

含磷固渣固相中有机物去除率＞99%（物料升温到 450～480℃）。颗粒≤20mm。

12.4.6.2 自动控制系统

本自控系统专为含磷固渣煅烧项目设计，完全遵循"工艺必需、先进实用、维护简便"的原则进行设计和实施。煅烧控制系统主要由现场一次测量仪表（如：流量、温度、液位、压力、火焰等传感器）、执行元件（如：调节阀、切断阀等）、现场点火操作盘及实现控制功能的 PLC 系统、实现人机交互功能的上位机系统共同组成，完成整个煅烧装置的所有逻辑控制、过程控制功能，实现安保联锁。

PLC 控制系统选用德国西门子 S7-300 系列 PLC、上位机选用 DELL 品牌，操作系统为 WINDOWS，并为本系统配备应急 UPS 电源，应急时间按 30min 考虑。PLC 系统由两台控制柜组成，PLC 控制系统 CPU、电源为冗余配置，I/O 留 20% 余量，并可与 DCS 系统以 OPC 模式进行通信。AI 回路采用安全栅或隔离栅隔离，DI DO 采用继电器隔离。

12.4.7 供货范围

12.4.7.1 本团队负责供货范围

（1）含磷固渣煅烧系统的设备及非标设备设计

本团队负责含磷固渣煅烧系统成套设备及非标设备制作设计。

（2）含磷固渣煅烧系统供货

本团队负责含磷固渣煅烧系统关键设备供货，其余由业主供货。供货情况一览见表 12-12。

12.4.7.2 交付

本团队负责含磷固渣煅烧系统安装、调试至交付业主。

12.4.8 质量控制检验试验及业主监造协议

本技术协议书用于工业品买卖合同执行期间对本团队所提供的设备（包括对分包外购设备）进行检验、监造和性能试验，确保本团队所提供的设备符合本技术协议的要求。

（1）工厂检验

①工厂检验是质量控制的一个重要组成部分。本团队须严格进行厂内各生产环节的检验和试验。本团队提供的合同设备须有质量保证书、产品使用说明书等书面文件。②检验的范围包括原材料和元器件的进厂，部件的加工、组装、试验至出厂试验。③本团队检验的结果满足本技术协议书的要求，如有不符之处或达不到标准要求，本团队要采取措施处理直至满足要求，同时向业主提交不一致性报告。本团队发生重大质量问题时应将情况及时通知业主。

（2）材料代用

凡本技术协议书已约定的材料，原则上不允许代用。若确因采购周期长或采购困难等造成的材料代用，须事先向业主提出书面申请，并提交代用材料质量证明书及代用零部件的净重，待业主同意且加盖公章后方可代用，并在竣工资料上作详细记录。

（3）设备监造

监造方式：文件见证、现场见证和停工待检，即 R 点、W 点、H 点。每次监造内容完成后，本团队和业主监造代表均须在见证表格上履行签字手续。本团队复印 3 份，交业主监造代表 1 份。

R 点：本团队只需提供检查或试验记录或报告的项目，即文件见证。

W 点：业主监造代表参加的检验或试验的项目，即现场见证。

H 点：本团队在进行至本点时必须停工等待业主监造代表参加的检验或试验的项目，即停工待检。

业主接到见证通知后，应及时派代表到本团队检验或试验的现场参加现场见证或停工待检。如果业主代表不能按时参加，W 点可自动转为 R 点，但 H 点如果没有业主书面通知同意转为 R 点，本团队不得自行转入下道工序，应与业主商定更改见证时间，如果更改后，业主仍不能按时参加，则 H 点自动转为 R 点。监造内容及方式见表 12-14。

表 12-14　监造内容及方式

序号	监造内容		监造方式			
			H	W	R	数量
1	布袋除尘器	质量证明书		√		
2	煅烧炉系统	质量证明书		√		

注：H—停工待检，W—现场见证，R—文件见证，数量—检验数量。

本团队提供设备生产、检验、试验计划及质量控制点（合同签订后 30 日内提供），业主依据本团队提供的计划及质量控制点编制监造计划并实施。

对本团队在制造过程中的关键质量控制点（业主编制的现场见证点 W），本团队应以书面的形式通知业主，在业主监造人员到场或提供有效的检验资料并取得业主的书面认可后方可进行下一阶段的工作，对关键工序的质量控制点必须经业主现场监造人员进行验证后，方可转入下道工序。

设备在本团队厂内生产，本团队如需要外协生产或外购设备及零部件，均需书面告知业主认可，如有特殊情况需要更改生产或外购厂家时也要书面征得业主同意。本团队对外协件或外购零部件的质量负责。业主有权查阅本团队所购原材料质量证明书，如业主确认本团队所选设备或材料不满足要求时，有权要求本团队进行更换。本团队承诺积极配合业主对设备制造的全程监造，并为监造人员提供监造所必需的条件，每月度提供生产进度报表。在最终检验时，业主有权利检查设备整个生产过程的质量检验及试验的记录，并有要求解释的权利（必要时，本团队提供记录复印件）。但业主的检查并不免除本团队所承担的质量责任。

12.4.9　质量保证期

质量保证期：设备运行验收合格后 12 个月。在质量保证期内，对因提供的设计、工艺、制造、安装调试或材料缺陷等所有因本团队责任引起机组的损坏由本团队负责，如出现上述情况，本团队保证收到业主通知后的 24 小时内到达现场进行维修处理，免费负责修理或更换有缺陷的零件或整机，对造成的损失由本团队承担，更换后，所更换的零部件质量保证期自更换之日起一年内有效（设备运行中非正常损坏的零部件除外）。

12.4.10　涂漆包装运输

12.4.10.1　涂漆、包装

涂敷包装运输等按《压力容器涂敷与运输包装》NB/T 10558—2021 执行。本团队应按本技术附件规定的环境选用一种涂层为运输、贮存和运行提供防腐保护。设备在包装前应清除内部一切杂物，包括所有内部和外部的磨料垢、铁锈、油脂、油漆记号及其他有害的物质。全部低合金钢、碳钢和铸铁之外表面，作为最低要求应施以底漆和面漆作为保护膜，底漆和面漆应由同一制造厂生产，最后颜色由甲、乙双方协商。不锈钢表面应采用不含卤素的溶剂、布和磨料清洗。只能以不锈钢的、干净的无铁的手动或电动工具，或用氧化铝磨料。

12.4.10.2　运输和贮存

运输前应排除设备内所有的水分并彻底地干燥。当需要解除塞子排水时，本团队应确保运输前将这些部件重新安装好。所有开口部分和加工表面应进行防护，以防止运输和贮存期间的损坏、腐蚀和杂质进入。法兰接口应由 12.5mm 或更厚的木盘或合适的替代物来保护，并用螺栓或铁丝连接固定到法兰上。螺纹或插入的焊接口应以塑性保护器用旋入或插入形式来防护。对接焊接接口应由盖住整个端口的大木盘来保护，并用金属带或钩扣扣紧。盖子、带子和钩扣不应焊接到设备上。

为了使设备在运输中牢固地被支撑，所有松动的部件应用柳条包装起来或装箱以方便运输，有内部支撑的地方，应明显地标注"试验和运行前除去内部支撑"。贮存场地的环境条件应和安装地点类似，即室内设备应贮放室内，室外设备可在室外贮放。对某些特殊物品，本团队应提供贮存说明，并推荐长期贮存办法。系统设备的每一组件应完全组装好，并标明业主的定货号及件号；所有单元应标明简单的贮存方法，以便到货后立即可以安装。

除上述有关包装、运输、贮存要求外，还应遵守国内、外或制造商的相关标准要求，本团队有责任提供给业主这些标准要求。运输应符合国家对铁路、公路货物运输的规定。设备发运前一周，本团队用传真通知业主以下内容：待运日期、运输方式、合同号、货物名称、件数、总质量（kg）、发运站及到达站、卸货需要的吊车和专用吊具及保护要求，以便安排接货。

12.4.11 开箱验货

开箱验货前，业主书面通知本团队派遣代表到达现场一起开箱，若本团队代表不能到达现场，本团队应向业主发传真确认委托业主直接开箱，若有缺次件，本团队认可；若本团队在 72 小时内不回复，业主将直接开箱，若有缺次件，本团队无条件认可。甲乙双方代表在开箱验货时，一是按装箱清单点检数量，二是检查外观质量，明细缺次件，双方代表签字确认，双方各持一份进行运行验收或存档备案。

12.4.12 安装调试试运行及验收

12.4.12.1 土建施工

业主按本团队土建设计进行土建施工。本团队负责成套装置的安装。筑炉烘炉由本团队负责，业主提供天然气（燃烧机前的配套燃气管阀必须由燃气公司配套及安装）。

12.4.12.2 调试

安装工作完成后，本团队负责调试。调试前，需向业主提供系统调试大纲。调试大纲经讨论通过后方可实施系统调试。调试工作由本团队负责技术指导，业主派操作工人进行操作。调试期间所需的水、电、气等消耗由业主提供。系统调试正常后进入试运行阶段。

12.4.12.3 验收（性能验收试验）

性能验收试验的目的：为了检验合同设备的所有性能是否符合技术协议的要求。
性能验收试验的地点：业主现场。
性能验收试验的时间：系统性能验收试验一般以设备连续运行 72 小时的性能指标作为验收依据。
性能验收试验由业主主持，本团队参加。性能验收试验大纲由本团队提供，与业主讨论后确定。性能验收满足相关的性能指标。
含磷固渣煅烧系统投产达标后，本团队须向业主提出书面申请运行验收，并出具：①齐全的供货到货手续；②齐全的图纸资料交付手续（含竣工报告）；③试车报告；④业主接到申请报告后，组织运行验收，并出具运行验收报告。

12.4.13 培训售后服务

12.4.13.1 本团队现场技术服务

本团队配备现场服务人员的目的是使所供设备安全、正常投运。本团队要派合格的现场服务人员。在投标阶段本团队应提供包括服务人月数的现场服务计划表。如果此人月数不能满足工程需要，本团队要追加人月数，且不产生费用。现场技术服务计划表见表 12-15。

表 12-15　现场技术服务计划表

序号	培训内容	计划天数	培训教师构成		地点	备注
			职称	人数		
1	使用操作	1	工程师	1	业主所在地	
2	故障分析	1	工程师	1	业主所在地	
3	运行维护	1	工程师	1	业主所在地	
4	仪表校正	1	工程师	1	业主所在地	

本团队现场服务人员应具有下列资质：遵守法纪，遵守现场的各项规章和制度，遵守电业安全工作规程；有较强的责任感和事业心，按时到位；了解合同设备的设计，熟悉其结构，有相同或相近机组的现场工作经验，能够正确地进行现场指导；身体健康，适应现场工作。

本团队现场服务人员的任务：主要包括设备催交、货物的开箱检验、设备质量问题的处理、安装和调试、参加试运和性能验收试验。在安装和调试前，本团队专业技术服务人员应向业主技术交底，讲解和示范将要进行的程序。对重要工序甲乙双方专业技术人员要对施工情况进行确认和签证，否则不能进行下一道工序。经双方确认和签证的工序如因本团队技术服务人员指导错误而发生问题，本团队负全部责任。本团队现场服务人员应有全权处理现场出现的一切技术问题的能力。如现场发生质量问题，本团队现场人员要在业主规定的时间内处理解决。如本团队委托业主进行处理，本团队现场服务人员要出委托书并承担相应的经济责任。本团队对其现场服务人员的一切行为负全部责任。本团队现场服务人员的正常来去和更换应事先与业主协商。

12.4.13.2　培训

为使合同设备能正常运行，供方有责任提供相应的技术培训，使需方人员达到熟练操作、懂得维护和保养，并能诊断和排除一般故障的要求。业主为本团队培训人员提供培训所需设备、场地、资料等培训条件，若在本团队现场培训由本团队提供食宿和交通方便。培训结束后由业主对参加培训的人员进行考核。培训的时间、人数、地点等具体内容见表 12-16。

培训内容为：设备基本结构；工艺流程；试车、开车、运行安全教育；试车、开车操作方法与基本原则；典型事故处理原则与方法。培训结束后由业主对参加培训的人员进行考核。

表 12-16　培训的时间、人数、地点等具体内容

序号	岗位	班制	培训人数	培训时间（天）	培训内容	培训地点
1	工艺技术人员	1	1	1	工艺设备操作及故障处理	现场
2	自控技术人员	1	1	1	自控设备操作及软件故障处理	现场
3	电气仪表维护人员	1	1	1	电气仪表维护	现场
4	设备操作人员	1	1	1	设备操作	现场

12.4.13.3　设计联络

第一次联络会议为合同签订后 7 天内。第二次联络会议为合同签订后 40 天内。

12.4.13.4　售后服务

本团队负责含磷固渣煅烧系统界区范围内设备及管线的全部安装工作并调试至合格，保证含磷固渣处理能力及烟气排放达到技术约定的所有条件，同时免费进行设备操作、管理的技术培训，确保业主能正确使用、维护和检修。

在质保期内，若确因质量问题而引起损坏或不正常工作，本团队在接到业主电话或传真 24 小时内派人员赶到现场提供免费维修服务，售后服务人员久拖不到或不能解决问题，质保期按拖延的时间相应延期。在质保期内，业主所需要备品备件本团队 72 小时内保证发货到业主现场。

12.5　工程现场图

业主 IDAN 和 MSDS 及 PMG 的高浓高磷固渣煅烧工程技术研究与工程见图 12-7 与图 12-8。从图 12-7 及图 12-8 可见，本工程设计总体规划清晰，布局简洁合理无杂乱，操作管理方便，本工程案例解决了业主 IDAN 和 MSDS 及 PMG 的高浓高磷固渣长期堆放问题带来的困扰，为业主带来了好的经济效益。

图 12-7　煅烧厂房外观

图 12-8　主煅烧设备布局

第 13 章

乙酰磺胺酸钾等产品生产产生的高浓高盐废水处理技术研究与工程案例

摘要：业主生产食品添加剂（乙酰磺胺酸钾）和助剂（双乙烯酮、叔丁胺）及化工中间体（乙酰乙酸甲酯）等产品产生的废水中污染物多，成分复杂，高浓高盐，单一生化处理不能达标。本团队采用湿式催化氧化处理技术对乙酰磺胺酸钾等产品生产产生的高浓高盐废水进行前端预处理，提高其可生化性，再通过耐盐菌进行后续生化处理，设计"湿氧法预处理＋生化工艺"处理工程建成投用，处理出水达标排放或回用。

13.1 乙酰磺胺酸钾等产品生产产生的高浓高盐生产废水成分分析

13.1.1 乙酰磺胺酸钾

乙酰磺胺酸钾是一种食品添加剂，又名安赛蜜、AK 糖，为白色结晶性粉末。它是一种有机合成盐，其口味与甘蔗相似，易溶于水，微溶于乙醇。安赛蜜化学性质稳定，不易出现分解失效现象；不参与机体代谢，不提供能量；甜度较高，便宜；无致龋齿性；对热和酸稳定性好，是当前世界上第四代合成甜味剂。它和其他甜味剂混合使用能产生很强的协同效应，一般浓度下可增加甜度 20%～40%。

乙酰磺胺酸钾固体密度为 $1.512g/cm^3$，在 227nm 左右有最大吸收峰，稳定性良好，室温散装条件下放置 10 年无分解现象，水溶液（pH＝3.0～3.5，20℃）放置大约两年其甜度没有降低。虽然其在 40℃条件下放置数月有分解，但是其稳定性在升温过程中良好。灭菌和巴氏消毒不影响其味道。

13.1.2 双乙烯酮

双乙烯酮是精细化学品染料、医药、农药、食品和饲料添加剂、助剂等的原料，是一种有机物，化学式为 $C_4H_4O_2$，为无色透明具有催泪性的液体。闪点 35.2℃，熔点 −6.5℃，沸点 127.4℃，折射率 $n_D1.4379$，相对密度 1.089，蒸发潜热 690.82J/mol，生成热 4.526J/mol。该物质对组织黏膜有强烈的刺激作用，具有催泪性，中毒严重者能引起肺气肿、肺水肿，甚至肺出血而死。动物最小致死浓度（MLC）：猫 1.0～1.5mg/L，家兔 2.5mg/L，大鼠 3.0mg/L。空气中最高容许浓度 0.5～1.0mg/m³。

13.1.3 叔丁胺

叔丁胺，无色液体，易燃，对人体有刺激性和腐蚀性；与水、乙醇混溶。可以叔丁醇和尿素为原料在硫酸中缩合水解得叔丁基脲，然后用碱性的乙二醇进行水解而得叔丁胺；或由叔丁基氯与乙醇胺共热制取。其主要用作橡胶添加剂、杀虫剂、杀菌剂、染料、医药等的中间体。化学性质与其他伯胺相似。但由于叔碳原子的立体效应，对反应有所选择。例如与环氧乙烷反应生成叔丁氨基乙醇，经高锰酸钾氧化得到硝基叔丁烷。且叔丁胺的衍生物比丁胺、仲丁胺的衍生物稳定。例如与醛反应得到稳定的席夫碱，与氯化氰反应得到稳定的可以蒸馏的仲丁氨基氰。

叔丁胺吸入、摄入或经皮肤吸收可能致死。对眼睛、皮肤、黏膜和呼吸道有强烈的刺激作用。吸入后可引起喉、支气管的痉挛、水肿、化学性肺炎、肺水肿而致死。中毒表现有烧灼感、咳嗽、喘息、喉炎、气短、头痛、恶心和呕吐。其蒸气与空气形成爆炸性混合物，遇明火、高热能引起燃烧爆炸。与氧化剂能发生强烈反应。其蒸气比空气重，能在较低处扩散到相当远的地方，遇火源引着回燃。若遇高热，容器内压增大，有开裂和爆炸的危险。其有腐蚀性。

13.1.4 乙酰乙酸甲酯

乙酰乙酸甲酯，分子式为 $C_5H_8O_3$，分子量为116，是一种无色液体，特臭，易溶于水。主要用于医药工业、杀虫剂、除草剂的中间体，广泛应用于农药、医药、染料、高分子稳定剂等有机合成中。毒性较小，大鼠经口 LD50 为 3.0g/kg。大鼠试验在浓蒸气中接触8h，未发现死亡。有中等程度的刺激性和麻醉性。应加强设备密闭和操作场所的通风。操作人员佩戴防护装具。

13.1.5 硫酸镁

硫酸镁，分子式 $MgSO_4$，是一种常用的化学试剂及干燥试剂，为无色或白色晶体或粉末，无臭、味苦，有潮解性。临床用于导泻、利胆、抗惊厥、子痫、破伤风、高血压等症；也可以用作制革、炸药、造纸、瓷器、肥料等。硫酸镁粉尘对黏膜有刺激作用，长期接触可引起呼吸道炎症。误服有导泻作用，若有肾功能障碍者可致镁中毒，引起胃痛、呕吐、水泻、虚脱、呼吸困难、发绀等。对环境有危害，对水体可造成污染。

13.2 高浓高盐废水预处理工艺

业主高浓高盐废水预处理工艺采用湿式催化氧化处理技术，湿式催化氧化处理技术（catalytic wet air oxidation，简称为CWAO）是一种废水的深度处理技术，在一定温度（170~300℃）和压力（1.0~10MPa）条件下进行。在填充专用固定催化剂的反应器中，利用氧气（空气），不经稀释一次性对高浓度工业有机废水中的COD（1万~几十万 mg/L）、氨、氰等污染物进行催化氧化分解的深度处理（接触时间 0.1~2.0h），使之转变为 CO_2、N_2 和水等无害成分，并同时脱臭、脱色及杀菌消毒，从而达到净化处理废水的目的。本工艺不产生污泥，只有少量装置内部的清洗废液需要单独处置。当达到一定处理规模时，还可以回收热能。CWAO 技术典型工艺流程如图 11-1 所示。经调研得知，CWAO 技术是目前处理高浓度生化难降解工业有机废水的最佳方法之一，日本及其他发达国家，把 CWAO 技术视为第二代工业废水处理高新技术，专用于解决第一代常规技术（如生物物理、物理化学处理等）难以解决或无法解决的高浓度生化难降解工业废水的净化处理问题。

业主废水由于 COD 高，含盐高，无法直接生化，因此需要前端采用湿氧预处理工艺，处理后，才能进后续生化处理达标排放。

13.3　高浓高盐废水后续生化处理工艺

13.3.1　浅层气浮

浅层气浮装置集凝聚、气浮、撇渣、沉淀、刮泥为一体，整体呈圆柱形，较浅气浮池。装置主体由五大部分组成：池体、旋转布水机构、溶气释放机构、框架机构、集水机构等。其采用微秒级快速相分离装置，本装置通过特殊结构使溶气水中水分子和空气分子两个相在不足 1 微秒时间内向不同方向高速运动分离，并在瞬间聚集形成均匀的直径为 $3 \sim 7 \mu m$ 携带电荷的微小气泡，从而在溶气量相同条件下使气泡密度呈几何级数量增加。集成化带电气泡改变了水的表面张力，吸附有色基团及部分亲水性胶体，是净化效率的革命性突破，同时，PAC、PAM 的投加量大幅度降低或无须投加。

13.3.2　水解酸化

水解酸化处理方法是一种介于好氧和厌氧处理法之间的方法，和其他工艺组合可以降低处理成本，提高处理效率。水解酸化工艺根据产甲烷菌与水解产酸菌生长速度不同，将厌氧处理控制在反应时间较短的厌氧处理第一和第二阶段，即在大量水解细菌、酸化菌作用下将不溶性有机物水解为溶解性有机物，将难生物降解的大分子物质转化为易生物降解的小分子物质，从而改善废水的可生化性，为后续处理奠定良好基础。

13.3.3　厌氧折流板反应器

厌氧折流板反应器（anaerobic baffled reactor，简称 ABR）工艺首先由美国斯坦福大学的麦卡蒂（Mc Carty）等于 1981 年在总结了各种第二代厌氧反应器处理工艺特点性能的基础上开发和研制的一种高效新型的厌氧污水生物技术。

ABR 是一种高厌氧废水处理反应器，ABR 集上流式厌氧污泥床（UASB）和分阶段多相厌氧反应器（SMPA）技术于一体，通过在反应器中加装竖向挡板，将反应器分成几个串联的反应格室，使反应器在整体上为推流式，局部区域内为完全混合式。废水的上下折流及降解过程中的产气作用，使得基质与污泥的接触机会及接触时间增多，提高了反应器的处理效率。同时由于折流板的阻挡和污泥自身的沉降性，污泥沿着反应器水平方向的移动速度很慢，加之各上下向格室的宽度不等，故大量的厌氧活性污泥被留在反应器内不易流失。并且由于竖向挡板的隔离作用，原来生存于同一反应器中的两大菌群分隔在不同反应格室中，这大大提高了厌氧反应器的负荷和处理效率，并使其稳定性和对不良因素的适应性大为增强。

由于在反应器中使用一系列垂直安装的折流板，将反应器分隔成串联的几个反应室，每个反应室都可以看作一个相对独立的上流式污泥床系统（upflow sludge bed，简称 USB）。被处理的废水在反应器内沿折流板作上下流动，依次通过每个反应室的污泥床，废水中的有机基质通过与微生物接触而得到去除。借助于处理过程中反应器内产生的气体，反应器内的微生物固体在折流板所形成的各个隔室内作上下膨胀和沉淀运动，而整个反应器内的水流则以较慢的速度作水平流动。水流绕折流板流动而使水流在反应器内的流经总长度增加，再加之折流板的阻挡及污泥的沉降作用，生物固体被有效地截留在反应器内。因此 ABR 的水力流态更接近推流式。其次由于折流板在反应器中形成各自独立的隔室，因此每个隔室可以根据进入底物的不同而培养出与之相适应的微生物群落，从而导致厌氧反应产酸相和产甲烷相沿程得到了分离，使 ABR 在整体性能上相当于一个两相厌氧系统，实现了相的分离。最后，ABR 可以将每个隔室产生的沼气单独排放，从而避免了厌氧过程不同阶段产生的气体相互混合，尤其是酸化过程中产生的 H_2 可先行排放，利于产甲烷阶段中丙酸、丁酸等中间代谢产物在较低的 H_2 分压下的顺利转化。

总的来说，ABR 具有构造简单、能耗低、抗冲击负荷能力强、处理效率高等一系列优点。当然，ABR 也有其不利的方面。首先，为了保证一定的水流和产气上升速度，ABR 不能太深。其次，进水如何均匀分布也是一个问题。再有，与单级 UASB 相比，ABR 的第一格不得不承受远大于平均负荷的局部负荷，这可能会导致处理效率的下降。

13.3.3.1　ABR 的优点

ABR 有以下优点：①结构简单、无运动部件、无需机械混合装置、造价低、容积利用率高、不易阻塞、污泥床膨胀程度较低而可降低反应器的总高度、投资成本和运转费用；②对生物体的沉降性能无特殊要求、污泥产率低、剩余污泥量少、泥龄高、污泥无需在载体表面生长、不需后续沉淀池进行泥水分离；③水力停留时间短、可以间歇的方式运行、耐水力和有机冲击负荷能力强，对进水中的有毒有害物质具有良好的承受力、可长时间运行而无需排泥。

13.3.3.2　ABR 的缺点

ABR 有以下缺点：①ABR 推流式有其不利的一面，在同等的总负荷条件下与单级的厌氧反应器相比，反应器第一隔室要承受的负荷远大于平均负荷，造成局部负荷过载；②对中试和生产规模的折板反应器的不利之处在于需修建浅的反应器才可以保持可接受的液体和气体上流速度；③另一个问题是保持入流分布均匀。另外，反应器也有厌氧反应器的共同的弱点，即出水 COD 浓度较高，较难达到排放标准。

ABR 自 20 世纪 80 年代初工程应用以来，本团队根据在多个工程应用中的经验总结和对其不断的改进，配合我司的耐高盐菌种获得了多个高效处理高盐废水改进设计参数和运行参数，大大加强了其处理更难降解废水的能力，并应用于实际工程中具有良好的实践应用效果。

13.3.4　厌氧/缺氧/好氧生化池

生化池采用的厌氧/缺氧/好氧工艺（A^2/O）于 20 世纪 70 年代由美国专家在厌氧-好氧（A/O）除磷工艺的基础上开发出来，本工艺同时具有脱氮除磷的功能。

本工艺在厌氧-好氧除磷工艺（A/O）中加一缺氧池，将好氧池流出的一部分混合液回流至缺氧池前端，本工艺同时具有脱氮除磷的功能，其流程见图 13-1。

图 13-1　厌氧/缺氧/好氧工艺（A^2/O）

① 首段厌氧池，流入原污水及同步进入的从二沉池回流的含磷污泥，本池主要功能为释放磷，使污水中 P 的浓度升高，溶解性有机物被微生物细胞吸收而使污水中的 BOD_5 浓度下降；另外，NH_3-N 因细胞的合成而被去除一部分，污水中的 NH_3-N 浓度下降，但 NO_3^--N 含量没有变化。

② 在缺氧池中，反硝化菌利用污水中的有机物作碳源，将回流混合液中带入的大量 NO_3^--N 和 NO_2^--N 还原为 N_2 释放至空气，因此 BOD_5 浓度下降，NO_3^--N 浓度大幅度下降，而磷的变化很小。

③ 在好氧池中，有机物被微生物生化降解而继续下降；有机氮被氨化继而被硝化，使 NH_3-N 浓度显著下降，但随着硝化过程 NO_3^--N 的浓度增加，P 随着聚磷菌的过量摄取，也以较快的速度下降。

A^2/O 工艺可以同时完成有机物的去除、硝化脱氮和磷的过量摄取而被去除等，脱氮的前提是 NO_3^--N 应完全硝化，好氧池能实现这一功能，缺氧池则实现脱氮功能。厌氧池和好氧池联合实现除磷功能。

13.3.5　二沉池

二沉池采用斜管沉淀池的方式。斜管沉淀池是指在沉淀区内设有斜管的沉淀池。在平流式或竖流式沉淀池的沉淀区内利用蜂窝填料分割成一系列浅层沉淀层，被处理的和沉降的沉泥在各沉淀浅层中相互运动并分离。

其优点是：①利用了层流原理，提高了沉淀池的处理能力；②缩短了颗粒沉降距离，从而缩短了沉淀时间；③增加了沉淀池的沉淀面积，从而提高了处理效率。

13.4　乙酰磺胺酸钾等产品生产产生的高浓高盐废水生化段处理工程

13.4.1　工程介绍

业主是一家专业从事精细与专用化学品研发和生产经营的高新技术企业，建有年产 1 万吨乙酰磺胺酸钾（安赛蜜）、1 万吨双乙烯酮、1 万吨叔丁胺、1 万吨乙酰乙酸甲酯的生产装置。产品：食品添加剂-无糖甜味剂乙酰磺胺酸钾（安赛蜜、AK 糖）；精细化工产品有双乙烯酮、叔丁胺、乙酰乙酸甲酯等；无机化学品硫酸镁、一水硫酸镁和七水硫酸镁等。其生产过程中产生的废水高浓高盐，成分复杂，处理难度大。

13.4.1.1　高盐度水量水质

①母液废水：$2m^3/d$，COD 为 $0\sim230000mg/L$（氢氧化钾、有机物及少量 AK 成品）；②精馏残液：$3m^3/d$，COD 约 $340000mg/L$（少量丙酮、有机物杂质、小于 1% 的二氯甲烷等）；③提浓残渣：$2m^3/d$，COD 为 $300000mg/L$（残渣中约含 40% 的醋酸、磷酸根、铵根离子、有机高聚物、内含低于 140kg 磷酸氢二铵），盐度接近饱和。

13.4.1.2　非高盐原水水量水质

①AK（安赛蜜）和硫酸镁浓缩冷凝液：$190m^3/d$，COD 约 $20000mg/L$，TKN 为 $0\sim750mg/L$；②提浓冷凝液水：$15m^3/d\times2=30m^3/d$，COD 为 $26000mg/L$，含有 <1% 的醋酸、0.4% 的醋酸丁酯、低沸点有机物；③精馏塔蒸煮水：$2.5m^3/d$，COD 为 $40000mg/L$，含有醋酸钠、丙酮、有机高聚物、碳酸氢钠；④提浓塔蒸煮废水：$0.6m^3/d$，冲洗废水 $5.4m^3/d$，含有醋酸、磷酸根、铵根离子、有机高聚物；⑤裂化吸收冲洗废水：$6m^3/d$，含有醋酸、磷酸根、铵根离子、有机高聚物、碳酸氢钠；⑥低浓度废水：估计量 $300m^3/d$，COD 为 $500mg/L$，为冷却塔配水、生活污水、初期雨水。

13.4.2　设计水质水量

13.4.2.1　设计水量

工艺段最大进水处理能力要求：$600m^3/d$。

13.4.2.2　设计水质

生化段进水指标见表 13-1。

表 13-1　生化段进水指标　　　　单位：mg/L

指标	COD	BOD$_5$	NH$_3$-N	TP	盐分	pH
浓度	≤8000	≥2000	≤200	≤20	≤12000	6~9

出水进入市政管网，排水指标要求如表 13-2 所示。

表 13-2　生化处理出水指标　　　　单位：mg/L

指标	COD	NH$_3$-N	TP	pH
浓度	≤300	≤30	≤3	6~9

13.4.3　废水处理工艺

13.4.3.1　生化处理工艺流程

本团队设计的预处理后的废水生化处理工艺流程见图 13-2。

废水经过 CWAO 处理后，其生化性的 BOD/COD 提高到≥0.25，因此可进行生化，但是进水中含盐量较高，需要加入耐盐菌进行生化处理，根据业主提出的工艺要求和拥有的国家 863 攻关筛选的耐盐复合功能菌并应用到实际工程中的经验，保证废水在规定进水指标下达到设计出水标准。

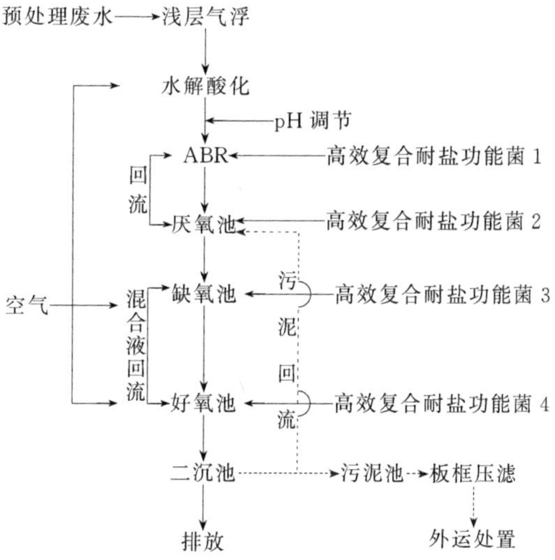

13.4.3.2 业主生产废水处理工程平面布置

业主生产废水处理工程平面布置见图 13-3。

13.4.4 工艺单元设计

13.4.4.1 调节池

调节池主要用于将不同种类不同水质水量的废水混合调节为均匀的水质，保证后续处理的有效连续稳定的运行。设计参数：8.0m×6.0m×4.5m，1 座，地下。有效容积：200m^3。停留时间：8h。主要设备：穿孔曝气管 1 套。提升泵：流量 25m^3/h，扬程 10m，功率 2.2kW。液位控制器：5m，4～20A。

13.4.4.2 浅层气浮池

设备参数：Φ4000，处理量 25m^3/h，配套功率 15kW，回流比 R=30%，有效水力表面负荷 Q=5m^3/(m^2·h)，停留时间 0.5h。

13.4.4.3 水解酸化池

设计参数：6.0m×4.0m×5.5m，2 座，地上。有效容积：200m^3。停留时间：8h。主要设备：穿孔曝气管 1 套。

13.4.4.4 ABR 池

设计参数：12.0m×5.0m×5.5m，2 座。有效容积：600m^3。停留时间：24h。主要设备：回流泵，流量 25m^3/h，扬程 10m，功率 2.2kW。排泥泵，6m^3/h，功率 1.5kW，扬程 12m，1 台。排泥管，DN110 两套。布水器，2 套。pH 计，0～14。加药设备，桶容量 250L，配搅拌机 1 台，计量泵 1 台，计量泵量程为 0～100L/h。沼气收集装置，沼气收集柜一套，10m^3。

13.4.4.5 厌氧/缺氧/好氧生化池

（1）厌氧池

厌氧池设计流量 Q=600m^3/d，小时流量为 25m^3/h。

图 13-2　生化处理工艺流程图

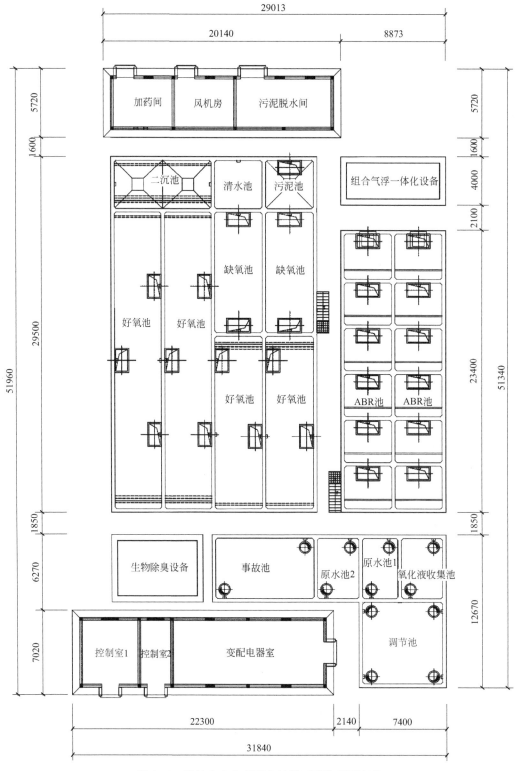

图 13-3 设计业主生产废水处理工程的平面布置

$$V_p = \frac{t_p Q}{24} = \frac{12 \times 600}{24} = 300 (\mathrm{m^3})$$

式中，V_p 为厌氧池容积，m^3；t_p 为厌氧池水力停留时间，h，根据同类工程的工程经验取 12h。

设计参数：6.0m×5.0m×5.5m，2 座，半地埋，加盖密封。有效容积：100m^3。停留时间：12h。主要设备：组合膜填料 300m^3。潜水搅拌机：QJB0.85/8-260/3-740，2 台。

（2）缺氧池

根据去除总氮的浓度和反硝化的速度，并结合实际工程经验，缺氧池停留时间宜设置为 12h，即缺氧池的容积为 300m^3。设计参数：6.0m×5.0m×5.5m，2 座，半地埋，加盖。有效容积：300m^3。停留时间：12h。主要设备：组合膜填料 120m^3。曝气系统：曝气盘 60 个，曝气溶解氧控制为 0.2～0.5mg/L。

（3）好氧池

根据处理高盐生产废水的实际工程经验设计好氧停留时间 36h，好氧池设计体积为 900m^3。设计参数：6.0m×5.0m×5.5m，6 座，半地埋。有效容积：900m^3。停留时间：36h。主要设备：组合膜填料支架一套。组合膜填料 240m^3。曝气系统：曝气盘 180 个，曝气溶解氧控制为 2～5mg/L。混合液回流泵：75m^3/h，功率 3kW，扬程 8m，2 台。

13.4.4.6　二沉池

设计参数：设计流量采用平均日水量，$Q = 300m^3$。污泥回流比 15％～50％；斜板长度 1.00m；斜板倾角 60°；斜板区上部清水层高度取 1.45m；表面水力负荷 1.0m^3/(m^2·h)；水力停留时间 $t = 4h$；沉淀池尺寸：6.0m×2.0m×4.0m，2 座，地上。有效容积：75m^3。停留时间：3h。主要设备：污泥回流泵，15m^3/h，功率 1.1kW，扬程 12m，2 台。斜管及支架，Φ80，PP 材质，25m^3。

13.4.4.7　污泥池

生化污泥池主要用于存放 ABR 池排放的污泥和二沉池排放的污泥。设计参数：3.0m×2.0m×2.0m，地下。有效容积：12m^3。主要设备：污泥螺杆泵，6m^3/h，功率 1.5kW，扬程 12m，1 台。

13.4.4.8　污泥脱水间

污泥脱水间用于污泥脱水。设计参数：4.0m×6.0m×3.5m。主要设备：板框压滤机 1 台，50m^2。

13.4.4.9　风机设备房

风机设备房用于存放电器设备、风机。设计参数：4.0m×6.0m×3.5m。主要设备：罗茨风机，13.33m^3/min，53.9kPa，22kW，两台（一用一备）。PLC 电控柜，1 台。

13.4.5　主要构筑物和设备及材料

13.4.5.1　主要构筑物

主要构筑物一览见表 13-3。

表 13-3　主要构筑物一览表

编号	名称	设计尺寸	数量	备注
1	调节池	8.0m×6.0m×4.5m	1	新建
2	水解酸化池	6.0m×4.0m×5.5m	2	新建
3	ABR 池	12.0m×5.0m×5.5m	2	新建
4	厌氧池	6.0m×5.0m×5.5m	2	新建
5	缺氧池	6.0m×5.0m×5.5m	2	新建
6	好氧池	6.0m×5.0m×5.5m	6	新建
7	二沉池	6.0m×2.0m×4.0m	2	新建
8	污泥池	3.0m×2.0m×2.0m	1	新建
9	污泥脱水间	4.0m×6.0m×3.5m	1	新建
10	风机设备房	4.0m×6.0m×3.5m	1	新建

13.4.5.2　主要设备及材料

主要设备及材料一览见表 13-4。

表 13-4　主要设备及材料一览表

序号	安装单元	主要设备	型号规格	单位	数量	备注
1	调节池	潜水提升泵	$Q=25m^3/h,H=10m,P=2.2kW$	台	2	
		穿孔曝气系统	ABS 材质	套	1	
		液位控制器	5m,4～20A	套	1	
2	浅层气浮池	全套设备 (含溶气气浮装置)	$\Phi4000$,处理量 $25m^3/h$,配套功率 15kW,回流比 $R=30\%$,有效水力表面负荷 $Q=5m^3/(m^2\cdot h)$	台	1	
3	水解酸化池	穿孔曝气系统	ABS 材质	套	1	
4	ABR 池	回流泵	$Q=25m^3/h,H=10m,P=2.2kW$	台	4	
		排泥泵	$Q=6m^3/h,H=12m,P=1.5kW$	套	1	
		pH 计	0～14	套	2	
		沼气收集装置	沼气收集柜,$10m^3$	套	1	备用
		加药设备	桶容量 250L,配搅拌机 1 台,计量泵 1 台,计量泵量程为 0～100L/h	套	1	备用
5	厌氧池	组合填料(软性)	$\Phi80$	m^3	300	
		支架	角钢防腐	套	1	
		潜水搅拌机	QJB 0.85/8-260/3-740	台	2	
6	缺氧池	组合填料(软性)	$\Phi80$	m^3	120	
		支架	角钢防腐	套	1	
		旋混曝气器	$\Phi216$	个	60	
7	好氧池	组合填料(软性)	$\Phi80$	m^3	240	
		支架	角钢防腐	套	1	
		旋混曝气器	$\Phi216$	个	180	
		混合液回流泵	$75m^3/h$,功率 3kW,扬程 8m	台	2	
8	二沉池	斜管及支架	$\Phi80$,PP 材质	m^3	25	
		污泥回流泵	$15m^3/h$,功率 1.1kW,扬程 12m	台	2	
9	污泥池	污泥螺杆泵	$6m^3/h$,功率 1.5kW,扬程 12m	台	2	
		液位控制器	5m,4～20A	套	1	
10	污泥脱水间	板框压滤机	过滤面积 $50m^2$	台	1	
		现场控制柜	现场控制	个	1	
11	风机设备房	罗茨风机	$13.33m^3/h$,53.9kPa,22kW	台	2	
		PLC 控制柜	2200mm×800mm×600mm	套	1	
		现场控制柜	现场控制	个	1	
12	阀	各类球阀、蝶阀	DN300/200/150/90/75/50/32	批	1	

续表

序号	安装单元	主要设备	型号规格	单位	数量	备注
13	管道	各类风管和水管	DN300/200/150/90/75/50/32	批	1	
14	电缆	各类电线		批	1	
		桥架、套管			1	
15	便携式溶解氧测定仪				1	

13.4.6　劳动定员及运行费用

13.4.6.1　劳动定员

污水厂人员设置：生产人员（包括直接生产工人和附属、辅助生产工人）、管理人员、技术人员和其他勤杂人员。污水处理厂定员 2 人，其中生产人员 2 人、管理人员 1 人（兼职）。

13.4.6.2　运行费用

药剂、电费、人工费等合计处理成本在 0.8～2.6 元/（t 废水）。

13.5　工程现场图

业主乙酰磺胺酸钾等高浓高盐生产废水生化段的处理工程现场见图 13-4。本团队创新设计此项目为业主解决了高浓高盐生产废水 CWAO 后续生化处理的难题，建成验收投用。本工程设计总体规划清晰，布局简洁合理无杂乱，操作管理方便，为业主带来了一定的经济效益。

图 13-4　ABR 池外观

第 14 章

印染废水处理技术研究及工程案例

摘要： 业主排放废水中含酸性染料和中性染料，成分复杂、色度大、COD 高、抗氧化、抗生物降解，处理难度大。本团队依据对水样大量翔实的处理工艺试验和实测数据统计，设计建成印染生产废水处理工程，工艺流程为"Fenton 氧化＋气浮分离＋水解酸化＋接触氧化＋沉淀"，处理出水达设计指标，排入城镇管网。

14.1 印染废水介绍

印染废水是指棉、毛、化纤等纺织产品在预处理、染色、印花和整理过程中所排放的废水。印染废水成分复杂，主要是以芳烃和杂环化合物为母体，并带有显色基团（如 $—N＝N—$、$—N＝O$）及极性基团（如 $—SO_3Na$、$—OH$、$—NH_2$）。染料分子中含较多能与水分子形成氢键的 $—SO_3H$、$—COOH$、$—OH$，如活性染料和中性染料等，染料分子就能全溶于废水中；不含或少含 $—SO_3H$、$—COOH$、$—OH$ 等亲水基团的染料分子以疏水性悬浮微粒形式存在于废水中；含少量亲水基团但分子量很大或完全不含亲水基团的染料分子，在水中常以胶体形式存在。印染废水中还常含有以下助剂：①中性电解质如 $NaCl$、Na_2SO_4 等；②酸碱调节剂如 HCl、$NaOH$ 或 Na_2CO_3；③表面活性剂；④膨化剂如尿素等；⑤胶黏剂如改性淀粉、脲醛树脂、聚乙烯醇等；⑥稳定剂如磷酸盐等。印染废水成分复杂、色度大、COD 高，并向着抗氧化、抗生物降解方向发展，已成为我国各大水域的重要污染源。当前，疏水性或不溶于水的染料废水脱色已基本解决，难点在于许多亲水性或水溶性染料废水的脱色，而亲水性或水溶性染料废水也正是当前公认的较难处理的工业废水。印染废水脱色主要是脱除废水色度（即染料分子和 COD），现在广泛应用的脱色方法主要有多种。

14.2 印染废水处理技术

14.2.1 吸附脱色

吸附脱色技术是依靠吸附剂的吸附作用来脱除染料分子的。通常采用的吸附剂包括可再生吸附剂（如活性炭、离子交换纤维等）和不可再生吸附剂［如各种天然矿物（膨润土、硅藻土）、工业废料（煤渣、粉煤灰）及天然废料（木炭、锯屑）等］。目前用于吸附脱色的吸附剂主要靠物理吸附，但离子交换纤维、改性膨润土等也有化学吸附作用。

活性炭是第一个获得工业应用且研究得最透彻的固体吸附剂。活性炭微孔多、大中孔不足、亲水性强，限制了大分子及疏水性染料的内扩散，适用于分子量不超过 400 的水溶性染料分子脱色，对大分子或疏水性染料的脱色效果较差。分子间偶极和变形性（决定诱导偶极大小的主要因素）有很大不同，致使物理吸附也表现出一定的选择性，如活性炭对碱性染料废水脱色率超过 90%，而对酸性染料废水脱色率仅 30%～40%。作为水处理中广泛使用的絮凝剂，膨润土已被广泛用于印染废水脱色领域，近来进一步研制成多种复合以及改性膨润土。目前受到广泛关注的是离子交换纤维，主要用于吸附重金属及色素，且比表面大、离子交换速度快，易再生，对难处理的活性染料废水有很好的脱色效果；某些集吸附与絮凝功能为一体的吸附剂如硅藻土复合净水剂也已开发，用电厂粉煤灰制成具有絮凝性能的改性粉煤灰，对疏水性和亲水性染料废水均具很高脱色率。

14.2.2　絮凝脱色

印染废水的絮凝脱色技术，投资费用低，设备占地少，处理量大，是一种被普遍采用的脱色技术。印染废水絮凝脱色机制是以胶体化学理论为基础的。就无机絮凝剂而言，是铁系、铝系等絮凝剂发生水解和聚合反应，生成高价聚羟阳离子，与水中的胶体进行压缩双电层、电中和脱稳、吸附架桥并辅以沉淀物网捕、卷扫作用，沉淀去除生成的粗大絮体，从而达到脱色目的。对于有机高分子絮凝剂而言，除了电中和与架桥作用外，可能还存在类似化学反应成键的絮凝机制。对无机高分子絮凝剂改性，引入具有络合能力的无机酸根或有机官能团，逐渐成为水溶性染料废水脱色的新趋势。

无机高分子絮凝剂脱色机制不同于低分子的无机絮凝剂。开发新絮凝剂也是亲水染料脱除的途径之一，如近来成为热点之一的聚硅酸盐絮凝剂。与此同时，有机高分子絮凝剂正在迅速发展，如淀粉改性阳离子絮凝剂对浊度、色度去除率均在 90% 以上。

某些物质能与染料分子反应，掩蔽甚至打断染料的亲水基团或破坏染料分子的发色结构，降低染料分子的水溶性，使其变为疏水性分子或离子。某些具有空轨道的金属离子，如 Mg^{2+}、Fe^{2+}、Ca^{2+}，能接受孤对电子，能与含有孤对电子的染料分子络合生成结构复杂的大分子，使染料分子具有胶体性质而易被絮凝除去。某些有机分子也可与染料分子形成络合物达到降低染料分子水溶性的目的，如将带长链的阳离子表面活性剂十二烷基二甲基氯化铵用于含磺酸基团的水溶性染料废水。

近年来人们发现氧化亦会促进絮凝，其机制在于有机分子在氧化剂作用下发生一定程度耦合或氧化剂打断染料分子亲水基团。对含阳离子染料的印染废水，以铁系、铝系为代表的无机絮凝剂对其脱色基本无效，因为这些无机絮凝剂水解生成的聚羟阳离子与水体中复杂染料阳离子具有同种电荷，由于同性相斥，凡靠阳离子的聚沉作用进行絮凝脱色的絮凝剂（包括无机絮凝剂，大部分阳性高分子絮凝剂），对阳离子染料都自然无能为力。如果能将水中的染料阳离子通过某种方式转化为阴离子或中性分子，则可用无机絮凝剂或阳离子高分子絮凝剂除去。据报道，国外采用 γ 射线辐射絮凝工艺，大大提高了对阳离子染料的去除率。无论氧化，还是 γ 射线辐射絮凝工艺，都是将阳离子染料变为中性或阴性，再进一步处理而获得好的脱色效果。

14.2.3 氧化脱色

染料分子中发色基团的不饱和双键可被氧化断开、形成分子量较小的有机物或无机物，从而使染料失去发色能力。氧化法包括化学氧化法、光催化氧化法和超声波氧化法。虽然具体工艺不同，但脱色机制是相同的。化学氧化法是目前研究较为成熟的方法。氧化剂一般采用 Fenton 试剂（Fe^{2+}-H_2O_2）、臭氧、氯气、次氯酸钠等。

Fenton 试剂在 pH 为 4～5 时其中的 Fe^{2+} 催化 H_2O_2 生成·OH，使染料氧化脱色，所生成的新生态 Fe^{2+} 还具有促凝作用。用铁屑-H_2O_2 处理印染废水，在 pH 为 1～2 时可生成新生态 Fe^{2+}，其水解产物有较强的吸附絮凝作用，可使硝基酚类、蒽醌类印染废水色度脱除 99％以上；用铁粉-H_2O_2 对印染废水脱色，当铁粉含量为 1g/L、H_2O_2 为 1mmol/L、pH 为 2～3 时，脱色效果极佳。光催化氧化法利用某些物质（如铁配合物、简单化合物等）在紫外线的作用下产生自由基，氧化染料分子而实现脱色。如亚甲基蓝溶液及毛纺染整废水等的光催化氧化脱色及降解；以铁草酸、铁柠檬酸或铁丁二酸络合物作催化剂，在紫外线照射下和 pH 为 2～4 时进行印染废水脱色实验，铁羧酸配合物能生成烷基、羟基等多种自由基使印染废水氧化脱色；紫外线还可强化对重氮染料的脱色效果。铁草酸盐络合物可用于光解活性艳红 X-3B，其光解机制也已作了充分论述。超声波处理印染废水是基于超声波能在液体中产生局部高温、高压、高剪切力，诱使水分子及染料分子裂解产生自由基，引发各种反应并促进絮凝。用超声技术降解浓度 44.4mg/L 酸性红 B 废水，在投加 NaCl 约 1g/L，处理 50min 时，酸性红 B 废水脱色率近 90％。

总之，氧化法是一种优良的印染废水脱色方法，但如果氧化程度不足，染料分子的发色基团可能被破坏而脱色，但其中的 COD 仍未除尽；若将染料分子充分氧化，能量、药剂量消耗可能会过大，成本太高，所以氧化法一般用于氧化絮凝或絮凝氧化工艺。采用氧化絮凝工艺，目的是通过氧化法将水溶性染料分子变为疏水性分子或使阳离子染料分子转变为中性、阴性分子，以利絮凝除去。反之，采用絮凝氧化工艺则是将氧化作为后处理步骤，对印染废水深度处理以进一步去除残余色度及 COD。

14.2.4 生物法脱色

生物法脱色是利用微生物酶来氧化或还原染料分子，破坏其不饱和键及发色基团。脱色微生物对染料具有专一性，其降解过程分两阶段完成，先是染料分子的吸附和富集，接着再生物降解。染料分子通过一系列氧化、还原、水解、化合等活动，最终降解成简单无机物或各种营养物及原生质。

染料分子细微的结构变化都会大大影响脱色率，例如某些藻类对含—OH、—NH_2 的染料脱色率很高，但几乎无法降解含—CH_3、—OCH_3、—NO_2 的染料分子；染料浓度对脱色率也有一定影响，高浓度染料会抑制微生物活性，影响脱色率或脱色效果。微生物通过体内质粒来调控不同结构的染料脱色，提高脱色微生物应用价值的有效途径是筛选或构建具有多功能的超级菌种和提高染料的生物降解性，并大力开发具有广谱絮凝活性的生物絮凝剂。

好氧工艺是常见的处理工艺，但由于染料分子的抗生物降解性强，处理过程 BOD_5/COD 比值下降（可生化性变差），致使普通的好氧工艺对废水色度、COD 去除率不高（60％～70％）。通过向曝气池中投加 $Fe(OH)_3$、延长难降解物质在系统内的停留时间等措施，能大幅提高曝气池的活性污泥浓度，降低污泥负荷及单位数量菌团承担的有机物降解量，从而提高了系统的脱色率和 COD 去除率。将固定化细胞技术应用于好氧工艺也可取得良好效果。厌氧-好氧处理工艺能在一定程度上弥补好氧工艺的不足。难降解染料分子及其助剂在厌氧菌的作用下水解、酸化而分解成小分子有机物，接着被好氧菌分解成无机小分子。

总之，生物法处理印染废水的脱色率和 COD 去除率不高，并且反应时间长，一般不适宜单独应用，可作为预处理或深度处理步骤。当前生物法脱色的关键是筛选高效降解菌及构建具有降解能力和絮凝活性的菌株，使降解、絮凝和脱色在短时间内完成，以提高处理效率，降低成本，并积极探索对染料分子或印染废水的前处理方式，如电解、小剂量氧化等，以提高印染废水的可生化降解性。

14.2.5　电化学法脱色

电化学法是通过电极反应使印染废水得到净化。根据电极反应方式，电化学方法可细分为内电解法、电絮凝和电气浮法、电氧化法。最著名的内电解法是铁屑法，即将铸铁屑作为滤料，使印染废水浸没或通过，利用 Fe 和 FeC 与溶液的电位差，发生电极反应，产生较高化学活性新生态 H，其能与印染废水多种组分发生氧化还原反应，破坏染料发色结构，而阳极产生新生态 Fe^{2+}，其水解产物有较强的吸附和絮凝作用。为了进一步提高传统铁屑法的处理效果，铁屑经改性或向铁屑中加入辅助填料，增加了印染废水中微电池的数目或延长了染料颗粒在铁屑中的停留时间，使改性铁屑法对不溶性染料的色度和 COD 去除提高了 20%～30%。

以 Fe、Al 作阳极，利用阴极产生的 H_2 将絮体浮起，称电气浮法；利用电极反应产生的 Fe^{2+} 和 Al^{3+} 实现絮凝脱色，称电絮凝法。由于施加脉冲电信号使电极反应时断时续，可降低超电势及扩散阻力，从而降低能耗与铁耗；同样，当施加交流电时，两极均可产生阳离子，更有利于金属离子与胶体作用，且两极极性经常变化，对防止电极钝化也有好处，所以电絮凝法的新近发展是脉冲电絮凝和交流电絮凝。以活性炭纤维作电极的电气浮法利用电极的导电、吸附、催化、氧化还原、气浮的综合性能，实现了吸附-电极反应-絮凝脱附一条龙处理工艺。采用石墨、钛板等作极板，以 $NaCl$、Na_2SO_4 或水中原有盐分作导电介质，对染料废水通电电解，阳极产生 O_2 或 Cl_2，阴极产生 H_2，通过氧原子的氧化作用及氢原子的还原作用破坏染料分子而使印染废水脱色。利用活性炭电极，借助其吸附性能富集染料分子，在外电场作用下氧化发色基团，脱色率可达 98% 以上，COD 去除率达 80% 以上。进一步提高电极材料的催化性能，提高电流效率，减弱电极极化以降低能耗仍是今后的主攻方向。

14.3　礼帽印染生产废水处理工程

14.3.1　工程概况

业主主要生产兔毛、羊毛礼帽和帽胎及进行印染后的高档礼帽产品，每日产生印染后的染缸废水 $2m^3$，清洗废水 $48m^3$，生活污水 $50m^3$。本废水主要成分为酸性染料和中性染料，具有色度高、难降解、BOD_5/COD 值低等特点，若不经处理直接排放，势必对周围环境造成严重污染。

业主领导对环保工作非常重视，多方寻找治理本废水的技术，拟建废水处理站，对本废水进行处理，要求经过处理后出水 COD_{Cr} 为 500mg/L、BOD_5 为 150mg/L，其余指标达到 GB 4287—2012 中表 2 间接排放标准后排入园区污水处理厂处理。

本团队依据取业主废水水样进行的大量翔实的处理工艺试验和建成类似系列废水处理工程投运的经验和获得的设计参数，设计该印染生产废水处理工程。

14.3.2　设计水量和水质

依据对水样大量翔实的处理工艺试验和实测数据统计，设计业主生产废水的水量为染缸废水 $2m^3$，清洗废水 $48m^3$ 以及生活污水 $50m^3$。设计进出水水质见表 14-1。

表 14-1　废水进出水水质　　　　　　　　　　　　单位：mg/L

项目	COD	NH₃-N	pH	色度
染缸废水	1400	31	4.0~7.5	500
清洗废水	700	20	4.0~7.5	200
生活污水	350	45	6~9	100
处理出水	500	20	6~9	80

废水主要为三类，一类为染缸废水，主要为印染后染缸内剩余的废水，其主要污染物浓度也高，色度也较高，但其排放量较少；二类为物料印染后的清洗（包括一次清洗和二次清洗）废水，其废水产生量较大；三类为厂区内的生活污水，主要为厂区工人的日常用水的排放，包括盥洗、厕所废水、少量食堂隔油后的废水等，其废水浓度较低，排放量较大。

根据业主提供的染缸废水，设计单位对废水进行了初步 Fenton 试验小试后，通过观察废水的实际处理情况和色度，证明通过 Fenton 处理后的出水色度和 COD 都大幅度降低，其中色度去除效果尤其好。

试验小试处理后的效果见图 14-1。

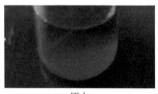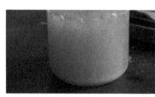

原水　　　　　　　　　　　处理反应中　　　　　　　　　　　处理出水

图 14-1　染缸废水 Fenton 处理效果

14.3.3　处理工艺流程

14.3.3.1　业主废水处理工艺流程

业主废水处理工艺流程见图 14-2。

染缸废水浓度较高，在车间内经 Fenton 处理后进入调节池，在 Fenton 处理过程中，不仅去除了高色度，同时对废水中的有机物进行了分解，得到无色出水。其他废水主要为一次、二次清洗废水，在车间出水时调 pH 为中性。废水中有较多绒毛，绒毛通过气浮过程中加入混凝药剂使绒毛进行分离，同时进入调节池，生活污水经化粪池后一同进入调节池。所有废水在调节池调匀水质后，进入水解酸化池，将废水中的高浓度有机物进行分解后，进入接触氧化池进行好氧处理并经沉淀池沉淀，上清液排放进入后续处理措施。所有污泥脱水外运处理。

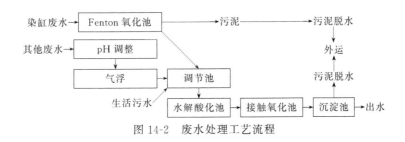

图 14-2　废水处理工艺流程

14.3.3.2　业主废水处理平面布置

设计业主废水处理平面布置见图 14-3。

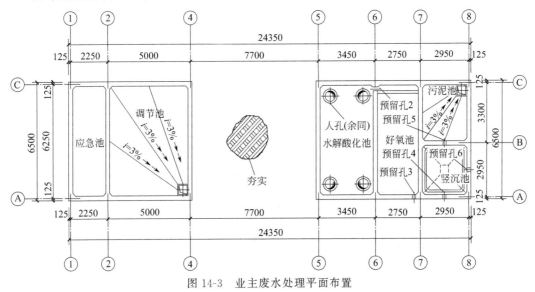

图 14-3　业主废水处理平面布置

14.3.3.3　业主废水处理高程布置

设计业主废水处理高程布置见图 14-4。

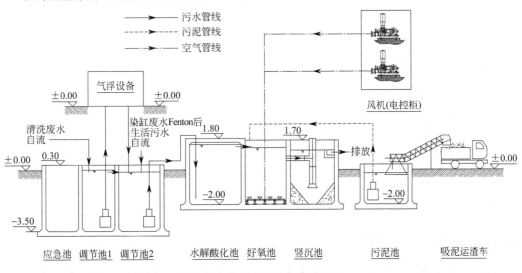

图 14-4　业主废水处理高程布置

14.3.4　主要构筑物和设备

14.3.4.1　主要构筑物

主要构筑物见表 14-2。

表 14-2　主要构筑物

序号	名称	规格/m³	单位	数量	备注
1	应急池	50	座	1	钢筋砼,防腐
2	调节池	100	座	1	钢筋砼,防腐
3	水解酸化池	60	座	1	钢筋砼,防腐
4	接触氧化池	50	座	1	钢筋砼,防腐
5	沉淀池	25	座	1	钢筋砼,防腐
6	污泥池	5	座	1	钢筋砼,防腐
合计		290			占地:约 100m²

14.3.4.2　主要设备

主要设备见表 14-3。

表 14-3　主要设备

序号	设备名称	单位	数量	备注
1	提升泵	台	1	
2	气浮设备	台	1	根据业主选择
3	转子流量计	台	2	
4	中心管	个	1	
5	厢式压滤机	台	1	根据业主选择
6	风机	台	2	
7	pH 仪	台	2	根据业主选择
8	加药泵	台	2	根据业主选择
9	管阀	批	1	
10	电缆	批	1	
11	电控柜	个	1	根据业主选择

14.3.5　技术经济分析

14.3.5.1　工程占地

工程占地面积约 100m²。

14.3.5.2　运行管理和成本

废水处理运行成本约 1.0~2.5 元/(m³ 废水)。

14.3.5.3　劳动安全及保护

电气设备采用接零保护,防止触电事故。室外水池走道,设栏杆,保障通行安全。

14.3.5.4 环境效益

废水经处理后，免交排污费，有较好的环境和经济效益。

14.4 工程现场图

业主印染废水处理工程现场见图 14-5、图 14-6。从图 14-5 和图 14-6 可见，业主印染废水进水成分复杂、色度大、COD 高、抗氧化、抗生物降解，处理难度大，经本科研团队试验了多种脱色方法后，最终设计建成印染生产废水处理工程，处理出水达标排放。

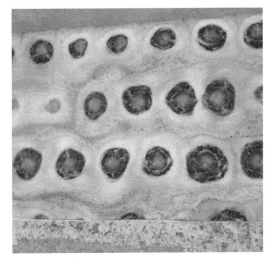 

图 14-5　接触氧化池　　　　　　　　　图 14-6　气浮设备

第 15 章

生物硫铁复合材料在重金属污染水体修复中的应用研究

摘要： 本团队开展了生物硫铁修复重金属污染水体的前沿性研究，深入探究了生物硫铁对重金属污染水体的修复作用和对重金属污染水体中鱼类的保护作用，以期为环境突发事故中重金属污染水体的治理和鱼类保护提供技术借鉴和理论依据。试验筛选了一组高产生物硫铁的硫酸盐还原菌群，得到的生物硫铁复合材料可高效去除重金属污染水体中的 Cr^{6+} 和 Cd^{2+}；此外，该生物硫铁材料能有效保护 Cr^{6+} 和 Cd^{2+} 污染水体中的斑马鱼和鲫鱼，提高鱼的存活率。与传统处理剂 NaOH 和 Na_2S 相比，生物硫铁对污染水体中的鱼类影响较小，安全系数较高，是一种极具前景的重金属污染水体修复材料。

15.1 生物硫铁对重金属废水污染水体的修复效果

15.1.1 概述

重金属原义是指相对密度大于 5 的金属，包括金、银、铜、铁、铅等。在环境污染方面，重金属主要是指汞、铅、镉、铬等生物毒性显著的重金属。砷并不在重金属范围内，但是由于该种类金属的来源和危害均与其他重金属类似，因此也被列为重金属的范畴进行研究。近年来，随着国家的快速发展，工业、农业、城市以及环境事故来源的多种重金属大量排入河流、海洋、湖泊、地下水以及土壤等环境中，破坏土壤和水体生态环境，通过多种方式吸收进入动植物体内富集，对环境中的动植物产生急性毒性和蓄积毒性，影响环境中物种多样性和群密度，并通过食物链进入人体，危害人体健康。

含镉废水的来源包括金属矿山的采选、冶炼、医药、陶瓷、无机颜料制造、电镀、纺织印染及某些照相废液等。以各种化学形态存在的镉，在进入环境或生态系统后就会存留、积累和迁移，对生态环境造成危害。镉进入人体内，会造成骨质软化、骨骼变形，严重的情况甚至会致死。大量吸入含镉蒸气会引起气管炎、支气管炎、肺气肿、肺水肿等症状，并有致畸、致突变等危害。如随废水排出的镉，即使浓度很小，也可在藻类和底泥中积累，被鱼和贝的体表吸附，产生食物链浓缩，从而形成公害。1968 年日本发现的骨痛病，便是镉中毒的范例。因此，国际卫生组织确定的国家饮用水标准中含镉浓度不得超过 0.01mg/L。

电镀制革、染料、胶片、焦化等工业生产中都排放大量的含铬废水，一旦废水未经处理或处理不达标而排放到水源中，则可能导致严重的饮用水铬污染事件。此外，合金厂排放含铬废渣如处理不当，经淋溶后也会导致对地下和地表饮用水源六价铬污染。铬化合物的主要存在形态有 Cr^{2+}、Cr^{3+}、Cr^{5+} 和 Cr^{6+}，不同价态对人体的毒性不同，其中 Cr^{6+} 的毒性最大，比 Cr^{3+} 的毒性大 100 倍，具有显著的致癌、致突变作用，被国际癌症研究协会（IARC）列入 I 组（对人体致癌）物质，它可影响细胞的氧化、还原，能与核酸结合，对呼吸道、消化道有刺激作用，导致严重的胃肠紊乱和肺部癌症等。而 Cr^{3+} 的毒性相对较小，且是人体必需的微量元素，但过量摄入仍可造成对人体的伤害。

在众多重金属污染水体处理技术中，生物硫铁复合材料（生物硫铁）是在 SRB 的基础上进一步发展起来的一种处理重金属废水的热门方法。生物硫铁是一种由硫酸盐还原菌及其原位生成的纳米硫铁化合物形成的复合材料。生物硫铁实现了化学和生物方法的有机结合，具有还原、吸附、吸收和硫化沉淀等特性，对多种重金属都有很好的处理效果。谢翼飞研究生物硫铁特性及利用生物硫铁处理高浓度含 Cr^{6+} 废水时表明，生物硫铁材料粒径长为 45～80nm，长宽比 10～15，其铁硫原子比为 1.07～1.11，主要由无定形态硫化亚铁和四方硫铁矿组成，反应体系 pH、温度、投加量是影响生物硫铁去除 Cr^{6+} 的主要因子，在 pH＝3、25℃、纳米硫铁与 Cr^{6+} 物质的量比为 1.171 时，10min 即可使 Cr^{6+} 浓度降至 0.03mol/L，达到废水排放标准。罗丽卉研究表明生物硫铁处理铜污染废水，去除率达到 99.9% 以上。

因此，本节针对突发事故产生的 Cr^{6+} 污染水体和 Cd^{2+} 污染水体，研究生物硫铁对重金属污染水体中重金属的去除效果，为环境突发事故中重金属污染水体的治理提供理论依据。

15.1.2 材料与方法

15.1.2.1 生物硫铁高产菌的选育

① 液体富集培养基：$K_2HPO_4 \cdot 3H_2O$ 0.5g/L，NaCl 1.0g/L，NH_4Cl 1.0g/L，$CaCl_2 \cdot 2H_2O$ 0.1g/L，$MgSO_4 \cdot 7H_2O$ 2.0g/L，酵母膏 5g/L，乳酸钠（70%）25mL/L，121℃高压灭菌 20min 后冷却至室温，加入过滤除菌的 $FeSO_4 \cdot 7H_2O$ 15g/L，维生素 C 0.1g/L，硫代乙醇酸钠 0.1g/L，半胱氨酸 L-Cys 0.5g/L，不停搅拌下调节 pH 至 8.0 左右。

② 固体筛选培养基：KH_2PO_4 0.5g/L，NH_4Cl 1.0g/L，$CaCl_2 \cdot 2H_2O$ 0.1g/L，$MgSO_4 \cdot 7H_2O$ 2.0g/L，酵母膏 1.0g/L，乳酸钠（70%）5mL/L，Na_2SO_4 1.0g/L，琼脂 20g/L，121℃高压灭菌 20min 后冷却至约 50℃，加入过滤除菌的 $FeSO_4 \cdot 7H_2O$ 1.5g/L，维生素 C 0.1g/L，硫代乙醇酸钠 0.1g/L，半胱氨酸 L-Cys 0.5g/L，不断搅拌下调节 pH 至 8.0 左右。

③ 将原始菌接入液体培养基中，于 35℃密闭培养 7d 进行富集，后将菌液在固体平板上涂布，放置于厌氧盒中，同时加入厌氧袋吸收盒子中的氧气，于 35℃密闭培养 4d，然后挑选较黑的单菌落进行平板划线，密闭培养 4d 后，重复划线 3 次，即可得到较纯的能产生生物硫铁的单菌落。之后，挑选数个单菌落接种到液体培养基中，在 35℃条件下厌氧培养 12d，然后通过一步液体转接进行扩大培养，测定培养液中的生物硫铁含量，挑出生物硫铁高产菌。

15.1.2.2 生物硫铁材料的制备

将菌种接入液体培养基中，35℃厌氧培养 12d 后即可生成大量的生物硫铁。将培养后的菌液用低速大容量离心机 5000r/min 离心 10min，弃去上清液，沉淀用纯水清洗一次，离心后底部沉淀即生物硫铁复合材料。生物硫铁的浓度以硫化物的质量浓度表示。

15.1.2.3 生物硫铁含量的测定方法

生物硫铁含量以硫化物的质量浓度表示。硫负离子的测定采用亚甲基蓝分光光度法，检出限为 0.005mg/L，详见《水质 硫化物的测定 亚甲基蓝分光光度法》（HJ 1226—2021）。

15.1.2.4 投加比对 Cr^{6+}、Cd^{2+} 污染水体的修复试验

分别选取污染水体 Cr^{6+}、Cd^{2+} 恰好为其各自 24h 半致死浓度的浓度作为试验浓度。设置不同投加比（生物硫铁与 Cr^{6+}、Cd^{2+} 的摩尔浓度之比）的生物硫铁，每组 3 个平行试样。试验开始后，每隔一段时间测定试验组和空白组水样中的 Cr^{6+}、Cd^{2+} 浓度，研究 Cr^{6+}、Cd^{2+} 去除率随作用时间变化的趋势。

15.1.2.5 生物硫铁、SRB、SRB+FeS 的修复效果对比试验

选取污染水体 Cd^{2+} 恰好为其 24h 半致死浓度的浓度作为试验浓度，向含 Cd^{2+} 的水体中分别投加 1∶1 和 2.4∶1 的 3 种试验材料，同时设置空白试验组。每 24h 取样，用 0.22μm 针头过滤器过滤后测定水样中的 Cd^{2+} 浓度。

15.1.3 结果与讨论

15.1.3.1 生物硫铁高产菌的筛选与鉴定

菌种筛选的结果见图 15-1。经过最终的筛选，获得的菌群命名为 B525，培养液中生物硫铁含量（以硫化物含量表示）可达到 1811mg/L。该值超出液体培养基中已知的硫元素理论值，可能是因为培养基中的酵母膏中含有一定量的硫负离子或者是可被还原为硫负离子的硫元素。对经过筛选获得的菌 B525 进行 16S rRNA 宏基因组测序后得到的结果如图 15-2 所示。由图 15-2 可知，分离纯化获得的菌为混合菌群，主要含有变形菌门

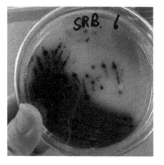

图 15-1 生物硫铁高产菌

（*Proteobacteria*）的脱硫弧菌属（*Desulfovibrio*，33.04%）、柠檬酸杆菌属（*Citrobacter*，1.39%），厚壁菌门（*Firmicutes*）的牦牛瘤胃菌属（*Proteiniclasticum*，20.19%）、土孢杆菌属（*Terrisporobacter*，18.82%）、梭状芽孢杆菌属（*Clostridium*，6.75%）、微小杆菌属（*Exiguobacterium*，2.03%），以及拟杆菌门（*Bacteroidetes*）的屠场杆菌属（*Macellibacteroides*，15.42%）。

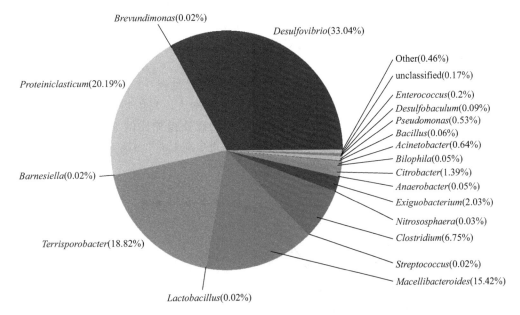

图 15-2　属（genus）水平菌的组成和丰度

15.1.3.2　生物硫铁材料投加比对 Cr^{6+}、Cd^{2+} 的去除效果

① 生物硫铁不同投加比例时对水中 Cr^{6+} 的去除效果见图 15-3。如图 15-3 所示，随着生物硫铁投加比例的增加，水体中 Cr^{6+} 去除率逐渐增大。在生物硫铁投加比例为 3 时，

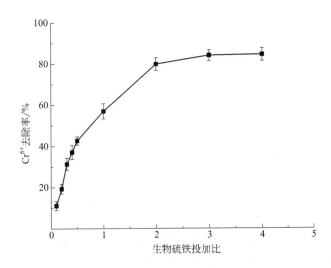

图 15-3　不同生物硫铁投加比例时 Cr^{6+} 去除率的变化

15min 后 Cr^{6+} 去除率达到 84.01%。因此，在生物硫铁投加比例为 3 时，短时间内就可以大幅度减少水体中的 Cr^{6+}。生物硫铁主要由硫酸盐还原菌和其表面的硫铁化合物组成，其可以和水体中的 Cr^{6+} 发生氧化还原反应，生成 S 单质、Fe^{3+} 和 Cr^{3+}，菌体和生成的 S 单质、铬和铁的氢氧化物一同沉淀，从而将 Cr^{6+} 从水体中去除。试验发现在处理后的水体中可以看到明显的土黄色沉淀，且水体略偏灰绿色。此时水体 pH 为近中性，这些沉淀可能是生物硫铁与 Cr^{6+} 反应后，生成的 S 单质、$Cr(OH)_3$ 和 $Fe(OH)_3$ 沉淀混合物。生物硫铁在水体中会因为硫铁化合物氧化、硫铁颗粒内部未及时参与反应等，使得在投加比例小于 1 时，不能短时间内将水体中的 Cr^{6+} 完全还原。但是生物硫铁中的 SRB 会通过新陈代谢作用缓慢将残余的 Cr^{6+} 去除。

② 生物硫铁不同投加比例时对水中 Cd^{2+} 的去除效果见图 15-4。如图 15-4 所示，随着生物硫铁投加比的增加，水体中 Cd^{2+} 的去除率逐渐增大。当生物硫铁投加比达到 2.4 时，15min 后 Cd^{2+} 去除率达到 100%。因此，当生物硫铁投加比例不小于 2.4 时，短时间内可以将水体中的 Cd^{2+} 全部去除，从而达到去除重金属 Cd^{2+} 污染、保护水体中鱼类的目的。

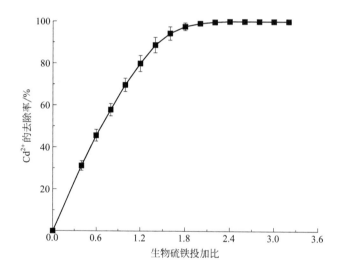

图 15-4　不同生物硫铁投加比例时 Cd^{2+} 去除率的变化

生物硫铁主要由硫酸盐还原菌和其表面的硫铁化合物组成。硫化镉的溶度积为 8.0×10^{-27}，硫化亚铁的溶度积为 6.3×10^{-18}，硫铁化合物中无定形态的硫铁化合物能够与水体中的 Cd^{2+} 发生置换反应生成硫化镉沉淀。李佳利用羟甲基纤维素钠作为稳定剂制备硫化亚铁纳米颗粒，稳定前后的硫化亚铁颗粒在短时间内对 Cd^{2+} 都具有很好的吸附效果，而稳定化处理能增加硫化亚铁颗粒对 Cd^{2+} 的吸附量。生物硫铁中的硫铁化合物粒径很小，比表面积很大，因此对污染水体中的 Cd^{2+} 具有很好的吸附效果。夏君研究表明，硫酸盐还原菌还原硫酸根离子产生硫负离子和 Zn^{2+} 反应生成沉淀，从而将 Zn^{2+} 从水体中去除，另外，细菌也通过菌体或者是溶液中细菌产生的其他代谢产物对 Zn^{2+} 具有一定的吸附作用，从而提高了 Zn^{2+} 的去除效果。刘艳研究表明，硫酸盐还原菌对 Cd^{2+} 的去除作用除了以硫化镉形式沉淀外，菌体细胞也可以通过死细胞以及产生的胞外聚合物对 Cd^{2+} 进行吸附。因此，生物硫铁对 Cd^{2+} 的去除主要是以硫化镉沉淀为主，除此之外，生物硫铁还可以通过硫铁化合物、菌体吸收转化、菌体死细胞本身以及胞外聚合物对 Cd^{2+} 产生一定的吸附作用，从而加大加快污染水体中 Cd^{2+} 的去除。

15.1.3.3　生物硫铁、SRB、SRB+ FeS 对水体中 Cd^{2+} 的去除效果对比

生物硫铁、SRB＋FeS、SRB 对水体中 Cd^{2+} 的去除效果见图 15-5。如图 15-5 所示，在对 Cd^{2+} 的去除率方面，生物硫铁、SRB＋FeS、SRB 都能够有效降低水体中的 Cd^{2+} 浓度，且三种材料投加比例为 2.4：1 时对 Cd^{2+} 的去除效果都显著高于投加比例为 1：1 的试验组。相较而言，生物硫铁的效果最好，SRB＋FeS 的组合效果次之，SRB 的效果最差。和 SRB＋FeS 相比，生物硫铁颗粒细微，比表面积大，对水体中的重金属具有很好的吸附效应。同时，生物硫铁中的菌可以通过胞外聚合物吸附 Cd^{2+}，也可以通过菌体作用吸收 Cd^{2+}，从而加大对水体中 Cd^{2+} 的去除效果。在去除速率方面，SRB＋FeS 对 Cd^{2+} 的去除速率最快，很快达到稳定状态；SRB 作用较慢，96h 时反应速率依然很高；生物硫铁对 Cd^{2+} 的去除速率不及 SRB＋FeS，因为生物硫铁是菌体和硫铁化合物的复合体颗粒，在水体中颗粒表面与 Cd^{2+} 反应，颗粒内部的硫铁材料并没有直接与水体接触，从而降低了生物硫铁与 Cd^{2+} 的反应速率。但是，这种颗粒状态能很好地保护硫酸盐还原菌，具有很好的稳定性，能够在水体中长期发挥作用。因此，生物硫铁、SRB 和 FeS＋SRB 三种材料相比，生物硫铁对水体中 Cd^{2+} 的去除效果最好。

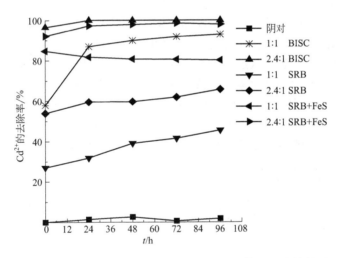

图 15-5　生物硫铁、SRB、SRB＋FeS 对水中 Cd^{2+} 的去除效果对比

15.1.4　结论

① 筛选的生物硫铁高产菌为混合菌群，编号为 B525，菌群主要含有变形菌门（Proteobacteria）的脱硫弧菌属（Desulfovibrio，33.04%）、柠檬酸杆菌属（Citrobacter，1.39%），厚壁菌门（Firmicutes）的牦牛瘤胃菌属（Proteiniclasticum，20.19%）、土孢杆菌属（Terrisporobacter，18.82%）、梭状芽孢杆菌属（Clostridium，6.75%）、微小杆菌属（Exiguobacterium，2.03%），以及拟杆菌门（Bacteroidetes）的屠场杆菌属（Macellibacteroides，15.42%）。

② 当 Cr^{6+} 浓度较高，生物硫铁投加比例达到 3 时，96h 后可使 Cr^{6+} 去除率达到 99.99%。当 Cd^{2+} 浓度较高，生物硫铁投加比例达到 2.4，15min 后可使 Cd^{2+} 去除率达

到 100%，在投加比例不小于 2.4 的情况下，可短时间内快速去除 Cd^{2+}。

③ 在高效去除污染水体中的 Cd^{2+} 方面，生物硫铁的结合形式相较 SRB 以及成分的简单混合都具有显著的优势。

15.2　生物硫铁对重金属污染水体中鱼类的保护作用研究

15.2.1　概述

鱼类是很好的水体环境污染指示生物。污染水体中的重金属会对水体中的鱼类产生不同程度的影响。当重金属浓度较高时，尤其是突发重金属污染事件导致的高浓度重金属污染水体会对暴露其中的鱼类产生严重的急性毒性，导致鱼类几天内大量死亡。当水体中的重金属浓度较低时，对鱼类虽没有急性致死效应，但是鱼类会不断地通过呼吸、摄食消化、体表吸收水体中的重金属，从而产生蓄积毒性，对鱼类多种组织器官产生损伤作用，引起鱼类的多种疾病。

另外，重金属离子能诱导鱼类体内产生自由基，如活性氧，从而引起机体氧化应激的产生，引起机体多种组织器官的氧化损伤。抗氧化防御系统是机体消除自由基的主要机制。抗氧化防御系统是生物在长期进化过程中形成的一套完整的对抗外界环境变化和刺激的保护体系，它可以清除机体内产生的过量的活性氧等自由基。抗氧化防御系统由酶类抗氧化剂和非酶类抗氧化剂组成，前者包含过氧化氢酶（CAT）、超氧化物歧化酶（SOD）、过氧化物酶（POD）、谷胱甘肽过氧化物酶（GPx）、谷胱甘肽巯基转移酶（GST）等，后者包含谷胱甘肽（GSH）、维生素 E、维生素 C、尿酸盐、β-胡萝卜素等。鱼类体内的抗氧化防御系统在保护机体免受重金属引起的氧化损伤中发挥着重要作用。

关于镉的毒性作用，目前人们也提出了其他不同的看法，主要包括 DNA 修复和 DNA 甲基化的抑制，破坏细胞信号传导和诱导凋亡，破坏细胞黏附，促进细胞的分化，改变机体内分泌系统，诱导神经的再生，对肾上腺的毒性作用等。

本节针对突发事故产生的 Cr^{6+} 污染水体和 Cd^{2+} 污染水体，研究生物硫铁对重金属污染水体中模式物种斑马鱼的保护作用，为环境突发事故中重金属污染水体中鱼类的保护提供理论依据。

15.2.2　材料与方法

15.2.2.1　投加比对 Cr^{6+}、Cd^{2+} 暴露斑马鱼的影响试验

分别选取 Cr^{6+}、Cd^{2+} 的 24h 半致死浓度作为污染水体 Cr^{6+}、Cd^{2+} 的试验浓度，设置不同投加比（生物硫铁与 Cr^{6+}、Cd^{2+} 的摩尔浓度之比）的生物硫铁，每个试验组 3 个平行试样。试验开始后，每 24h 观察记录一次斑马鱼的存活情况，并及时捞出死鱼，考察生物硫铁投加比对 Cr^{6+} 暴露斑马鱼的影响，实验周期为 96h。

15.2.2.2　投加时间对 Cr^{6+}、Cd^{2+} 暴露斑马鱼的影响试验

分别选取 Cr^{6+}、Cd^{2+} 的 24h 半致死浓度作为污染水体 Cr^{6+}、Cd^{2+} 的试验浓度，每个试验组设置 3 个平行试样。分别在斑马鱼暴露 0h、4h、8h、12h、16h、20h、24h 时向

缸中投加 1∶1 的生物硫铁，同时设置阳性对照组和空白组。采用静水式试验方法，每24h 观察记录一次斑马鱼的存活情况并及时捞出死鱼，试验周期为 96h。

15.2.2.3　不同水体 pH 条件下生物硫铁对 Cr^{6+}、Cd^{2+} 暴露斑马鱼的影响试验

分别选取 Cr^{6+}、Cd^{2+} 的 24h 半致死浓度作为污染水体 Cr^{6+}、Cd^{2+} 的试验浓度，每个试验组设置 3 个平行试样。pH 分别为 6、7、8、9，每个 pH 都设置不投加生物硫铁的试验组和投加 1∶1 生物硫铁的试验组。同时设置阳性对照组和空白。采用静水式试验方法，每天观察并及时捞出死鱼，96h 后记录斑马鱼的存活情况。

15.2.2.4　生物硫铁、SRB、SRB+FeS 的效果对比试验

选取 Cd^{2+} 的 24h 半致死浓度作为污染水体 Cd^{2+} 的试验浓度，向含 Cd^{2+} 的水体中分别投加 1∶1 和 2.4∶1 的三种试验材料，同时设置空白试验组和只含 Cd^{2+} 不投加处理材料的阴性对照组。每组设置 3 个平行试样，每个平行试样 4L 水，10 条鱼。采用静水式方法，每 24h 换一半水，补加 Cd^{2+} 和相应材料至原始浓度。同时记录斑马鱼的存活情况并及时捞出死鱼。试验周期为 96h。

15.2.2.5　生物硫铁与 NaOH 和 Na_2S 的效果对比试验

选取 Cd^{2+} 的 24h 半致死浓度作为污染水体 Cd^{2+} 的试验浓度，分别向含 Cd^{2+} 的水体中投加三种物质，分别为生物硫铁、硫化钠和氢氧化钠，各物质皆有两个投加比例，其中生物硫铁与 Cd^{2+} 的比例分别为 2.4∶1 和 7∶1，硫化钠与 Cd^{2+} 的比例也为 2.4∶1 和 7∶1，氢氧化钠与 Cd^{2+} 的比例为 48∶1 和 14∶1（所述比例为硫化物 S^{2-} 或 OH^- 与 Cd^{2+} 的物质的量比，去除同等量的 Cd^{2+} 时，氢氧化钠的物质的量为硫化钠的两倍）。同时设置只含 Cd^{2+} 的阴性对照组和空白试验组。每组设置 3 个平行试样，每个平行试样 4L 水，10 条鱼，采用静水式方法，每 24h 换一半水，补加 Cd^{2+} 以及三种处理物质至原始浓度，同时记录斑马鱼的存活情况，并及时捞出死鱼。试验周期为 48h。

15.2.3　结果与讨论

15.2.3.1　生物硫铁材料投加比对 Cr^{6+}、Cd^{2+} 暴露斑马鱼的影响试验

① 生物硫铁投加比对 Cr^{6+} 污染水体（pH＝6.98）中斑马鱼存活率的影响如图 15-6 所示。结果显示，空白对照组和阳性对照组中斑马鱼没有死亡，说明生物硫铁对斑马鱼没有毒性或毒性很低。如图 15-6 所示，在 24h 内，生物硫铁投加比例为 0～0.3 时，斑马鱼存活率没有显著差异。但是随着生物硫铁投加比例的进一步增加，斑马鱼的存活率显著升高，生物硫铁投加比例为 0.4 时，斑马鱼存活率达到 93.33%，0.5 时达到 100%。在 96h 内，生物硫铁投加比例达到 0.5 时，斑马鱼存活率达到 100%。结果说明，生物硫铁能显著提高 Cr^{6+} 污染水体中斑马鱼的存活率，降低重金属对斑马鱼的毒性，对重金属污染水体中的斑马鱼具有很好的保护作用。

② 不同生物硫铁投加比对 Cd^{2+} 污染水体中斑马鱼存活率的影响如图 15-7 所示。结果显示，空白对照组和阳性对照组中斑马鱼没有死亡，说明生物硫铁对斑马鱼没有毒性或

毒性很低。如图 15-7 所示，在 96h 内，当生物硫铁投加比低于 0.8 时，斑马鱼存活率较低，在 50% 以下；当生物硫铁投加比达到 1.2 时，斑马鱼 96h 后存活率维持在较高的水平，约为 90%；而当生物硫铁投加比达到 1.6 以上时，斑马鱼存活率之间不存在显著性差异，约为 100%，相较生物硫铁投加比为 0 的试验组，斑马鱼存活率提高 4 倍，约80%。结果表明，生物硫铁能显著提高 Cd^{2+} 污染水体中斑马鱼的存活率，可以降低重金属对斑马鱼的急性毒性，对重金属污染水体中的斑马鱼具有很好的保护作用。周婧超研究表明，生物硫铁对 Cu^{2+} 污染水体中的斑马鱼具有较好的保护作用，在 Cu^{2+} 污染水体中，生物硫铁投加量越大，斑马鱼死亡率越低，得出生物硫铁对重金属污染水体中的斑马鱼具有很好的保护作用。

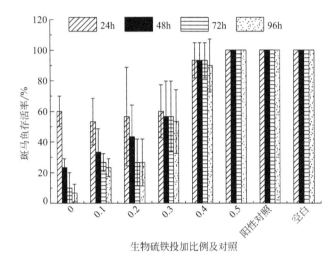

图 15-6　不同生物硫铁投加比时斑马鱼存活率的变化

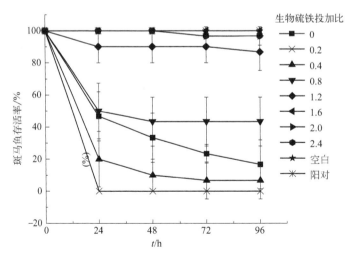

图 15-7　不同生物硫铁投加比时斑马鱼存活率的变化

15.2.3.2　生物硫铁材料投加时间对 Cr^{6+}、Cd^{2+} 暴露斑马鱼的影响试验

① 生物硫铁不同投加时间对 Cr^{6+} 污染水体中斑马鱼存活率的影响如图 15-8 所示。随着生物硫铁投加时间的增加（即越晚投加），斑马鱼 24h、48h、72h、96h 存活率逐渐降

低。0h 投加生物硫铁时，斑马鱼 96h 存活率约为 97%，4h 时为 90%，相对不投加生物硫铁时分别提高约 90% 和 83%；在 24h 时投加生物硫铁，斑马鱼存活率比不投加提高约 13%。生物硫铁的投加能大幅提高 Cr^{6+} 污染水体中斑马鱼的存活率，且投加时间越早，生物硫铁的保护作用越强。0~4h 内投加作用最为显著。这一结果表明，对于受 Cr^{6+} 污染的水体，特别是突发事件，越早发现，越早投放生物硫铁，其保护作用越显著。

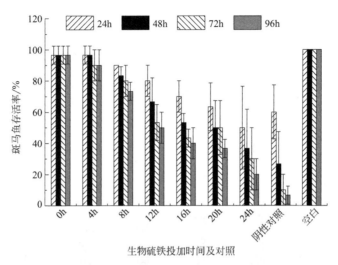

图 15-8　不同生物硫铁投加时间时斑马鱼存活率变化

② 生物硫铁不同投加时间 Cd^{2+} 污染水体中斑马鱼存活率的变化如图 15-9 所示。生物硫铁投加时间越晚，斑马鱼 24h、48h、72h、96h 存活率越低。0h 投加生物硫铁时，96h 后（下同）斑马鱼存活率约为 90%，4h 时为 87%，在 24h 时投加生物硫铁，斑马鱼存活率为 20%。与不投加生物硫铁相比，分别提高约 90%、87% 和 20%。生物硫铁的投加能大幅提高 Cd^{2+} 污染水体中斑马鱼的存活率，且投加时间越早，生物硫铁的保护作用越强。这一结果表明，对于受 Cd^{2+} 污染的水体，特别是突发事件，越早发现，越早投放生物硫铁，其保护作用越显著。

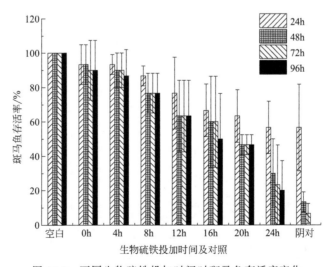

图 15-9　不同生物硫铁投加时间时斑马鱼存活率变化

15.2.3.3 不同水体 pH 条件下生物硫铁对 Cr^{6+}、Cd^{2+} 暴露斑马鱼的影响试验

① 不同 pH 条件下 Cr^{6+} 污染水体加生物硫铁对斑马鱼存活率的影响如图 15-10 所示。由图 15-10 可知，在试验 pH 范围内，不加生物硫铁时，斑马鱼存活率较低；投加生物硫铁时，96h 后斑马鱼的存活率都显著高于相同 pH 的不投加生物硫铁试验组。在 pH 为 6 时，斑马鱼的存活率最高，96h 后达到约 87%。而 pH 为 9 时，96h 后斑马鱼存活率降低到约 37%。结果表明，在不同 pH 条件下，生物硫铁的投加能够有效保护 Cr^{6+} 污染水体中的斑马鱼，提高斑马鱼的存活率。

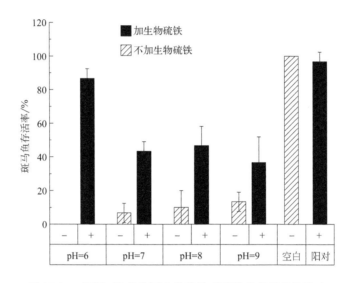

图 15-10 不同 pH 条件下生物硫铁对斑马鱼存活率的影响

② 不同 pH 条件下 Cd^{2+} 污染水体加生物硫铁对斑马鱼存活率的影响如图 15-11 所示。由图 15-11 可知，在试验 pH 范围内，不加生物硫铁时，斑马鱼 96h 后存活率较低；投加

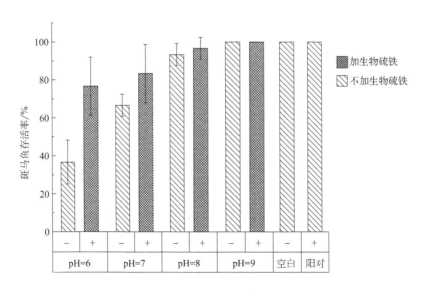

图 15-11 不同 pH 条件下生物硫铁对斑马鱼存活率的影响

生物硫铁时，96h 后斑马鱼的存活率都显著高于相同 pH 的不投加生物硫铁试验组。不投加生物硫铁时，斑马鱼 96h 后存活率随 pH 升高而逐渐升高，pH 为 6 时，斑马鱼存活率约为 37%，而 pH 为 9 时达到了 100%。投加生物硫铁时，随 pH 升高，斑马鱼 96h 后的存活率呈现逐渐升高的趋势，在 pH 为 9 时，斑马鱼的存活率最高，96h 后达到约 100%。而 pH 为 6 时，96h 后斑马鱼存活率降低到约 77%。结果表明，在不同 pH 条件下，生物硫铁的投加能够有效保护 Cd^{2+} 污染水体中的斑马鱼，提高斑马鱼的存活率。

15.2.3.4　生物硫铁、SRB、SRB+FeS 对 Cd^{2+} 暴露斑马鱼的保护效果对比

生物硫铁、SRB、SRB+FeS 对斑马鱼存活率的影响如图 15-12 所示。由图 15-12 可知，投加比例为 2.4:1 时，生物硫铁、SRB、SRB+FeS 都能很好地保护 Cd^{2+} 污染水体中的斑马鱼，使斑马鱼存活率达到 100%。当投加比例为 1:1 时，投加生物硫铁试验组和投加 SRB+FeS 的试验组中斑马鱼没有死亡，而投加 SRB 试验组中，斑马鱼 72h 时存活率降至 90%，96h 时降至 80%。结果表明，生物硫铁、SRB、SRB+FeS 三种处理方法都能显著提高斑马鱼的存活率，过量投加时对斑马鱼也没有显著的致死效应。投加生物硫铁或 SRB+FeS 的作用最为显著，96h 斑马鱼存活率达到 100%。而 SRB 的作用相对较差。因此生物硫铁、SRB、SRB+FeS 相比，生物硫铁与 SRB+FeS 都具有显著的优势，能够很好地保护 Cd^{2+} 污染水体中的斑马鱼。

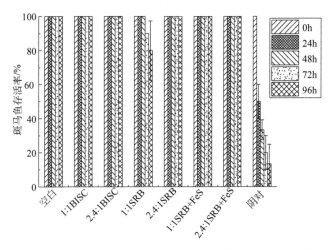

图 15-12　生物硫铁、SRB、SRB+FeS 对斑马鱼存活率的影响

15.2.3.5　生物硫铁与 NaOH 和 Na_2S 的效果对比

生物硫铁、NaOH、Na_2S 对 Cd^{2+} 污染水体中斑马鱼的作用效果如图 15-13 所示。由图 15-13 可知，Na_2S 两种不同程度过量投加时，斑马鱼全部死亡；NaOH 投加比为 4.8:1 时，斑马鱼存活率为 100%，而投加比为 14:1 时，斑马鱼 48h 存活率仅为 17%。相较而言，生物硫铁两种过量投加方式都没有引起斑马鱼的死亡。结果表明，在处理 Cd^{2+} 污染水体时，两种传统 Cd^{2+} 处理剂 NaOH 和 Na_2S 虽都能够去除 Cd^{2+}，但是过量投加时都会对水体中的鱼类产生致死效应。相较而言，生物硫铁在处理 Cd^{2+} 污染的同时，对水体中的鱼类影响较小，安全系数最高。

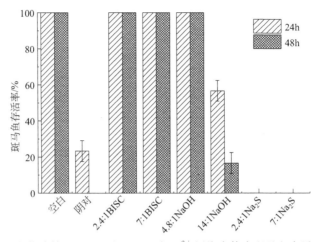

图 15-13 生物硫铁、NaOH 和 Na_2S 对 Cd^{2+} 污染水体中斑马鱼存活率的影响

15.2.4 结论

① 生物硫铁能有效保护 Cr^{6+} 和 Cd^{2+} 污染水体中的斑马鱼,提高斑马鱼的存活率。越早投加、pH 越低(水体 pH 在 6~9 范围内),生物硫铁的保护作用越显著。在 Cr^{6+} 污染水体中投加生物硫铁保护斑马鱼时,生物硫铁的最佳投加比为 0.5,在 Cd^{2+} 污染水体中投加生物硫铁保护斑马鱼时,生物硫铁的最佳投加比为 1.6,最佳投加时间为 0~4h,在水体 pH 为 6~9 范围内。

② 在保护 Cd^{2+} 暴露斑马鱼方面,生物硫铁的结合形式相较 SRB 以及成分的简单混合都具有显著的优势。

③ 和传统处理剂 NaOH 和 Na_2S 相比,生物硫铁对污染水体中的鱼类影响较小,安全系数较高。

15.3 生物硫铁对重金属污染水体中鱼类保护机制研究

本节选用常见的食用鱼——鲫鱼作为试验载体,以肝、肾、鳃、肌肉四种组织中 Cd^{2+} 的蓄积量,以及肝脏中超氧化物歧化酶(SOD)、过氧化氢酶(CAT)活性为指标,在研究低浓度 Cd^{2+} 对鲫鱼蓄积毒性的基础上,研究了生物硫铁的投加对污染水体中 Cd^{2+} 蓄积鲫鱼的保护作用以及保护机制。

15.3.1 材料与方法

15.3.1.1 重金属蓄积实验

采用 40cm×23cm×25cm 的玻璃缸进行试验,每个玻璃缸中装自来水,放养 30 条鲫鱼,采用充气泵不断充气。本实验根据《渔业水质标准》(GB 11607—1989)允许质量浓度,选取 0.005mg/L、0.05mg/L、0.5mg/L Cd^{2+} 作为试验浓度,设置 3 个试验组,同时设置一个空白试验组。试验时间为 28d,在第 0d、1d、3d、6d、10d、15d、21d、28d 取样,每次 3 条鱼,然后测定鲫鱼肝脏、肾脏、鱼鳃、肌肉中的镉蓄积量,以及肝脏中

CAT 和 SOD 的活性。

　　试验期间每天投喂市售颗粒饵料，每天喂一次食。饵料中未检出镉。为保证水体中 Cd^{2+} 浓度的恒定，采用半静态法，每天换去约一半的水，并尽量除去鱼体粪便，然后补充 Cd^{2+} 至原始浓度。

15.3.1.2　重金属排出实验

　　按照蓄积实验进行实验设计，同时另外多设置一个空白试验组。在蓄积 28d 后，向加有镉的试验组中投加 1∶1 的生物硫铁，同时向其中一个空白组中投加生物硫铁作为阳性对照组，投加量与 0.5mg/L 试验组相同。试验时间为 30d，在第 5d、10d、15d、20d、25d、30d 取样，每次 3 条鱼，然后测定鲫鱼肝脏、肾脏、鱼鳃、肌肉中的镉蓄积量，以及肝脏中 CAT 和 SOD 的活性。

　　试验期间每天投喂市售颗粒饵料，每天喂一次食。为保证水体中 Cd^{2+} 浓度的恒定，采用半静态法，每天换去一半的水，并尽量除去鱼体粪便，然后补充 Cd^{2+} 和生物硫铁至原始浓度。

15.3.1.3　鱼组织样的处理方法

　　鲫鱼取出后先用自来水冲洗，去除鱼体表的 Cd^{2+}。取出肝、肾、鳃、肌肉后，先放入预冷的生理盐水中进行清洗，以去除血液和表面附着的少量 Cd^{2+}。然后将组织样用吸水纸吸干后称重，将肾、鳃、肌肉三种组织分别放入 1.5mL 的离心管中，并加入 1mL 的预冷生理盐水保存，待进行 Cd^{2+} 蓄积量的测定。肝脏组织首先放在适当的玻璃匀浆器中，按照质量(g)∶体积(mL)＝1∶5 的比例加入 5 倍体积的预冷生理盐水，在冰水浴条件下匀浆，转移到相应的离心管中，然后用 4 倍体积的预冷生理盐水进行清洗，一并转移至离心管中，2500r/min 离心 10min，取上清液 0.1mL 用预冷生理盐水按 1∶9 稀释成 1% 的组织匀浆，待测酶活性。取过上清液后的部分，待微波消解测定镉蓄积量。

15.3.2　结果与讨论

15.3.2.1　重金属在鲫鱼体内的蓄积机制

　　蓄积阶段，不同 Cd^{2+} 浓度（0.005mg/L、0.05mg/L、0.5mg/L）条件下鲫鱼不同组织中 Cd^{2+} 蓄积量的变化，肝、肾、鳃、肌肉的比较如图 15-14 所示。由图 15-14 可知，对于肝、肾、鳃三种组织，在同一浓度条件下，Cd^{2+} 蓄积量随时间不断升高，在 10d 内组织中的 Cd^{2+} 增长缓慢，在 10~21d 增长迅速。随后 Cd^{2+} 蓄积速率逐渐减慢。对于同一时间，肝、肾、鳃组织中 Cd^{2+} 蓄积量随水体中 Cd^{2+} 浓度的增加而不断增大，其中，肝脏变化幅度最大，肾脏次之，鱼鳃最小。对于肌肉，在不同时间段内，不同水体 Cd^{2+} 浓度条件下，鲫鱼肌肉组织中的 Cd^{2+} 蓄积量水平极低，没有显著变化。四种组织相比，同一浓度条件下，肝脏组织的 Cd^{2+} 蓄积量最大，速率最高，肌肉蓄积量最小，速率最低。在 0.5mg/L Cd^{2+} 水体中，暴露 28d 后肝脏 Cd^{2+} 蓄积量达到 9.07mg/kg，肾脏达到 6.31mg/kg，鳃达到 0.87mg/kg，肌肉则为 0.01mg/kg。结果表明，在 Cd^{2+} 污染水体中，Cd^{2+} 在鲫鱼各组织中都有蓄积，1~21d 内，肝、肾、鳃中的蓄积量随时间和污染水体中 Cd^{2+} 浓度的增加而增加，而肌肉变化不显著。各个组织的蓄积能力：肝＞肾＞鳃＞肌肉，蓄积速率：肝＞肾＞鳃＞肌肉。

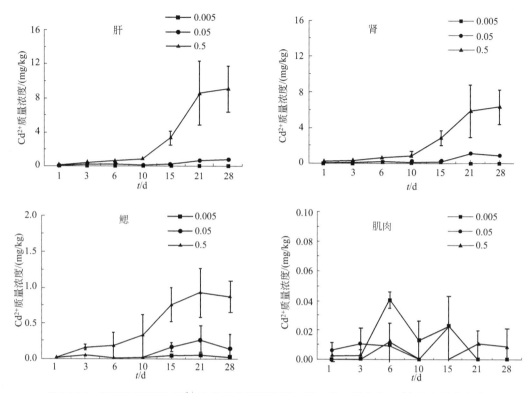

图 15-14 蓄积阶段不同 Cd^{2+} 浓度条件下鲫鱼肝、肾、鳃、肌肉中 Cd^{2+} 蓄积量的变化

15.3.2.2 生物硫铁对重金属蓄积鲫鱼的 Cd^{2+} 促排作用

投加生物硫铁后，鲫鱼肝、肾、鳃、肌肉组织中 Cd^{2+} 蓄积量变化如图 15-15 所示。由图 15-15 可知，对于肝、肾组织，当 Cd^{2+} 浓度为 0.5mg/L 时，鲫鱼组织中 Cd^{2+} 蓄积量在第 15d 时达到最低；投加生物硫铁后，鲫鱼肝、肾、鳃组织中 Cd^{2+} 蓄积量整体呈现先降低后升高的趋势。对于同一时间，高浓度 Cd^{2+} 水体中，投加生物硫铁后 Cd^{2+} 去除效果最为显著。对于 0.5mg/L Cd^{2+} 水体，鲫鱼各组织的 Cd^{2+} 最大去除率：肝脏约为 35%，肾脏约为 34%，鳃约为 84%，肌肉中最小，并不显著。去除速率方面，鳃＞肝＞肾。鱼鳃中蓄积 Cd^{2+} 之所以去除率最大，是因为鱼鳃直接和水体接触，血液流动较快，血液和鳃中的物质交换更为迅速。同时，鱼鳃组织比表面积较大，可以和水体直接进行物质交换，促进鳃中的蓄积 Cd^{2+} 直接进入水体中。投加生物硫铁后，鲫鱼各组织中的 Cd^{2+} 蓄积量呈现先降低后升高的趋势，可能是因为前期投加生物硫铁后，生物硫铁能够快速与水体中的 Cd^{2+} 反应将其去除，降低水体中的 Cd^{2+} 含量，促进鲫鱼体内 Cd^{2+} 的排出。随着作用时间的延长，鲫鱼体内的 Cd^{2+} 量逐渐降低，排出进入水体。另一方面，对于生物硫铁与 Cd^{2+} 的反应产物硫化镉沉淀，由于鲫鱼实验水体一直处于曝气充氧中，水体中的溶解氧含量较高，从而促进了生物硫铁和硫化镉沉淀中硫负离子的氧化，从而降低生物硫铁与 Cd^{2+} 的反应性，促进硫化镉沉淀的溶解。这些都导致在每天的同一时间水体中的 Cd^{2+} 含量会逐渐升高，从而促进 Cd^{2+} 在鲫鱼体内的重新蓄积。然而在实际应用中，投加生物硫铁后，水体下层尤其是底层中溶解氧很低，生物硫铁以及反应形成的硫化镉沉淀极少会被氧化，而且由于生物硫铁中的硫酸盐还原菌代谢活性较强，可以通过新陈代谢促进生物硫铁的再生。从而能够持续对水体中的 Cd^{2+} 作用，使水体中的

Cd^{2+} 浓度持续减低。因此实际应用中，在投加生物硫铁后，鲫鱼各组织的 Cd^{2+} 蓄积量将会逐渐降低。结果表明，在不同浓度的 Cd^{2+} 污染水体中，生物硫铁能够促进鲫鱼各组织中蓄积 Cd^{2+} 的排出。排出率鳃＞肝＞肾，排出速率鳃＞肝＞肾。

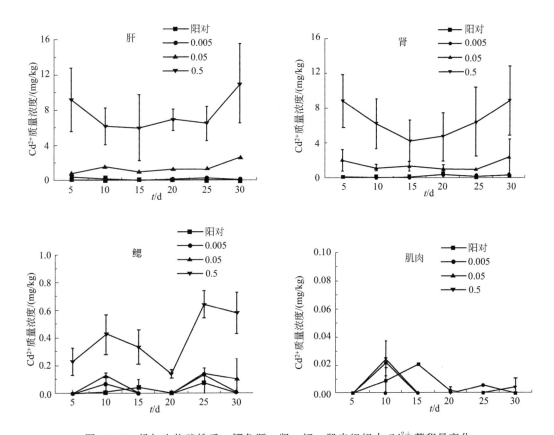

图 15-15　投加生物硫铁后，鲫鱼肝、肾、鳃、肌肉组织中 Cd^{2+} 蓄积量变化

15.3.2.3　生物硫铁对重金属蓄积鲫鱼肝脏 SOD 活性的影响

在不同浓度含 Cd^{2+} 废水中，投加生物硫铁后鲫鱼肝脏的 SOD 活性与正常鲫鱼之差随时间变化趋势如图 15-16 所示。投加生物硫铁后，0.005mg/L Cd^{2+} 试验组中鲫鱼肝脏 SOD 活性在第 15d 时最低，30d SOD 活性比正常值高约 28 U/mgprot。阳性对照组在正常水平小幅度波动。0.05 和 0.5mg/L Cd^{2+} 试验组中 SOD 活性都是呈现降低—升高—降低至约正常水平的趋势，且 SOD 活性在后期普遍略高于正常水平。这说明投加生物硫铁后鲫鱼不断调节机体 SOD 活性对抗 Cd^{2+} 产生的损伤，并最终达到稳定状态。由于 Cd^{2+} 的影响一直存在，所以 SOD 活性达到稳定时也会高于正常水平。

和蓄积阶段 SOD 活性相比，投加生物硫铁后鲫鱼肝脏 SOD 活性波动幅度增大，且活性普遍高于正常水平，说明生物硫铁的投加能够提高鲫鱼肝脏 SOD 的活性以抵抗 Cd^{2+} 引起的毒害作用。

15.3.2.4　生物硫铁对重金属蓄积鲫鱼肝脏 CAT 活性的影响

投加生物硫铁后 Cd^{2+} 蓄积鲫鱼肝脏 CAT 活性与正常鲫鱼之差随时间变化趋势如

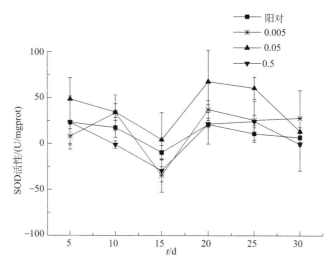

图 15-16　投加生物硫铁后蓄积鲫鱼肝脏
SOD 活性与正常鲫鱼之差随时间变化趋势

图 15-17 所示。由图 15-17 可知，投加生物硫铁后鲫鱼肝脏 CAT 活性在 5d 内快速降低。之后逐渐恢复至在正常水平范围波动。这可能是因为投加生物硫铁后，水体中的 Cd^{2+} 含量急剧降低。鱼体通过鱼鳃等吸收进入血液中的 Cd^{2+} 降低，从而降低了 Cd^{2+} 对肝脏的氧化损伤，鲫鱼的免疫程度减弱，从而使 CAT 活性快速降低。之后，机体通过调节，使 CAT 活性逐渐恢复至在正常水平范围波动。在没有 Cd^{2+} 的水体中，生物硫铁的投加能引起鲫鱼肝脏 CAT 活性较大范围的波动，呈现波浪形升高的趋势。结果表明，生物

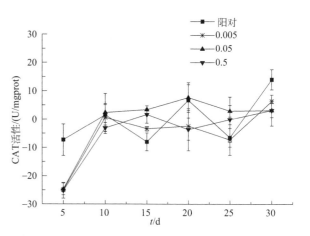

图 15-17　投加生物硫铁后蓄积鲫鱼肝脏
CAT 活性与正常鲫鱼之差随时间变化趋势

硫铁的投加能降低 Cd^{2+} 对鲫鱼的毒害作用，提高鲫鱼肝脏的 CAT 活性。

15.3.3　结论

① 在 Cd^{2+} 污染水体中，鲫鱼各个组织的蓄积能力为肝＞肾＞鳃＞肌肉，蓄积速率为肝＞肾＞鳃＞肌肉。投加生物硫铁能够促进鲫鱼各组织中蓄积 Cd^{2+} 的排出，排出率为鳃＞肝＞肾，排出速率为鳃＞肝＞肾。

② 短时间内暴露于 Cd^{2+} 污染水体中，Cd^{2+} 对鲫鱼肝脏的 SOD 活性具有促进作用。长期具有抑制作用。投加生物硫铁能够提高鲫鱼肝脏 SOD 的活性以抵抗 Cd^{2+} 引起的毒害作用。

③ Cd^{2+} 能在短时内引起鲫鱼肝脏的氧化损伤，使肝脏 CAT 活性降低。投加生物硫铁能降低 Cd^{2+} 对鲫鱼的毒害作用，提高鲫鱼肝脏的 CAT 活性。

参 考 文 献

[1] 李福德，李昕，谢翼飞，等．微生物去除重金属和砷 [M]．北京：化学工业出版社，2011．

[2] 上海市有机化学工业公司编辑．染料生产工艺汇编 [M]．上海：上海市有机化学工业公司，1976．

[3] 范秀英，等．环保产业与高新技术 [M]．北京：中国科学技术出版社，2001．

[4] 国家环境保护局科技标准司编．电镀污泥及铬渣资源化实用技术指南 [M]．北京：中国环境科学出版社，1997．

[5] 丁艳华，国家科委科技成果管理办公室编．环保节能新技术成果汇编 [M]．北京：冶金工业出版社，1997．

[6] 蒋克彬．污水处理工艺与应用 [M]．北京：化学工业出版社，2014．

[7] 钱易，郝吉明．环境科学与环境工程研究 [M]．北京：清华大学出版社，2001．

[8] 季军远，王向东，李昕，等．生物法处理含氰废水的进展 [J]．化工环保，2004，24（增刊）：108-110．

[9] 季军远，王向东，李福德，等．高效降氰真菌的分离筛选及降氰条件研究 [J]．工业水处理，2005，25（7）：35-38．

[10] Li Fude，Lin Xurong，Huang Zhidong．Biology Approach in Wastewater Treatment，Electronic circuits world convention（the9. Paper number：CPCA4，October 2002，KOLN MESSE，Germany）．

[11] 李昕，丁西明，黄智欢，等．电镀工业园电镀废水生物纳米材料处理的研究 [R]．全国水环境污染治理设施运营管理技术交流研讨会，2006：130-133．

[12] 李福德，王仲文，李昕．微生物治理含高硫高有机物味精废水新技术 [J]．轻工环保，1998，（1）：19-20．

[13] 罗旌生，曾抗美，左晶莹，等．铁碳微电解法处理染料生产废水 [J]．水处理技术，2005，31（11）：67-70．

[14] 李福德，李猛．SC-1 酵母菌对几种金属的抗性及其对废水中镉的富集 [J]．成都环保，1989，13（1）：46-47．

[15] 汪颖，李福德，刘大江．硫酸盐还原菌还原铬（Ⅵ）的研究 [J]．环境科学，1993，14（6）：1-4．

[16] 李福德，谭红，安慕晖，等．微生物净化电镀含铬废水的研究 [J]．应用生态学报，1993，4（4）：430-435．

[17] Fude L，Harris B，Urrutia M M，et al．Reduction of Cr（Ⅵ）by a consortium of sulfate-reducing bacteria（SRB Ⅲ）[J]．Applied and Environmental Microbiology，1994，60（5）：1525-1531．

[18] 李福德，刘军，杨杰，等．多镀种电镀废水微生物治理工程的研究 [J]．城乡生态环境，1995，19（3.4）：44-47．

[19] 冯易君，谢家理，向芹，等．共存离子对硫酸盐还原菌（SRB）处理含铬废水的影响研究 [J]．环境污染与防治，1995，17（4）：15-17，46．

[20] 赵晓红，张敏，李福德．SRV 菌去除电镀废水中铜的研究 [J]．中国环境科学，1996，16（4）：288-292．

[21] 张懿，李福德．印刷电路板废水的治理技术综述 [J]．城乡生态环境，1996，20（1）：28-43．

[22] 李福德，宋颖，李昕．电镀超高浓度铬废水微生物治理工程的研究 [J]．水处理技术，1996，22（3）：165-167．

[23] 汪颖，李福德．高效还原铬（Ⅵ）的硫酸盐还原菌的分离及生理生化特性的研究 [C]．中国微生物学学会论文集，1997，98-108．

[24] 成应向，李福德．高含硫味精废水处理的研究 [J]．上海环境科学，2000，9：425-428．

[25] 李大平，李福德．LHGI 的菌株的分离和降解环己烷的研究 [J]．应用与环境生物学报，1999，5（suppl），136-138，（Chin. J. Appl. Environ. Biol）．

[26] 张懿，李福德．对苯二甲酸和聚酯生产废水处理技术综述 [J]．石油化工环境保护，2001，2：21-23，58．

[27] 李亚萍，钟红．一种硫酸盐还原菌的亚硫酸盐还原酶基因（dsrA）的克隆和序列分析 [J]．复旦学报（自然科学版），2002，41（6）：674-678．

[28] 陈凡，胡健华．均相沉淀法制备纳米硫化亚铁 [J]．复旦学报（自然科学版），2003，42（3）：315-318．

[29] 王国倩，李福德，曾抗美．米根霉对模拟环境废水中镍的吸附性研究 [J]．四川大学学报（工程科学版），2004，36（3）：56-59．

[30] 夏君，瞿建国，李福德．硫酸盐还原菌（SRB）处理含锌废水的基础研究 [J]．上海化工，2006，31（8）：1-3．

[31] 马锦民，瞿建国，夏君，等．失活微生物和活体微生物处理含铬（Ⅵ）废水研究进展 [J]．环境科学与技术，2006，29（4）：103-105．

[32] Bridge T A M，White C，Gadd GM．Extracellular metal-binding activity of the sulphate-reducing bacterium Desulfococcus multivorans [J]．Microbiology，1999，145（10）：2987-2995．

[33] 李昕，李福德，曾雷雷，等．复合功能菌强化处理草甘膦废水的研究 [J]．环境污染与防治，增刊，2013，35

(9)：186-188，190.

[34] 姜永红，李昕，李福德，等.甘氨酸法生产草甘膦产生的母液的处理研究 [J].环境污染与防治，2012，34 (9)：1-6.

[35] 张洪荣，陈春坛，李卫，等.生物纳米材料修复铬污染土壤的试验初报 [J].南方农业，2019，7：182-183，187.

[36] 陈春坛，张洪荣，李昕，等.生物纳米材料对镉污染土壤种植小白菜的修复研究 [J].四川文理学院学报，2019，29 (5)：37-41.

[37] 李卫，李昕，张洪荣，等.生物纳米材料修复镉污染的稻田土壤种植水稻的试验研究 [J].南方农业，2019，11：189-190.

[38] 杨丽华.重金属（镉，铜，锌和铬）对鲫鱼的生物毒性研究 [D].广州：华南师范大学，2003.

[39] 范文宏，姜维，王宁.硫酸盐还原菌修复污染土壤过程中镉的地球化学形态分布变化 [J].环境科学学报，2008，11：2291-2298.

[40] 谢翼飞，李旭东，李福德.生物硫铁纳米材料特性分析及其处理高浓度含铬废水研究 [J].环境科学，2009，4：1060-1065.

[41] 谢翼飞，李旭东，李福德.生物硫铁复合材料处理含铬废水及铬资源化研究 [J].中国环境科学，2009，12：1260-1265.

[42] 汪红军，李嗣新，周连凤，等.5种重金属暴露对斑马鱼呼吸运动的影响 [J].农业环境科学学报，2010，29 (09)：1675-1680.

[43] Liu Z，Yang S B，Bai Y S，et al. The alteration of cell membrane of sulfate reducing bacteria in the presence of Mn（Ⅱ）and Cd（Ⅱ）. Minerals Engineering，2011，24 (8)：839-844.

[44] Kieu，H. T. Q.，E. Muller，and H. Horn. Heavy metal removal in anaerobic semi-continuous stirredtank reactors by a consortium of sulfate-reducing bacteria. Water Research，2011. 45 (13)：3863-3870.

[45] 罗丽卉，谢翼飞，刘庆华，等.生物硫铁生成菌的选育及其在重金属废水处理中的应用 [J].应用与环境生物学报，2012，18 (01)：115-121.

[46] 罗丽卉，谢翼飞，李旭东.生物硫铁复合材料处理含铜废水及机理研究 [J].中国环境科学，2012 (02)：p. 249-253.

[47] Xie Y F，Li X D. Study on application of biological iron sulfide composites in treating vanadium-extraction wastewater containing chromium（Ⅵ）and chromium reclamation [J]. Journal of Environmental Biology，2013，34 (2 suppl)：301.

[48] Yang Yang，Xie Yifei，Li Xudong，et al. Microscopic characteristic of biological iron sulfide composites during the generation process and the association with treatment effect on heavy metal wastewater [J]. Water science and technology，2014，70 (7)：1292-1297.

[49] Yang Y，Xie Y，Li X. Characterization of biological iron sulfide composites and its application in the treatment of cadmium-contaminated wastewater [J]. Journal of Environmental Biology，2015，36 (2)：393.

[50] 杨阳，谢翼飞，朱德文，等.生物硫铁生成菌的选育及处理重金属效果研究 [J].生物技术，2015，25 (04)：391-396. DOI：10.16519/j. cnki. 1004-311x. 2015. 04. 0079.

[51] 周婧超，谢翼飞，杨阳，等.生物硫铁复合材料对铜暴露斑马鱼的保护研究 [J].环境科学与技术，2016，39 (03)：12-16.

[52] 李佳，霍丽娟，钱天伟.硫化亚铁纳米粒子吸附地下水中的镉 [J].环境工程学报，2016，03：1264-1270.

[53] Yuan W，Liang Y，Xia X，et al. Protection of Danio rerio from cadmium（Cd^{2+}）toxicity usingbiological iron sulfide composites [J]. Ecotoxicology and Environmental Safety，2018，161：231-236.

[54] 董净，代群威，赵玉连，等.硫酸盐还原菌的分纯及对Cd^{2+}钝化研究 [J].环境科学与技术，2019，42 (05)：34-40. DOI：10.19672/j. cnki. 1003-6504. 2019. 05. 006.

[55] 倪尚源，刘岳林，王映林.硫酸盐还原菌处理低浓度含镉废水的试验研究 [J].湖南工业大学学报，2020，34，05：90-96.

[56] Liang Y，Lan S，Xie Y，et al. THE STUDY OF THE ROLE OF BIOLOGICAL IRON SULFIDE COMPOSITES ON COPPER REMOVAL BY CHANGING GEOCHEMICAL FORMS [J]. Revista Internacional de Contaminación Ambiental，2019，35：33-43.

[57] 李福德，曾德崇，除德富，等.龚咀水库环境放射性水平 [J].水利水电环境，1984，(1)：72-82.

[58] 谭红，李福德．CF-1 细菌富集铀的研究 [J]．天然产物研究与开发，1991，3（1）：29-34.

[59] 李福德，张瑞佟，杨春明．河流底泥吸附和释放放射性核素的研究 [J]．城乡生态环境，1993，17（1）：50-58.

[60] 李福德，赵晓红，杨杰，等．微物净化回收核工业废水中钚-239 的研究 [J]．环境科学，1995，16（6）：1-3.

[61] Fude Li. CANADIAN PATENT. 2256652 [P]．2007-03-20.

[62] 李昕，吴全珍．一种复合功能菌治理高浓度危险废物铬废液的方法 CN 1290779C [P]．2006-12-20.

[63] 李昕，吴全珍，李福德．一种复合功能菌处理危险废物砷废液的方法 CN100503475C [P]．2009-06-24.

[64] 周渝生，李昕，夏署演，等．微生物治理含高浓度铬废液的工艺及装置 CN1689982 [P]．2005-11-02.

[65] 李福德，李昕，吴全珍，等．一种处理重金属废水的方法 CN100584771C [P]．2010-01-27.

[66] 陈春坛，李昕，李卫，等．一种利用微生物纳米材料原位修复镉污染土壤的方法 CN110026431B [P]．2020-12-22.

[67] 李昕，陈春坛，张洪荣，等．钝化固化修复土壤六价铬污染的生物纳米材料的制备方法 CN108977395B [P]．2022-03-22.

[68] 关汇川．用磷酸-过氧化氢混合液去除废水中的氰化物 [J]．黎明化工，1996（04）：11-13.